江苏省一流本科专业建设点、
江苏省特色专业“环境设计专业”建设成果之产教融合型教材

现代艺术设计
基础规划教程

# 景观规划设计

主　编：邰　杰　黄剑锋　刘　斌



苏州大学出版社

**图书在版编目（CIP）数据**

景观规划设计 / 郃杰，黄剑锋，刘斌主编. -- 苏州 ：苏州大学出版社，2025. 3. -- ISBN 978-7-5672-5167-0

Ⅰ. TU986. 2

中国国家版本馆 CIP 数据核字第 2025S2M937 号

**书　　名**：景观规划设计
JINGGUAN GUIHUA SHEJI

**主　　编**：郃　杰　黄剑锋　刘　斌
**责任编辑**：肖　荣
**助理编辑**：王　叶
**装帧设计**：吴　钰

**出版发行**：苏州大学出版社（Soochow University Press）
**社　　址**：苏州市十梓街 1 号　**邮编**：215006
**印　　刷**：苏州市越洋印刷有限公司
**邮购热线**：0512 - 67480030
**销售热线**：0512 - 67481020

**开　　本**：889 mm×1 194 mm　1/16　**印张**：18. 50　**字数**：411 千
**版　　次**：2025 年 3 月第 1 版
**印　　次**：2025 年 3 月第 1 次印刷
**书　　号**：ISBN 978-7-5672-5167-0
**定　　价**：88. 00 元

若有印装错误，本社负责调换
苏州大学出版社营销部　电话：0512 - 67481020
苏州大学出版社网址　http：//www. sudapress. com
苏州大学出版社邮箱　sdcbs@ suda. edu. cn

# 前　言

本教材是积极响应《国务院办公厅关于深化产教融合的若干意见》（国办发〔2017〕95 号）、教育部《“十四五”普通高等教育本科国家级规划教材建设实施方案》以及江苏省教育厅《现代产业学院建设指南（试行）》（教高厅函〔2020〕16 号）等文件精神，为顺应时代发展和教学改革的需要，尤其是为加强江苏省一流本科专业建设点、江苏省特色专业“环境设计专业”而精心组织编写的产教融合型教材。

本教材的三位主编，第一位为江苏省一流本科专业建设点“环境设计专业”的专业负责人郜杰教授，另两位分别为深圳市新西林园林景观有限公司董事长黄剑锋先生和江苏理工学院环境设计专业 2013 届毕业生、深圳市新西林园林景观有限公司设计总监、上海分公司总经理刘斌先生。教材分为上下两篇。上篇为“景观设计理论与方法”，着眼于“景观中的设计”与“被设计的景观”的理论阐述。其中第一章为江西师范大学罗文博编写，第二章为河南大学尹赛编写，第三章为常州工程职业技术学院张磊编写，第四章为南京工业大学张健健编写，第五章为江苏理工学院郜杰编写。下篇为“景观设计实例与图纸”，着眼于“景观设计的建造思维”与“景观设计的工艺方法”的图纸表达，通过引入产业界的实战案例，反映景观设计学科发展最新成果，助力产教深度融合。下篇由第六章的四个小节组成，均为黄剑锋、刘斌作为设计团队负责人绘制的景观设计系列图纸，将设计企业一线的工程图纸引入教材，以在线数字教学资源呈现，旨在增强学生的学习自主性、交互性和实用性，具有极强的实战指导价值。本教材由江苏理工学院郜杰教授统稿校订。

本教材通过校企双元协同开发，充分体现了产业需求或工程实际，具有显著应用型特征，能够推动环境设计专业景观设计类课程的应用能力培养，同时，本教材力图最大限度地满足教师教学和学生学习的多样化需求，坚持思想性、系统性、科学性、生动性、先进性相统一，努力做到内容丰富、结构严谨、逻辑性强、体系完备，有效拓展了教材功能和表现形态。本教材可作为本科高校及大专院校风景园林设计、环境设计、建筑学、城市规划等专业的教学用书，亦可作为景观设计工程一线人员的设计参考材料。

本教材疏漏之处在所难免，恳请读者提出宝贵意见和建议，以便进一步修订和完善。

编者

2024 年 10 月

现代艺术设计
基础规划教程

# 目　　录

## 上篇：景观设计理论与方法

### 第一章　景观设计导论





### 第二章　景观设计方法



### 第三章　景观造型设计



### 第四章　景观植栽设计

## 第五章　景观构筑设计



# 下篇：景观设计实例与图纸

## 第六章　从方案设计到施工图设计——《义乌都会文澜》

# 上篇

## 景观设计理论与方法

# 第一章

# 景观设计导论

## 第一节 ◉ 景观设计的现代探索

景观设计作为一门学科和专业，就必然涉及景观设计在“现代性”中的发展与成长，其英文 Landscape Architecture 最早由美国景观设计奠基人弗雷德·劳·奥姆斯特德（Frederick Law Olmsted）于1863年在纽约中央公园设计中首次提出，这也为景观设计的科学化发展指明了方向。

### 一、现代景观设计的历程

#### 1. 两次大战之间的现代主义设计思潮

艺术思潮与建筑设计的发展对现代景观设计有深刻的影响。19世纪末到20世纪初，现代艺术与“新艺术运动”促成了景观形态与设计思想的巨大改变，不断扩展的城市规模和随之而来的一系列问题促成了“城市公园运动”，开创了科学技术与现代景观的结合之路。城市兴建大型的开放空间系统和自然景观保护，发展城市绿地系统，以此提高居民的城市生活品质，这种景观设计为日益集中的、恶化的城市面貌与环境带来了新的变化，创造了更为理想、放松、自然的生活环境。

1919年，包豪斯学院在德国魏玛成立，标志着现代设计教育的建立，对现代设计的发展产生了长远的影响。包豪斯提出了三个基本观点：① 艺术与技术的新统一；② 设计的目的是人而不是产品；③ 设计必须遵循自然与客观的法则来进行。这些观点对于设计的发展起到了积极的作用，使现代设计逐步由理想主义走向现实主义，即用理性的、科学的思想来代替艺术上的自发与随意。20世纪30年代纳粹关闭了这所学校后，以第三任校长路德维希·米斯·凡·德·罗（Ludwig Mies Van der Rohe）为代表的一大批艺术家、建筑师来到了美国，这标志着现代主义的中心由欧洲迁移至美洲。

1929年，米斯设计了巴塞罗那世界博览会德国馆（图1-1），该展馆占地长约50 m，宽约25 m，由三个展示空间、两部分水域组成。主厅平面呈矩形，主厅部分有八根十字形的钢柱，上部支撑着一块长25 m、宽14 m的薄屋顶。厅内设有玻璃和大理石隔断，纵横交错，隔而不断，有的延伸出去成为围墙，形成既分隔又联系、半封闭半开敞的空间，使室内各部分之间、室内外之间的空间相互贯穿。建筑形体简单，

图1-1 巴塞罗那世界博览会德国馆

不加装饰，利用钢、玻璃和大理石的本色与质感及悬浮于墙体之上的屋顶形式淡化了室内外的区分，成功地将建筑与环境处理成统一空间，显示出简洁高雅的气氛，实现了“少就是多”的设计原则，是现代主义建筑最初的成果之一。

1923年，勒·柯布西耶（Le Corbusier）发表《走向新建筑》，宣扬现代主义的精神核心是一种几何精神，是设计性、精神性、工业化大生产的集合体，提出“房屋是居住的机器”。他关心人的尺度，强调几何美学、标准化的功能、标准化的情感表达。1926年，在多米诺结构体系（图1-2）之上，他提出新建筑五点论，第一次从理论角度完整地描述了现代建筑的基本空间体系，也成为国际主义风格的基本要素。

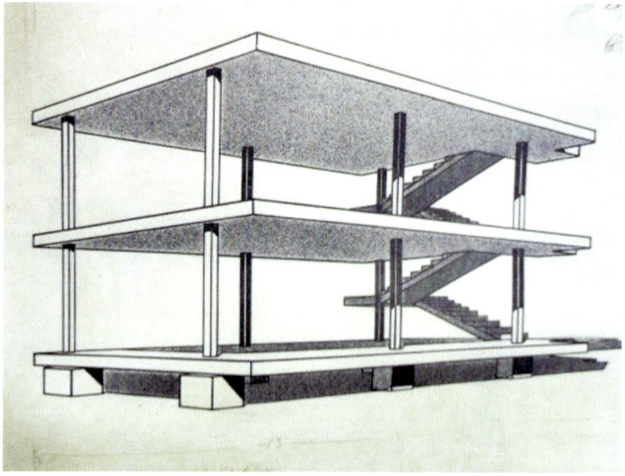

图1-2 多米诺结构体系

（1）底层架空

采用现代钢筋混凝土为基本建筑材料，以混凝土支柱为主要承重结构支撑建筑主体，底层空间完全或部分架空，将绿化等元素引入建筑内部，使建筑与自然融合。

这种底层架空的建筑原则，符合城市的需求。新建筑应该建造在地面上，地面的基础可由足量的混凝土柱代替，它们能支撑房屋的底层。

（2）自由平面

非承重墙、墙与承重结构分离，不再有任何结构上的依附关系与力学上的联系。建筑内部空间从承重的墙体中得以解放，空间的设计与组合更加自由，满足更多功能与美学上的需求。

（3）自由立面

自由平面和自由立面是相互联系的，都是伴随新建筑结构的运用而产生的，墙体不再具有承重的功能，于是在这一体系中，墙体与柱可以各司其职。一方面，柱及柱形成的轴网作为建筑的承重、结构、骨架等建筑设计与控制中最主要的要素；另一方面，对于建筑立面来说，造型比功能更为重要，非承重的立面墙体可以有更高的表现自由度，各种材料的运用、各种空间处理手段的实现，使得建筑的面貌有了翻天覆地的变化，比如扎哈·哈迪德（Zaha Hadid）担纲总设计师的北京银河SOHO所拥有的极为超前的建筑立面形式（图1-3）。

图1-3 银河SOHO

（4）水平长窗

水平长窗是柱代替墙体承重的产物，墙体从承重系统解放出来，使建筑立面可以不再受承重墙体开窗面积的限制，窗户可以从建筑的一侧完整地延伸到另外一侧，极大地增强了建筑的采光、通风效果。

（5）屋顶花园

以开放的平台代替传统的坡顶阁楼，将自然景色引入人的居住环境之中，同时不破坏立方体的体积感。屋顶设置花园，可恢复被房屋所覆盖的地面面积，产生很大的生态价值。

美国建筑师弗兰克·劳埃德·赖特（Frank

Lloyd Wright）是著名的“田园学派”代表人物，代表作包括草原风格别墅、建于宾夕法尼亚州的流水别墅、古根海姆博物馆等。赖特的草原式住宅反映了人类活动、技术和自然的融合，使住房与宅地发生了根本性的改变，花园几乎深入起居室的“心脏”，居室在自然的怀抱之中，内外混为一体，就如同人的生命。他认为：我们的建筑如果有生命力，它就应该反映此时此地的更为生动的人类状况。建筑就是人类受关注之处，是人本性更高的表达形式。因此，建筑基本上是人类文献中的伟大记录，也是时代、地域和人的忠实记录，对景观设计的发展有深远的影响。

流水别墅是赖特为卡夫曼家族设计的别墅（图 1-4）。在瀑布之上，赖特实现了建筑、景观、自然相融合的梦想。悬空的楼板铆固在后面的自然山石中，主要的一层几乎是一个完整的大房间，通过空间处理形成相互流通的各种从属空间，并且有小梯与下面的水池联系。在窗台与天棚之间，是一个金属窗框的大玻璃，虚实对比十分强烈。整体构思十分大胆，流水别墅也因而成为无与伦比的世界著名现代建筑。

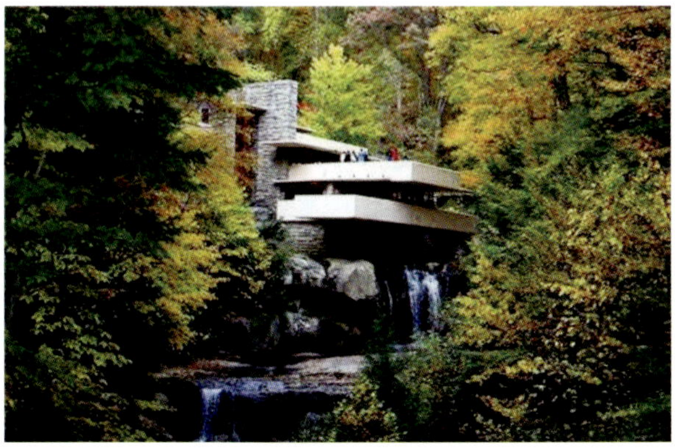

图 1-4　流水别墅

别墅共三层，面积约 380 $m^2$，以二层（主入口层）的起居室为中心，其余房间向左右铺展开来，别墅外形强调块体组合，使建筑带有明显的雕塑感。从流水别墅的外观，我们可以读出那些水平伸展的建筑构件沿着各自的伸展走向，越过山谷而向周围凸伸。这些水平的推力，以一种诡异的空间秩序紧紧地集结在一起，巨大的露台扭转回旋，恰似瀑布水流曲折迂回地自每一块平展的岩石上突然下落一般，无从预料整个建筑是从地里生长出来的，还是盘旋在大地之上。建筑内的壁炉是以暴露的自然山岩砌成的，瀑布所形成的雄伟的外部空间使流水别墅更为完美，在这里自然和人悠然共存，呈现了天人合一的最高境界。

赖特的作品也体现出“田园学派”的主要设计思想：主张建筑应与大自然和谐，就像从大自然里生长出来似的；并力图把室内空间向外伸展，把自然景色引入室内。相反，城市里的建筑，则采取对外屏蔽的手法，以阻隔喧嚣杂乱的外部环境，力图在建筑内部创造生动愉快的环境。

**2. 20 世纪 40—50 年代景观设计思潮**

20 世纪的新艺术思潮中，立体主义迅速发展，为建筑设计的形式和结构提供了丰富的源泉。立体主义理性地融合了空间与时间，将思维与形式统一，创造了简洁、单纯的几何美学。托马斯·丘奇（Thomas Church）于 1948 年设计的唐纳花园受立体主义影响尤为显著（图 1-5）。在他的设计里，花园应该是流动的，不设置明确的起点和终点，花园中的每处景观均应设置若干观赏角度，形态、线雕之间的对立使整体具有强烈的约束感与规则韵律，不仅符合自身形式特点与逻辑，而且符合场地本身的约束条件与需求。

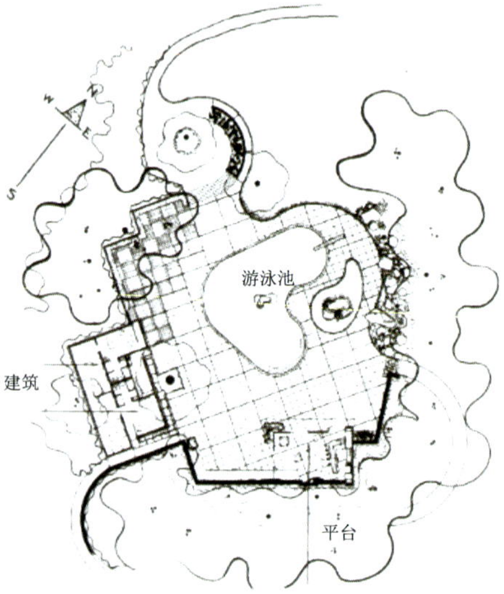

图 1-5　唐纳花园平面设计图与实景照片

这一时期，在现代景观大量接受现代建筑的营造法则、精神内涵、形式美学的同时，变革也悄然而至。劳伦斯·哈普林（Lawrence Halprin）在 1961 年指出："推土机吹起可怕的灰尘，乡村树木在一夜之间死亡，山丘被平整以迎合车辆的需要，在平整的农业用地上，富饶的土地被下水道的格网和成千上万的延伸数英里的混凝土板分割，……在这些人造的现代景观中，重要的是应该考虑和实现什么是我们所追求的，应该采用什么方法来达到我们的目的。"（引自彼得·沃克（Peter Walker）的《看不见的花园——探寻美国景观的现代主义》）

哈普林表现出一个现代景观设计师对于现代建筑营造法则的认同，同时反映出对于现代主义景观营造中科技、机械的大规模运用，建筑设计中模数、网格控制平面的思想引入的一种反思，他理性地考虑景观营造的核心问题是与建筑环境相协调，还是以抽象、简洁的形式展现自然景观的形式美，在表现自然的同时，融合建筑，融合环境。

**3. 20 世纪 60—70 年代景观设计思潮**

第二次世界大战结束后，经过短暂的重建与恢复，资本主义世界的经济于 20 世纪 60 年代起进入了高速发展时期，文化领域随着经济的发展出现了震荡与变化。

（1）社会问题影响

人们对现代化的发展模式的憧憬逐渐被严酷的现实所打破，现代工业发展带来的环境污染、人口爆炸成为社会的痼疾，人们对生活逐渐失去兴趣。蕾切尔·卡森（Rachel Carson）的《寂静的春天》中描述了人类可能将面临一个没有鸟、蜜蜂和蝴蝶的世界。正是这本不寻常的书，在世界范围内引起了人们对野生动物的关注，唤起了人们的环境意识。这本书同时引发了公众对环境问题的注意，将环境保护问题摆到了各国政府面前。联合国于 1972 年 6 月 12 日在斯德哥尔摩召开了"人类环境大会"，并由各国签署了《人类环境宣言》。

1969 年出版的《设计结合自然》，是伊恩·伦诺克斯·麦克哈格（Ian Lennox McHarg）对于人类、景观与设计的思考，以丰富的资料、精辟的论断，阐述了人与自然环境之间不可分割的依赖关系、大自然的演进规律和人类认识的深化，提出以生态原理进行规划操作和分析的方法，对城市、乡村、海洋、陆地、植被、气候等问题均以生态原理加以研究，并指出正确利用的途径。约翰·奥姆斯比·西蒙兹（John Ormsbee Simonds）在《大地景观：环境规划指南》中提出景观设计师的终身目标就是为人类服务，使人、建筑物、社区、城市以及地球和谐相处。西蒙兹使得景观设计从单纯关注植物，转向关注植物与人的关系。他开创了一场景观设计师向景观环境学家、城市设计师、区域规划师迁移的运动，丰富了景观设计师的职业内涵，而且他开创的风格不仅仅是一种形式设计，也是一个带给人实际体验的场所。

（2）艺术思潮影响

20 世纪 50 年代出现的波普艺术由艺术领域延伸至设计领域，流行与通俗逐渐吸引普通大众的注意力，这与现代主义的建筑形象在流行了三四十年后公众已渐渐失去兴趣的现象形成了鲜明对比。反对现代主义单调、非人性化的思潮蓬勃发展，人们对现代主义感到厌倦，希望有新的变化出现。同时，对过去美好时光的怀念成为普遍的社会心理，历史的价值、基本伦理的价值、传统文化的价值重新得到强调。

**4. 20 世纪 70 年代之后后现代主义思潮与多元格局**

20 世纪 70 年代之后，景观设计向多元化方向发展，大尺度的景观规划转向理性严谨的生态学方法，小尺度的景观设计受到 70 年代以来的建筑与艺术的影响以及后现代主义思潮的激励。技术的不断发展也促进了景观设计的更新，以制图、分析等为主要功能的各种软件不断涌现，比如 CAD、DIS 等，这使得景观分析与设计语言的表达更加准确与丰富。种类丰富的新型材料的运用也拓展了景观设计的表现力。

相比建筑设计，景观设计受制约较少，往往有更大的余地去追求艺术性，因此，不少先锋建筑师会选择景观项目来作为其表达设计理念的实验项目，建筑师们的探索极大地激发了景观设计师的创新意识，各种流派、风格层出不穷。追求个性成为景观设计师们的共性。

现代景观设计理论深受社会发展的影响，社会思潮、艺术潮流、建筑设计潮流都对其有巨大影响。一方面，现代主义思潮的巨大影响使得景观设计也有较为明显的现代与后现代的区分，其中有时间的连续性和思想、逻辑的启承关系。另一方面，每种设计思潮的出现发展时间皆不相同，单纯以时间划分不能完整了解其发展规律，不同的景观设计理论各有其脉络。同时兼顾以上两个方面，能更为全面地掌握整个景观设计理论的发展与变迁。

## 第二节 ◉ 景观的维度

### 一、空间维度

景观设计强调空间的整体性与连续性，关注空间中的“中心”与“边界”，重点处理场地与相邻场地以及场地中景观的关系。一个公共空间的生命力通常在其边缘地带自然生成。景观依附于特定空间体系，景观要素与景观空间彼此紧密相连，并与其他的空间和实体相区分。因此，地域性景观的特性来自该空间与其他空间的相互关系。

**1. 利用地形高差变化营造空间**

景观地面的高低起伏富有诗意，地面从一个高度过渡到另一个高度会隐藏或者显露部分景物。在公园景观设计中，可以将草坪抬高，高出的草地被“提升”了外向感、差异性，但是它相对于环境仍然有较强的归属感。如此可增加空间的趣味，丰富空间的层次。比如浙江衢州体育公园（图 1-6），园区中的镜湖倒映着湖边的山峦，山水相映，时而舒缓开阔，时而重叠层接。体育场顶部的“光环带”如云雾般萦绕在大地之上，东北侧相邻的几座“小山丘”连绵起伏，下方是体育馆、游泳馆、综合馆，上方则是公共空间及景观。丰富的地形变化，给人们带来更为丰富的景观体验。不同的空间有其自身属性，将不同的空间、事物相互结合，组合出新的景观空间，给人们带来新的体验，这就是景观设计的内涵。

图 1-6　衢州体育公园

**2. 利用植物的排列组合营造景观空间**

通过不同种类的植物营造景观，要考虑植物的生活习性、植物的形态和不同的象征意义及文化属性。以纪念性的园林景观为例，一般采取密植、阵列等方式，选择竹、松、灌木等为主要栽植种类，突出环境和形态的规律感与庄严肃穆。以雷尼亚克迷宫（Reignac-sur-Indre Maze）为例（图1-7），它是世界上最大的植物迷宫，占地面积约4公顷，位于法国中部安德尔-卢瓦尔省的雷尼亚克公社，每年按照不同的平面设计图进行播种，通常以比人身高稍高一些的玉米和向日葵等植物为主。尤为令人称道的是，这些植物与迷宫墙体相结合所形成的空间摆脱了迷宫枯燥单一的形象。

图 1-7　雷尼亚克迷宫

## 二、时间维度

时间通过重复、渐进、不可逆转的变化被人类感知，在现实意义上，过去的成为历史，将来的又是未知。地域性景观是多层次的“文本”，记载了自然和历史的变迁。

景观设计在关注未来发展的同时，提倡保护珍贵历史资源。某些留存下来的独特的历史见证不仅仅是一种物质形式的存在，更是一种非物质的思想意识，是人们精神的家园与依托。历史遗留下来的可视和可触的实物是传递地域感的重要媒介。“当一处城市空间的物质形态记录了可触摸的时间流逝，并体现出传承时，它的相对永恒性就能促使自身成为一个有意义的场所。”景观恰恰是这种“时间性”最重要的载体。

**1. 时间维度营造的可预测性**

清画家汤贻汾在《画筌析览》中写道：“春夏秋冬，早暮昼夜，时之不同者也。风雨雪月，烟雾云霞，景之不同者也。景则由时而现，时则因景可知。”中式园林景观设计中，经常运用不同的造景元素，如山、水、植物、建筑等，这些元素与时空元素一起运用，实现不同的景观意境。时间维度营造也是重要的手段。明末造园家计成在《园冶》中记述：“凡结林园，无分村郭，地偏为胜，开林择剪蓬蒿；景到随机，在涧共修兰芷。径缘三益，业拟千秋，围墙隐约于萝间，架屋蜿蜒于木末。山楼凭远，纵目皆然；竹坞寻幽，醉心既是。轩楹高爽，窗户虚邻；纳千顷之汪洋，收四时之烂漫。梧阴匝地，槐荫当庭；插柳沿堤，栽梅绕屋；结茅竹里，浚一派之长源；障锦山屏，列千寻之耸翠，虽由人作，宛自天开。”（卷一·园说）其中“千秋”“四时”即为计成对于园林景观中时间元素的见解，他将人们对心境、体验的营造和时间元素联系起来，“移竹当窗，分梨为院；溶溶月色，瑟瑟风声；静扰一榻琴书，动涵半轮秋水。清气觉来几席，凡尘顿远襟怀；窗牖无拘，随宜合用。”（卷一·园说）

园林意境的产生与不同的时间点紧密相关，

不同的时间点带来的是四季的变化、阴晴的变化、朝夕的变化等，如苏州网师园“月到风来亭”，拙政园“晓丹晚翠”“听雨轩”，等等，均是以时间为设计元素，达到营造景观意境的目的，将时间作为景观营造的重要内容，赋予园林景观更为丰富的形态与深刻的精神内涵。

**2. 时间维度营造的不可预测性**

（1）约束因素

时间维度营造的不可预测性反映的是园林的独特发展体系与历史的沉淀。中国传统城市营造、建筑营造建立在森严的等级制度、思想规则之上，从模型制作（如清代“样式雷”家族的烫样）到最终建筑物的完成，都有规制。然而，在园林景观的营造中情况则大相径庭。园林建造之初，一般由园林主人按址选图、因地制宜，并没有地区或者全国性的统一约束规定，对于造园更多的是“因地制宜”“随心所欲”，这也造就了园林营造效果的多样性。

（2）历史因素

历史的发展与沉淀也能在园林景观中留下岁月的痕迹，直接影响景观的变化。中国的历史跌宕起伏，许多园林消逝在历史的长河之中，比如北京的圆明园；保留下来的园林，植物、环境也有较大的变化，比如寄畅园既以自然元素的历时性演变（如晨昏光影流转、四季草木荣枯）呈现了时间维度的介入，又作为“时间容器”的景观表达载体实现了场地的历史记忆物化。

（3）场地因素

纪念性景观有其自身要求，既有对过去发生事件的回忆和对当下的影响，同时又包含对未来的展望。彼得·沃克（Peter Walker）在911纪念公园（图1-8）的设计中，充分考虑了时间的变化，通过去除多余灌木让空间变得更为纯净，高大整齐的乔木阵列加强了空间的场所感，凸显了乔木与人的对比。

（4）流线因素

时间元素也可以通过参与者的运动融入环境，比如美籍华裔著名女设计师林璎设计的位于华盛顿的纪念碑公园。设计理念来源于“伤口”，平面简洁，远看就如在大地上撕开了一道伤口，在整个景观的人流动线中，地面逐渐下沉，深色墙面的高度逐渐增加，空间变得更加压迫，同时，墙上阵亡者的名字逐渐增加，气氛也越来越沉重。人们在景观中行走，高度、坡度、视线不断转换，通过多元素的组合，带来了预期的体验，短暂沉浸后，会迎来一个转折，墙体带来的压抑感逐渐减弱，最终以远方的方尖碑作为指引，内心归为平静。整个过程充满了时间的流动与变化。

图1-8　911纪念公园

## 三、生活维度

景观设计充分关注生活方式的变迁与生活模式的形成，无论是景观所包括的自然要素还是人文要素，都是与人类的生活紧密联系在一起的。景观设计要求从场地固有的生活根基挖掘潜在的资源，发现隐藏的问题，找到解决问题的有效答案，从而建立符合新的生活模式的景观形态。

景观设计的生活维度是一种双向的过程。人在创造和改造空间的同时亦被空间以各种方式影响着。社会关系可以通过空间制约，并以空间为媒介。因此，通过塑造建成环境，可以影响人类的行为和社会生活模式。正确理解这种双向过程，可以建立一种积极的景观设计的理念。



# 第三节 ⦿ 地域性景观设计理论

## 一、土地的含义

### 1. 土地

土地的含义十分丰富，从范围上划分，有广义和狭义之分。狭义的土地，仅指陆地部分。较有代表性的是土地规划和自然地理学家的观点。土地规划学家认为："土地是指地球陆地表层，它是自然历史的产物，是由土壤、植被、地表水以及表层的岩石和地下水等诸多要素组成的自然综合体。"广义的土地，不仅包括陆地部分，而且还包括光、热、海洋等。美国学者伊利认为："土地这个词的意义不仅指土地的表面，因为它还包括地面上下的东西。"自然特征与人文特征是土地的属性。联合国《土地评价纲要》中提到，一片土地的地理学定义是指地球表面的一个特定地区，其特性包含此地面以上和以下垂直的生物圈中一切比较稳定或周期循环的要素，如大气、土壤、水文、动植物密度，是人类过去和现在的活动及相互作用的结果，对人类和将来的土地利用都会产生深远影响。原国家土地管理局 1992 年出版的《土地管理基础知识》中这样定义土地："土地是地球表面上由土壤、岩石、气候、水文、地貌、植被等组成的自然综合体，它包括人类过去和现在的活动结果。"因此，可以将土地看成是自然的产物，是人类过去和现在活动的结果；土地具有复合属性，不但包括各种自然要素，且具有人为特征。土地的自然变化与人类活动共同促成了土地的演变（图 1-9、图 1-10）。

图 1-9　大地景观

图 1-10　瑞士阿尔卑斯山地景观

### 2. 土地要素

（1）自然要素

自然要素包括大气、光照、风、降水等要素。地表是由地形、地貌、土壤、地质、水文、植物、动物、人类活动等要素构成的，其中地形、地貌主要包括河流、三角洲、瀑布、湖泊、沙漠；地下包括地下水、矿物质等不可见的要素。

（2）人文要素

人文要素集中体现在土地与其承载的人类活动中，以场地、地区、领地为例，这些有关土地的概念都与人为特征紧密相连。《汉语大词典》1986年版将场地解释为适应某种需要的空地，如体育、施工、堆物的地方。在风景园林中，场地是指具有一定范围或边界的土地。地区具有以下含义：① 旧称专区，我国省、自治区人民政府设立行政公署作为派出机关所管理的区域；② 某一范围内的地方，如受灾地区。领地原指古时领主所占有的土地，现同领土，指国王、封建主、国家、联邦等享有主权的土地。这些土地概念，都体现出人类活动所赋予土地的人文属性。

## 二、地域的含义

**1. 地域性**

吴良镛院士认为，“所谓地域，既是一个独立的文化单元，也是一个经济载体，更是一个人文区域，每一个区域每一个城市都存在着深层次的文化差异”，有多少个地域就有多少种地域性，“地域”的本质随需求、目的以及概念的使用标准变化而变化。因此，地域性是指与一个地区联系或相关的本性或特性。地域性不同于地域主义或地区主义，它是人类生存的自然环境与生俱来的特性，并最终反映在人类生存的社会环境中，这使得社会环境同样带有与之对应的特性。地域性是某特定的地域中一切自然环境与人文环境共同构成的共同体所具有的特征。地域性既体现空间分布上的相对性，又呈现时间演进中的动态特征。小至一座房屋，大到一个国家，甚至整个文化圈也可以称作一个地域。地域性同时有相应的时间维度。由于自然历史的演进和社会文化的变迁，地域特征会发生变化，因此具有某种地域特征的区域只有在特定的时间跨度中才有意义。

地域性来源于并根植于某一地区的历史文化与自然地理条件。地域性与某一地域有关，是一种特殊的地域感和认同感的属性。地域性所体现的是一个地区内的自然环境、人文环境包含的各种因素的相对类似性。地域性本身并不代表差异性，地域之间本身具有差异才造成了地域性之间的差异，即地域的个性。地域的特征、功能与优势都是通过地域性来表达的，地域性是地域特征的外在表现。此外，自然的地域，抑或文化的地域，并非一成不变。地域就犹如地区本身一样多元，与其地点和历史环境相呼应。地域可以由单个或几个特征来划定，也可以按照一个地区人类居处的总体情况来划定。

**2. 差异性**

地域具有一定的界限，这种界限根据地域内部的共同特征变化，特征又根据不同的研究方向有所侧重。这就决定了地域的界限并不是完全确定的，而是根据不同的研究方向决定的。界限使得地域不再是抽象的概念，而是成为具体可研究的实体。地域界限的尺度是多样的，包含着多种层级关系。地域界限并不是持续稳定的，而是动态发展的，根据研究的内容以及地域的尺度的不同，变化的频率也会不同。

地域内部表现出明显的相似性和连续性，这一特征是地域最基本的表现形态，正是因为地域内部某一共同的特征赋予了地域存在的意义。地域内部的相似性与连续性决定了地域的界限，并在地域内部表现出其特色与功能，从而体现地域的优势。

地域之间具有明显的差异性，这是地域划分与形成的基本原则。正是这种差异性使得地域内部的优势更加突出。差异性也赋予了地域研究的价值，无论从什么方面研究地域，地域内部与外部的差异性都是最基础的研究对象。

**3. 综合性**

地域反映的事物或者关系往往是一个关系或者实体错综复杂的综合体。单一的地理或者事件等不能形成地域空间。比如，人们一谈到埃及，不仅涉及它的地理位置、自然要素、人口要素、资源要素等，也包括它的兴起、发展等历史要素，以及创造的诸多文明等内容。因此，人们在研究一个地域空间时，往往需要用综合的眼光来分析，才能全面、科学、生动地把握该地域的各种要素。当然，地域还会有其他特征，了解这些特征，有助于人们更好地认识一个地域空间，并从事各种地域活动。

## 三、地域性概念的类型

不同层面的地域所表现的地域特征是通过不同的要素来传达的。宏观层面的地域性表现的是系统演变的规律、能量交换的过程，以及人与自然互相影响的方式；中观层面表现的是依照系统变化的规律性来划分的不同等级的区划方式；微观层面表现的是某一地域单元具有共性的自然要素和人文要素。宏观层面是对地域的总体认知，中观层面是研究的指导，微观层面是进行地域研究的基础。

### 1. 宏观层面

地域是一个复杂的系统。宏观层面的地域一般包括自然地理、生态和人类生态环境三个宏观系统。自然地理系统是自然地理环境中，大气、水体、岩石圈等无机组成与生物之间能量、物质流动转化构成的系统。生态系统是一定地段内生物和它的无机环境构成的系统。这两个系统之间存在着部分重叠和交叉。上述两个系统内部虽然有客观的、确定的规律，但子系统的区别导致了规律的多样化。人类生态环境是地域宏观层面的主要方面。任何地域的自然环境都处在不断地运动和变化过程中，这包含着两层含义：一方面是自然环境本身的变化；另一方面是人类活动导致的地域环境结构、功能的变化，这是人类对自然界的作用而产生的结果，这就形成了地域的人文环境。人类在自然环境的基础上，通过一系列社会活动形成了一种人类的物质财富和精神财富在地球表面的分布现象，这也体现在不同等级系统的各类地域划分方式中。

### 2. 中观层面

由于不同区划方式内部又包含着不同等级的区划系统，所以根据研究广度的不同，地域单元可能是某类区划的一级区划的单元，也可能是三级区划的单元。也可以以属性进行分类。例如，人文区划包括文化区划、行政区划、人口区划、旅游区划和经济区划。文化区划的参考因素是各文化因子，其中语言、风俗、宗教都是比较重要的标准，而语言的标准则更为突出。除了语言、宗教、风俗外，还包括经济文化类型、地理单元等。行政区划是行政体系的划分，体现了不同的国家结构形式、国家的中央—地方关系模式、国土面积的大小、政府与公众的关系状况等。人口区划提出了人口发展的合理目标及相应的人口政策和措施，为全国和分区人口发展规划提供科学依据。旅游区划揭示旅游资源的地域分布规律、旅游配套设施和行政管理的地域分工及相互联系，以利于合理组织不同区域的旅游活动。经济区划依照不同的角度又可划分为农业区划和工业区划，农业区划还可细分为农业自然条件区划和农业技术改革区划等，可见经济区划同样不是孤立存在的，它受到自然要素的影响。

各类区划方式虽然侧重点不同，但都是参照地域的不同构成要素而进行的对地域的总体划分。每一个研究领域都相互关联，互相影响。

### 3. 微观层面

微观层面的地域指的是地域单元，任何一个地域单元都不是孤立存在的。按照地域划分的体系，地域之间存在明显的纵向联系。在同一系统中，等级愈高，地域之间的联系愈不紧密，相反则愈趋紧密。地域单元是从各个角度进行研究的基本单位，其尺度并不限定，根据不同的研究方向以及不同的研究深度、广度，地域单元的尺度各不相同。根据研究角度的不同，地域单元可能是一类地域区划的单元，也可能是几类地域区划的叠加。

地域单元中包含的要素是以土地为基础的，自然要素是地域构成的基本元素，包括土质、水文、地形、地貌、植被、动物、微生物、水体、大气、光照、风等。人文要素是以自然要素为基础，通过人类认识自然、改造自然，在自然要素所能承载的范围之内形成的建筑物、街道、聚落、水塘、梯田等，还包括语言、风俗习惯、宗教信仰、文化传统、社会经济、社会体制等。

### 四、地域性景观的内涵与分类

#### 1. 景观的概念

“景观”一词由“景”与“观”组成。《现代汉语词典（第 7 版）》对“景”的解释之一是景致，风景；对“观”的解释是看，景象或样子，对事物的认识或看法。“观”具有认识与认知的概念，是以人为主体的一种动作表达。1979 年出版的《辞海》第一次收录了“景观”这一名词，其解释是“地理学名词”，分为一般概念和特定区域概念。① 一般概念，泛指地表自然景色，强调自然地理特征的表象。② 特定区域概念，指自然地理区划中的基本单位，具有空间结构和功能属性。1989 年版《辞海》进一步将景观细分为自然景观（如冰川、森林）与人文景观（如城市、聚落）两大类型。可见，“景观”一词正式使用是源于地理学的含义。《中国大百科全书》中定义的景观是一个含义广泛的术语，不仅在地理学中被经常使用，还在建筑、园林、日常生活等许多方面被使用，其原意为风景、风景画、眼界等。对于景观的概念，有很多不同的理解，但基本都是从景观的自然属性与人文属性方面释义。

#### 2. 风景园林领域的理解

在希腊语中，“风景”一词通常与自然景观尤其是农业景观相关。希腊人认为的风景就包含了作为自然一员的人类。文艺复兴时期，北欧的艺术家们开始用绘画的形式来表现风景。风景画是人们为了追求视觉的愉悦而表现的自然或田园的场景。在欧洲，风景美学的概念源于自然与社会之间的分离，这种分离曾经是近代人们通过对自然的认识，进而争取人性自由的基石。正因为如此，以风景和园林的形式再现自然才具备了必要性，其重新发现了通往外在的感觉世界之路。

（1）地域性景观的概念

按照景观的表现形态，景观可分为物质形态的景观与非物质形态的景观。所谓物质，是独立于人的意识之外的客观存在，它不以人的主观意志为转移。物质与非物质的相互影响和制约无时无刻不在进行着。非物质产生于物质，对人来说，它看不见，摸不着，甚至感觉不到，但它的存在却是客观的，是受人意志作用的一种东西。《人文地理学》一书中将文化景观分为物质文化景观和非物质文化景观。物质文化景观是指具有色彩和形态，可被人们肉眼感觉到的有形的文化景观。非物质文化景观相对抽象，如思想意识、生活方式、宗教信仰等。

地域性景观是某一地域范围内，自然景观、人文景观及人类活动所表现出的地域特征，是存在于相对明确的地理边界的地域内的，它区别于周边地域的景观，具有自己的特色与特征。地域性景观不仅展现了某一地域范围内独特的自然景色，也反映了这一范围内人类在自然中留下的印迹与延续的文脉，包括独具特色的城市聚落、建筑房屋，也包括特有的传统文化与生活方式。地域性景观记载了人与自然和谐相处的过去与现在。不同的地域范围内形成了独具特色的地域性景观，无论是精神的感知还是视觉的印象，地域性景观都是这一地域内最能展现特色的重要因素之一。地域性景观不仅反映了某一地域自然演变的规律，也体现了人们对地域的熟知感。

（2）地域性景观的分析

地域性景观是当地自然景观与人文景观的总和，是自然条件和人类活动共同影响的历史产物。地域性景观的各种属性都表现在它的构成要素上，无论是显性的特征还是隐性的特征，都是通过地域性的构成要素相互联系、相互作用而表现出来的。地域性景观的构成要素之间相互依赖、相互作用，所产生的生命力表现了地域性景观的动态发展属性。地域性景观构成要素之间的和谐共存、共生共长又使得地域性景观在一段时间内相对稳定。地域性景观的构成要素主要分为自然要素和人文要素。

① 自然要素

地域性景观的自然要素是其存在的基础，它们共同构成了人类行为空间的主要载体，主要包括地形、地貌、地质、水文、土壤、植被、动物、气候条件、光热条件、风、自然演变规律。其中，地形、地貌包括地势与天然地物和人工地物的位置在内的地表形态，是体现地域特征、界限、功能等的主要载体。广义的地形是构成自然景观空间的主体，自然要素中的地质、水文、土壤既包括地表显性的特征，又包括地下的隐性特征，如地下水、矿物质等。植被、动物是自然要素中生命力表现最强的要素，也是地域性景观的内涵体现人类对自然的改造程度的重要指标。光照条件、风、温度、湿度、降雨等是自然要素中变化频率最快的，也是给予自然养分与能量，赋予其生命的重要元素。

② 人文要素

历史的文脉是尊重当地传统文化发展的具体表现，包括当地生活习惯、历史文化背景等人文特征以及历史发展的规律与机理。对文脉的传承主要体现在对当地自然要素与人文要素的利用方式和改造程度上。受现行社会机制所限，加上城市化高速发展的压力，景观设计更多地重视外在形式要素而忽视了内在的东西。实际上，西方现代景观设计的理论正在被更多元化、更人性化的设计思想所修正。

经济水平、功能定位、总体规划、整体风貌等都是地域性景观设计的重要影响因素。一方面，城市满足人类的生活需求和物质需求；另一方面，城市的发展又兼顾着自然的脆弱性与敏感性。城市是一个矛盾的综合体，这使得城市的发展具有地域性景观中错综复杂的地域特征。在城市的发展进程中，城市肌理与整体风貌反映了城市的建设历史、未来规划，以及城市的功能定位、文化特征。反过来，历史、文化、经济也是城市肌理积淀而成的重要依据。

## 第四节 ◉ 生态设计与可持续设计理论

### 一、生态设计相关理论

**1. 系统理论**

人类对“系统”一词并不陌生，早在我国古代就有朴素的系统思想，但现代意义上的系统理论产生于20世纪上半叶。1937年，路德维希·冯·贝塔朗菲（Ludwig Von Bertalanffy）首次提出“系统”这一概念，并定义为“相互作用的诸要素的综合体”。由他创立的系统论认为，系统具有以下主要特征。

（1）整体性

系统整体的功能一般并不等于组成该系统的各子系统功能的简单相加。相对于子系统的功能来说，系统整体可以具有“全新”的功能。

（2）关联性

系统的层次、要素、环境都是相互联系、相互作用、相互依存、相互制约的，这种特征称为相关性或关联性。

（3）层次性

系统由一定的要素组成，这些要素既是更小一层要素的母系统，又是更大系统的组成要素，这就是系统的层次性。

（4）动态性

任何区域系统本质上都是一个开放系统，系统自身及其环境都处于不断运动、发展、变化的过程中。

**2. 生态经济理论**

生态经济学是20世纪60年代由生态学和经济学相互交叉而形成的一门边缘学科，它是从经济学角度，研究生态经济复合系统的结构、功能及其演替规律的一门学科，为研究生态环境和土地利用经济问题提供了有力的工具。

**3. 景观生态学理论**

根据内容的差异，可将景观生态学的基本理论归纳为以下两个部分。

（1）生态适宜理论

生态经济系统有着明显的地域性。不同的地域，从自然资源的形成条件到各种资源的数量、质量、性质及其组合都有很大差别，在空间上构成不同类型的资源地域组合。因此在开发利用资源前，必须通过全面系统的调查研究，查明资源地域分布的规律，并在进行适宜性评价的基础上分门别类，因地制宜地制定生态经济的规划和实施这些规划的政策，使生态建设和经济建设同步实施，在良性循环中协调发展。

（2）生态平衡理论

生态环境质量的优劣，是以生态是否平衡作为主要标准的。生态平衡就是一个地区的生物与环境在长期适应的过程中，生物与生物、生物与环境之间建立了相对稳定的结构，整个系统处于能够发挥其最佳功能的状态。生态平衡主要表现为生态系统的物质输入与输出维持平衡，生物与生物、生物与环境之间在结构上保持相对稳定的比例关系，生态系统食物链的能量转化、物质循环保持正常运行，即生态系统的物质收支平衡、结构平衡和功能平衡。

**4. 生态设计理论**

（1）生态设计的定义

传统工程是用人为的结构和过程来取代自然，而生态工程则是利用关于自然的结构和过程的认识规律来设计的。生态工程的进一步发展就是模仿自然系统来进行设计。

生态设计的范围非常广泛，甚至可以说遍及设计的任何领域，各个领域对生态设计的定义和理解各有侧重、有所发展。任何与生态过程相协调，尽量使其对环境的破坏影响达到最小的设计形式都称为生态设计。各个领域对生态设计定义的延伸和发展能够帮助人们更好地掌握生态设计原理。

（2）建筑生态设计的定义

建筑生态设计是着眼于建筑全寿命周期过程，对环境和资源影响进行考虑；从建筑材料及使用功能，对室内、室外，对局部、区域乃至全球环境和资源影响进行考虑，达到一定标准的建筑体系。这个标准应是建立在当前技术和经济水平下的，做到节约能源、资源，无害化、无污染和可循环地设计。建筑生态设计的目的是要使生态学的竞争、共生、再生和自生原理得到充分的体现，资源得以高效利用，人与自然高度和谐。建筑生态设计不仅仅指建筑设计，还包括住宅区内的风景园林、环境工程和能源工程等工程设计，是它们与生态学结合的综合性设计。

（3）景观生态设计的定义

景观是一种显露生态的语言。景观生态设计从本质上说就是对土地和户外空间的设计，是对人类生态系统的设计。景观生态设计是一种最大限度地借助于自然力的最少设计，也是一种基于自然系统自我有机更新能力的再生设计，即改变现有的线性物流和能流的输入与排放模式，而在源、消费中心和汇之间建立一个循环流程的设计。景观生态设计可以理解为是一个对任何有关人类使用户外空间及土地问题的分析、提出解决问题的方法以及监理这一解决方法的实施过程，而景观设计师的职责就是帮助人类，使人、建筑物、社区、城市以及人类的生活同地球和谐相处。这种和谐意味着设计要尊重物种多样性，减少对资源的剥夺，保持营养和水循环，维持植物生境和动物栖息地的质量，以有助于改善人居环境及生态系统的健康。

景观生态设计是开启自然的自组织或自我设计的设计过程。景观生态设计反映了设计师对自然和社会的责任，每个设计师基于生态设计理念的实践和经验都是对该领域的贡献。

**5. 生态设计理念**

（1）让自然做功

设计结合自然的生态学也就是我们进行设计时的基点和原则，麦克哈格认为设计手段是“花最少的力气去适应自然，而不是抗衡”。在实践中麦克哈格既不把重点放在设计方面，也不放在自然本身上面，而是把重点放在“结合”

上面。他认为，“如果要创造一个善良的城市，而不是一个窒息人类心灵的城市，我们需要同时选择城市和自然，缺一不可。两者虽然不同，但相互依赖，两者同时能提高人类生存的条件和意义”。

（2）生态系统平衡及进化

生态系统平衡是一种动态平衡，因为能量流动和物质循环在不间断地进行，生物个体也在不断地更新。如何能够保证生态系统处于一个动态的平衡状态，主要取决于其调控机制。在自然界中生存最久的并不是最强壮的生物，而是最能与其他生物共生并与环境协同进化的生物。生态设计就是要通过设计的途径与必要的手段促使自然生态系统和模仿自然生态系统建立的人工生态系统中的各物种之间形成协同进化的态势，发挥更大的生态效益。

（3）共生与多样性原理

“共生”一词来源于希腊语，其概念最先是由德国真菌学家安东·德·巴里（Anton de Bary）在1879年提出的，指不同种属生活在一起的状态。生态学的共生是指不同物种以不同的相互获益关系生活在一起，形成对双方或对一方有利的方式。生物多样性是人类生存的基础。目前，人类对自然的过度利用导致生物多样性的大量、快速丧失，保护生物多样性成为人类实现可持续发展过程中面临的首要任务。保护物种的生存环境，是生态设计非常重要的任务。

## 二、建筑的生态设计

建筑物的建造和使用过程中需要消耗大量的自然资源，同时会增加环境负荷。人类利用从自然界所获得的物质原料来建造各类建筑及其附属设备，这些建筑在建造和使用过程中又要消耗大量能量。与建筑有关的空气污染、光污染、电磁污染等占环境总体污染的比重逐年上升。《雅典宪章》已经开始孕育很多生态设计的思想，宪章中指出城市是构成一个地理的、经济的、社会的、文化的和政治的区域单位的一部分。城市依赖这些单位而发展，区域构成了城市的天然界限和环境。这些区域单位的发展有赖于各种地理和地形的特点。气候、土地和水源等主要因素集合起来，便构成了对任何一个区域进行科学规划的基础，这些因素是互相联系、彼此影响的。

20世纪70年代石油危机后，工业发达国家开始注重建筑节能的研究，太阳能、地热、风能、节能围护结构等新技术应运而生。其中，掩土节能建筑研究方面的成果尤为突出（图1-11）。80年代，节能建筑体系日趋完善，并在英、德等发达国家广为应用，但建筑物密闭性提高后产生的室内环境问题逐渐显现。建筑病综合征的出现，影响了人们的身心健康和工作效率。以健康为中心的建筑环境研究因此成为热点。90年代之后，生态建筑理论研究开始步入正轨。1991年布兰达·威尔（Brenda Vale）和罗伯特·威尔（Robert Vale）合著的《绿色建筑：为可持续发展而设计》出版，提出了综合考虑能源、气候、材料、住户、区域环境的整体的设计观。阿莫里·洛温斯（Amory Lovins）在《东西方的融合：为可持续发展建筑而进行的整体设计》中指出，“绿色建筑不仅仅关注物质上的创造，还包括经济、文化交流和精神等方面”。沙拉·费瑟斯（Sarah Fethers）在英国科茨沃尔德自然保护区内设计了一幢外观奇特的生态房，其设计灵感来源于蜂巢。这幢房屋占地550英亩①，沿湖而建，是一座生态环保的住房。建造房屋所用的材料来自废弃的沙砾。同时，它广泛地应用地下热能、雨水、太阳能以及风力来满足整座房屋的日常需求（图1-12）。多年来，绿色建筑研究由建筑个体、单纯技术上升到体系层面，由建筑设计扩展到环境评估、区域规划等多个领域，形成了整体性、综合性和多学科交叉的特点。

① 英亩是英美制面积单位，1英亩约等于4 046.86平方米。

图 1-11　掩土节能建筑

图 1-12　生态环保住房

## 三、生态主义思想与景观设计

**1. 朴素的生态观念时期**

文艺复兴时期，人们从中世纪的神学精神世界中解放出来，重视世间的生活受到文学先驱们的热烈赞颂并体现出向往隐逸生活的倾向，如但丁的《神曲》、薄伽丘的《十日谈》等。此时的文学作品中对于生活的描述也影响到了景观的营造，如修剪整齐的雕刻状树篱和各种生动的喷泉表现了对人类力量的崇敬，模仿自然元素的生动水景和自然式布局的丛林景观体现了对自然景观的重视与隐喻，生态主义在景观营造中开始萌芽。

**2. 自然景观引入生态学思考**

（1）景观设计引入生态主义的历程

19 世纪上半叶，浪漫主义和印象主义均对自然寄予了人性化情感色彩，作为环保运动哲学起源的浪漫主义尤为注重个性表达。19 世纪中叶，唯物主义哲学和实证主义哲学的出现使现实主义风行一时，人们强调客观辩证地观察和描绘自然淳朴的现实生活。19 世纪下半叶，约翰·拉斯金（John Ruskin）和威廉·莫里斯（William Morris）倡导工艺美术运动，讲求“师法自然”，对工业革命背景下景观设计的千篇一律进行反思，使得景观设计形式更加丰富。在艺术思潮影响生态主义思想之外，环境保护运动也对生态主义思想发展产生了重要影响。19 世纪末，以奥西安·科尔·西蒙兹（Ossian Cole Simonds）为代表的一批美国中西部地区景观设计师，提出了一种新的设计概念：设计不是想当然地重复流行的形式和材料，而是要适应当地的景观、气候、土壤、劳动力状况和其他条件。他们在设计中运用本土植物群落来展现地方景观特色的方法，体现了朴素的生态观念。

20 世纪 40 年代斯德哥尔摩学派的泰格纳城市树林公园，是其中一个出色的范例。同一时期，在北欧的其他国家也出现了在保留自然环境的基础上，以多样性的乡土自然植物为主营造的城市公园，如建于荷兰阿姆斯特丹的城市生态园等，这些可以视为城市生态公园的雏形。二战后，西方社会的工业化与城市化进程发展十分迅速，环境与经济发展的矛盾更为尖锐，人类的生存与延续遭遇了前所未有的挑战，这些促成了生态主义理论的兴起。弗雷德里克·劳·奥姆斯特德（Frederick Law Olmsted）继承了英国“如诗如画”的自然主义的造园思想，但跳出了浪漫式自然主义风格的局限，其代表作纽约中央公园取得了巨大的成功，标志着景观设计从为社会上层营造私人园林到为普通民众设计园林，成为普通公众休闲、玩耍的空间（图 1-13）。奥姆斯特德将城市和社区建设与自然、公园建设相结合，打破了彼此孤立建设的传统，通过公园环绕城市形成完整的公园系统，并创造了“公园道”——将公园景观系统串联起来。这是一种道路体系，是以平坦的机动车路面为主，综合数种交通方式的宽阔城市绿道。

图 1-13　纽约中央公园

20 世纪 60 至 70 年代，劳伦斯·哈普林（Lawrence Halprin）突破狭义的固有设计方法，用以人们的体验为主要设计目标的景观取而代之。哈普林对旧金山一座旧厂区的改造，重新定位了老城市结构与肌理的重构，提倡将高速公路网络也融于城市规划，如西雅图高速公路公园项目，而且由其独创的“生态记谱”和“RSVP 循环的生态规划设计工作框架”也走在生态设计景观的前沿。

伊恩·麦克哈格（Ian McHarg）在查尔斯·埃利奥特（Charles Eliot）、哈普林等人的研究基础上提出了强调生态学原则的“千层饼模式”和土地适宜性分析。以麦克哈格的《设计结合自然》（*Design with Nature*）一书为标志，生态设计的理论和方法得到了比较深入的研究，使城市生态公园从形式到内容都有了很大发展。书中首次提出将生态主义的思想、方法与规划和设计自然景观结合，更为重要的是建立起景观规划中的生态准则。在麦克哈格看来，自然景观与城市应该是一个有机整体。

20 世纪 80 年代后，生态规划方法得到了进一步的发展。凯文·林奇（Kevin Lynch）的学生卡尔·斯坦尼兹（Carl Steinitz）在景观生态规划领域的经典著作《变化景观的多解规划》中提出了“多解生态规划法”，使生态规划方法从单一结论走向了多方求解；同时在景观视觉分析、GIS 信息系统的应用等领域都有很大的贡献。

弗雷德里克·斯坦纳（Frederick Steiner）在《生命的景观：景观规划的生态学途径》中提出，在保护自然的同时创造更为宜居的景观环境，他通过多步骤的生态规划框架，摆脱了麦克哈格的“生态决定论”，使生态规划方法从线性过程转向了综合分析。

21 世纪的景观设计经过长期的发展不再坚持单一生态因素决定设计结果，逐渐从 18 世纪追求风景如画的空间视觉特征，追求设计生态、单一的城市绿地景观或者简单的融合部分规划功能，演变为追求具有整体关联的结构性景观。

（2）生态主义景观代表作品

生态设计是一种最大限度地借助自然力的最少设计（Minimum Design）。乔治·哈格里夫斯（George Hargreaves）认为，景观设计是一个平台，在这个平台上人类与各种自然元素相互交融，其结果就是产生一种人性化自然景观。这种景观并不是完全自然的，往往采用非自然的形态展现出人与自然交融的状态。风景园林设计在生态设计的基础之上，应该首先考虑艺术价值，艺术是风景园林的精神内涵。受大地艺术家罗伯特·史密森的影响，哈格里夫斯于 1988 年设计的旧金山拜斯比公园（图 1-14），充满了自然界的动态、变化之美。在原垃圾填

图 1-14　旧金山拜斯比公园

埋场的表面覆盖土壤以塑造地形，地形会在自然力的作用下随时间改变。该设计通过艺术与科学的结合，实现了在科学基础上的自然动态的艺术表达。

荷兰景观设计师阿德里安·高伊策（Adriaan Geuze）的作品反映出设计师对于社会、生活、技术与景观的积极乐观的态度。在艺术与形态方面，他深受大地艺术的影响，整体风格简洁，视觉元素整体而单纯，作品往往体现出雕塑般的景观和艺术化的地形处理方式。时间维度在其作品中尤为凸显，景观是一个有机的整体，不论是否是人造的，都会受到时间的洗刷。在技术方面，他认为技术是生态实现的重要手段与基础，和生态之间已经形成一种共存的关系，所以有必要模糊两者之间的界限。

高伊策对于当代社会、生活、技术、景观的乐观看法，和他所提倡的景观设计、城市规划、建筑设计之间的融合，诠释了景观设计的艺术、技术与生态特点，是现代生态景观设计的一个发展方向。东斯尔德大坝景观设计是其代表作品之一（图1-15），项目场地就是大坝建设完成后的遗留工地，且政府预算不足。高伊策将工地废弃的多余沙石堆平整后建成一片高地，这样能使人们开车经过时有较高的视线位置，可以看到广袤无限的大海。后期对这片高地用蚌壳进行了艺术化处理，不仅帮助了附近养殖场处理蚌壳，而且与生态学家合作，为海鸟建立了繁殖场。

(a)

(b)

**图 1-15　东斯尔德大坝景观**

德国景观设计师彼得·拉茨（Peter Latz）关注技术的艺术化生成，运用生态主义的思想和特有的艺术语言进行景观设计，通过综合景观美学特征与生态学功能实现了视觉生态的表达和转化，在景观设计领域产生了深远的影响。其代表作品北杜伊斯堡公园传递出一种跨越时间的设计理念。原场地为有一百多年历史的废弃钢铁厂，于1985年停止生产。随着当时德国政府对旧工业区的改造计划的推进，1989年钢铁厂开始改建为公园，成为全球工业景观改造的典范（图1-16）。拉茨尽可能保留了场地原有的建筑物、矿堆等特有事物，通过整合、发展，将场地的历史文脉与新的设计规划目的相结合，形成“另一种”新的景观。

以城市废弃地再利用为主要特色的城市生态公园，其实例还包括加拿大多伦多市汤米·汤普森公园、德国海尔布隆市砖瓦厂公园、德国格尔森基尔欣北星公园等。这些公园都是运用生态原则，通过综合设计将城市原有的工业或商业废弃地，改造成一种良性发展的动态生态系统，利用或强调了相关废弃设施的自然特性，有弹性和适应性地再循环利用废弃的环境，使公园处在衰败和更新的动态过程中，既保留了历史记忆，又恢复了生态环境，为地区更新与发展提供了良好的基础。自奥姆斯特德开始，景观设计师前赴后继地在景观设计中加入自己对生态、景观、城市、人居关系的认识，景观设计逐渐从参考、借鉴生态学理论到以体现生态学原理为主要目的之一。

图 1-16　北杜伊斯堡公园



### 四、可持续景观设计理论

**1. 可持续景观设计理论的辨析与建构**

（1）可持续发展内容与定义

① 可持续发展的定义

“可持续”一词来自拉丁语，原意是“维持下去、继续提高”。为各界所普遍采用的可持续发展的定义是世界环境与发展委员会在《我们共同的未来》报告中提出的定义——“既满足当代的需求，又不对后代满足需求能力构成危害的发展”。

“可持续设计”来源于“可持续思想”，是一种构建及开发可持续解决方案的策略设计活动，均衡考虑经济、环境、道德和社会问题，以设计引导和满足消费需求，维持需求的持续满足。可持续的概念不仅包括环境与资源的可持续，也包括社会、文化的可持续。从经济性的角度来定义，可持续发展是在确保自然资源的品质及其所提供服务的前提下，使经济发展的利益增加到最大的限度。从科技选择的角度来定义，可持续发展就是朝向更清洁、更有效的技术，尽可能使用达到“零排放”或“密闭式”的制造方式，尽可能减少能源和其他资源的消耗。

② 可持续发展的思辨

1981 年，美国莱斯特·布朗（Lester Brown）出版了《建设一个可持续发展的社会》，提出以控制人口增长、保护资源基础和开发再生能源来实现可持续发展。1987 年，世界环境与发展委员会出版了《我们共同的未来》，系统阐述了可持续发展的思想。1992 年 6 月，联合国在里约热内卢召开的环境和发展会议，通过了以可持续发展为核心的《里约宣言》《21世纪议程》等文件。随后，中国政府编制了《中国21世纪议程——中国21世纪人口、资源、环境与发展白皮书》，首次把可持续发展战略纳入我国经济和社会发展的长远规划。可持续发展已经由学者的构想一步步转变为大国的发展战略，并形成了世界范围的共识，可持续发展的观念也在不断更新。

实际上，“可持续发展”包含了“需要”发展和“节制”可持续的平衡。“消费与需求”是人类的天性，也是社会发展的原动力，所以在发展的过程中，“需要”往往占了优势。经济问题也许是决定性的问题，如果以“可持续发展”模式进行发展，目前来看，其代价比传统发展方式高很多，是“不经济的”。现实情况是，围绕“可持续”的问题已经讨论了半个多世纪，然而“不可持续”的传统发展模式仍占据主导地位，人们很少再做“资源还原”的工作，“节制”的观念依旧敌不过市场经济的浪潮，追求短期效益、急功近利似乎成为市场优胜的一种选择，然而这种追求低代价、高回报的“既得利益”所带来的负面影响，将给后代带来巨大压力。

另外，道德因素也是一个重要方面。“代际责任感”的缺失导致了真正意义上的“可持续发展”难以实现，人类物质文明在当下得到了长足发展，各方面都实现了“现代化”，代际公平却还比较遥远，大多数当代人并不“真正关心遥远后代的利益”，眼前利益为上。工业化的发展释放了生产力，人类的需求急剧膨胀，使得环境遭到了破坏，这种破坏的程度已经超过了自然的修复能力，很多破坏是不可逆的。

（2）可持续发展的过程

① 二战后至20世纪60年代

该时期是可持续发展观念的萌芽阶段。二战后，世界进入相对和平的时期，社会经济复苏，同时带来了众多的自然、生态、气候问题，可持续发展理论作为一种文化思潮出现。美国著名生态学家奥尔多·利奥波德（Aldo Leopold）结合美国一百多年与欧洲数百年开发自然的历史和美国自然保护的实践，对人类社会从自然世界无节制掠夺资源、大规模开发利用土地资源的行为进行了思考，并将自己的生态修复过程以及以往积累下来的报告、游记编辑整理成《沙乡年鉴》。在他去世一年多之后的1949年，《沙乡年鉴》正式出版，该书中的土地伦理观成为现代社会生态伦理的基石（图1-17）。

② 20世纪60—70年代

该时期是可持续发展观念的发展阶段。环保意识出现的标志是1972年在斯德哥尔摩人类环境会议上通过的《人类环境宣言》。该文件指出人类可持续发展的主要内容是：a. 人类既有享受环境资源与空间的权利，又负有为当代人类及其后代保护和改善环境的义务。b. 为了维护当代人类及其后代的利益，地球上的任何资源都应精心规划，合理利用，如尽可能利用可再生资源，而节约利用不可再生资源。c. 人类负有保护野生动植物及其栖息环境的义务。d. 为保证各生态系统不致受到严重的和不可挽回的危害，应停止以超过环境净化能力的浓度排放有害物质或余热。

这一时期，景观设计理论的研究主要集中在对宏观尺度生态绿地的研究方面，关注的是区域、国家层面的绿地景观系统规划与发展研究。1969年，美国景观建筑师麦克哈格出版了《设计结合自然》，他在书中剖析了人与环境、环境与环境之间错综复杂的关系，从各种自然现象、历史、人文角度探讨地球的环境问题，提出了园林规划结合生态思想的新概念和新方法，将风景园林回归了它的自然本原，认为艺术不是最具生命力的部分，自然才是。1978年，美国景观建筑师西蒙兹也在《大地景观：环境规划指南》一书中表达了对环境问题的关注，他细致深入地分析了环境的病害，并对症下药提出了治疗的处方。

图 1-17　被砍伐的森林

③ 20 世纪 80 年代之后

该时期是可持续发展理论建立、广泛研究，并逐步实践的阶段。1992 年在里约热内卢举行的联合国环境与发展大会，在重申《人类环境宣言》的基础上，将可持续理论推进了一步。该会议系统提出了可持续发展的原则，包括：a. 发展的前提是不妨碍后代的需求与发展。b. 发展进程应时刻注重环境保护和公众参与。c. 减少和消除不能持续的生产和消费方式，并且推行适当的人口政策。d. 制定关于污染和其他环境损害的责任及赔偿受害者的国家法律。e. 土著居民及其社区由于独特的知识和传统习惯，在环境管理和发展方面具有重大作用，各国应承认和适当支持他们的特点、文化和利益，并有效地使他们参与持久的发展决策。

这一时期，景观设计理论开始向多学科的细化研究转变。立足于生态原则的绿地规划着眼于更小的尺度范围，城市尺度的景观研究成为主要任务。1982 年，卡罗尔 · A. 斯迈瑟（Carol · A. Smyse）出版了《自然的设计：自然景观设计实用指南》一书，探讨了如何处理城市环境设计问题。她从小尺度的空间设计角度阐发了麦克哈格的生态规划思想，力图寻求一种建立在城市生态平衡基础上的自然可亲的绿色空间。美国著名景观设计师安妮 · 惠斯顿 · 斯本（Anne Whiston Spirn）的《花岗岩花园：城市的自然与人类的设计》和加拿大学者迈克尔 · 哈夫（Michael Hough）的《城市与自然过程：迈向可持续性的基础》两书均于 1984 年出版，亦进一步阐述了城市的自然特性，宣称城市也是自然的一部分，大自然仍然存在于城市的每一个角落。他们从分析生态系统的主要成分（空气、土地、水、动物、植物）入手，就如何将生态原则应用于城市绿地规划，提出了很多新颖又实用的方法。

**2. 可持续发展与可持续景观设计概念**

（1）从可持续发展到景观设计

① 可持续定义扩展到设计领域

1993 年，由美国国家公园出版社出版的《可持续设计指导原则》中列出了关于建筑设计的六项指导原则：完善建筑空间使用的灵活性，以便减少建筑体量，将建设所需的资源降低到最少；针对当地的气候条件，采用被动式能源策略，尽量使用可再生能源；树立建筑材料蕴含能量和循环使用的意识；增强适用技术的公众意识，结合建筑功能要求，采用简单合适的技术；重视对地段的地方性、地域性的理解，延续地方场所的文化脉络；减少建造过程中对环境的破坏，避免破坏环境，浪费资源及建材。这些理论也被运用于景观设计之中，促进了可持续的景观设计理论的发展。

② 可持续设计源于可持续发展

目前，人类赖以生存的自然环境、社会环境以及人类本身的发展都面临前所未有的挑战。面对这些挑战，人们一直在寻求一种建立在环境和自然资源可承受基础上的长期发展模式，这就要求设计师放弃以外观形式的标新立异为宗旨的习惯，而将设计的重心真正转到功能的适用、材料与工艺的合理使用、传统文化的传承、环境的亲和性上，尽量减少材料消耗，延长使用寿命，以一种更为负责的态度与意识去创造舒适与完美的环境。其真谛在于综合考虑政治、经济、社会、技术、文化、美学等方面，提出整合的解决办法。事实上这种转变也是美学观念上的转变，园林的可持续设计顺应当今设计可持续发展，将在人工和自然环境中寻找和平共处之道。

（2）可持续景观设计的含义

① 景观的可持续

“景观的可持续”意味着两个层次的问题，即单系统景观自身的可持续发展和对整个人居系统集成的可持续发展。而人居系统内容丰富多彩，涉及人口、建筑、社区、城市、园林等多方面，其中每一项都是一个复杂的系统，同时上述各个系统通过集成又构成一个人类的巨型系统，互相牵制，作为整体同样应考虑可持续发展。景观的可持续可以概括为在自身领域中，景观设计应当是既满足当代人需要又满足后代人生存和发展的需要。详细来说，即在经济方面减少支出，在社会方面给人以交往的空间、美的感观感受，在环境方面减少能耗、减少污染或无污染。

② 可持续景观设计的本质内涵及目标

可持续景观设计的本质内涵是尊重自然的发展规律、有序利用自然的能力、追求富有自然气息的景观。这是千百年来人类的经验和精神总结。唯有如此，景观才有可能是可持续的，自然的环境才有可能持续发展，人类的发展才可能持续。可持续景观设计的目标是节约和利用现有资源与能源，努力改善生态环境及气候，尊重自然，助推人与自然环境协调持续发展。

## 第五节 ⊙ 其他相关景观设计理论

### 一、人性化景观设计理论

#### 1. 人性化设计的产生原因

人性化设计的产生是多种因素综合作用的结果，有社会的、个体的原因，也有设计本身的原因。归结来看，以下三个方面可能是其最主要的原因。

（1）社会经济发展的必然结果

社会生活水平是随社会整体生产力水平发展而逐渐提升的。当社会经济发展处于较低水平时，人们对设计的要求是简单实用；当社会经济发展水平达到一定程度时，人们就会对设计物提出更高的要求，不仅要满足生理的需求，还要满足心理的需要。设计要实用，更要适用；不仅要适用，而且要在设计中赋予更多审美的、情感的、文化的、精神的内涵。因而设计人性化趋向的出现和发展便成了水到渠成之事。

（2）人类需要阶梯化上升的内在要求

设计的目的在于满足人的生理和心理需要，需要成为人类设计的原动力。需要的不断产生和满足不断推动设计向前发展，影响和制约设计的内容和方式。亚伯拉罕·马斯洛（Abraham

Maslow）提出的需要层次论揭示了设计人性化的实质。人性化设计，由简单实用到除实用之外蕴含各种精神文化因素的人性化，正是这种需要层次逐级上升的反映。虽然人类高级的精神需要的满足不一定全通过城市公共空间设计来实现，但作为人类生产、生活方式的主要载体——城市公共空间，它在满足人类高级的精神需要，协调、平衡情感方面的作用是毋庸置疑的。

（3）对于设计理性化的反拨

长期以来，英雄主义在建筑领域里很有市场，从早期柯布西耶的理想城市到如今流行的美国新城市主义，无不认为建筑设计可以影响人的行为，使用者将按照设计者的意图去使用和感知人造环境。这种先入为主的思想实际上忽视了环境中人的心理与行为、社会文化等因素的能动作用。由德国包豪斯学院创立和倡导的现代主义设计风格曾一度成为席卷全球、一统天下的国际主义风格（图 1-18）。现代主义设计以其高度统一、理性化的特征和冷漠的面孔征服了全世界，在创造巨大的社会财富的同时，也受到自我意识不断增强的新一代消费者的批评和指责。一方面是自我意识不断增强、消费口味不断变化的消费者，一方面是过于刻板、冷峻、理性、千篇一律的设计面孔，其结果必然是选择变化、突破——由理性化走向感性化。

图 1-18 包豪斯校舍

**2. 人性化设计的概念及内涵**

人性化设计是一种注重人性需求的设计，又称人本主义设计，最早出现在工业产品设计中并得到了广泛的推广和应用。美国著名设计师阿瑟·普罗斯（Arthur Pross）说过，人们总以为设计有三维，即美学、技术和经济，然而更重要的是第四维——人性。这里所说的人性，就是通常所说的设计人性化、设计“以人为本”。设计的核心是人，所有的设计其实都是针对人类的各种需要展开的，这些需要不仅包含物质生活需要，更包含人们的精神生活需要。因此，从这个意义来说，人性化设计的出现，完全是设计本质的要求。设计的主体是人，设计的使用者和设计者也是人，因此人是城市空间设计的中心和尺度。尺度既包括生理尺度，又包括心理尺度，而心理尺度的满足是通过人性化设计得以实现的。为了使人的身心获得健康发展，造就和健全高洁完美人格精神的设计才永远具有人类生命的活力。离开了关爱人、尊重人的目标，设计便会偏离正确的方向。

**3. 环境行为学与景观环境设计**

（1）人类的空间行为

1982 年，日本学者渡边仁史在《环境心理》一书中系统总结了日本的有关研究，该书把空间中的行为定义为“带有目的之活动的连续集合”，并把空间中的行为特点归纳如下：

① 空间的秩序，即行为在时间上的规律性和一定的倾向性。

② 空间中人流的流动，即人从某一点运动到另一点时两个地点之间的位置移动。

③ 空间中人的分布，即人在空间中的定位。

④ 空间的对应状态，即人活动时的心理和精神状态。

（2）群体活动模式

对于群体的活动模式，木村幸一郎关于人群步行速度与人群密度关系的假设迄今仍有参考价值。木村认为，人群步行速度与密度之间，具有类似于流体速度与黏滞系数之间的关系。在某一密度下，随着密度的提高，速度的降低并不明显；但超过某一密度时，随着密度的提高，速度明显下降。不过，这是木村对建筑物室内人流流动规律进行观察后得出的结论，显然受到流体力学原理的影响，是否适用于各种外部空间，还有待进一步研究。丹麦建筑师扬·盖尔（Jan Gehl）则将人们的户外活动分为三种类型：必要性活动、自发性活动、依赖他人参与的社会性活动。各种类型的活动都与环境紧密相连，环境中人的行为方式也就成为人性化景观设计的重要依据。

① 通过是一种常见行为，在景观环境中十分常见。这种行为的最大特点就是简洁、便捷，这体现在多个方面：在设计场地穿行通道时，首选直线以缩短距离，同时不应该设置障碍或者有人群不宜通过的地形、地貌，通道的宽度应该适应人流量的变化；而场地的交通组织也应该清晰、流畅，必须给行人以明确的交通标识，在景观设计中应该考虑人们的这类行为方式。

② 休憩是景观环境中经常发生的行为方式之一。休憩需要合适的环境，充足的阳光、场地的私密程度、景观、相邻场所的干扰等因素都是需要考虑的内容。休憩行为的发生需要环境的诱导，要有合适的照明环境、供人休憩的设施。

③ 驻留在景观环境中常常发生，人们驻留在场地上发生各种活动。能够诱发此行为的因素有标识、事件的发生、良好的视野等。

## 二、结构主义景观设计理论

**1. 结构主义基本概念**

20 世纪 20 年代，现代结构主义风靡全球，其影响同样辐射到景观设计行业。以简洁的线条、几何形体为代表的设计语言反映出现代美学的特点。结构主义的发展也有一个循序渐进的过程，比如托马斯·丘奇的早期设计，将景观设计更多地理解为一种静态的美学构图，强调视觉、形式而忽略了空间功能。

现代结构主义成为景观设计的重要形式依据，并将古典设计思想与现代景观设计联系起来。美国现代结构主义风景园林设计大师丹·凯利（Dan Kiley）以欧洲园林，尤其是以法国景观园林中的构成元素、视觉元素为参考，并在现代景观园林设计中将古典主义园林和空间结构体现出来。

**2. 结构主义景观代表作品**

凯利是结构主义景观设计大师。一方面，他的设计往往从景观场地的实际情况与项目所需的功能要素出发，采取规则的几何平面布局，用现代主义建筑设计中常用的均质网格系统来确定其景观要素的具体位置，这使得景观空间组织是现代的、流动的。另一方面，他常采用古典主义景观的形式元素，如方形水池、树阵等来塑造空间。1963 年，凯利发表了《自然：设计之源泉》，提出“自然中的连贯而简洁的组织形式完全可以满足人类的需要，并可以运用到场地规划和物质建构中”，景观体现出的清晰的结构、空间的连续、材料的简洁是其空间的基础，对于水体、植物的灵活运用则给景观带来了更多细节及更丰富的表现，开创了一种运用古典主义形式元素营造现代主义景观的视角和设计方法。

凯利设计的米勒花园（图 1-19—图 1-21），建筑平面呈长方形，中央的空间由四周的回廊和户外的开敞空间联系。住宅建筑周围是平坦的场地。根据实际情况与功能需求，凯利采用古典的景观结构将整体空间划分为庭院、草地和树林三种类型，同时运用大量矩阵和交叉的直线形态，将属于建筑本身的秩序感扩展到周围庭院的自然景观之中。

图 1-19　米勒花园鸟瞰

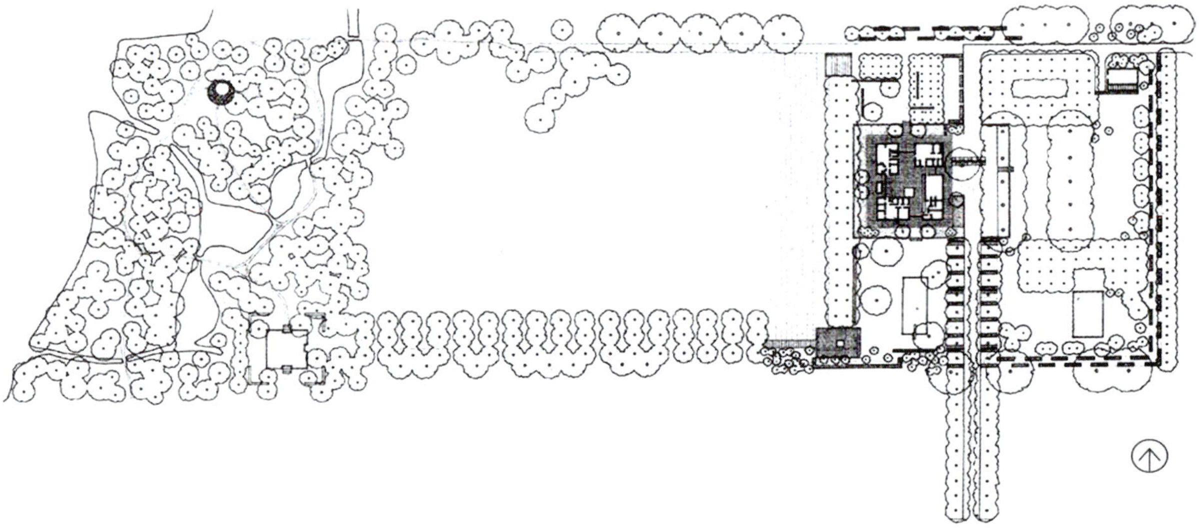

图 1-20　米勒花园平面图

图 1-21 米勒花园中的一点透视

## 三、极简主义景观设计理论

### 1. 极简主义基本概念

极简主义以“纯粹的抽象”为目的，将基本视觉元素从造型艺术中分离出来，以形式的简洁和规律的重复体现出现实生活的规律。景观设计师在景观设计领域对极简主义的运用主要集中在形式与材料上，以单纯的几何形体为基础进行排列组合，材料往往使用工厂生产出来的非天然材料，如铝板、玻璃、钢板等。极简主义有如下特征：

① 追求视觉形态的极简，传达的全是形式本身。

② 以机械化大生产为基石，采用工业材料，推崇工业化的加工制造过程，崇尚工业化的设计与结构。

③ 推崇简洁的形式，以简单的几何形体为基础，色彩均匀平静，大量采用黑、白、灰色。

④ 景观中的雕塑不采用基座和框架等修饰手段，将作品直接放置于环境之中。

### 2. 极简主义景观代表作品

彼得·沃克（Peter Walker）是极简主义景观大师，他设计的景观在构图上强调几何形态与组织规律，以简单的几何形状为基础进行重复、排列、组合。比如在伯纳特公园（图 1-22、图 1-23）中，他既大量使用现代工业材料如钢铁、玻璃等，又大量使用岩石、砂砾、鹅卵石等天然材料。无论天然材料还是人工材料，都以一种人工的形式来表达，体现出现代主义的形态特征。植物种植也成为严谨的平面几何构图的构图要素，乔木按网格阵列种植，灌木修剪规则，花卉则追求统一的质地与色彩。

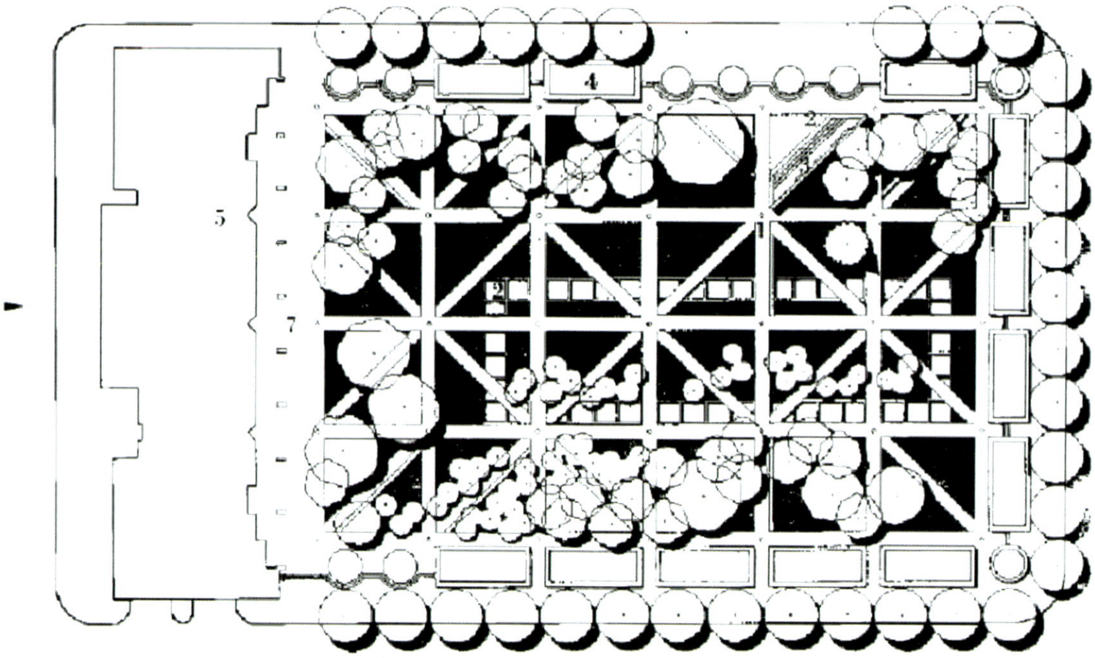


图 1-22　伯纳特公园平面图

图 1-23　伯纳特公园鸟瞰与局部透视

## 四、解构主义景观设计理论

### 1. 解构主义基本概念

1967 年，法国哲学家雅克·德里达（Jacques Derrid）对语言学中的结构主义进行了批判，并提出了解构主义的理论。结构主义哲学对世界的认识建立在理性之上，人们有一种寻找和认识结构的能力，而世界是由各种关系组成的结构所构成的。结构主义具有先验性、稳定性、有序性。而解构主义则反对结构主义的整体性和系统性，认为符号本身已经能够完整地反映客观事物，对整体中单一元素、部分的研究要高于对整体结构的研究。解构主义的目的是打破现有的单元化的秩序而形成新的秩序，这种秩序不仅指社会秩序，还包括个人意识上的秩序。20 世纪 70 年代以后，解构主义哲学开始影响建筑界，其表现如下：

① 对现代主义、国际主义理性思维模式和

既定价值观念的批判，企图突破现代主义、国际主义的理性思维模式，反对权威，反对样板化和先验的形式，在设计中摒弃理性至上的思维模式，崇尚个性化设计思路，强调个性与偶然性因素。由形式追随功能转为追随想象。

② 对建筑空间具有明确功能意义的本质提出了质疑，强调建筑的非功能特性，对建筑空间确定性进行解构，加强对空间中事件及行为的诱发及组织。

③ 对现代主义、国际主义建筑设计的空间体系、形式体系的结构，采用分割、破碎、位移、拼接等手段，打破理性的空间体系，从而产生解构主义的新空间体系与形式。这种空间体系与形式十分新颖，更大程度地体现了设计者自身的审美，具有极大的不确定性。

弗兰克·盖里（Frank Gehry）是解构主义建筑大师，他设计的建筑作品仿佛与美国都市格格不入。他采用多种物质材料，运用各种建筑形式，并将幽默、神秘以及梦想等融入其建筑体系中。他曾说："我喜欢这种在建筑过程中看不见的美，而这种美又常常在技术制造过程中失落了。"盖里在早期的工作中就大胆运用开阔的空间、各种原材料以及不拘的形式来进行建造。盖里的建筑也包含了普通的过程，有继续进行的生命、进化中的生命和成长中的生命等。盖里的作品相当独特，极具个性，他的作品中很少掺杂社会化和意识形态的东西。他通常使用多角平面、倾斜的结构、倒转的形式以及多种物质形式将视觉效应运用于图样中。毕尔巴鄂古根海姆美术馆是其代表作品（图1-24），建筑外观同样延续了他的个人风格——奇特不规则的曲线，全由钛金属拼接的白贝壳状的表面，其出众的外观让人印象深刻。而内部则用纤薄的碳纤维骨架，架起一个庞大的、开阔的艺廊空间。古根海姆美术馆的建筑本身就是旷世杰作，其本体比馆藏更为迷人。加上它是盖里的最后一件作品，其艺术价值大增。盖里创作的众多作品由于形态特征突出、时代气息浓郁、艺术风格独特而举世闻名。丰富的建筑形态语言是弗兰克·盖里与世人交流的有效工具。他用极具独创性的建筑形态来向世人展示其非凡的艺术创造力和空间想象力。弗兰克·盖里的一系列作品在不断突破传统审美法则的同时，也体现了他为追求自由、彰显个性而在建筑创作上孜孜以求的探索精神。

图 1-24　毕尔巴鄂古根海姆美术馆

**2. 解构主义景观代表作品**

伯纳德·屈米（Bernard Tschumi）设计的拉·维莱特公园，位于巴黎十九区东北面，是巴黎最大的公园之一。他将公园的不规则基地划分成以 120 m×120 m 为基本单元的网格，借用了现代主义建筑设计网格控制的手法设计景观。方格网络的 42 个交点上均放置了屈米设计的红色建筑物，它在功能意义上具有不确定性，因而在这种意义上，建筑物的功能与形式脱钩，相互之间的传统服从关系被破坏。同时，以点、线、面为标志的三种不同系统叠合成的平面（图 1-25），打破了向心式、对称式等传统景观形式的规则（图 1-26、图 1-27）。

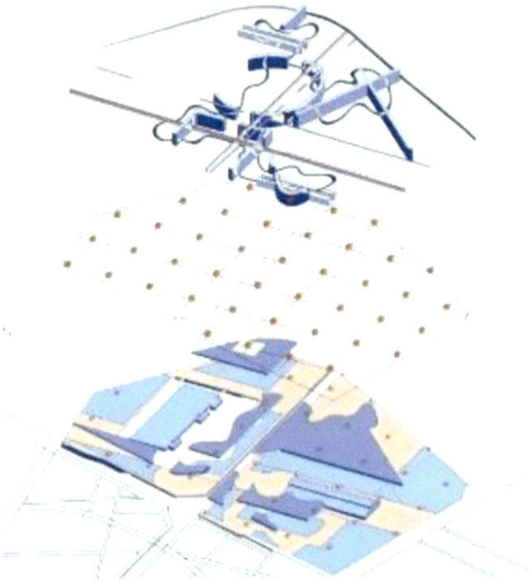

图 1-25　拉·维莱特公园结构分析图

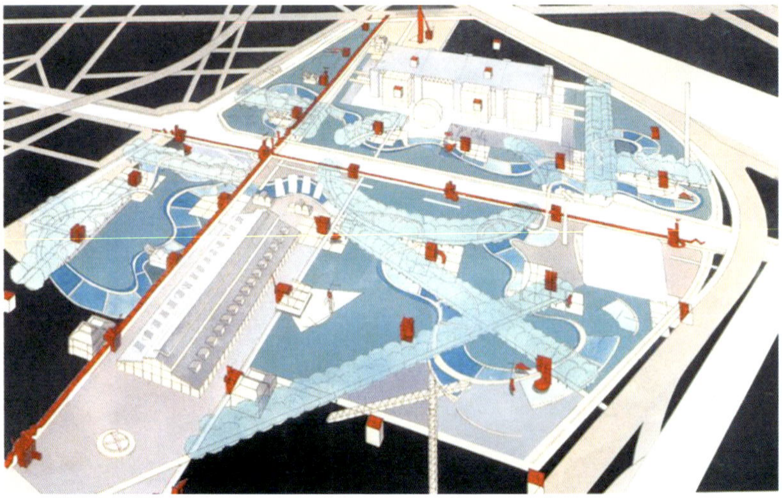

图 1-26　拉·维莱特公园鸟瞰分析图

图 1-27　拉·维莱特公园实景

# 第二章

# 景观设计方法

景观设计作为一种创作活动，经历着“分析研究—构思设计—方案选择—再构思”的过程，既需要严密的逻辑思维，又需要形象思维的设计想法。本章内容包括景观设计的思维方法、景观设计的过程及景观设计的图纸表达，从“思维—过程—表达”三个方面对景观设计方法进行阐释。

## 第一节 ◉ 景观设计的思维方法

景观设计是一门集工程、艺术、自然、人文于一体的综合学科，一个景观设计作品需要从生态学、艺术、社会学等多种思维角度出发，并根据设计师的主观认知、委托方的不同要求，可以有不同的思考结果。即使是同一块场地，不同的设计师也会有不同的方案。以下从基于空间形式的设计、基于环境行为的设计、基于景观叙事的设计、基于生态优先的设计这四个角度，对景观设计创作中的思维方法进行探讨。

### 一、基于空间形式的设计思维

景观的形式语言是进行空间设计的基础，不论是何种设计出发点，最终在落实到场地设计层面时，都需要运用空间设计的语言将概念转化为形式。同时，基于空间与场地思考的形式语言需要形象思维与逻辑思维的共同作用，这本身便是一种重要的设计思维。

**1. 景观的空间语言**

景观有一系列空间语言系统，这套语言系统的组合能够创造出一种符合秩序法则的、统一的空间形态。景观的空间语言研究的重要性在于它仅仅通过研究形式的组合，并结合功能的需要，便能创造出一套完整的、具有独立审美的景观方案。这套系统包括元素、语汇、功能、流线和视线（表 2-1）。

表 2-1　景观的空间语言系统

| 元素 | 语汇 | 功能 | 流线 | 视线 |
|---|---|---|---|---|
| 地形 | 几何形 | 动与静 | 人流 | 仰视 |
| 山石 | 自然形 | 公开性与私密性 | 车流 | 平视 |
| 水体 | 点、线、面、体 | 开放性与封闭性 | 垂直流线 | 俯视 |
| 植物 | 尺度 | 分隔与围合 | 弯曲流线 | 视域 |
| 道路 | 比例 | 邻接与穿插 | | 对景与借景 |
| 景观建筑 | 平衡 | | | 夹景与框景 |
| 铺装 | 顺序 | | | |
| 景观照明 | | | | |

**2. 从概念到形式——空间语言的综合运用**

美国设计师格兰特·W. 里德（Grant W. Reid）在《园林景观设计——从概念到形式》中探讨了“形式追随功能”的问题。书中介绍了一种园林景观的设计方法，这种方法具有逻辑性和结构性，并鼓励设计师用几何学和自然的思想去设计，从而举一反三，创造更多更好的形式。

其具体思路为：首先，根据业主需求和场地设计目的确定概念平面图，表达使用者的功能需求，画出功能分布图并确定流线；其次，利用几何形的空间语汇，并结合概念平面图使空间具体化和可视化；最后，将概念化的形式语言进行深化，通过景观元素表现出来。

（1）从几何主题开始

几何形基于三个基本图形，即正方形、三角形和圆形，利用几何形为主题组织景观又可演化出以下几种空间主题：矩形主题、多边形主题、圆形主题、弧形主题、自然形主题。矩形主题（图 2-1）是最简单和最实用的几何元素，也是景观设计中最常见的组织形式，最易与建筑物环境相搭配；多边形主题又可分为135°/八边形主题和 120°/六边形主题（图2-2），它们不像矩形主题那么规则，但能给空间带来更多的动感，特别是以多边形主题网格作为底图时，可衍生出多种有趣的空间形式；圆形主题（图 2-3）的魅力在于它的简洁性、统一性和整体性，它具有运动和静止双重特性，且有很多变化形式，可以是多圆组合，也可以是遵循圆形网格的同心圆与基于同心圆的射线或弧线组合成的图形；弧形主题是直线和圆相切围成的图形，圆与直线的连接使它与周围环境能很好地融合；自然形主题是一种不规律的形式，它可能由不规则的场地决定，也可能由贴近自然的设计倾向决定，可以是蜿蜒的曲线，也可以是自由的椭圆形、螺旋形和不规则的多边形。

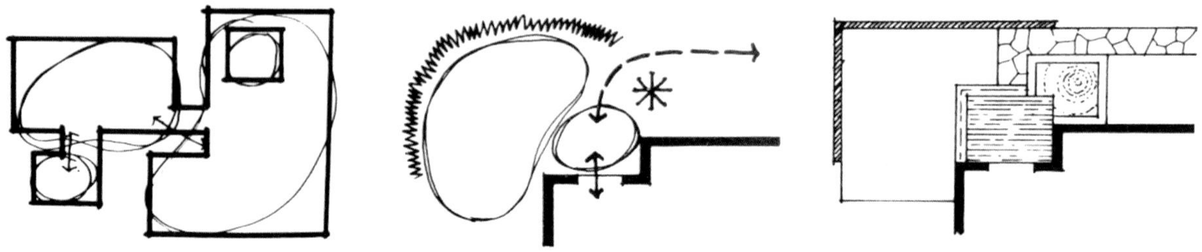

图 2-1　矩形主题引导空间

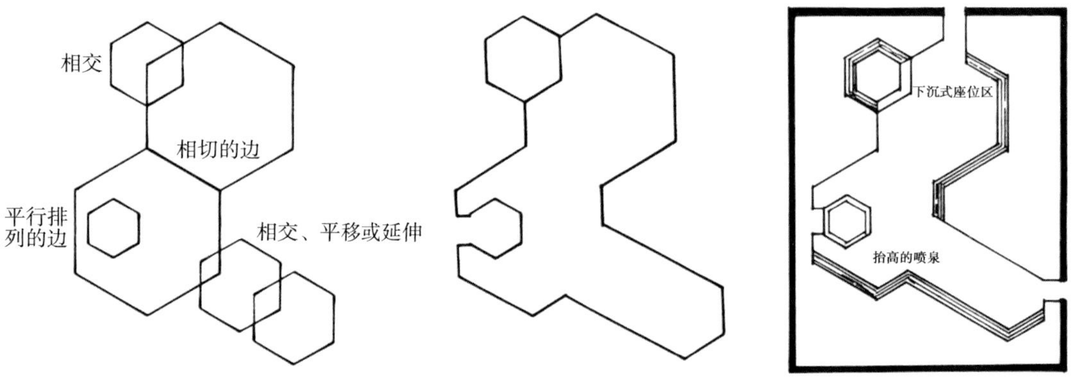


图 2-2　多边形主题引导空间

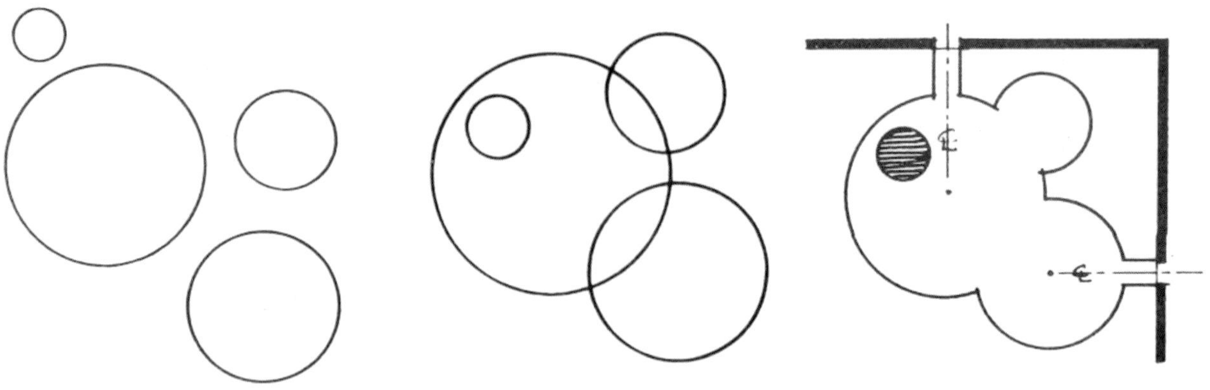

图 2-3　圆形主题引导空间

(2) 形态与功能的结合

案例名称：角落地块花园。

图 2-4 是一个角落地块花园的设计，其主要设计目的是为休闲和自由活动创造有用的空间，同时保持私密性，并需要用台地解决前院的坡度，保留现有的大树。按照空间形式思维的设计方法，首先，根据场地现状和设计要求做出空间结构分析和空间功能划分，以处理开放性与封闭性、动与静、分隔与围合的关系，并确定各种流线。其次，运用几何主题语言，将场地用 135° 斜线网格、矩形网格和曲线进行空间划分。最后，在此基础上，加入树木、道路、隔墙、铺装和建筑等景观元素。



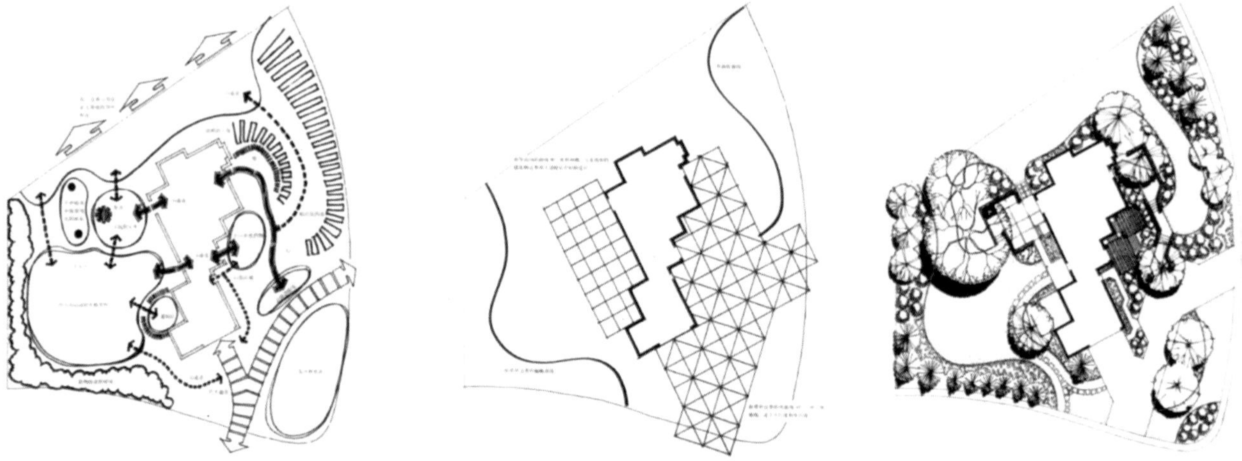

图 2-4　形态与功能结合的案例

### 3. 景观空间的多元表达

对于同一场地，在不考虑各种生态的、人文的和特殊要求的情况下，基于不同的几何主题和设计思路可以产生不同的空间形式方案。对于设计师来说，锻炼空间思维的多元表达能力是非常重要的。图 2-5 显示了在同一块场地上，运用不同的曲线组合方式可以形成完全不同的场地空间形式。

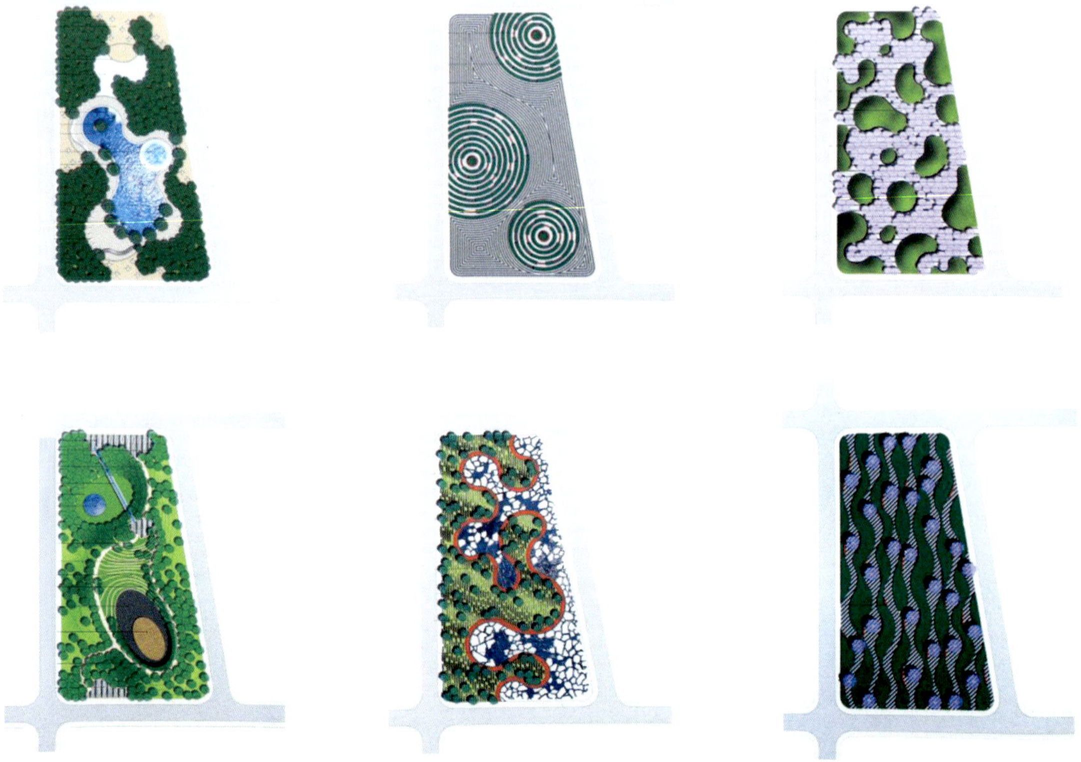

图 2-5　同一场地曲线主题的多元表达



## 二、基于环境行为的设计思维

在当今社会，人性化的设计是非常重要的。有一个重要的误区便是，只在进行设计研究时才会进行系统的社会学、环境行为学的调查与研究，而环境行为的调查和研究对于设计方案的形成并不重要。事实上，正确的方式应该是将环境行为学的调查作为设计的一部分，并将调查的结果作为方案生成的重要依据和设计的出发点。

**1. 景观中的行为活动和知觉认知**

行为活动最直接地反映了空间的受欢迎程度。在《交往与空间》中，扬·盖尔（Jan Gehl）将活动分为三大类：必要性活动、自发性活动与社会性活动。必要性活动指那些必须要做的事情，如上学、上班、购物等，行为的发生和物质空间的好坏并没有太多关系。自发性活动指在合适的环境下，自愿和即兴发生的活动，如散步、锻炼身体等，只有高质量的空间才能引发更多的自发性活动。社会性活动指依赖于空间中其他人存在的活动，只有在前两种类型的活动有了更好的环境条件时，社会性活动才有可能发生。这种分类方法最大的优点是能够帮助我们理解行为活动和空间品质的相互关系。

另一种行为活动的分类方法是将活动分为静态活动和动态活动两类。站立和坐憩属于静态活动，行走属于动态活动，在设计中我们往往关注动态活动与静态活动的组织关系。比尔·希利尔（Bill Hillier）和扬·盖尔都认为静态活动是公共空间品质的重要指标，人们愿意在空间中停留，是因为空间中有足够的吸引力留住脚步，如果人们只是脚步匆匆，那么一定是空间中缺少一些重要的因素。

知觉认知是环境行为空间中另一个重要的衡量指标。它是人们的主观感受，不能被直接或间接地观察，因此对于知觉认知需要借助一些不同的概念。最广为人知的理论就是马斯洛提出的人类需求金字塔——生理需求、安全需求、社交需求、尊重需求、自我实现需求（图2-6）。在此基础上，斯蒂芬·卡尔（Stephen Carr）总结了“舒适”“放松”“被动参与”“主动参与”“发现”五种需求类型。一般来说，对于一个处于较低等级需求的人来说，他是看不到高等级需求的，所以低等级需求应该成为优先考虑的对象。

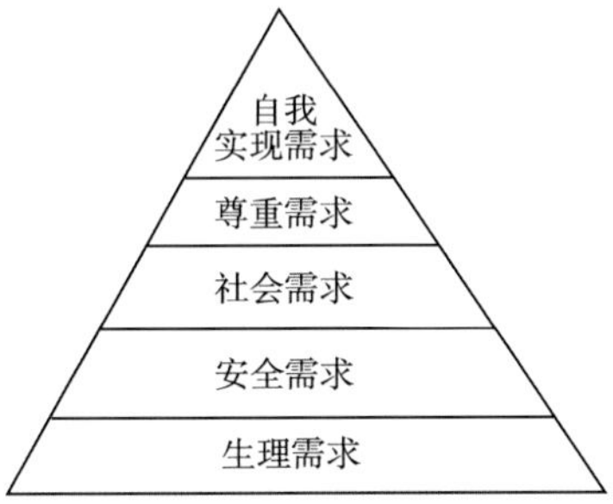


图 2-6　马斯洛的“人类需求金字塔”

在景观设计和城市设计中有一种“杠杆支撑点”理论，即寻找最有效的改造目标。在具体实践中，设计师需要依靠调查工作去发掘场地没能满足的需求重点，即匮乏点，在发现多种匮乏点之后，设计师再按照需求层次模型将它们组织起来，先满足低层次需求，使有限的资金得到最高效的利用。

**2. 调查与分析**

基于环境行为的设计重点在于对现状的调查与分析。适用于行为与认知的调查方法有：① 言说类调查法；② 观察法；③ 文献查阅法。

言说类调查法最常用的就是访谈法和问卷法，这两种方法在景观设计调研中都是最常使用的，另外还有认知地图法，但多用于研究。观察法又可分为空间注记法、活动注记法、行人记数法、动线观察法等。文献查阅法是指查阅他人记载的各种资料，包括一些大数据的资料。

在详细的环境行为调查的基础上，需要对收集到的资料进行解读，并将调查内容有机嵌入设计构思的各个环节，使设计调查能够更好地融入设计过程。其基本的设计思路为：设计调研—发现使用问题—寻找需求重点—判断差距—设计—POE 核查。在这个过程中有一个“判断差距”环节，即设计师对场地现状环境与预想中的认知和活动之间的差异进行判断，依据这种判断构想预期中的物质环境，从而形成具体的设计方案。理想中的设计过程还包含“POE 核查”环节，即在设计建成后进行使用后评价调查（post occupancy evaluation，POE），评估设计成效并改进。

**3. 以环境行为调查为基础的设计——以西单文化广场为例**

以北京西单文化广场的设计为例，可以看到如何通过现状调查找到问题，并以此为基础进行景观设计的改进。

（1）西单文化广场的最初设计

西单文化广场位于北京西单商业区南侧，兼具休闲、文化展示、交通等多种功能，1999 年投入使用。在整体布局上将北侧华南大厦中心线作为南北轴，从南至北依次布置玻璃圆筒状入口、下沉广场、跌水、二层平台，南北轴与西单路口 45°轴线相交构成广场中心，广场中央下沉并有一个圆锥玻璃塔。

（2）西单文化广场的环境行为调查及问题

西单文化广场在投入使用数年后，发现了很多使用上不尽如人意的地方。通过对广场流线、广场空间形态与私密性、座椅状况及公众休息状况、广场绿化等的调查与分析可以发现存在以下主要问题：① 流线不清晰，斜向交通受阻，网格草坪和下沉广场使道路过于迂回；② 广场边界不理想，广场几何形态强烈但各种边界模糊，限定不足，整体场所感不强；③ 缺乏休憩及遮阴设施。

（3）西单文化广场 2007 年的改进

2007 年北京市西城区政府作为业主对西单文化广场的改建举办了竞赛，ATA Architects & Planners 与北京市建筑设计研究院组成的联合团队赢得了竞赛。它们的方案针对西单文化广场使用现状的问题进行了总结，并提出了以下改进意见：① 重新分区，增加可快速通行的林荫边界通道，增加快速过境区、植栽休闲区、中心广场区，满足休闲、通行、聚集等多种功能；② 优化交通流线，增加公共聚集空间和文化活动场地，调整绿化布局，完善栽植界面；③ 拆除圆锥玻璃塔，复建西单牌楼，突出文化内涵（图 2-7、图 2-8）。

图 2-7　西单文化广场的两版方案（左图为最初建成方案，右图为改造方案）

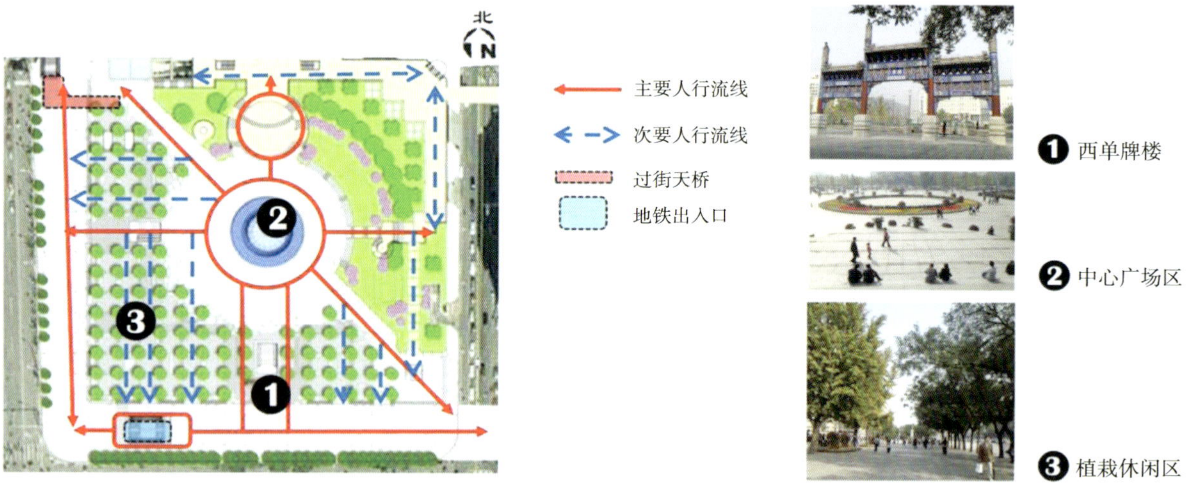


图 2-8　西单文化广场改造方案分析

## 三、基于景观叙事的设计思维

在设计中我们经常要面对观众讲述一个事件、一段经历或者一种观念，但是不同于口头叙事或文字叙事，景观叙事需要用独特的修辞语言来建构意义，并以某种合适的方式表达出来，使观众能够领会故事并有自己的诠释。

**1. 景观叙事——“讲故事”的设计**

叙事是一种思维方式，它不同于逻辑的、科学的认知方式。要理解故事，必须关注事物独特的联系、巧合和邂逅，而不是寻求普遍的真理。“叙事”最初只是一个文学概念，但如今已经变为人文科学和自然科学解释世界的一种方式，它的研究横跨了多个学科。

景观叙事是指产生于景观和叙事间的相互作用与彼此关系。在景观中，叙事是始终贯穿于其中的，它存在于景观要素和景观空间序列中，并以各种方式展开。景观中的叙事可以是有时间顺序的，也可以是没有时间顺序而在空间中随意发生的。它与口头和文字叙事之间最大的差别在于，景观叙事是无声的、持续的，并且没有讲述者或作者，需要观赏者自己去领会场地传达的含义，这也导致了景观叙事惊人的多样性。马修 · 波泰格（Matthew Potteiger）和杰米 · 普灵顿（Jamie Purinton）在《景观叙事：讲故事的设计实践》（*Landscape Narratives*：

*Design Practices for Telling Stories*）中对景观叙事的类型做了总结（表 2-2）。

**表 2-2 景观叙事的类型**

| 类型 | |
|---|---|
| **叙事经验**<br>表现或符合叙事结构的惯例、礼仪或事件，例如节日、集会、法规再制定、朝拜、日常旅行等 | **过程**<br>由某种力量（风、水、经济）引起的行动或事件，相继发生或朝某个目标分阶段进行。腐蚀、生长、延续、修复、拆除和风化，都是可见的变化记录，它把时间铭刻在景观的形式里。 |
| **联想与参照**<br>景观中那些同经历、事件、历史、宗教、寓言或其他叙事形式相关的元素 | **造型叙事**<br>利用故事作为一种设计过程中下令（选择、整理等）或绘图的方式。故事的最终设计形式未必清晰易读 |
| **记忆景观**<br>那些可以用作记忆的有形集中地的场所，或公共的，或个人的。这可以通过暗喻关联或纪念（和忘却）的国际行动来进行，如纪念碑、博物馆、受保护的建筑和地区等 | **叙事场景和主题**<br>场景是叙事的空间和时间环境，它可以隐退为背景，或者明显突显出来。叙事主题是与独特事件相关联的高度传统化的设置，它在文化叙事中被反复激发。在西方文化中，事物本质显露在山巅上，而邂逅则发生在路上 |
| **景观叙事的种类**<br>由文化定义的叙事形式或“种类”而形成的景观，如传说、史诗、传记、神话等 | **讲故事的景观**<br>被设计出的景观要讲述独特的故事，其情节、景物、事件、人物等均带有明显的参照物。故事可以是现有文学或文化叙事，也可以由设计者创作 |
| **可诠释景观**<br>讲述一个地方发生的事情的元素和计划，目的是使现存的或当下的叙事变得好理解 | |

**2. 意义的建构**

修辞是人们在语言、叙事和景观中建构意义的基本手段，最常使用的有四种修辞手段：隐喻、转喻、提喻和反语。隐喻源自希腊语“metaphora”，意为“继续下去”以传达意义。运用隐喻，可以把一个事物某些方面的特征转移到另一个事物上。转喻通过联想来建构意义，反复使用或记忆一个事物就可以将其同另一个事物联系起来，它常常被用作另一个事物的符号。转喻也是景观中常用的手法，在场地设计中事物与事件被安排和组合构建了场所的意义。在许多历史遗产更新的景观中常用抽象的景观构筑来表现事件、人物和时期，就是使用了转喻的修辞。提喻就是用某物的部分代表全部，或者用全部代表部分，在景观设计中常常用某种有地域特色的元素代表某个地区。反语代表了景观修辞中一种模棱两可的态度，这种反语带有冷漠感，进而产生批判。著名的景观作品——玛莎·施瓦茨（Martha Schwartz）的“拼接花园”就是使用了反语的修辞，在一个由绿色塑料组成的屋顶花园中，一半是法国园林，一半是日本园林，反讽了花园的传统观念并提出什么是自然的问题。

**3. 景观叙事的表达**

（1）空间、时间与事件重组

景观是空间的艺术，同时也是时间的艺术，空间、时间与事件的结合有两种表达方式，代表了我们理解景观叙事的不同方式。一种是不脱离故事的理想排序方式，另一种则是完全重述了故事。

第一种方式在表述有一定历史或者专题的情节时往往围绕某些概念性时段进行安排，如将景观放在一系列事件中理解。位于华盛顿的富兰克林·德拉诺·罗斯福纪念馆的设计便采用了这种方式。设计师劳伦斯·哈普林通过把不同的时段连接在一起完成了这一设计。他根据罗斯福的政治生涯和个人生活片段来建构空间，每一个房间代表他在总统任期的一个阶段，并通过布满盆景的花岗岩墙体的连接通道来布局。设计过程中，几百张关于罗斯福的图片沿墙排列，组成一个情节串联图板，或者说是一个完整的概念序列。

另外一种方式则是无限循环的，事件可以重叠、同时发生并允许多元化的诠释。林樱设计的纪念碑公园便是无限循环的叙事。她设计的“V”形墙使战争的开始和结束形成了一个循环，人们好像在不同的时间段穿梭，当两种时间框架交会时，人们会疑惑：战争的起因是什么？是如何开始的？又是怎样结束的？纪念碑上的名字按照死亡的时间排列，这种体验包括沿墙游览的体验，和陌生人或熟悉的人擦身而过的体验，寻找被铭记的名字的体验，等等，人们被卷入了对事件的思考和讨论之中（图 2-9）。

(a) (b) (c)

图 2-9　美国纪念碑公园的叙事

（2）自然生态中的文化景观叙事

随着景观设计的视野不断扩展，不可避免地要把自然领域的规划设计考虑进来，如废弃地的景观恢复、区域景观恢复、线性景观设计等。尽管我们更多地把景观看成是静态的、永久的场景，但实际上自然的作用是无处不在的。看不见的腐蚀、侵蚀和分解，以及可见的水的流动和季节变化，都是潜在的形象的构成序列的统一因素。自然的生态演化过程，也是景观叙事隐喻的另一种扩展。美国风景园林设计师哈格里夫斯尤其关注时间变化对景观效果的影响，他认为人工系统对自然系统会产生潜在伤害。他致力于探索介于人工和生态两者之间的方法，将之比喻为“建立过程，而不控制终端产品”，并称之为“环境剧场”。这种思想便是将自然过程理解为一种叙事。在面对自然地与以自然为背景的文化景观时，不同于小场地将各种文化符号、纪念品、故事事件集中起来进行展示，而是通过依托某种路径将各种分散的文化遗址、历史建筑、故事原址保留并进行诠释。

奥地利瓦尔德威尔特尔公路公园是一个国际竞赛获奖项目，位于奥地利 WALDVIERTEL（森林第四号区域），全长 24 km。公路公园的设想是将公园设置在事故多发的旧公路路段上，保留原有旧公路面貌不变，并结合不同地段的自然风景将其演变为可供人们休闲娱乐的公园。该方案充分考虑了本地密林、巨石、农田、湖泊散布的自然环境，更可贵的是融入了更多的景观叙事的思维。公园由旧公路截取三段事故多发路段组成，旧公路辟为公园，旁边有新公路绕行。三段公路分别选取了一组关键词作为叙事主题：第一段为“车速、巨石、公路、土地”，巨石在旧公路旁一字排开，与新公路之间是金黄色的油菜花田，人们感受不到路的存在，唯一的感受是土地给我们带来丰厚的馈赠；第二段为“车速、巨石、公路、湖水”，这段公路经过湖区，设计师让旧公路消失在水中，巨石也同样竖立在水中，速度在这里被阻挡；第三段为“速度、巨石、公路、空气”，这一段地形陡峭，没有合适的位置建新的绕行公路，因此每一个巨石被从中间断成两半，让汽车从巨石中间穿行，对每一辆经过的车辆起到威慑作用（图 2-10）。

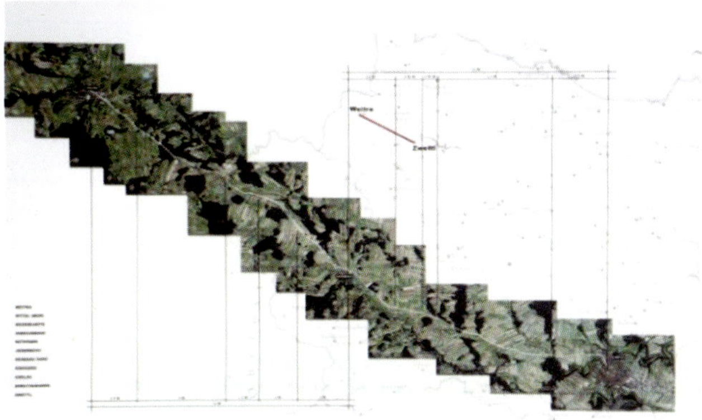

(a)

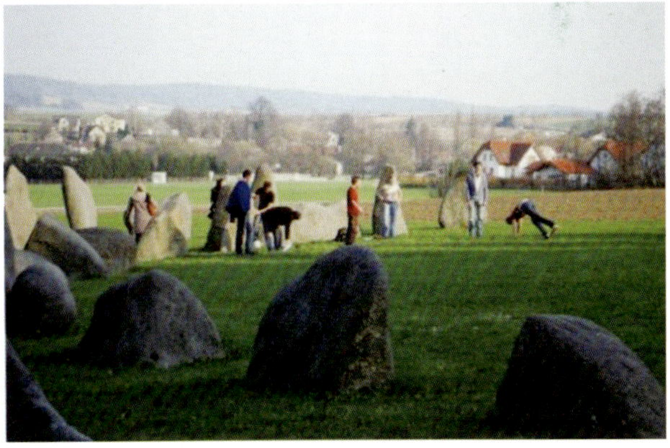

(b)

(c)

(d)

图 2-10 奥地利瓦尔德威尔特尔公路公园设计方案

(3) 开放性景观叙事与社区参与设计

开放性公共空间的景观设计是景观项目中最具有社会意义的，在这种空间塑造中开放性景观叙事显得尤为重要。开放性景观叙事既强调意义的多元性、文本性和变化性，又强调将意义的产生转移到观赏者手中，这样一来人的参与就变成了景观活力的来源。设计师的任务便是开辟供不同叙述者之间进行对话的场所，而不是单一复述故事。同样，当一个集体中更多的人把自己当作参与者，设计师更深刻地意识到每个人都具有塑造自己景观的潜能时，场所就具有更大的被延续下去的可能性。

位于上海杨浦区创智天地园区内的创智农园，占地面积为 2 200 $m^2$，紧邻居民楼，其用地性质为街旁绿地。但不同于普通的绿地以观赏为主，它被设计成居民可以进行活动，并且可以参与管理的“社区花园”。创智农园的布局分为六个区，即设施服务区、公共活动区、朴门菜园区、一米菜园区、公共农事区和互动园艺区（图 2-11）。设施服务区由一组三节集装箱构成，内部有厨房、洗手间、吧台、公共就餐空间等；公共活动区设有活动广场、儿童沙坑等；朴门菜园区是都市农业实践的核心区，由螺旋花园、锁孔花园、厚土栽培实验区、雨水收集区、堆肥区组成；一米菜园区是居民体验种植的区域；公共农事区和互动园艺区都是鼓励居民共建、共享花园的公共区域。创智农园作为社区花园，最大的创新在于鼓励社区参与，兼具日常服务管理、科普教育、社区营造、创意展览等活动，社区居民以各种方式使用花园并参与花园的管理和维护，最终目标是实现完全的社区自组织运行，这就使社区花园能最大可能地被延续下去。

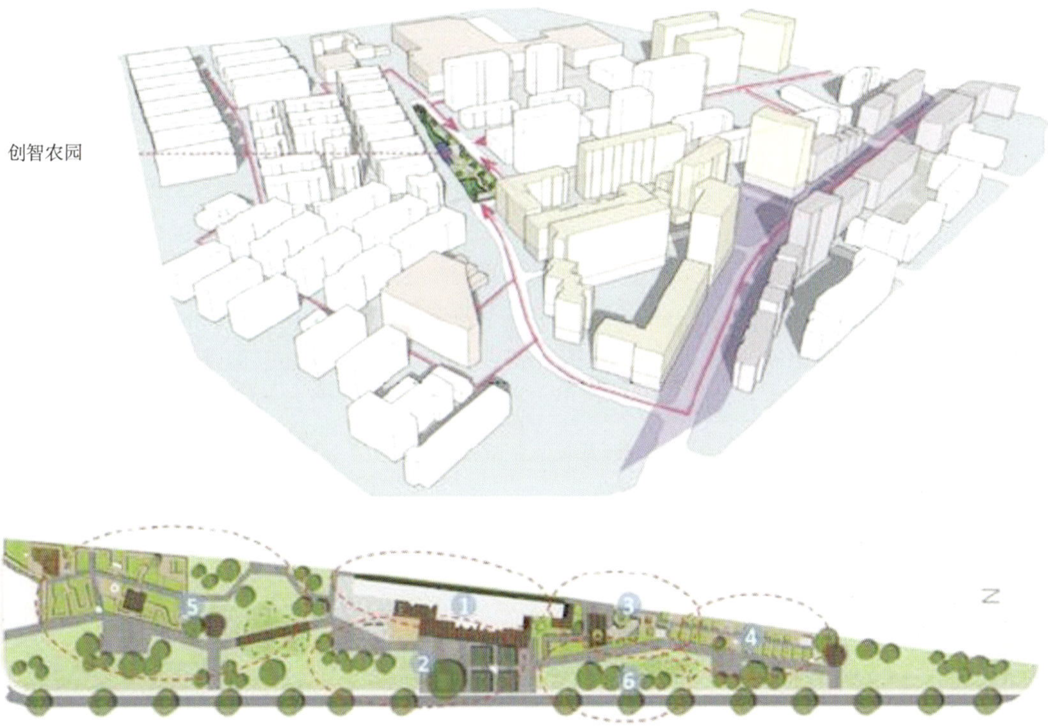


1.设施服务区　2.公共活动区　3.朴门菜园区　4.一米菜园区　5.公共农事区　6.互动园艺区

图 2-11　创智农园的区位与平面图

图 2-12　创智农园中的社区参与

## 四、基于生态优先的设计思维

**1. 设计方法的生态优先**

（1）遵循自然的场地设计

遵循自然是场地设计的首要原则，包含以下几种设计技巧：首先是场地平整和开发的最小扰动，最大限度地保全和利用场地的原有地形与自然环境要素，包括土壤、植被、动物、水体等；其次是应用本地的乡土植物，并采用复层式的群落种植，最大限度地发挥植物的生态效益；再次要注意自然水循环的维护和恢复，主要是通过保证地表水的流通以及增加场地内雨水的自然渗透来实现的。

（2）创造宜人的建成环境

宜人、健康环境的营造是以人为本思想的体现，满足人的需要，并给人以愉悦的空间感受。好的设计首先要关注微气候的营造，在研究基地既有微气候特征（日照、风、水、气温）的基础上确定建筑和户外活动的选址，并结合场地布置景观，创造人工自然条件，进行合理的外部环境设计。其次要设计步行环境，优秀的步行环境设计能够帮助人们消除压力。优秀的步行环境设计包含减少机动车的干扰，对步行环境尺度、形态、铺地等的斟酌，以及无障碍通行。另外，改善声境、杜绝噪声和优秀的光环境设计都是创造宜人的建成环境的途径。

（3）建造材料的有效利用

生态设计中，通过重新改造、减少使用、重复使用、循环使用四种方式实现对建造材料的有效利用。重新改造是指对那些有利用价值，具有文化价值、历史价值的建筑物和构筑物进行改造以满足再用的条件。减少使用是指在设计过程中减少对自然界不可再生资源的消耗，减少能源污染。重新使用是指重复利用一切可再利用的材料，如钢构件、木制品、砖石等。循环使用是指尽量使用可循环的建筑材料。

**2. 技术层面的生态设计**

（1）生态种植技术和土壤治理技术

生态种植技术是指应用生态学原理和技术，构建多样性景观，对绿地的整体空间进行合理配置，来保持生物多样性等生态效益。对生态种植来说，主要的技术手段包括绿化结构设计、树种选择、植物间距确定，以及在种植设计过程中对后期管理和维护的考虑。

土壤治理技术主要包括对污染土壤的改良和水土保持技术。土壤改良是很多废弃地生态恢复设计的基础和前提，目前的技术方法有微生物法、植物法、施肥法、添加剂法、排土客土法。水土保持技术主要运用于边坡稳定性治理。

（2）水资源的利用

水资源的利用是处理城市洪涝灾害的关键，“海绵城市”即主要利用水资源处理技术。它主要涉及水处理、雨水的收集和利用、景观水体的修复、湿地和驳岸水生境的恢复与创建等。水处理主要包括雨水和污水的处理，将雨水与污水按照不同级别的处理系统进行处理并进行不同的再利用，可减少洁净水的用量，缓解水资源的供需矛盾。雨水的收集和利用是指雨水的滞水、截水、蓄水、净水等一系列海绵城市的做法。景观水体的修复是指解决一系列景观水体的问题，如黑臭、水华、青苔等，并鼓励用生物手段来治理水体污染。湿地是水生境最丰富的地方，目前这些地方的污染问题越来越严重，且外来物种的入侵降低了湿地水生境的安全性，因此通过一系列手段进行恢复非常重要。另外，驳岸的硬化破坏了水生态系统，所以生态驳岸的设计同样是迫切的。

（3）绿色建筑技术

绿色建筑技术能为人们提供健康、舒适和无害的空间，达到降低能源消耗、减少污染排放的目标。主要的技术手段包括可再生能源利用与生态节能、屋顶雨水与灰水的处理和回用、生态屋顶绿化及墙面垂直绿化。

**3. 基于生态优先思维的设计案例**

案例：广州莲麻村生态雨水花园设计。

广州莲麻村生态雨水花园是一个乡村公共

空间修复项目，位于莲麻村村委会前。在修复前这是一块经过硬化的地面，周边还有没有修整的废弃洼地，遍布垃圾，更为严重的是由于采用了过度硬化的地面，每逢雨季地表径流滞留严重。

项目采用了生态设计的策略，将硬化广场打造成了一处有着丰富场地形态的雨水花园，并通过一整套的雨水集蓄、净化策略，减缓了地表径流，净化了水体，形成了雨季和旱季差异性的景观。同时，该设计还采用了就地取材、废旧材料再利用的低技术策略，并将环境教育、生态示范与景观相结合。(图 2-13)。

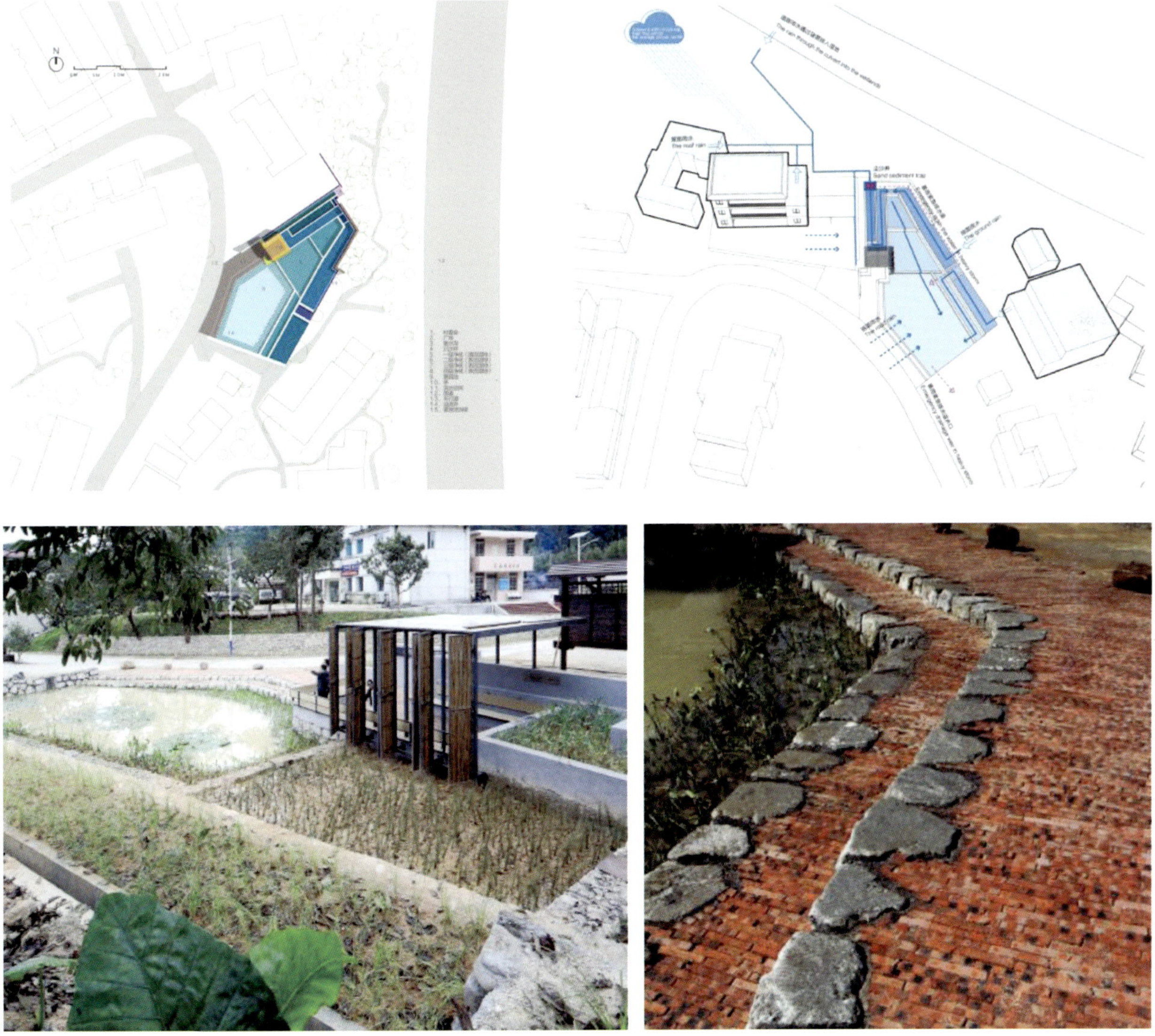

图 2-13　广州莲麻村生态雨水花园设计

## 第二节 ◉ 景观设计的过程

### 一、任务书阶段

在任务书阶段，设计人员应该读懂任务书，充分了解委托方的具体要求以及上位规划中对于地块的各种控制指标，并通过沟通了解委托方的意愿、造价预算和期限等。

景观设计的任务包括公共空间项目和非公共空间项目，获取项目的形式可分为招投标获得和直接委托两种。一般来说，如果工程的规模及投资较大，对社会公众的影响也较大，必须进行招投标，中标的一方才能获得委托设计的机会。招投标的本质是对性价比高的方案进行筛选，思路好、利于实施、报价低的项目会中标，但有时候因为法律程序，招投标并不利于方案的选择和进一步优化，所以很多大型项目也会采用竞赛的方式来征集方案。

对于招投标和竞赛项目，景观设计的任务书会随招标文件和竞赛文件下发；对于委托设计的大型公共空间和公共景观规划项目，会由规划主管部门规定规划条件和任务；而对于商业景观项目，则应参照上位规划相关土地要求和控制指标以及委托方的要求来进行构思。

### 二、调研与分析阶段

在了解任务书的基础上，设计方可以开始进行前期调研与分析。调研内容大体上可分为场地自然环境、场地人文环境以及城市规划条件等。其中场地自然环境包括区域气候、微气候、地形、植被、水文等；场地人文环境包括地域文化、历史人文、民俗风情等；城市规划条件包括场地交通情况、用地限制等。这些资料可以按照场地外部环境的数据和场地内部环境的数据两部分来整理，收集来的资料应该尽量用图片、表格或图解的方式表示，通常用基地资料图来记录调查的内容，用基地分析图来表示分析的结果。

**1. 场地外部环境的数据**

① 气象：气温、湿度、风向、风速、大气污染、积雪、微气候、冻土厚度、静风频率等；

② 地质：地质构造、地表状况、地基承载力、不良地基分布、滑坡、山体坍塌、泥石流、地震强度等；

③ 土壤：土壤的种类、含水状况、排水状况、侵蚀等；

④ 水文：流域特征、平均流量、洪水期与枯水期流量、水位、洪水淹没范围、水流方向和速度、水质、暴雨强度等；

⑤ 植被：植物种类和分布、植物之间的生态联系；

⑥ 动物：动物的种类与分布、繁衍、迁徙；

⑦ 历史人文：人类开发历史、文物和历史遗产、当地习惯和风俗；

⑧ 城镇：城镇职能类型、城镇分布、城市化发展资料；

⑨ 人口：城市人口规模、农村人口规模、种族、宗教、流动人口、性别构成、不同产业的从业人数、人口变动；

⑩ 交通：交通类型、交通需求、居民出行、交通线路、道路设施、停车设施、道路交通量、客运交通枢纽、交通政策信息；

⑪ 已经通过的和正在实施的相关规划：土地利用规划、城市总体规划、分区规划、详细规划、风景区规划、交通规划、绿地规划等。

**2. 场地内部环境的数据**

规划区域的位置、区位、交通状况、给排水现状、池塘、河流、地下水位、水质、现存树木、景观特征、景观资源、微气候、噪声、日照、土壤、建筑物等。

**3. 场地的公共限制**

（1）用地控制

用地控制就是对土地使用规模和性质的控制，体现在规划中有用地红线和建筑红线的控制、城市“五线”的控制、用地性质的控制。

① 用地红线和建筑红线

用地红线是由国家有关部门进行划拨、出让时规定土地的使用范围，所有的建设都不允许超出用地红线的范围。用地红线又称为建筑控制线或“红线后退”，是项目的设计范围。

建筑红线是指各种建筑物基地位置的控制线，临街建筑和构筑物不得超出建筑红线的范围。

② 城市“五线”

城市“五线”是城市红线、城市绿线、城市蓝线、城市紫线、城市黄线的统称（图2-14）。城市红线是指城市主次干道路幅的边界控制线，包括车行道、步行道、绿化带、隔离带等部分，在道路红线两侧进行建设时必须进行退让；城市绿线是指城市各类绿地的边界控制线；城市蓝线是指城市水域部分的边界控制线；城市紫线是指城市历史文化街区、优秀历史建筑及文物保护单位的边界控制线；城市黄线是指对发展全局有影响、必须控制的城市基础设施用地的边界控制线。

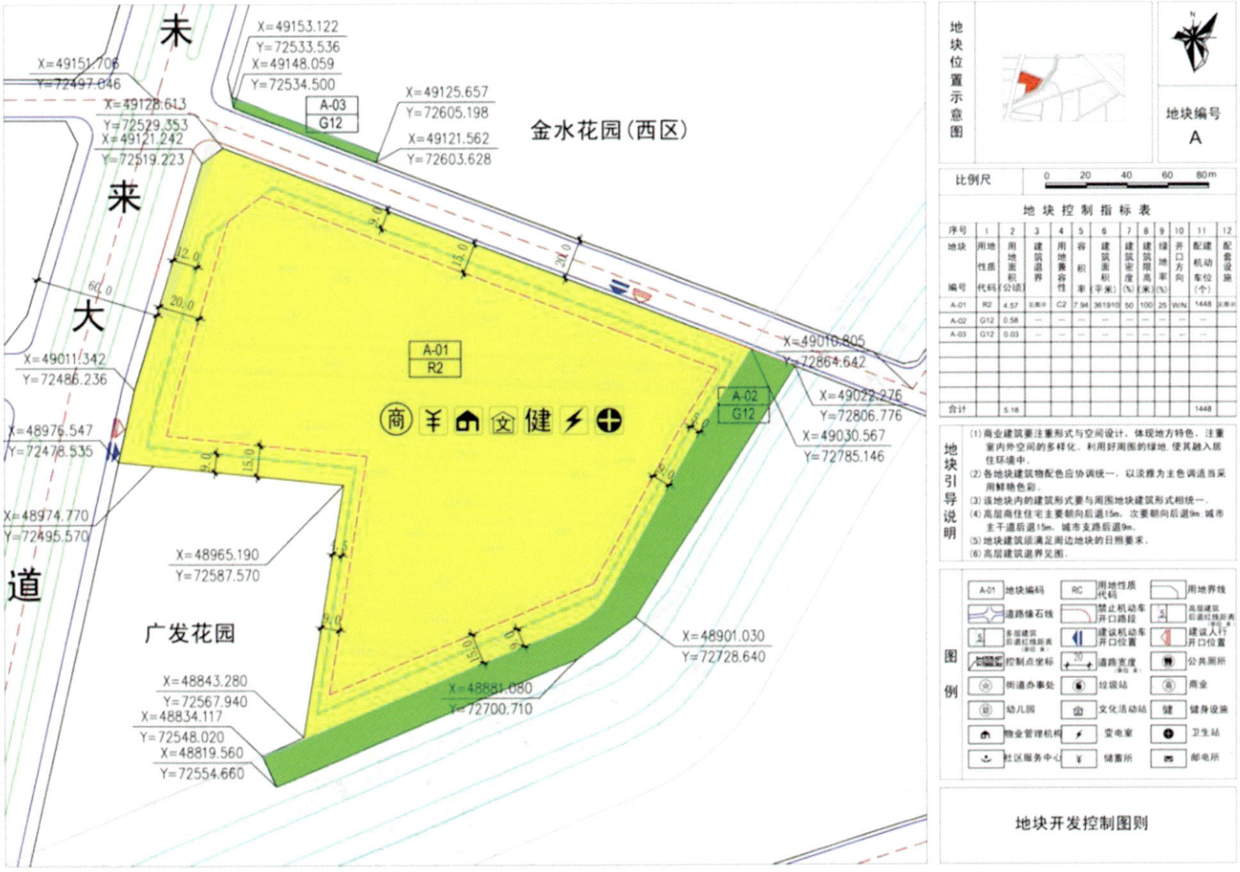


图 2-14　某控规中对于土地的限制

③ 用地性质

在城市规划中，会将土地按照使用性质进行分类，在《城市用地分类与规划建设用地标准》中，城市建设用地分为 8 大类、35 中类、43 小类，其中 8 大类分别是：居住用地、公共管理与公共服务用地、商业服务业设施用地、工业用地、物流仓储用地、道路与交通设施用地、公用设施用地、绿地与广场用地。在景观设计中，城市总体规划（总规）和控制性详细规则（控规）中的土地性质要求是设计的前提和基础。

（2）密度和容积率控制

① 建筑密度

建筑密度又称建筑物的覆盖率，指建设用地范围内所有建筑物的基底总面积与规划建设用地面积的百分比，即

$$建筑密度=\frac{各类建筑基底面积总和}{建设总用地面积}\times 100\%$$

建筑密度反映了土地的使用效率，密度越高，用于景观绿化的土地越少，所以要进行建筑密度的控制，在开发效益和景观舒适度之间找到平衡。

② 容积率

容积率就是建设用地范围内总建筑面积与总用地面积的比值，即

$$容积率=\frac{各类建筑总建筑面积}{建设总用地面积}\times 100\%$$

容积率反映了土地的利用强度及利用效率，是控制开发建设的最重要的控制指标，容积率越高，居民的舒适感越低，反之则越高。容积率是控规中重要的数据，由城乡规划主管部门规定，在设计中要严格遵循（表 2-3）。

**表 2-3　控规中地块控制指标表**

| 序号 | 1 | 2 | 3 | 4 | 5 | 6 | 7 | 8 | 9 | 10 | 11 | 12 |
|---|---|---|---|---|---|---|---|---|---|---|---|---|
| 地块编号 | 用地性质代码 | 用地面积/$hm^2$ | 建筑退界 | 用地兼容性 | 容积率/% | 建筑面积/$m^2$ | 建筑密度/% | 建限高/m | 绿地率/% | 开口方向 | 配建机动车位/个 | 配套设施 |
| B-01 | R2 | 1. 29 | 见图示 | C2 | 7. 08 | 90980 | 50 | 100 | 25 | E/S | 364 | 见图示 |
| B-02 | G12 | 0. 22 | — | — | — | — | — | — | — | — | — | |
| | | | | | | | | | | | | |
| | | | | | | | | | | | | |
| | | | | | | | | | | | | |
| | | | | | | | | | | | | |
| | | | | | | | | | | | | |
| | | | | | | | | | | | | |
| 合计 | — | 1. 51 | — | — | — | — | — | — | — | — | 364 | — |

（3）绿化覆盖率

绿化覆盖率是指绿化植物的垂直投影面积占建设总用地面积的百分比。它是衡量一个城市绿化水平的主要指标，即

$$绿化覆盖率=\frac{植物覆盖面积}{建设总用地面积}\times 100\%$$

（4）绿地率

绿地率是指场地内各种绿地面积的总和占场地用地面积的百分比，即

$$绿地率=\frac{各类绿地面积总和}{场地用地面积}\times 100\%$$

场地内的绿地包括城市各类绿地（含公园绿地、生产绿地、附属绿地、防护绿地、生产绿地、其他绿地）。

除了绿地率外，人均公园绿地面积和人均绿地与广场用地面积也是重要的绿地指标。在《城市用地分类与规划建设用地标准》中规定，规划人均绿地与广场用地面积不应小于 10. 0 $m^2$，其中人均公园绿地面积不应小于 8. 0 $m^2$。

**4. 场地的分析**

在场地调查和分析时，资料应该尽量用图表形式表现，这样资料才能更为直观、具体、醒目。例如，地形现状图，在地形图上应标示出比例和朝向、各级道路网、现有主要建筑和人工设施、等高线、大面积的林地和水域、场地用地范围等。除了场地本身的情况外，还要分析周边环境对场地的影响（图 2-15）。

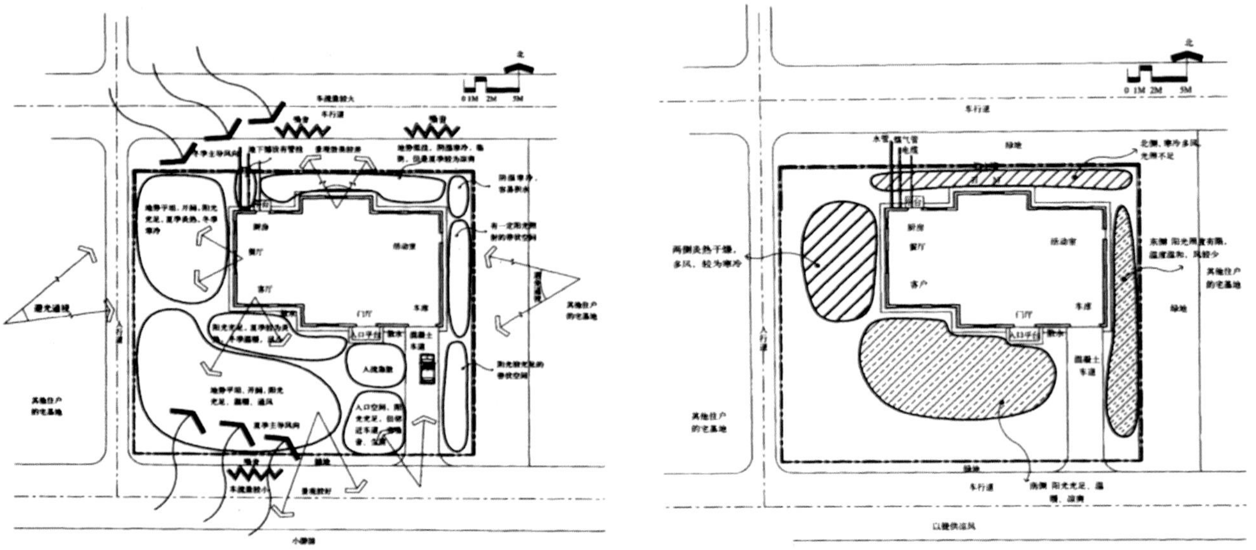

图 2-15　某庭院分析图

## 三、方案设计阶段

通过前期调研分析掌握全面的信息后，可以进入方案设计阶段。对于场地规模较大的景观规划项目，首先要进行功能的规划和配置，其次根据功能的需要进行空间的组合，并确定规划区域内的功能分区，最后做进一步的小范围的景观设计。对于场地规模较小的规划项目，可直接进行方案设计。方案设计阶段可分为方案构思、方案的选择与确定、方案的完成三部分。这一阶段的主要工作包括进行功能分区，结合基地条件、空间构图确定各使用区的平面位置。涉及的图纸有功能关系图、功能分析图、方案构思图、总平面图。

**1. 确定设计的基本目标、方针**

在充分调研分析的基础上，要明确设计的基本目标，确定方针。对于景观规划类项目，要有一个总体的思路与战略，包括景观格局的优化、发展与环境保护的平衡、历史和文化特色的彰显、各种资源的整合等；对于景观设计类项目，要综合考虑景观的布局、功能、形式等问题，并充分运用设计中的各种资源、优劣势和限制来进行设计。目标的定位应该符合现状、突出重点，而不是面面俱到，要找到进行设计构思的切入点。

**2. 确定功能分区**

景观用地的面积和使用性质决定了方案的功能定位，有时候其功能是非常单一的，仅为一个简单的街头公园；有时候是一个综合的区域，包含交通、居住、商业、娱乐等多种功能；更多的时候是以一种功能为主，兼有其他辅助功能。确定功能分区的第一步就是要搞清楚各项内容之间的关系和矛盾，以及空间的主要功能和次要功能，然后在此基础上进行功能的规划和配置。

以公园的景观规划为例，一般的公园有休闲、运动、生态三类功能，并可进一步细分为野外休闲、日常休闲、运动、文化历史教育、保护动物、涵养水源、保护植被等。不同类型的公园所侧重的功能是不同的，具体见表 2-4。

表 2-4　各类公园的功能类型

| 类型 | 野外休闲 | 日常休闲 | 运动 | 文化历史教育 | 保护动物 | 涵养水源 | 保护植被 |
|---|---|---|---|---|---|---|---|
| 儿童公园 | | ■ | ■ | | | | |
| 街区公园 | | ■ | | | | | |
| 动物园 | | ▲ | | ▲ | ■ | | |
| 植物园 | | ▲ | | ▲ | | ▲ | ■ |
| 综合公园 | | ■ | ■ | ■ | | ▲ | ▲ |
| 体育公园 | | | ■ | | | | |
| 森林公园 | ■ | | ▲ | ▲ | ■ | ■ | ■ |
| 历史名园 | | ▲ | | ■ | | | ▲ |

注：■为主要功能，▲为次要功能。

基本功能确定后，要确定辅助功能。辅助功能包括入口、停车、出口、餐饮、休息等，基本功能和辅助功能共同构成完整的空间。辅助功能的选择主要根据景观设计的区域规模、位置以及委托方的要求而定。比如森林公园因为距离市区较远，除了餐饮、停车功能外，还需要有住宿功能。

在场地资料分析的基础上，根据场地特性和制约条件，明确场地内各个部分可以承担的功能及其规模，在此基础上进行大致的功能配置，称为功能分区。功能分区应该遵循以下原则：

① 根据各部分特征确定功能。如广场、停车场、建筑物适宜放在地形坡度平缓的地区，坡地适合做绿化，湿地可配置生态游览区，水面适合水上运动等。

② 功能的组合应该充分考虑使用者的习惯和方便性。游览路线应尽量避免重复，休息区应设置在人流聚集处，出入口应设置在交通便利处等。

③ 尽量降低日常管理和维护成本。在功能分区阶段就应该考虑经济因素，降低日常管理和维护成本，各功能区应尽可能发挥不同地段的优势条件。

**3. 方案的构思和比较**

功能分区基本确定后，就进入了方案平面图的深化阶段。这一阶段通过进一步深化、确定平面形状、使用区的位置和大小、建筑及设施的位置、道路基本线型、停车场面积和位置等，并充分结合场地的现状，作出用地规划总平面图。这一过程既是对空间、功能、形式等问题的进一步推敲，也是景观艺术性的具体表现，是一个创造性的过程。在方案构思阶段，可根据不同的设计出发点设计多个方案，并最终确定一个方案进行深入设计。

**4. 分析图的绘制**

在方案的构思过程中，需要借助各种各样的分析图来帮助敲定思路，常见的分析图有现状分析图、功能分析图、景观分析图、植被分析图、交通分析图等。常借助各种抽象符号来表示，如路径符号、区域符号、焦点符号、分隔符号等（图 2-16）。

① 现状分析是把握现状特点、理解场地内在特征的过程，分为外部环境分析和内部环境分析两部分。外部环境分析包括对风向、周边交通流线、景观特征、功能区划等的分析。内部环境分析包括对地形、自然循环、视野和风景等要素的分析。

② 功能分析的任务是明确各功能区的位置及各功能区之间的相互关系，主要包括区域划分、交通组织、主要服务设施分布。其符号对应为点——主要设施或节点符号，

线——路径交通符号，面——具有相同功能类型的区域符号，进而可以反映它们的共同功能、内容之间的结构关系、主要功能项目的位置及各功能区之间和主要功能项目之间的相互关系。

③ 景观分析是在功能分析的基础上进行深化，综合考虑现实因素、功能分区与景观。景观分析的内容为确定景观特征，划分景观区域，确定主要景点及其他景点位置、特征和相互之间的视线关系。

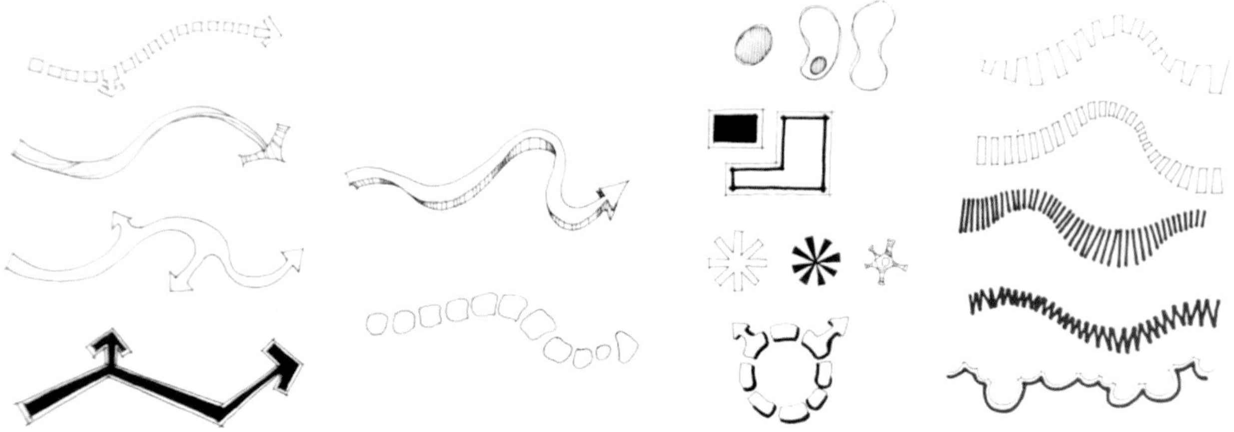

图 2-16　景观分析的常用符号



案例：社区绿地公园设计方案生成。

该案例是一个社区的绿地公园设计，是北京林业大学某年度的景观考研试题。

该场地的现状为居民小区之间的空地，东西方向都为居民小区，且面向场地有出入口。场地北侧紧邻商业街，应考虑噪声的隔离和居民出入的要求。场地南侧临水，是很好的滨水景观区域，要考虑充分利用。目前场地内部地势较平坦，无较大起伏（图 2-17）。

场地的目标定位是主要面向社区的休闲绿地，以交通、休闲游憩、赏景为主，同时为居民生活创造更好的社区环境。根据场地条件和设计目标，社区绿地公园的功能分区为出入口区、安静休息区、草坪活动区、儿童活动区和滨水活动区几部分。主出入口设置在北侧临街处，两个次出入口分别设置在场地内部；场地内部空间相对完整且无噪声干扰，主要安排居民的休闲活动；场地左侧被南北主要道路分隔成一个独立空间，作为儿童的活动场地；南侧临水区域设置为滨水活动区（图 2-18）。

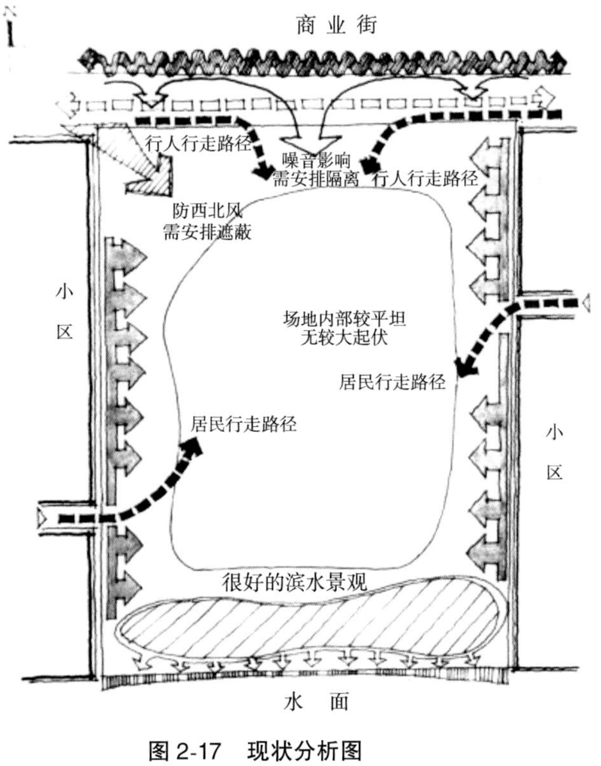


图 2-17　现状分析图

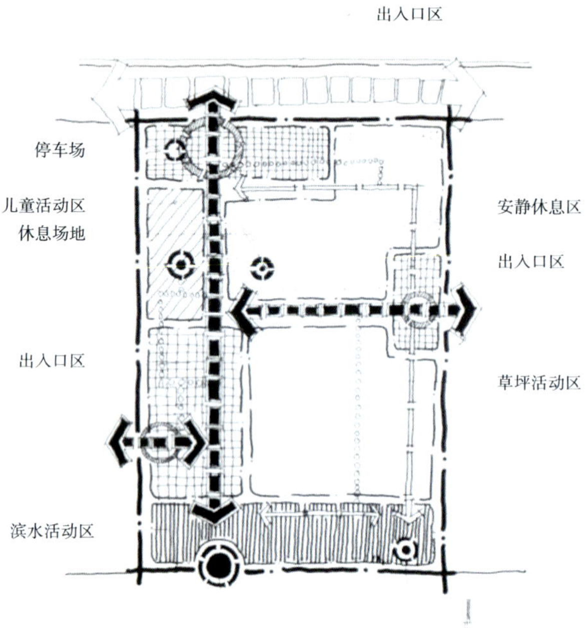


图 2-18　功能分析图

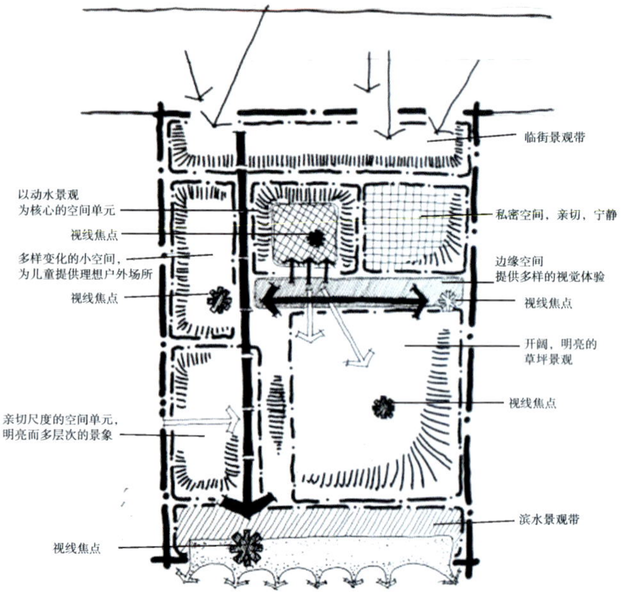


图 2-19　景观分析图



在功能分析的基础上，通过景观区域的划分和景观视线的分析，最终确定了该社区绿地公园的内容与形式。三个出入口都有硬化铺地，并通过东西和南北两条主要路径形成重要节点，北侧临街设停车场，南侧的滨水活动区设计有滨水雕塑和可以亲水的木栈道，安静休息区有小体量的植物廊架和小水池供休息使用，草坪活动区预留大面积的草坪，可作为居民休闲、聚会的场所；在道路方面，连接商业街和滨水活动区的南北道路为主通道，在满足居民通行的同时也可部分引入外部人流满足公园的公共属性，主通道和居民小区出入口由次通道连接，主次通道也起到了分隔功能区的作用；在植物绿化上，注意乔木和灌木的综合栽植，在北侧通过高大的乔木起到障景的作用，南部草坪区大面积的灌木则起到围合空间的作用（图 2-19、图 2-20）。

图 2-20　设计平面图

## 四、初步设计阶段

方案设计完成后，经过和委托方的反复商议、讨论和修改，开始对方案进行详细的设计。初步设计时要考虑多方面因素，在科学严谨的理性思考中，带着艺术的、人性化的思考对方案进行深入解读，对局部进行仔细推敲，对细节进行合理设计。

景观初步设计是确定场地平面，道路广场铺装形状、材质，山形水系、竖向，明确植物分区、类型，确定建筑内部功能、位置、体量、形象、结构类型，景观小品的体量、形式、材料、色彩等，能进行工程概算。

该部分内容主要包含总平面图，竖向图，植物种植图，道路铺装及部分详图索引平面，重点部位详图，建筑、构筑物及景观小品的平面、立面、剖面图，园林设备图，园林电气图。

初步设计完成后，完整的方案设计阶段就告一段落，一般会交给委托方一本方案文本，并听取委托方的信息反馈。针对委托方提出的调整意见，如修改、添删项目内容，投资规模的变化，用地规模的变动等，设计人员要在短时间内对方案进行调整、修改和补充。

对于招投标、政府委托的、大型的一些景观设计项目，都会经历方案的评审环节。参加评审会的一般有各方面专家、建设部门的领导以及项目负责人和主要设计人员。评审会的主要环节有项目负责人对项目背景、概况、设计定位、设计内容、技术经济指标、概算等进行全面汇报，专家现场提问并提出意见等。在评审会结束后，会有正式的评审意见以书面形式转达设计方。

第一次评审后，针对专家的评审意见，进行深入一步的扩大初步设计（扩初设计）。该阶段应该有更深入的总规划平面图，竖向平面图，绿化平面图，建筑的平面、立面、剖面图等，还应该有水、电、气设计说明。扩初设计的评审会专家会针对修改和扩展的部分进行评审。评审顺利通过后，就可以进入下一个阶段——施工图设计阶段。

## 五、施工图设计阶段

施工图设计阶段是将设计与施工联系起来的环节，是进行建筑施工的依据，对建设项目建成后的质量和效果负有相应的技术与法律责任。作为景观设计的最终环节，施工图设计是相对微观、定量且具有可实施性的设计。

施工图能准确地表达各项设计内容的尺寸、位置、形状、材料、种类、数量、色彩以及构造和结构。常见的施工图类型包括总体规划平面图、平面索引图、竖向设计图、平面定位总图、种植设计图、施工详图、给排水图等。

### 1. 总体规划平面图和平面索引图

总体规划平面图主要表现规划用地范围内的总体综合设计，反映组成景观各部分的长、宽尺寸和平面关系，以及各种造园要素布局位置的水平投影图。总体规划平面图是反映景观工程总体设计意图的主要图纸，同时也是绘制施工放样、施工放线、土方工程及编制施工规划的依据。

当图纸较多时，为了方便查询图形中某一局部或构件的详图，常常用索引符号注明详图的位置、标号及所在的图纸编号。如果是小型项目，在平面图不复杂的情况下可以将平面索引图和总体规划平面图合二为一；如果是大型项目，图面复杂，就需要分区放大后再进行索引。

### 2. 竖向设计图和平面定位总图

竖向设计图主要反映规划用地范围内的地形设计情况，山石、水体、道路和建筑的标高及它们之间的高差，并为土方工程和土方调配及预算、地形改造的施工提供依据。平面定位总图是施工放线的主要依据，在图纸不复杂的情况下可将平面定位总图和竖向设计图合二为一。

### 3. 种植设计图

种植设计图主要反映规划用地范围内计划种植植物的种类、数量、规格、种植位置、配置方式、种植形式及种植要求等，为绿化种植工程的施工提供依据。

### 4. 施工详图

施工详图主要用于对施工进行指导，主要包括景观建筑施工图、园路工程施工图、假山工程施工图，以及道路横截面、路面结构、挡土墙、护坡、排水沟、池壁、广场、运动场地、活动场地、停车场地面等详图。

**5. 给排水图、供电图**

给排水图是针对给水系统和排水系统的设计所绘制的图纸，需要由给排水专业人员完成。供电图主要是确定变压器的数量、容量，并确定电源供给点，进行供电线路的配置，需要由专业供电设计人员协助完成。

## 第三节 ◉ 景观设计的图纸表达

### 一、景观元素的表现

**1. 植物的表现**

植物的表现主要包括树木的表现和草地的表现。

树木是景观设计中最常用的配景，主要分为乔木、灌木和藤木三类。树木平面的绘制方法：以树干位置为圆心，以树冠的平均半径为半径作出圆形，再根据树木的形态加以表现。树木的表现首先要按照树形的特点，如针叶树多采用从圆心向外辐射的线束，阔叶树多采用各种图案的组合等。按照树形的不同特点，树木的平面表现形式主要有轮廓型、分枝型、枝叶型、质感型等。当然，也会根据不同的设计阶段有区别地绘制（图 2-21—图 2-24）。

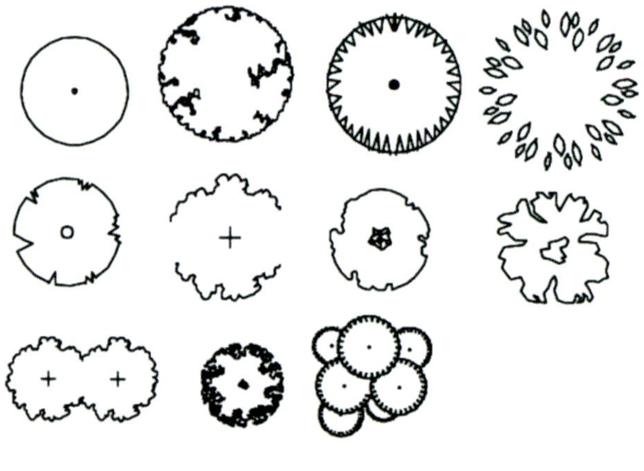

图 2-21 轮廓型

图 2-22 分枝型

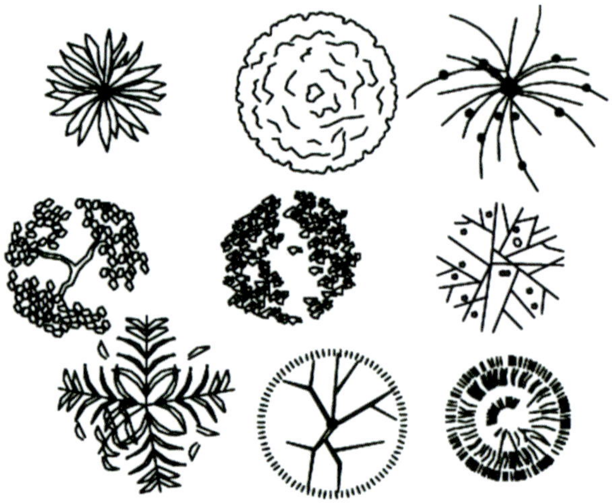

图 2-23 枝叶型

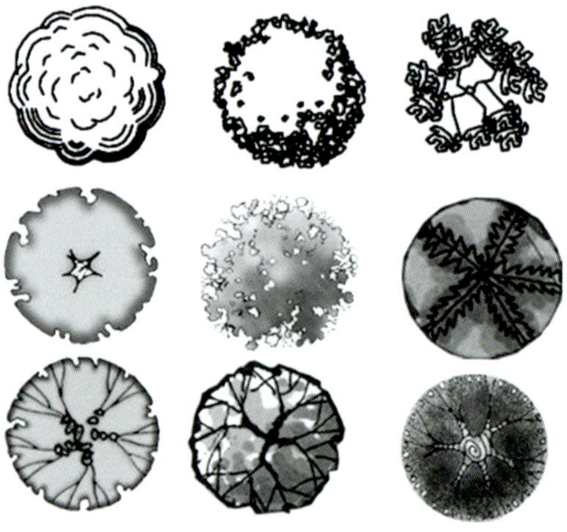

图 2-24 质感型

树木的立面能够体现树木的高度，树干的分枝类型、分枝高度，以及树冠的形态等特征，配合平面能够更准确地表现出树木的形态。树木立面的绘制方法与平面相似（图 2-25）。

对于不同树木立面的绘制要考虑其实际高度以及树冠和树干的比例。

灌木和地被植物是景观绿化中的重要内容。首先，其绘制要考虑整体画面效果，与乔木的绘制风格保持一致。其次，灌木和地被植物相对来说体积较小，没有明显主干，在绘制时要把握其主要外形特征，成片绘制。在景观平面中灌木和地被植物的轮廓外形绘制要结合乔木的配置特点，起到丰富整体画面的效果。

草地的表现方法主要是打点法、小短线法和线段排列法。其中，打点法最简单，且更容易控制；小短线法和线段排列法用不同长度的线段组合排列来表现草地的肌理，色调较深，应谨慎选用（图 2-26）。

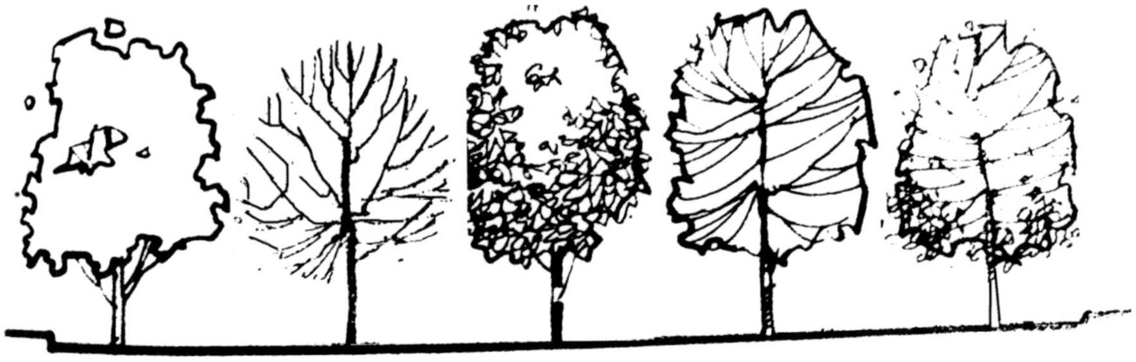


图 2-25　树木立面的表现形式

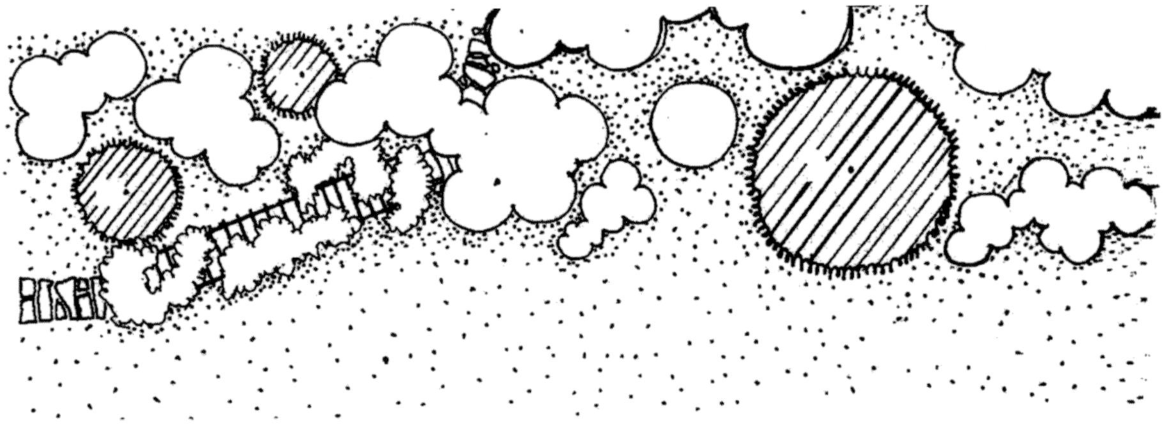

图 2-26　树、灌、草组合示意图

**2. 铺地的表现**

景观中的场地和路面是由各种铺装材料铺砌而成的，在景观平面图的绘制中要对大面积的硬地和道路面进行铺装纹理的描绘。铺装要根据铺装材料的类型、实际尺寸和铺砌方式来绘制。在不同设计阶段和比例的景观平面图中，铺装的表现形式也要有所区别。在方案设计阶段的景观平面图中，可以绘制大的铺装关系，而不用注意过多的细节；在施工图设计阶段，则要对地面铺装进行翔实的绘制，在总平面图中表达不清楚的，还要通过节点详图来说明。

**3. 水体的表现**

对于水体的表现重点有两方面，即水面和外轮廓。对于水面的表现常采用线条法、等深线法、平涂法和增添景物法（图2-27）。不同的水体类型应采用不同的表现方法，如窄的几何形水面可以采用线条法或平涂法，自然形水面适宜采用等深线法；同时也要考虑整体的画面和谐，在同一幅画面中水体的表现形式尽量保持一致。对于外轮廓的表现主要是组成水体外轮廓的山、树、石等具体的事物。

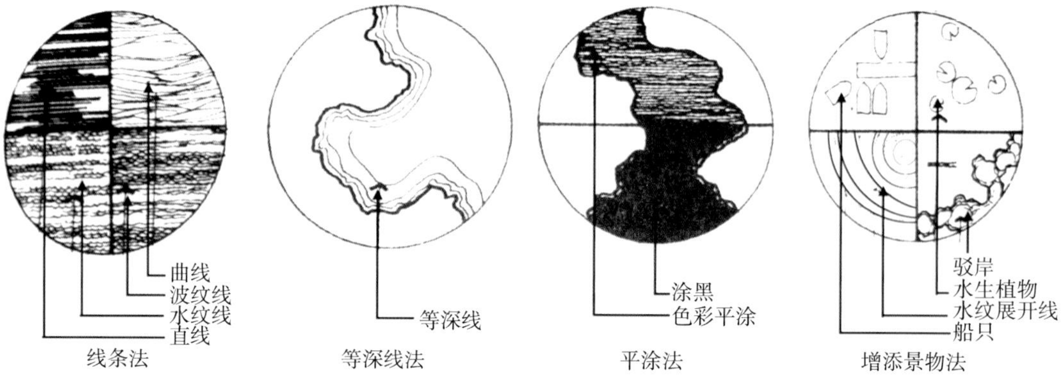


图 2-27　水面的表现方法

## 二、景观平面、立面、剖面图的绘制

**1. 图面要素**

景观图的绘制是将某景观元素的组合按照一定比例微缩到图纸上的过程。对于景观平面、立面、剖面图的绘制，最基本的要求是准确并易于认知，这就要求在图纸上必须具备以下要素：图名、指北针、比例尺（表2-5）。有时也需要增加风向玫瑰图，同时标注必要的尺寸和标高，增加必要的文字说明。

表 2-5　景观制图中常见的数字比例尺

| 图纸名称 | 常用比例 | 可用比例 |
|---|---|---|
| 总平面图 | 1：500，1：1000，1：2000 | 1：2500，1：5000 |
| 平面、立面、剖面图 | 1：50，1：100，1：200 | 1：150，1：300 |
| 详图 | 1：1，1：2，1：5，1：10，1：20，1：50 | 1：25，1：30，1：40 |

**2. 平面图**

平面图是景观中各种要素（地形、水面、植物、建筑物及构筑物等）在与地面平行的投影面上所作的正投影图。根据不同设计阶段的内容表达要求，平面图绘制的深度和方式也有所不同。在方案设计阶段（图2-28），平面图主要说明整个场地大致的平面结构关系，是一种框架式的表达，因此，各景观要素的表现相对简单，重点是要表现各景观要素之间的相对关系。施工图设计阶段的平面图是进行景观施工的依据，所以要求绝对准确和严谨，每一处都要交代清楚，必要时还需要特别绘制节点详图。施工图还需要补充各种景观的细部节点构造详图、场地中建筑物和构筑物的施工图、种植设计图（图2-29）、给排水图、竖向设计图等。

**3. 立面图**

立面图是竖向空间表达的主要方式之一，即从某一个侧面对景观进行正投影得到的视图，可以帮助我们从不同视角审视整个方案，深化对景观整体效果的认识。立面图在设计的各个阶段都可以采用，是推敲设计方案的重要方式之一。

**4. 剖面图**

在景观设计中，竖向空间的表达至关重要，甚至超过了平面。剖面图是竖向空间表达的主要方式之一，即假想一个铅垂面对景观进行剖切，移去被剖切的部分，从剖面对剩余的部分进行正投影得到的视图。从剖面图上，我们可以看出景观设计场地范围内剖切面的地形起伏、标高变化、水体宽度和深度以及围合构件的形状、建筑物或构筑物室内地面高度、屋顶形式、台阶高度等（图 2-30）。此外，剖面图的剖切位置及投影方向应在平面图中用剖切符号标示。剖面图在设计的各个阶段都有重要的意义，同样是推敲设计方案的重要方式之一。

### 三、透视表现

透视图是以作画者的眼睛为投影中心作出的空间物体在画面上的中心投影（非水平投影）。可以说，透视就是将三维立体空间表现在二维平面上的过程。透视图是一种与真实视线所见的空间或物体情况非常相近的图，符合人们的视觉形象，富有较强的立体感和真实感，直观性较好，在景观设计中经常利用透视图来分析空间或者表现设计效果。一张好的透视图可以更准确、生动地表现空间氛围，从而使人对空间有更好的理解（图 2-31）。

习惯上，根据画面、视点和形体之间的空间关系，透视图可分为以下三种常见类型。

① 一点透视。又叫平行透视，即物体上的主要立面（长度和高度方向）与画面平行，其他面向视平线上某一点（灭点）消失。

② 二点透视。又叫成角透视，即物体上的主要表面与画面有一定角度，但其上的铅垂线与画面平行，所作的透视图有两个灭点。

③ 三点透视。物体上长、宽、高三个方向与画面均不平行也不垂直时，所作的透视图有三个灭点，称为三点透视。

图 2-28　某居住区景观方案设计总平面图

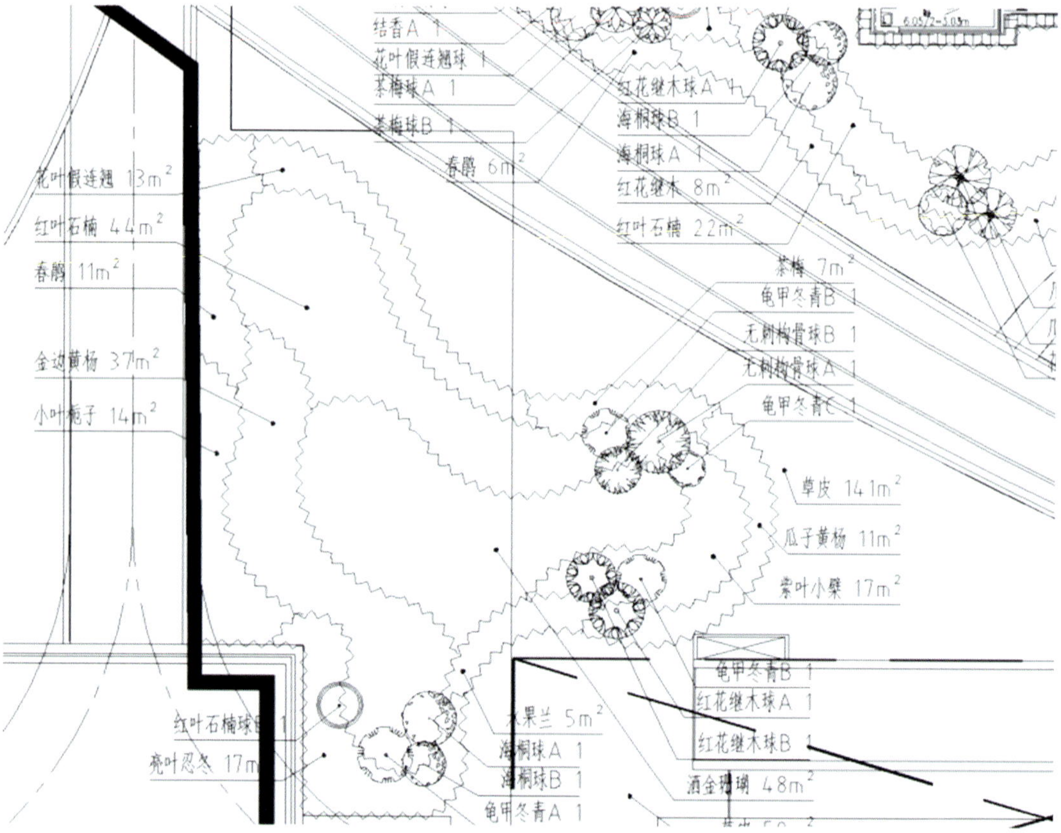


图 2-29　某居住区局部景观种植设计图

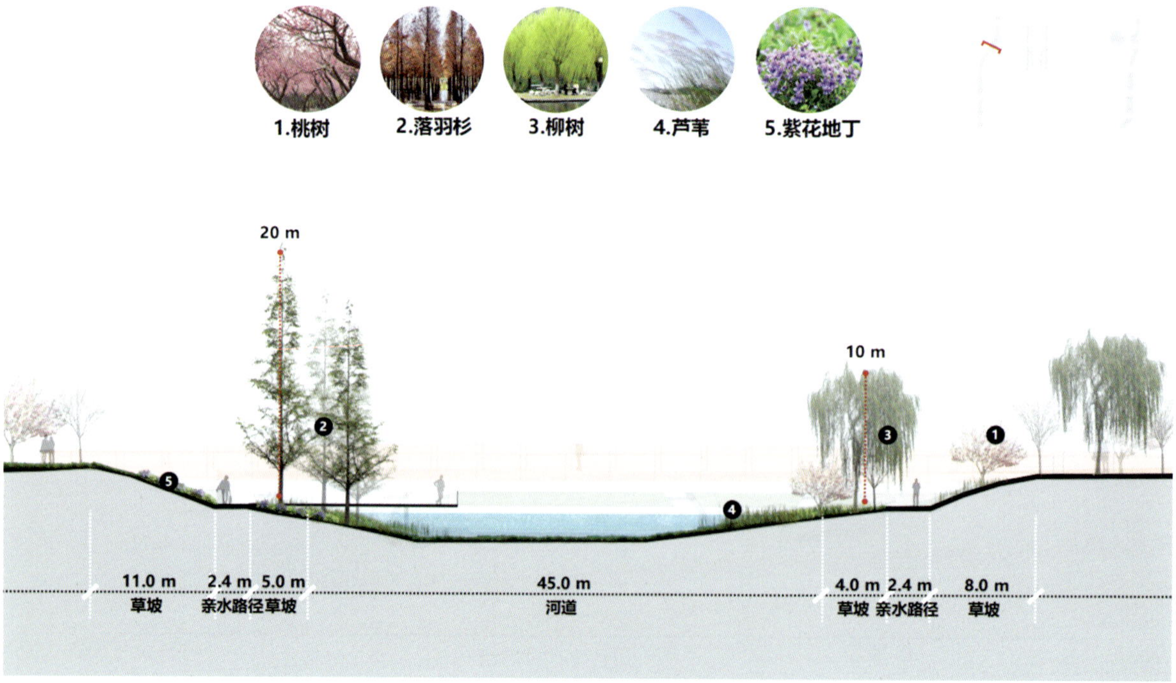


图 2-30　某大学校园局部景观剖面图

图 2-31 某景观的透视图



## 四、快题设计

快题设计是指在短时间内组织安排景观的各项内容，提出解决方案，完成设计图纸。快题设计具有广泛的适用性。首先，快题设计的能力能够帮助设计师在实际工作中快速沟通方案；其次，快题设计是检测设计人员能力和素质的有效途径。对于景观设计专业的学生，快题设计是研究生考试的主要内容之一，所以掌握快题设计是十分必要的。

一个快题设计的完成需要两方面的知识，一是要有景观设计方面的专业知识，能够从题目中快速地把握设计目标、设计内容，提出解决问题的方法和思路，并能够找到相对应的设计风格和手法；二是要有一定的表现能力，再好的设计构思，如果没有手绘的技能也无法实现。快题设计的表现有其自身的规律和方法，通过系统的训练方可把握。

**1. 常用材料与工具**

（1）快题设计用纸

硫酸纸：具有半透明性，可重复上色，颜色柔和。可直接作为快题设计的用纸或者铺在线稿上面使用。

水彩纸：是水彩的专用纸，表面粗糙易吸水，同样适合线稿和马克笔，缺点是易皱。

复印纸：是快题设计中最常用的纸张，价格低廉，对于线条和颜色的吸收都较好，马克笔、彩铅都适用。最常用的尺寸是 A3、A4。

（2）快题设计用笔

快题设计用笔有很多种，如钢笔和水彩的结合、钢笔和彩铅的结合等，但最常用的还是钢笔加马克笔的结合。

（3）其他材料与用具

除了纸和笔以外，还有一些其他的辅助用具可以用来提高工作效率，如比例尺、直尺、丁字尺、三角板、圆规、橡皮、涂改液、胶带、双面胶、网格纸、笔筒、画板、裁纸刀等。

**2. 常见快题设计图纸内容**

作为考试的快题设计一般会根据内容的多少分为 3 小时、6 小时、8 小时等。以 3 小时的快题设计为例，一般会包含以下图纸内容。

① 任务书，包括基地图纸、周边环境、文字要求等。

② 现状分析、结构性分析。这部分是设计

的构思阶段，可作为推敲方案的草图，也有部分考试将分析草图作为试题的一部分。

③ 正式平面图。

④ 鸟瞰图和人视效果图。

⑤ 考试要求的剖面图。

⑥ 设计说明、图名、图面注释文字、指北针和比例尺。

**3. 快题设计的解题思路——以居住区公园为例**

（1）题目要求

公园位于北京西北部的某县城中，北为南环路，南为太平路，东为塔院路，面积为 3.3 $hm^2$。用地东、南、西三侧均为居民区，北侧隔南环路为居民区和商业建筑。用地比较平坦，基地上没有植物。

公园要成为周围居民休憩、活动、交往、赏景的场所，是开放性的公园，所以不用建造围墙和售票处等设施。在南环路、太平路和塔院路上可设立多个出入口，并布置总数为 20—25 个轿车车位的停车场。公园中要建造一栋一层的游客中心建筑，建筑面积为 300 $m^2$ 左右，设置小卖部、茶室、活动室、管理办公室、厕所等，其他设施由设计者决定（图 2-32）。

图纸要求：

① 提交两张 A3 图纸，图中方格网为 30 m×30 m。

② 总平面图比例为 1∶1000（表现形式不限，要求反映竖向变化，所有建筑只画屋顶平面，植物只表达乔木、灌木、草地、针叶、阔叶、常绿、落叶等植物类型，需有 500 字以内的表达设计意图的设计说明书）。

③ 鸟瞰图（表现形式不限）。

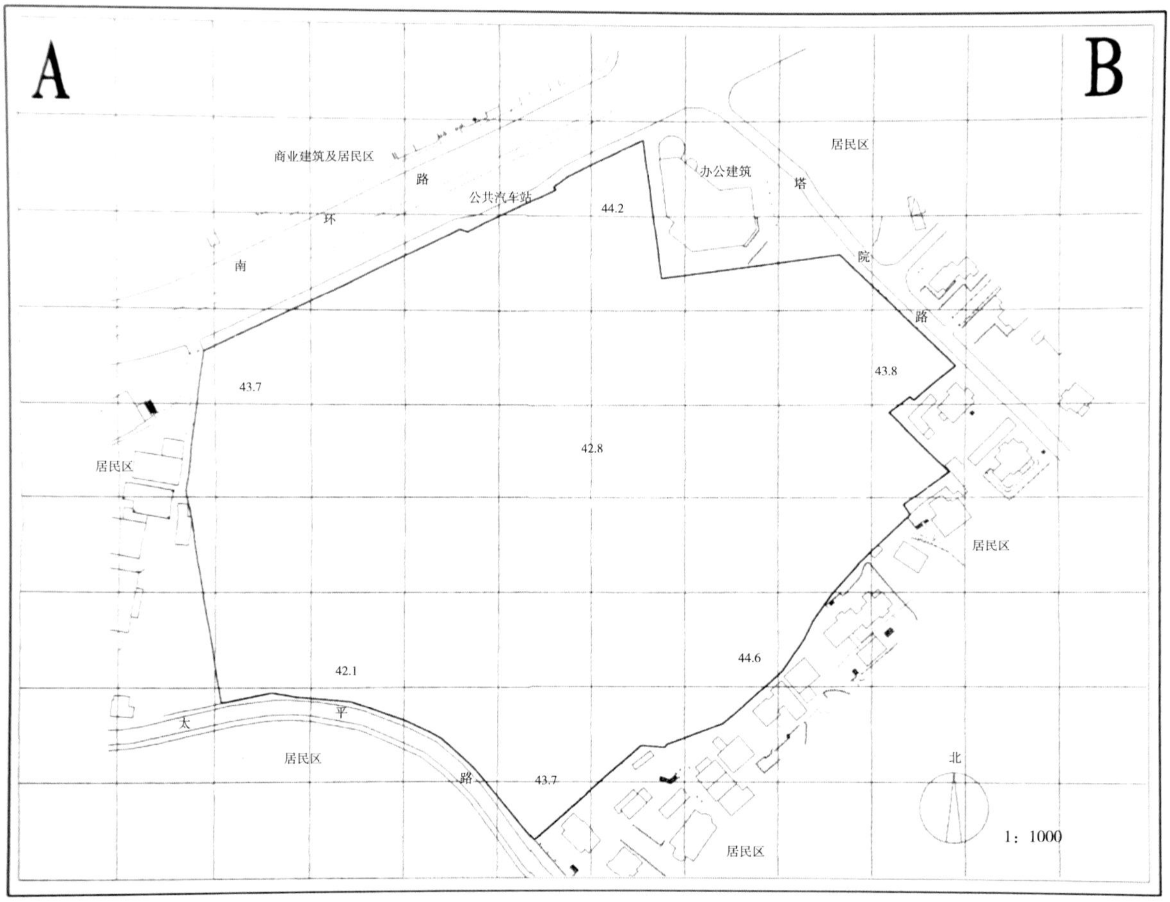


图 2-32　居住区公园现状图

（2）审题、解题

本题限制条件较少、规模适度，设计者有较大的发挥余地。用地形状为不规则多边形，四周没有可以利用的景观资源，且被城市道路和建筑环绕，对用地干扰较大；基地虽然平坦，但总体趋势是四周高中间低。因此，全园整体空间布局最好采用内向型的空间，利用地形或者植物，对外围噪声和视觉干扰进行一定的阻隔和遮挡，特别是临车流量大的南环路一侧。

公园周围三条城市道路级别不同，南环路为城市主干道，且设有公交车站，道路北侧还有商业建筑，因此南环路侧是公园的主要人流来向，公园主入口和停车场应布设在南环路侧。主入口应该有足够的集散场地和临时休息场所，避免干扰城市交通。另外需在太平路和塔院路侧分别设辅助入口。公园要求具有开放性，因此入口应开放且具有引导性。

公园的主要服务对象是附近居民，因此应能满足不同类型居民多样的活动需求，提供丰富多样的活动空间和场地，如儿童游乐场、健身场地等。另外，题目中明确要求设计一处游客服务中心，应注意选址。

（3）方案解析

以下就该居住区公园快题设计方案进行解析（图 2-33—图 2-35）。

图 2-33　居住区公园方案的总平面图

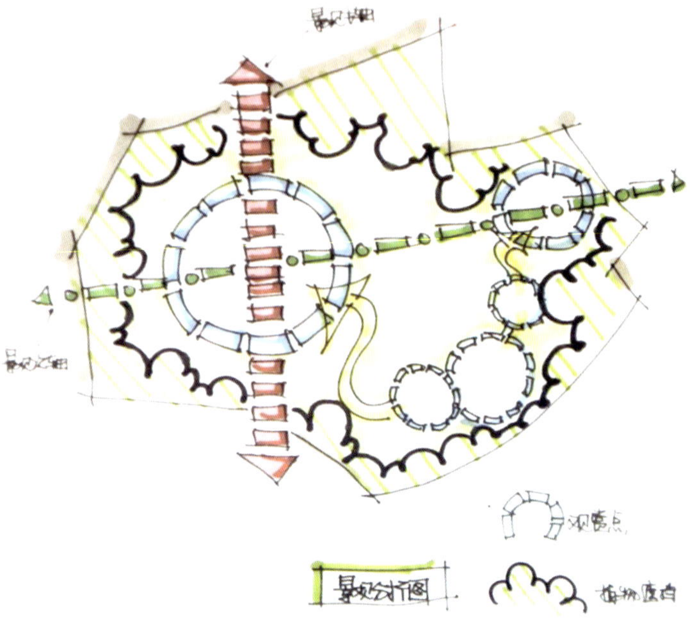


图 2-34 居住区公园方案的结构分析图



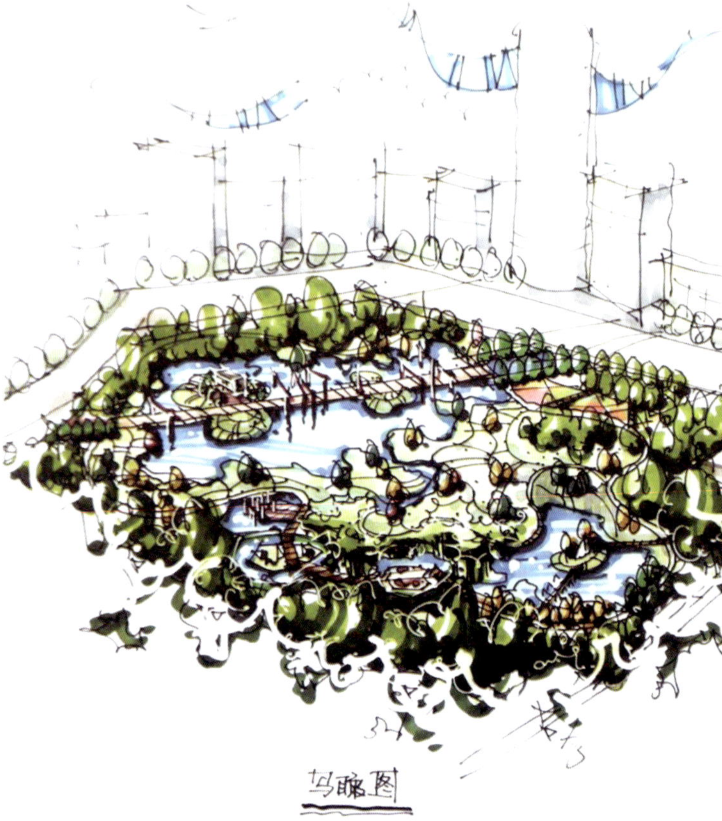

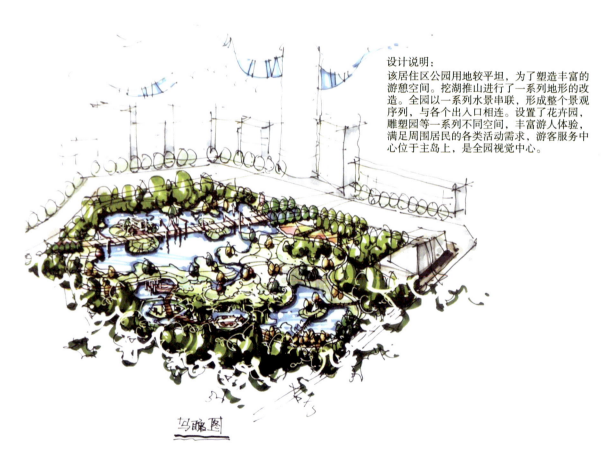

设计说明：
该居住区公园用地较平坦，为了塑造丰富的游憩空间。挖湖推山进行了一系列地形的改造。全园以一系列水景串联，形成整个景观序列，与各个出入口相连。设置了花卉园，雕塑园等一系列不同空间，丰富游人体验，满足周围居民的各类活动需求，游客服务中心位于主岛上，是全园视觉中心。

图 2-35 居住区公园方案的鸟瞰效果图

评析：方案布局合理、结构清晰明确、节奏变化丰富、主次明确。尺度控制准确，空间丰富，很多小空间设计新颖有趣，如花卉园、雕塑园等。道路系统分级明确，出入口、停车场和功能分区等建立在对现状的准确分析的基础上。能利用地形塑造地表变化，组织空间，植物配置丰富。

水体设计丰富，但主湖面上两岛体量较大，且位置过于居中，几乎占满了湖面。由主入口引入的轴线延伸到太平路次入口，穿行体验丰富，但易引入南环路和太平路之间的穿行人流，对公园核心区干扰较大。游客服务中心位置欠佳，位于主岛上，交通不便。

总平面图表现较好，清晰明确。鸟瞰图交代用地外围环境，表达清楚，但表现重点不够突出，建筑尺度失真。

# 第三章 景观造型设计

景观设计具有综合性、开放性、民众性、独特性和延续性的特征，其科学理念就是以生态环境和谐发展为内涵，注重人文关怀，传承历史文脉，强化区域特色，综合城市整体规划各个层面的关系。景观设计已不是某种停留在表现个人创意的最初层面上的艺术，而是视景观为一种资源，并依据自然、生态、社会与行为科学的原则从事规划与设计，使人与景观艺术之间建立起一种和谐、均衡的整体关系，并符合人类对精神、生理健康与福利的基本要求，通过设计按照一定的参与程序来创造融合于特定公共环境的艺术作品，并以此来提升、陶冶或丰富公众的视觉审美经验的艺术。可以说，景观设计是一个充分体现人们生活环境品质的设计过程，也是一种改善人们户外空间体验的艺术。

## 第一节 ◉ 景观造型设计的基本原理

### 一、造型要素

景观形象是由造型的基本元素即点、线、面、体、色构成。在景观设计中，点、线、面是最基本的形态，这些最基本的形态相互结合与作用形成了点、线、面综合构型的多种表现形式（图 3-1）。点、线、面的表现力极强，既可以表现抽象，也可以表现具象，是景观造型的三大要素。而且，造型中的点、线、面是一切造型要素中最基本、最重要的元素，因此，对于一个景观设计者来说，点、线、面的构成训练必不可少。

### 二、美学法则

景观设计主要是一种人工建造的空间或实体形态。这种景观形态必然要能够满足人们一定的使用功能需求和精神方面的需求。因此，景观环境就必然具有实用属性和艺术属性，而且以政治、文化和纪念为主的景观环境，其对精神和艺术性的要求会更高。在构筑环境景观时，必然要涉及形式规律问题，如内容与形式统一、调和与对比、节奏与韵律、秩序美、对称与均衡、简约与明快、多样与统一、整齐一律、参差率、均衡率、协调率、比例率、主从与重点等，须恰当地运用形式美的规律来进行构思、设计并把它实施、建造出来。

形式美的规律与审美观念是不同的。形式美应该更具有普遍性和共性特征，而审美观念具有更多的不确定性，因为它会因时间、地区和民族的不同产生比较大的差异。正如"性相近、习相远"，形式美属于"性相近"的范畴，而审美观念则属于"习相远"的范畴。一种美学理论认为，美是形式要素的独特组合、和谐统一的感性显现，如高度、宽度、大小或色彩等要素。美寓于形式本身之中，是由它们激发出来的。柏拉图认为，合乎比例的形式是美的。这种美学思想使建筑设计领域中出现比例至上的观念。另一种美学理论关注艺术作品的美表现什么，只有这种表现十分得体，形式才是美的。黑格尔认为，以最完善的方式来表达最高尚的思想才是最美的。叔本华认为，应把结构表现当成建筑艺术美的基础来看。

**1. 多样与统一**

古今中外的景观设计，不论形式有多么大的变化和差异，一般都会自觉或不自觉地遵循形式美的规律，这就是多样统一的原理。所谓多样统一，就是指在统一中求变化，在变化中寻求统一的方法；相反，如果仅有多样性就会显得杂乱而无序，仅有统一性就显得呆板、单调。所以一切艺术设计的形式都必须遵循这个规律。如何构成环境景观形式上的既多样又统一？实现多样统一必须分析影响环境景观形式美的要素。影响环境景观形式美的要素是环境景观中主与从的关系、对比关系、韵律关系、比例关系和尺度关系等因素。环境景观设计的统一性可以从形状、色彩的协调着手，这种协调通过环境景观局部构件的尺寸、形状、色彩之间的相似关系、共性关系予以实现（图 3-2）。

图 3-1　景观设计中的点、线、面综合构型

图 3-2　景观设计的多样统一

**2. 主从关系**

从景观设计实践来看，采用左右对称构图形式比较普遍。对称的构图形式主要表现为一主两从或多从的结构，主体部分位于中央，其他部分形成陪衬（图 3-3）。一般政治性、纪念性和市政交通环境景观宜采用这种形式，而非比较自由、活泼的非对称形式。主从结构可以使环境景观形成视觉中心和趣味中心，产生强烈的视觉吸引作用。

**3. 对比关系**

环境景观对比关系（图 3-4）有大小对比、强弱对比、几何形对比、色彩对比等形式。

图 3-3　主从关系

图 3-4　对比关系

4. 韵律关系

景观设计中，常常运用形式因素有规律地重复和交替作为构图手段（图 3-5）。重复交替在城市道路环境景观中最为常见。韵律的基础是节奏，节奏的基础是排列。一般认为，具有良好的排列即具有节奏感，对具有良好的节奏感，人们一般称之为具有韵律感。韵律和节奏在环境景观的竖向设计和平面设计的形态中有多种多样的变化与体现。任何节奏的形成都具有间歇的相互交替。间歇是指过渡性空间，例如柱与柱之间的间距关系、路灯的排列关系等。

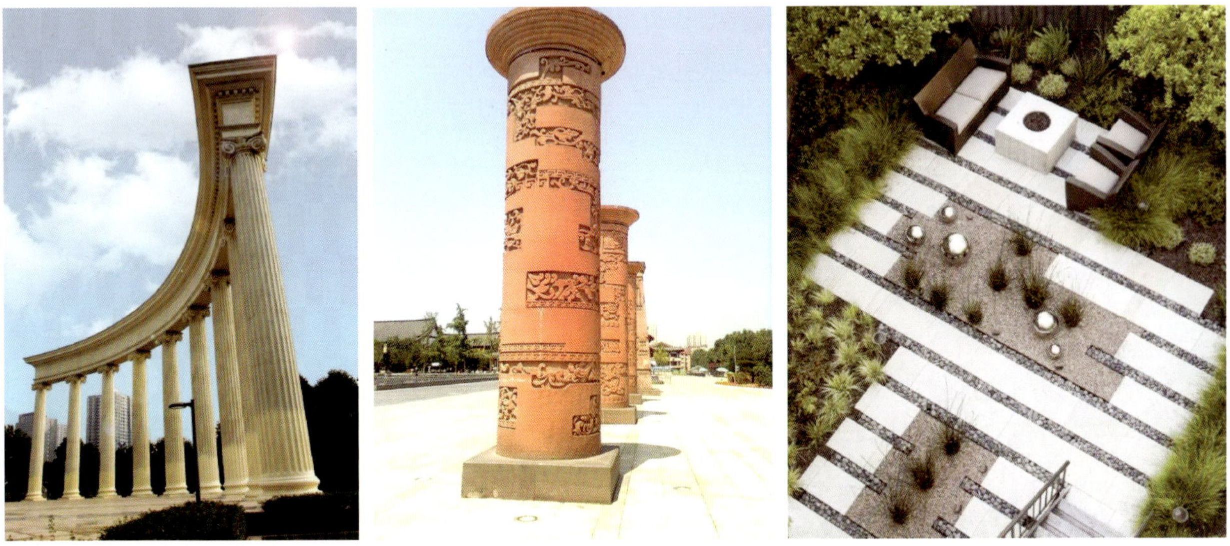

图 3-5　韵律关系

5. 比例关系和尺度关系

景观设计中，比例与尺度的控制需分别从功能性质、材料与工程技术条件、景观环境三方面综合考虑，并需系统性对景观比例（元素间的数理关系）与景观尺度（人与空间的互动关系）两个维度进行专项分析。

（1）景观比例

所谓比例，是指一个事物整体中的局部与自身整体之间的数比关系。比例是控制景观自身形态变化的最基本的手法之一。正确地确定景观比例，可以取得较好的景观视觉表现效果。环境景观的各个部分、各个尺寸的不同性质，主要取决于景观性质和功能。和谐的比例可以引起美感。古希腊的毕达哥拉斯学派认为，自然万物最基本的元素是数，并运用这个观点研究美学问题，探求音乐、建筑等艺术中什么样的数比关系能产生美的效果。他们提出了“黄金分割”的概念。在环境景观设计中，任何组合要素本身或者是局部与整体之间，都存在某种确定的数的制约及数比关系（图 3-6）。但是，在人们掌握这个制约和数比关系而产生出适应时代、社会的理想化的美感形式成果的同时，数的制约及数比关系也随着时代变化而在不断变化。

（2）景观尺度

尺度是人与物之间所形成的数比关系。例如，人站在天安门广场上，这时人与广场就形成了尺度关系。比例是任何事物的局部与自身整体之间的数比关系，尺度则是人自身的尺寸与其他物体尺寸之间所形成的特殊数比关系。所谓特殊，是指尺度必须是以人自身的尺寸为基础。环境景观的尺度控制在环境景观设计中是非常重要和关键的（图 3-7）。另外，空间尺度、密度尺度、模度尺度、行为尺度、关联尺度等也与景观尺度息息相关。其中，行为尺度主要涉及人们在景观环境中常见的基本动作，如行走、攀登、观望、休息、聆听等。譬如行走的条件是路，路的宽与窄、路面的好与坏都会给人带来不同的感受。在景观设计中需要利用人们的观赏特性来规划景观空间。关联尺度往往是表现人们的行为动线的尺度。景观设计的关联性在于合理的整体布局。

图 3-6　环境景观比例关系

图 3-7　景观设计中的不同尺度关系

**6. 序列与结构**

景观空间的展示规律包括一般序列、循环序列、专类序列等。景观序列的创作手法主要包括以下 5 种：

① 景观序列的主调、基调、配调和转调。

② 开合景观序列的起结。

③ 景观序列的断续起伏。

④ 植物景观序列（图 3-8）的季相与色彩布局。

⑤ 建筑景观的主体性序列节点。

景观设计中的空间结构大致分为 3 类：规则式（图 3-9）、自然山水式（自然式，图 3-10）、混合式。其中，规则式的特点是景观整体在平面规划上有明显的中轴线，并以中轴线的前后左右对称或拟对称布置，场地划分大都为几何形体。

图 3-8　植物景观序列

图 3-9　规则式空间结构

图 3-10　自然式空间结构

## 第二节 ◉ 景观造型设计的基本方法

### 一、加法造型

加法造型也称连接法，强调形与形的连接，轮廓线也连接在一起，此时就失去了原来的形体的概念，新形体会产生意想不到的效果（图 3-11）。

### 二、渐变造型

渐变是一种运动变化的规律，它是形象经过逐渐的规律性过渡而相互转换的过程。它广泛地存在于自然规律之中，也是日常生活中人观察事物的常见的视觉规律，如人在看到某物体时，总是近大远小，越近则越大越清晰，越远则越小越模糊。渐变现象也是一种符合发展规律的自然现象，如四季的更替，一天的时间从 0 时到 24 时，人从幼年、青年、壮年到老年，树木从小苗到参天大树等，都有一个逐渐变化的过程，都属于有秩序的渐变现象。渐变现象是日常生活中常有的视觉感受，其视觉效果具有强烈的透视感与空间的延伸感，如近大远小，火车铁轨由宽变窄，路边树木由近至远，远山的浓淡渐变等（图 3-12、图 3-13）。

图 3-11　连接法——广西风雨桥

图 3-12　自然景观中的渐变现象

图 3-13　人工景观中的渐变现象

## 三、意向造型

### 1. 抽象造型

概念建立在人们对客观事物共识的基础之上，目的在于概括性地反映其一般规律与本质属性。概念不但能通过语言词汇传达，还可以通过视觉形象予以直观表现。抽象造型，关键在于发现概念思维与形象思维之间的联系，寻找概念与形象之间的关系纽带，以形象传达概念的内涵（图 3-14—图 3-17）。

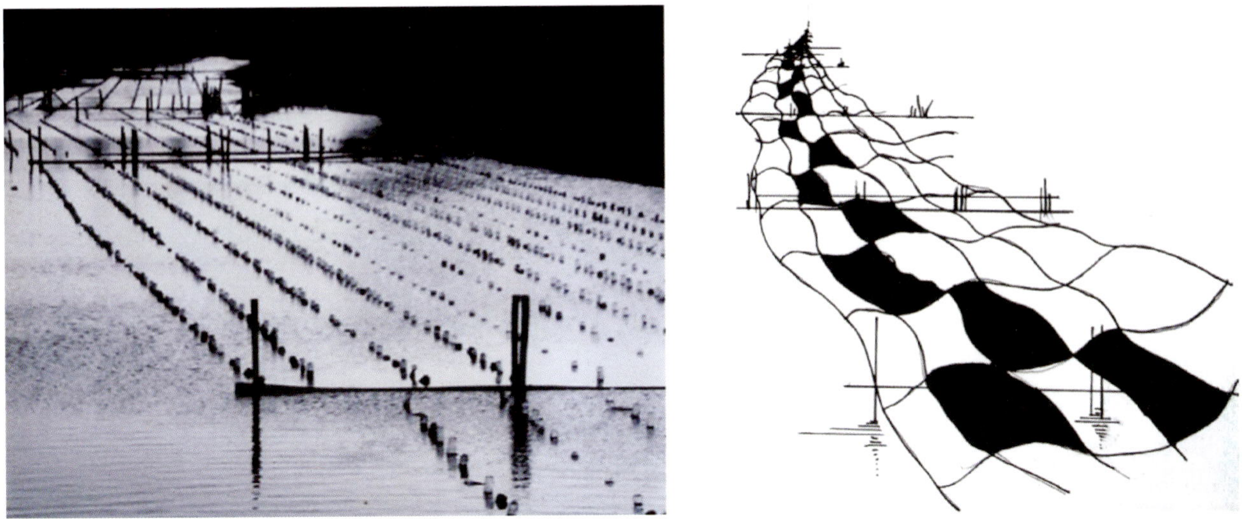

图 3-14　稻田的抽象

图 3-15　溪水的抽象

图 3-16 道路的抽象

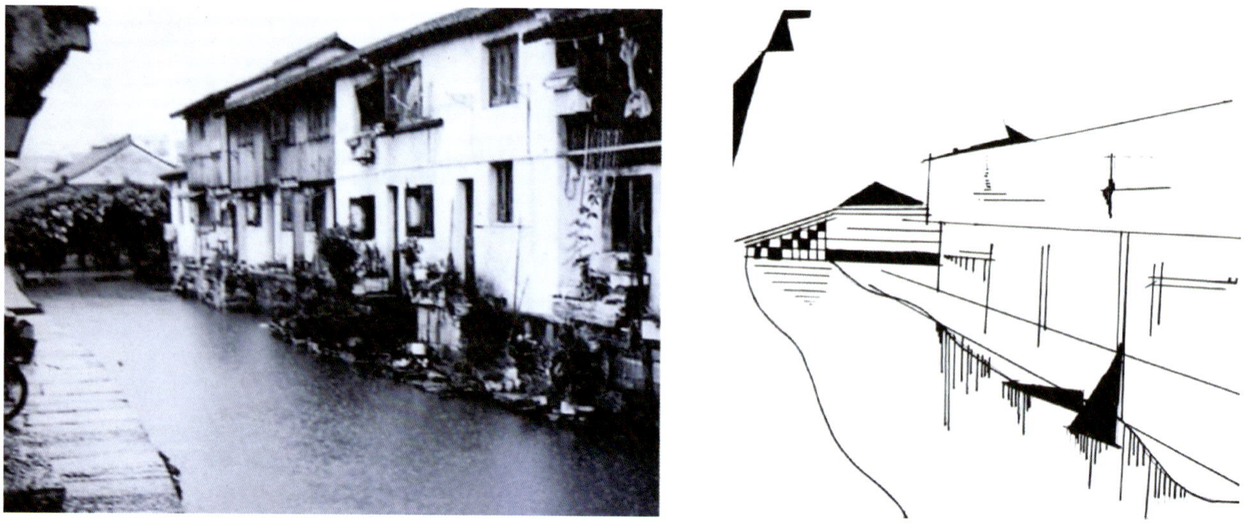

图 3-17 房屋的抽象

**2. 肌理造型**

肌理是指物体表面的纹理、质感、质地。不同的物体有不同的物质属性，由于物体的材料不同，表面的排列、组织、构造各不相同，因而也就有不同的肌理，使人产生粗糙感、光滑感、软硬感等。肌理是反映物体表象特征及其组织的纹理，物体表面纹理的编排样式不仅反映其外在的造型特征，还反映其内在的材质属性。

我们可以通过视觉来感受物体表面的质地。平面构成中的肌理构成有审美的功能，是视觉语言和表达的一种手段，在设计作品中运用广泛。肌理效果在日常生活中随处可见，它在宏观和微观世界中存在即被感知，在艺术设计表现领域的运用也是自古就有，如山川俯视、大地鸟瞰形成的肌理（图 3-18），城市规划、街区住宅、园林广场、建筑工地、集市人群等体现的介于具象与抽象之间的肌理（图 3-19）。

**3. 偶然形造型**

偶然形是由于偶然因素产生的形。偶然形的成因是多方面的，由风、沙、雨、雪等自然因素侵蚀的痕迹，岩石的质地、纹理、风化层面，中国书法、绘画中的“飞白”等均可视为偶然形。偶然形景观具有偶发性和不可复制性（图 3-20、图 3-21）。

图 3-18　人工梯田的肌理

图 3-19　航拍城市肌理

图 3-20　自然地貌中的偶然形景观

图 3-21　岩石风化形成的偶然形景观

## 第三节 ◉ 景观造型设计的色彩构成

色彩是环境景观设计中最重要的手段之一，也是环境景观设计中最易营造气氛和产生情感的要素。环境景观色彩应结合景观的使用性质、功能，所处的气候条件、自然环境和景观周围建筑环境以及景观本身建筑材料的特点等因素进行整体设计（图 3-22）。

图 3-22　彩色建筑景观



## 一、环境景观性质对色彩设计的影响

环境景观性质对色彩设计的影响因素主要包括 5 个方面：环境景观的使用性质、体形及规模，地区气候条件，所在环境，建筑材料，地方性建筑材料。其中，规模比较大的景观宜采用明度高、彩度低的色彩，规模比较小的景观彩度可以高一些。明亮的暖色可使环境景观有明快的感觉。可根据建筑表面材料的原色、质感及其热工状况，充分利用材料的本色和表面效果来进行色彩设计，如建筑材料的光面与毛面由于反射、折射等会改变其色彩的明度和彩度。

## 二、色彩在环境景观设计中的作用

色彩在环境景观设计中的作用主要包括 4 个方面：加强环境景观造型的表现力；丰富环境景观空间的形态效果；加强环境景观造型的统一效果；完善环境景观造型。另外，色彩也是体现城市景观整体风格的要素之一，如北京故宫建筑群的红墙与各色琉璃瓦相结合，形成的皇城建筑景观，以及苏州拙政园和南京夫子庙的粉墙黛瓦等（图 3-23）。在历史文化名城保护和现代化城市环境景观设计中，如果色彩处理不当，会破坏环境景观的统一性。为了使色彩与环境景观相协调，有些国家就对城市建筑景观色彩作出限制性规定，确定本地区建筑群、街道和广场的色彩基调。

## 三、景观设计中的色彩原理

在景观设计中使色彩分散、间隔、渐变，可以达到减弱面积对比关系的效果。例如，斑马的保护色与其他动物的保护色不同，其他动物一般将自身的色彩尽量接近所处的环境色，使对方难以辨认，而斑马则采用同时对比时的错视和视觉后像效果来保护自己（图 3-24—图 3-26），其原理是：当斑马快速奔跑时，由于同时对比的错视作用，前一个视觉印象还没有完全消失时，斑马的身体实际已经飞奔到下一个位置，使狮子不能正确判断斑马的位置，所以狮子往往扑空。所谓错视，就是眼睛的错觉，是指肉眼不能正确地认识外界客观事物的本质，错误地辨别了事物的大小、形状、色彩等要素的现象。错视的产生并不是因为生理缺陷，与观察者的主观意识也无关，而是由于客观对象的某类形态特点或是某种视觉刺激而引发的错误的知觉。错视一般都与眼睛构造、视觉原理以及心理学等密切相关，色彩的错视也不例外。学术界已经对错视中的对比、同化等现象从生理学、心理学等角度进行了研究和分析，并作了大量理论上的考证。

图 3-23　北京故宫、苏州拙政园、南京夫子庙

图 3-24　斑马

图 3-25　斑马纹

图 3-26　斑马线

### 四、景观设计中色彩的特性与功能

太阳光是地球上最主要的光源，它投射到地球上的可见光中绿光占 50% 以上，因此，人眼最适应绿光的刺激，对绿色光波的微差分辨能力也最强。绿光在可见光谱中波长居中，在各高纯度色光中，绿光最能使眼睛得到放松与休息，所以人对绿色的反应最平静。维吾尔族人常在刷墙的白灰中加入少量的蓝绿色，医生总是让眼疾病人多看绿色，也是这个道理。自然界中，绿色是植物色，又称生命色，因而它是农业、林业、牧业的象征色。绿色植物可以给人以清新的感觉，有益于镇定、疗养、休息与健康，所以绿色也是旅游业的象征色。绿色植物从种植、发育、成长、成熟、衰老到死亡，每个阶段都呈现不同的绿色。嫩绿、淡绿、草绿等象征着春天、生命、青春、幼稚、成长、活泼、活力，具有旺盛的生命力，是表现活力与希望的色彩。英语中“green”还有另一层含义，即青春的、旺盛的、未成熟的、幼稚的、没有经验的。艳绿、盛绿、浓绿等象征盛夏、成熟、健康、兴旺、发达，而灰绿、土绿、黄绿等意味着秋季、收获和衰老。在各纯色之中，绿色处于中庸、平静的地位，又象征生命与希望，所以人们又把它与和平事业和邮电事业联系在一起。由于自然环境的因素，绿色是

一种很好的保护色，许多国家用绿色作为作战服的掩护色。垂直绿化的高层建筑［图 3-27（a）］传达了一种绿色城市森林的生态象征，上海和平饭店的绿色屋顶［图 3-27（b）］隐含了绿色象征和平的意涵。

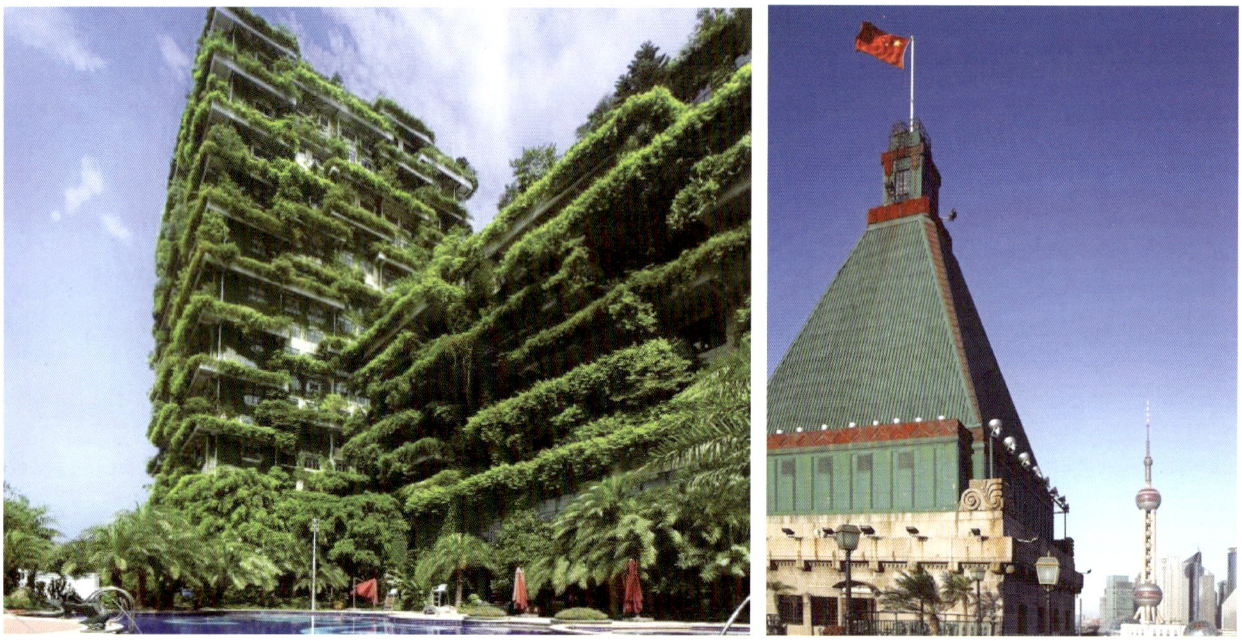

(a)　　(b)

图 3-27　景观设计中色彩的特性与功能



## 五、景观设计中的色彩和色相对比

**1. 色彩对比**

色彩对比是指两种以上的色彩并置，从而产生相互影响，使不同色彩的特征更加鲜明突出的现象。现实中，单独存在的色彩很少，往往都是成群或成组地出现，因而易产生对比效果。对比效果一般由色彩与色彩之间的距离、大小、强弱、形态等因素决定。一般情况下，色块的面积相差越大，对比效果越强；色彩相异的因素越多，对比效果越强；色彩明度相同时，纯度越高，对比效果越强；色块间空间距离越大，对比效果越弱。

**2. 色相对比**

两种色相并置时，会发现它们在色相环上向对方色相相反方向靠近的现象。但互补的两个色相并置时并不会产生这种现象（图 3-28、图 3-29）。

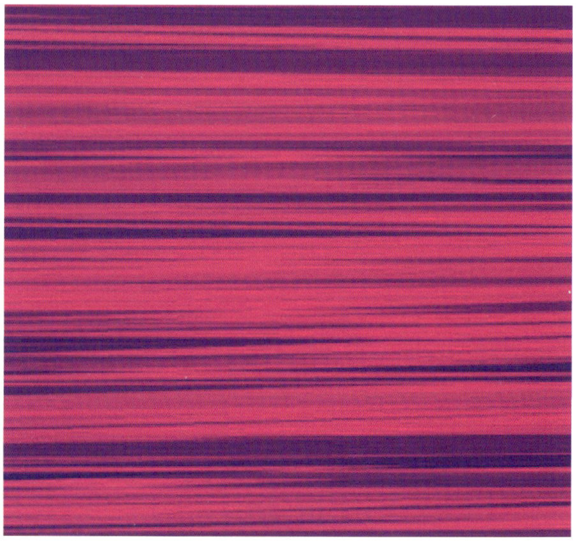

图 3-28　色相对比（红—蓝）

图 3-29　建筑景观中的色相对比（红—蓝）

## 六、景观设计中形与色的综合表现

### 1. 色彩的局部呼应

色彩在布局时最好不要孤立地出现，而是安排同种、同类或是对比较为强烈的色块在其上下、前后、左右等方向，使它们彼此之间互相呼应（图 3-30）。色彩的呼应形式主要有局部呼应、全面呼应两种。在画面黑底上，加入一个大红色的点，这个红色的点被大面积的黑色所包围，在构图中顽强地挣扎着，似乎随时有被吞噬的危险。虽然它不可能消失，会一直存在，但整个画面有令人窒息的感觉，这就是构图的安排中没有呼应的原因。这时就需要再增加几个红点与之相伴，即使用同种色块也可以在空间距离上产生呼应关系，以打破这种缺乏生气的局面。在增加这些点的时候，需考虑其分布的疏密关系，绝不能平均布局，要做到疏密、错落有致。多个同类型的点落入画面，形成的是一种类似于音响效果的组合，将这些点疏密、快慢、休止有致地安排，自然散撒所形成的节奏关系在画面中形成一种美的构图。而人为的、刻意的规整排列不可能达到这样的自然节奏。新疆地毯的设计中就很注意内外色彩的呼应关系，大地的颜色一般用来做最外层的边色，图案在整个内部色底上进行布局，形成了内外呼应的关系。

在空间设计领域，色彩与光的运用十分广泛。在展示设计中，将弥漫在色光中的轻柔色调与点射光相结合，造就了层次的变化与视觉的重点。现代装置艺术作品中的光色设计，在有限的空间里将色彩的质感进行了最大程度的传达（图 3-31）。家具设计中的室内空间的色彩规划，通过家具色彩的不同组合，丰富空间层次，特别是色彩色相与明度对比中量的处理，对人的视觉与心理起到调节作用。舞台色彩的气氛营造，是通过动态色光的重叠以及冷暖对比，强化空间的丰富性与层次感，以光色配合音乐的节奏变化，引起观众的心理变化。

图 3-30　色彩的局部呼应

图 3-31　现代装置艺术中的光色设计

**2. 形与色的综合表现遵循的原则**

景观环境视觉效果与景观环境色彩有着直接关系，从根本上说，景观环境色彩设计和以环境的舒适性、便捷性和观赏性为目的的设计有着共同的目标和追求。因此，景观环境色彩设计应该作为景观环境设计的延伸和扩展，成为景观环境设计学内容的补充和完善，使色彩成为景观环境设计的重要内容。

（1）服从景观环境总体设计的原则

对于景观环境而言，色彩作为景观环境设计语言的一种，与环境空间、体量等共同构成了整体形象。景观环境色彩作为环境的重要因素，其规划和设计原则应服从景观环境设计总体控制的原则和要求（图 3-32）。

（2）注重区域性自然景观环境特征原则

人类的色彩美感来自大自然对人的陶冶（图 3-33）。对人类来说，自然的原生色总是易于接受的，甚至是最美的。因此，在地域性景观环境色彩的设计中，要尽量注重区域的自然环境特征（图 3-34），将气候特征、地理特征等充分运用到景观环境色彩之中，以体现景观环境色彩的地域特色。

（3）注重区域性文脉延续以及突出历史文化特征原则

景观环境色彩一旦由历史积淀形成，便成为城市文化的载体，并不断诉说着景观环境的历史文化。因此，历史文化名城、古城，为了延续城市的文脉，应尽量保持其传统色调，以显示其历史文化的真实性（图 3-35、图3-36）。

图 3-32　环境总体设计

图 3-33　云南石林

图 3-34　江西婺源的水景色彩

图 3-35　北京角楼的全景色彩

图 3-36　南京中山陵、北京故宫

（4）整体和谐原则

景观环境色彩的设计需要具有整体构思、整体布局、整体组织的观念，色彩的运用要从一栋建筑、一个街区和整个城市的角度考虑，整体把握景观环境的色彩特征（图 3-37）。一个地区的城市环境色彩应大体与该地区的主基调和谐，在此基础上可以展示新颖的特色，使整个城市既整体和谐又丰富多彩（图 3-38）。

图 3-37　苏州拙政园整体和谐效果

图 3-38　整体和谐的应用

（5）色彩调和原则

景观设计首先要形成整体的色调，即景观的色彩倾向，用其他色作为点缀色，起调节作用，以获得舒适的整体色调（图 3-39、图 3-40）。

（6）统一多样原则

城市景观的环境色彩具有统一性，这种统一性可使城市环境面貌简洁明了，使城市间保持个性差别。但是，城市景观色彩系统在统一中若缺乏多样变化，则会缺少生机和活力；而过分追求多样变化又可能会陷入杂乱无章、难以给人高层次美感的境地（图 3-41、图 3-42）。

图 3-39　景观设计中的色彩调和（地铁站）

图 3-40　景观设计中的色彩调和（步行街）

图 3-41　日本高松栗林公园景观

图 3-42　俄罗斯森林公园景观

# 第四章

# 景观植栽设计

## 第一节 ◉ 景观植栽设计基础概述

### 一、中国古典园林景观中的植物配置

**1. 中国古典园林的植物应用**

20 世纪 70 年代，考古学家在浙江余姚河姆渡新石器文化遗址发掘中，获得一块刻有盆栽花纹的陶块，由此推断，早在 7 000 多年前我国就有植物栽培了。我国最早的诗歌总集《诗经》中也记载了对桃、李、杏、梅、榛、板栗等植物的栽培。2 000 多年前的汉武帝时期，中亚的葡萄、核桃、石榴等植物已经被引入中国，并用于宫苑的装饰，比如上林苑设葡萄宫专门种植引自西域的葡萄，扶荔宫则栽植南方的奇花异木，如菖蒲、山姜、桂、龙眼、荔枝、槟榔、橄榄、柑橘类等植物。随着社会的发展，人们对于植物的使用也越来越广泛，从室内到室外，从王孙贵族到平常百姓，从节日庆典到宗教祭祀，无论何时、何地、何种园林形式，植物都成为其中不可或缺的要素，而植物配置的技法也随着中国园林的发展而逐步完善，具体内容参见表 4-1。

**2. 中国古典园林植物景观的特点**

作为东方园林的典型代表，中国古典园林的植物配置经过长久的总结、验证、发展，形成了自己独有的特点，即自然、含蓄、精巧，见表 4-2。

**表 4-1　中国古典园林分类及其植物的应用**

| 园林类型 | 特点 | 植物种类及其配置方式 | 作用 |
|---|---|---|---|
| 皇家园林 | 庄严雄浑 | 选用苍松翠柏等高大树木，植物采用自然式或者规则式配置方式 | 与色彩浓重的建筑物相映衬，体现了皇家园林的气派 |
| 私家园林 | 朴素、淡雅、精巧、细致 | 选用小型植物以及具有寓意的植物，如梅、兰、竹、菊、玉兰，植物多采用自然式配置方式 | 创造城市山林野趣，体现主人高雅的气质 |
| 寺观园林 | 古朴、自然、庄重、幽奇 | 栽植松、柏、竹、兰、银杏、玉兰、桂花等，以及与教义有关的植物，如菩提树、莲花等 | 创造一处静思、修行的空间，并供人游赏 |

**表 4-2　中国古典园林植物配置特点**

| 特点 | 植物的选择 | 设计手法 | 景观效果 |
|---|---|---|---|
| 自然 | 造型自然优美的乡土植物 | 欲扬先抑、以小见大、借景 | 本于自然、高于自然 |
| 含蓄 | 具有形态美、意蕴美的植物 | 藏景、障景、透景、漏景等 | 藏而不露、峰回路转 |
| 精巧 | 尺度体盘适宜，有着浓郁的文化氛围 | 借景、障景、透景、漏景、对景等 | 精在体宜、巧夺天工 |

（1）自然

“师法自然”是中国古典园林的立足之本，也是植物造景的基本原则之一。首先，从植物选用及景观布局方面来看，中国古典园林是以植物的自然生长习性、季相变化为基础，模拟自然景致，创造人工自然。宋代欧阳修在守牧滁阳期间，筑醒心、醉翁两亭于琅琊幽谷，他命其幕客“杂植花卉其间”，使园能够“浅深红白宜相间，先后仍须次第栽。我欲四时携酒去，莫教一日不花开”。可见当时的植物景观已经充分考虑了植物的季相变化。

其次，在景观的组织方面，古人也总结出一套行之有效的方法，如利用借景将自然山川纳入园中，或者利用欲扬先抑、以小见大等手法，造成视觉错觉，即使是在很小的空间中，也可以利用“三五成林”创造“咫尺山林”的效果。

（2）含蓄

对于园林景观，古人最忌开门见山、一览无余，讲究的是藏而不露、峰回路转，利用植物进行藏景、障景是古典园林中最为常用的手法。

中国古代植物景观的含蓄不仅限于视觉上，更体现在内容表达上。古人赋予了植物拟人的品格，在造景时常“借植物言志”。在古人眼中，植物不仅仅是为了创造优美的景致，在其中还蕴含着丰富的哲理和深刻的内涵，这也是中国古典园林与众不同之处——意境的创造，正所谓“景有尽而意无尽”。

（3）精巧

无论是气势宏大的皇家园林，还是精致小巧的私家园林，在造园者缜密的构思下，每一处景致都做到了精致和巧妙。

“精”体现在用材选料和景观的组织上——精在体宜。中国古典园林中多选用观赏价值高的乡土植物，较少种植引种植物，一方面保证了植物的生长，可以获得绝佳的景观效果；另一方面也体现了地方特色。植物选材还需要讲究“意境”，如故宫御花园的轩前海棠，颐和园乐寿堂前后的玉兰，谐趣园的一池荷花等，都是经过设计者反复推敲、仔细斟酌的。

“巧”则体现在布局方式和细部刻画上——巧夺天工。中国古典园林的植物景观有的突出枫树，温彩流丹；有的突出梨树，轻纱素裹；有的突出古松，峰峦滴翠；有的突出垂柳，婀娜多姿。植物花色、叶色的变化以及花形、叶形的差异被巧妙地加以利用，达到“四时有景”的效果。

**3. 中国古典园林植物配置的手法**

中国古典园林有着独到的植物配置原则。探索中国古人的智慧之源，可以为现今景观及园艺设计师提供借鉴。

（1）按画理、诗文、匾额、楹联取材植物景观

古人栽植花木，常常借鉴古典诗文的优美意境，创造浓浓的诗意。林逋的“疏影横斜水清浅，暗香浮动月黄昏”，晏殊的“梨花院落溶溶月，柳絮池塘淡淡风”，一幅幅栩栩如生的画面展现在人们眼前。赋予植物丰富的情感寓意，让园主通过画境，传达生活志趣、品格操守等文化信息。如“得真亭”“听松风处”“万壑松风”“海棠春坞”等，以松、竹、梅等植物为主题造景，传达园主对高洁品格、隐逸思想等的追求。

中国园林文化受传统文化的影响，有着极高的艺术境界。作为凝固的诗，是诗情画意、意境含蕴的化身，中国园林艺术与诗、画有着不解之缘，通过园林中的楹联匾额，达到相互依托、相互渲染的境界。

（2）按色彩、姿态取材植物景观

中国传统文化有着贵精不贵多的道理，这种品质从盆景艺术的景致中便可看出。中华传统文化的花木审美，注重线条、姿态、色彩等，以此达到传达园林精神的效果。网师园中的看松读画轩，其轩名便将园景中的主体描述得十分贴切生动。罗汉松姿态古朴，与远山近水、亭阁曲桥一道，自成画境。园中的植物，记载了园林的历史，伴随园林历经历史变迁，岁月更迭。园中的古树，树龄古老，富有气势，以

高大的躯干遮蔽着园林，更让园林空间深邃幽静，保持了中国古典园林的基调和氛围。

## 二、西方古典园林景观中的植物配置

### 1. 西方古典园林植物造景的基本特点

（1）植物造景突出规则式布局

西方古典园林植物造景受到唯理思想的影响，采用完全规则式的配置方式，整齐一律，均衡对称。植物按中轴线左右对称，均衡布置，在种类、株数、体量、大小、高矮的选择上都与中轴线呈对称布置；草坪和花圃被分割成各种几何形状的板块，甚至树木本身也被修剪成规则式的，如法国凡尔赛宫成排树木沿中轴线规则排布，密植的树木修剪成树墙，给人以有序整齐的视觉感受。

（2）植物造景广泛运用造型植物

西方人为了体现征服自然、显示人为的力量，对树木花卉的应用也往往表现人对自然的控制与改造，树木多被修剪成各种几何形体及鸟兽形体，花卉则被种植成模纹形式。

早在古罗马时期就开始重视造型植物的运用，当时，有许多专门的园丁从事这项工作。将黄杨、紫杉和柏树等植物修剪成各种几何形体、文字、图案，甚至一些复杂的牧人或动物形象，被称为绿色雕塑或植物雕塑。文艺复兴时期的意大利台地园及17—18世纪的法国园林都受到这种思想的影响，园林中也大量采用规则式植物造型进行植物造景。

（3）图案花坛应用盛行

西方古典园林常运用低矮的观叶植物或花、叶兼美的植物组成模纹花坛，以表现植物群体的图案、纹样美。如17世纪至18世纪初期法国园林就普通运用以花卉为主的大型刺绣花坛，这种花坛由几个平整的、外形为对称几何形的植坛组成，对称轴上多布有水池和沟渠，并将鲜花栽植填充在规则图案的绿篱里，看上去像绚丽的地毯。古典模纹花坛在文艺复兴时期成为法式园林中最耀眼的亮点之一。西方古典园林有时将黄杨等耐修剪的常绿植物修剪成矮篱，在方形、长方形的园地上，组成种种图案、花纹，或家族徽章、主人名字等极富装饰性的花坛。

### 2. 植物造景在规则中体现自然

西方古典园林植物造景虽注重规则式的设计，但在规则式的植物造景中也体现出自然的一面，譬如西方古典园林中花境的设计。“花境”是西方人在参考自然风景中野生花卉在林缘地带的自然散布规律后，在小径两旁栽植大戟、玉簪属植物、羽衣甘蓝等适应本身生长季节的花卉形成的自然花带。在花境的设计中，种植花境的花坛、种植槽是规则式的，同时花境在平面上讲究构图完整，高低错落，因此不仅花境配置的各种花卉彼此间色彩、姿态、体型、数量等应协调、对称规整，而且相邻的花卉其生长强弱、繁衍速度也应大体相似。但花境内的植物配置是自然式的，以各种不同的花卉构成宽窄不一的曲线或直线花带，而且花境中的各种花卉呈斑状混交、面积不等的自然式布置，形成了主要以欣赏其本身特有的自然美以及植物自然组合群落美的自然花带。花境是园林从规则式到自然式布局的过渡设计形式。

### 3. 注重植物种类应用的多样性

西方古典园林注重植物种类多样性的运用，早期以乡土树种为主，如古埃及园林中，植物种类有椰枣、棕榈、洋槐、石榴、无花果、葡萄等果木，以及迎春、月季、蔷薇、矢车菊、睡莲等花卉。古罗马园林中常见的乔木、灌木有悬铃木、白杨、山毛榉、梧桐、丝杉、柏、桃金娘、夹竹桃、瑞香、月桂等。古希腊园林中常见的植物有桃金娘、山茶、百合、紫罗兰、三色堇、石竹、勿忘我、风信子、飞燕草、芍药、鸢尾、金鱼草、水仙、向日葵等。

西方古典园林不仅注重本土植物的应用，还从其他国家引种驯化植物，以使园林景观更加多样化，如当埃及与希腊接触后，开始从地中海沿岸引进树种，如栎树、悬铃木、油橄榄，以及樱桃、杏、桃等。文艺复兴时期，帕多瓦植物园（Orto botanico di padova）首次引进植物，如凌霄、雪松、刺槐、仙客来、迎春花以及多种竹子等。18 世纪的英国邱园中原产英国的植物种类仅 1 700 种，经过几百年从东南亚、中国等多国的引种，现在邱园中已拥有约 50 000种来自世界各地的植物。

**4. 充分运用植物组织空间**

西方古典园林将植物材料的运用发挥得淋漓尽致，充分运用植物来组织、围合空间。如从中世纪时期开始，西方人即用修剪整齐的绿篱围在道路两侧，形成图案复杂的通道。文艺复兴时期，在意大利台地园中，甚至将植物作为建筑材料，植物代替了砖、石、金属等，起着墙垣、栏杆的作用；并充分运用修剪整齐的绿篱形成绿丛植坛、迷园。在露天剧场中植物也得到了广泛的应用，用植物构成舞台背景、侧幕、入口拱门和绿色围墙等，在高大的绿墙中，还可修剪出壁龛，内设雕像。

**5. 专类园的应用**

西方古典园林中，造园者最初是一些手工匠、菜农、果农，因此早期的植物造景都是以实用为主要目的的，包括草本药用园、果园、菜园和种植香料及调料植物的园地。从古罗马时期开始兴起了栽植某一单种植物的园林，即专类园，如蔷薇园、杜鹃园、鸢尾园、牡丹园，它们至今仍深受人们的喜爱。直至今日各国仍然时兴建造各种专类园以满足不同的功能需求，如动物园、植物园、游乐园等。

## 三、现代园林的植物景观

**1. 植物景观在现代园林中的作用**

（1）美化环境

现代园林综合运用不同形状、颜色、用途和风格的各种园林植物，可以配置出一年四季丰富的色彩。乔木、灌木、花卉、草坪等镶嵌在建筑群中，瑰丽的色彩伴以芬芳的花香，绿树成荫、蓊郁葱茏。

（2）净化空气

现代园林植物就像空气过滤器，可以吸滞烟灰和粉尘，吸收有害气体和二氧化碳，并放出氧气，这些都能对净化空气起到很好的作用。

（3）丰富空间

采用三五成丛的自然式布局，有利于表现自然山水的风貌；采用成行成排的规则式布局，则宜于协调规整的建筑环境。宽阔的草坪，用大色块、对比色处理的花丛和花坛可以烘托明快、开朗的空间气氛；而林木夹径，用小色块、类似色处理的花境则更容易表现幽深、宁静的山林野趣。

（4）调节气温

现代园林中的植物景观还有调节气温、增加空气湿度的作用。树木在生长过程中的蒸腾作用，使空气中水汽增多，植物区内空气湿度比非植物区高 10%—20%。炎夏，无树的园林中裸露地表的温度远远超过气温，如裸露地表温度最高可达 43 ℃，而绿地中的地表温度一般可降低 10—17. 8 ℃。

**2. 现代园林植物景观设计与配置的原则**

目前，植物景观设计与配置中存在许多问题和弊端，其功能得不到有效发挥，生态效益和经济效益更是无从谈起。因此，有必要寻求一个正确、全面的思想行动准则，以便在各种情况下把握植物景观设计的尺度。

（1）因地制宜

因地制宜就是充分利用不同环境中的自然要素，比如在狭小的城市园林空间要使植物配置达到完美效果。

① 注意植物的选择。

② 注意植物的配置。

（2）简洁

在现代园林植物景观设计与配置中创造简洁最常用的方法就是重复。重复可以通过植物的形态、色彩、质感来体现。另外，在设计中可以采取植物组群重复的手法，或者使每一组植物组群的 1/3 与相邻的组相同，这种重复表现出一定的变化。或控制重复植物的大小、形态、色彩、质感等特征，使至少有一组植物是具有变化的，这样使得组群、空间之间都有了联系，形成统一的视觉效果。

（3）多样性

城市植物景观中的物种多样性是指城市植物景观空间中多种多样的物种类型和植物种类。在城市植物景观空间中，各个小的人工群落的环境是不一致的，空间异质性程度越高，意味着更多样的小生境，就能允许更多物种共存。在城市生态学中，植物景观多样性又常被称为生态系统多样性，实际上是指植物圈内栖息地、植物群落和生态学过程的多样化，这里是作为视觉美学上的概念。在现代园林植物景观设计与配置中，基调植物和各分区的主调植物、配调植物应明确，以获得多样性统一的艺术效果。全园应有一至两种分布广泛的基调植物，还应视不同分区选择各自的主调植物，以形成不同分区的不同景观主题。如杭州花港观鱼景区，以广玉兰为基调植物形成全区格调，再按景点配置植物形成各自特色：牡丹园景点以牡丹为主调，杜鹃等为配调；锦鱼池景点以海棠、樱花为主调；大草坪景点以合欢、雪松为主调；花港景点以红枫为主调。

（4）以人为本

任何景观都是为人而设计的，真正的以人为本应当首先满足人作为使用者的最根本的需求，植物景观设计与配置亦是如此。设计者必须掌握人们的生活和行为的普遍规律，使设计能够真正满足人的行为感受和需求，即必须实现其为人服务的基本功能。植物景观的创造必须符合人的心理和生理上的感性和理性需求，把服务和有益于人的健康、舒适作为植物景观设计之本，体现以人为本，满足居民“人性回归”的渴望，力求创造环境宜人、景色迷人、为人所用、尺度适宜、亲切近人、人景交融的亲情环境。

（5）艺术性

完美的植物景观必须具备艺术性。植物景观中艺术性的创造是极为细腻复杂的，需要巧妙地利用植物的形体、线条、色彩和质地进行构图，并通过植物的季相变化来创造瑰丽的景观，表现其独特的艺术魅力。比如自古以来，诗人、画家常把松、竹、梅喻为“岁寒三友”，把梅、兰、竹、菊比为“四君子”，这都是利用园林植物的姿态、气质、特性给人的不同感受而产生的比拟联想，即将植物人格化，从而在有限的园林空间中创造出无限的意境。如苏州北寺塔公园梅圃，取宋代诗人林逋的“疏影横斜水清浅，暗香浮动月黄昏”的意境，在园中挖池筑山、临池植梅，且借北寺塔倒影入池，将古诗意境实体化。

## 第二节 ◉ 植物设计手法

### 一、植物的形态特征

园林植物种类繁多，姿态各异，每一种植物都有自己独特的形态特性，经过合理搭配，就会产生与众不同的艺术效果。植物形态特征可以通过植物的大小（或高矮）、植物的外形以及植物的质感等加以描述。

**1. 植物的大小**

按照植物的大小（或高矮）可以将植物分为乔木、灌木、地被三大类。如果按照成龄植物的高矮再加以细分，可以分为大乔木、中乔木、小乔木、高灌木、中灌木、矮灌木、地被等类型。

（1）乔木

在开阔空间中，多以大乔木作为主体景观，构成空间的框架，中小型乔木作为大乔木的背景。因此，在植物配置时需要首先确定大乔木的种植位置，然后再确定中小乔木、灌木等的种植位置。中小型乔木也可以作为主景，但经常应用于较小的空间。

（2）灌木

灌木无明显主干，枝叶密集，当灌木的高度高于视线时，就可以构成视觉屏障。所以一些较高的灌木常密植或被修剪成树墙、绿篱，替代僵硬的围墙、栏杆，进行空间的围合。对于低矮的灌木，尽管也可以构成空间的界限，但更多地被修剪成植物模纹，广泛地运用于现代城市绿化中。

由于灌木给人的感觉并不像乔木那样“突出”，而是一副“甘居人后”的样子，所以在植物配置中灌木往往作为背景，起到衬托的作用。当然，灌木并非就不能作为主景，一些灌木由于具有美丽的花色、优美的姿态，在景观中也会成为瞩目的对象。

(3) 地被

高度在 30 cm 以下的植物都属于地被植物。由于地被接近地面，对于视线完全没有阻隔作用，所以地被植物在立面上几乎不起作用，但是在地面上地被植物却有着较高的价值，同室内的地毯一样，地被植物作为“室外的地毯”可以暗示空间的变化。

**2. 植物的外形**

植物的外形指的是单株植物的外部轮廓。自然生长状态下，植物外形的常见类型有圆柱形、尖塔形、圆锥形、伞形、球形、半圆形、卵形、广卵形、匍匐形等，特殊的类型有垂枝形、龙枝形、棕榈形等（表 4-3）。

**表 4-3　植物的外观形态**

| 序号 | 类型 | 代表植物 | 观赏效果 |
|---|---|---|---|
| 1 | 圆柱形 | 杜松、新疆杨、黑杨、钻天杨等 | 高耸、静谧，构成垂直向上的线条 |
| 2 | 尖塔形 | 雪松、冷杉、沈阳桧、南洋杉、水杉等 | 庄重、肃穆，宜与尖塔形建筑物或者山体搭配 |
| 3 | 圆锥形 | 圆柏、云杉、幼年期落羽杉、金钱松等 | 庄重、肃穆，宜与尖塔形建筑物或者山体搭配 |
| 4 | 卵形 | 球柏、加杨、毛白杨等 | 柔和，易于调和 |
| 5 | 广卵形 | 侧柏、紫杉、刺槐等 | 柔和，易于调和 |
| 6 | 球形 | 万峰桧、丁香、五角枫、黄刺玫等 | 柔和，无方向感，易于调和 |
| 7 | 馒头形 | 馒头柳、千头椿等 | 柔和，易于调和 |
| 8 | 扁球形 | 板栗、青皮槭、榆叶梅等 | 水平延展 |
| 9 | 伞形 | 老年期落羽杉、合欢等 | 水平延展 |
| 10 | 垂枝形 | 垂柳、龙爪槐、垂榆等 | 优雅、平和，将视线引向地面 |
| 11 | 钟形 | 欧洲山毛榉等 | 柔和，易于调和，有向上的趋势 |
| 12 | 倒钟形 | 槐等 | 柔和，易于调和 |
| 13 | 风致形 | 老年期油松 | 奇特、怪异 |
| 14 | 龙枝形 | 龙爪桑、龙爪柳、龙爪槐等 | 扭曲、怪异，创造奇异的效果 |
| 15 | 棕榈形 | 棕榈、椰子等 | 构成热带风光 |
| 16 | 半球形 | 金老梅等 | 柔和，易于调和 |
| 17 | 丛生形 | 玫瑰、连翘等 | 自然 |
| 18 | 匍匐形 | 铺地柏、迎春、地锦等 | 伸展，用于地面覆盖 |

**3. 植物的质感**

植物的质感是指植物直观的光滑或粗糙程度，它受到植物叶片的大小和形状、干皮的纹理等因素的影响。

(1) 叶片的大小和形状

植物的叶片大小和形状直接影响植物的质地，常绿树种多为针叶、鳞叶，叶片小，质地细；豆科植物、柳属植物、大多数绣线菊属植物叶片小，外观纤细柔和；而响叶杨、梓树、泡桐、梧桐、悬铃木等植物叶片较大，给人粗犷、疏松的感觉；热带植被大多具有巨大的叶片，如桄榔、董棕、鱼尾葵、巴西棕、高山蒲葵、油棕、印度橡皮树、芭蕉、龟背竹等，王莲的叶片甚至还可承载一个儿童，巨大的叶片显得粗壮、有力。

（2）干皮的纹理

树皮纹理的形式较多，并且随着树龄的增长也会发生变化，多数树种树皮呈纵裂状，也有些植物树皮纹理比较特殊。

① 横纹：山桃、桃、樱花等。

② 片裂：白皮松、悬铃木、木瓜、榔榆等。

③ 丝裂：幼龄柏类。

④ 长方形裂纹：柿、君迁子等。

⑤ 粗糙（树皮不规则脱落）：云杉、硕桦等。

⑥ 疣突：常见于热带地区的老龄树木。

如表 4-4 所示，质感比较粗糙的植物具有较强的视觉冲击力，往往可以成为景观中的视觉焦点，在空间上会有一种靠近观赏者的趋向性，而质感细腻的植物则相反。所以，在重要的景观节点应选用质感粗糙的植物，而背景则可选择质感细腻的植物，中等质感的植物可以作为两者的过渡。如果空间狭小，为了避免过于局促，则尽量避免使用质感粗糙的植物，而应选用质感细腻的植物。

植物的质感也会随着季节的改变而变化，比如落叶植物，当冬季落叶后仅剩下枝条，植物的质感就表现得比较粗糙了。所以在进行植物配置时，设计师应根据所需景观效果，综合考虑植物质感的季节变化，按照一定的比例合理搭配针叶常绿植物和落叶植物。

**表 4-4　植物的质感**

| 质感类型 | 代表植物 |
|---|---|
| 粗糙 | 向日葵、木槿、岩白菜、蓝刺头、玉簪、梓树、梧桐、悬铃木、泡桐、广玉兰、天女木兰、新疆大叶榆、新疆杨、响叶杨、龟背竹、印度橡皮树、荷花、五叶地锦、草场等 |
| 中等 | 美国薄荷、金光菊、丁香、景天属、大戟属、芍药属、月见草属、羽扇豆属等 |
| 细腻 | 落新妇、楼斗菜、老鹳草、石竹、唐松草、乌头、金鸡菊、小叶女贞、蓍草、丝石竹、合欢、含羞草、小叶黄杨、锦熟黄杨、瓜子黄杨、大部分绣线菊属、柳属、大多数针叶树种、臼三叶、经修剪的草坪等 |

## 二、植物的色彩搭配

### 1. 色彩的心理效应

（1）色彩的冷暖感

凡是带红、黄、橙的色调称为暖色调，凡是带青、蓝、蓝紫的色调称为冷色调，绿与紫是中性色，无彩色系的白色是冷色，黑色和灰色是中性色。

（2）色彩的远近感

深颜色给人以坚实、凝重之感，有着向观赏者靠近的趋势，会使空间显得比实际的要小；而浅色调与此相反，在给人以明快、轻盈之感的同时，会让人产生远离的错觉，所以会使空间显得比实际的要开阔些。

（3）色彩的轻重感和软硬感

明度低的深色系具有稳重感，而明度高的浅色系具有轻快感。色彩的软硬感与色彩的轻重、强弱感觉有关——轻色软、重色硬，白色软、黑色硬。

（4）色彩的明快感与忧郁感

科学研究表明，色彩可以影响人的情绪。明亮鲜艳的颜色使人感觉轻快，灰暗浑浊的颜色则令人忧郁，对比强的色彩组合趋向明快，对比弱的趋向忧郁。另外，偏暖的色系容易使人兴奋，而偏冷的色系使人沉静。红色的刺激性最大，容易使人兴奋，也容易使人疲劳；绿色是视觉中最为舒适的颜色，当人们用眼过度产生疲劳时，到室外树林、草地中散散步，多看看绿色植物，有助于消除疲劳。

（5）色彩的华丽感与朴素感

色彩的华丽感与朴素感和色相、色彩的纯

度及明度有关。红、黄等暖色和鲜艳而明亮的色彩具有华丽感，青、蓝等冷色和浑浊而灰暗的色彩具有朴素感；有彩色系具有华丽感，无彩色系具有朴素感。另外，色彩的华丽感与朴素感也与色彩组合有关，对比的配色具有华丽感，其中以互补色组合最为华丽。

**2. 色彩的表现特征及搭配规律**

无论什么颜色都有自己的表现特征，就像是世间每个人都有各自的性格特征一样。设计师在进行植物选择、植物配置时应根据色彩的特点进行合理的组合，这里仅对植物具有的色调加以分析、研究（表 4-5）。

**表 4-5 色彩的表现及搭配**

| 色彩 | 象征意义及其特点 | 适宜搭配 | 不适宜搭配 | 使用时的注意事项 |
|---|---|---|---|---|
| 红色 | 兴奋、快乐、喜庆、美满、吉祥、危险<br>深红色深沉热烈，大红色醒目，浅红色温柔 | 红色+浅黄色/奶黄色/灰色 | 大红色＋绿/橙/蓝（尤其是深一点的蓝色） | 最好将其安排在植物景观的中间且比较靠近边沿的位置，红色易造成视觉疲劳，有强烈而复杂的心理作用 |
| 橙色 | 金秋、硕果，富足、快乐和幸福 | 橙色+浅绿色/浅蓝色＝响亮、欢乐<br>橙色+淡黄色＝柔和的过渡 | 橙色+紫色/深蓝色 | 大量使用容易产生浮华感 |
| 黄色 | 辉煌、太阳、财富和权力 | 黄色+黑色/紫色＝醒目<br>黄色+绿色＝朝气、活力<br>黄色+蓝色＝美丽、清新<br>淡黄色+深黄色＝高雅 | 黄色+浅色（尤其白色）<br>深黄色＋深红色/深紫色/黑色 | 大量的亮黄色会引起眩目，引发视觉疲劳，很少大量运用，多作色彩点缀 |
| 绿色 | 生命、休闲<br>黄绿色单纯、年轻，蓝绿色清秀、豁达，灰绿色宁静、平和 | 深绿色+浅绿色＝和谐、安宁<br>绿色+白色＝年轻<br>浅绿色+黑色＝美丽、大方<br>绿色+浅红色＝活力<br>浅绿色+黑色＝庄重、有修养 | 深绿色＋深红色/紫红色 | 可以缓解视觉疲劳 |
| 蓝色 | 天空、大海、永恒、忧郁 | 蓝色+白色＝明朗、清爽<br>蓝色+黄色＝明快 | 深蓝色＋深红色/紫红色/深棕色/黑色<br>大块的蓝色+绿色 | 是最冷的色彩，令人感觉清凉 |
| 紫色 | 美丽、神秘、虔诚 | 紫色+白色＝优美、柔和<br>偏蓝的紫色+黄色＝强烈对比 | 紫色＋土黄色/黑色/灰色 | 低明度，容易造成心理上的消极感 |
| 白色 | 纯洁、白雪 | 大部分颜色 | 避免与浅色调搭配 | 产生寒冷、严峻的感觉 |
| 黑色 | 神秘、稳重、阴暗、恐怖 | 大部分颜色（尤其浅色）<br>黑色+红色/紫色＝稳重、深邃<br>黑色＋金色/黄绿色/浅粉色/淡蓝色＝鲜明的对比 | 尽量避免与深色调搭配 | 容易造成心理上的消极感和压迫感 |
| 灰色 | 柔和、高雅 | 大部分颜色 | 避免与明度低的色调搭配 | 可以用在两种对比过于强烈的色彩之间，形成过渡 |

**3. 植物的色彩**

（1）干皮颜色

深冬季节，当秋叶落尽，枝干的形态、颜色更加醒目，成为冬季主要的观赏景观。多数植物的干皮颜色为灰褐色，当然也有例外，如表 4-6 所示。

（2）叶色

自然界中大多数植物的叶色都为绿色，但绿色在自然界中也有深浅明暗不同的种类。多数常绿树种以及山茶、女贞、桂花、榕树、毛白杨、构树等落叶植物的叶色为深绿色，而水杉、落羽杉、落叶松、金钱松、玉兰等的叶色为浅绿色。即使是同一绿色植物其颜色也会随着植物的生长、季节的改变而变化，如垂柳初发叶时为黄绿色，后逐渐变为淡绿色，夏秋季为浓绿色；春季银杏和乌桕的叶子为绿色，到了秋季银杏叶为黄色，乌桕叶为红色；鸡爪槭叶片在春天先红后绿，到秋季又变成红色。凡是叶色随着季节的变化出现明显改变，或是植物终年具备似花非花的彩叶，这些植物都被统称为色叶植物或彩叶植物。

植物的叶色除了取决于自身的生理特性，也会受到生长条件、自身营养状况、温度、季节等影响。所以植物景观配置时不仅要考虑植物正常叶色和季相变化，还要调查清楚植物的生境、苗木的质量等因素，从而保证植物的观赏效果。

（3）花色

花色是植物观赏特性中最为重要的一方面，在植物的诸多审美要素中，花色给人的美感最直接、最强烈。如何充分发挥这一观赏特性呢？不仅要掌握植物的花色，还应该明确植物的花期，同时以色彩理论作为基础，合理搭配花色和花期，设计时可以参考表 4-7 选择开花植物。

需要注意的是，自然界中某些植物的花色并不是一成不变的，有些植物的花色会随着时间的变化而改变。比如金银花一般都是一蒂双花，刚开花时花色为象牙白色，两三天后变为金黄色，这样新旧相参，黄白互映，所以得名“金银花”。杏花在含苞待放时是红色，开放后渐渐变淡，最后几乎变成了白色。著名的观赏植物王莲，傍晚时刚出水的蓓蕾绽放出洁白的花朵，第二天清晨，花瓣又闭合起来，待到黄昏花朵再度怒放时，花色变成了淡红色，后又逐渐变为深红色。在变色花中，最奇妙的要数木芙蓉，一般的木芙蓉刚开放的花朵为白色或淡红色，后来渐渐变为深红色；三醉木芙蓉的花色可一日三变，清晨刚绽放时为白色，中午变成淡红色，而到了傍晚又变成深红色。

另外，还有些植物的花色会随着环境的变化而改变。比如八仙花的花色随着土壤的 pH 值不同而有所变化，生长在酸性土壤中花为粉红色，生长在碱性土壤中花为蓝色，所以八仙花不仅可用于观赏，而且可以指示土壤的 pH 值。

（4）果实种子的颜色

“一年好景君须记，最是橙黄橘绿时。”自古以来，观果植物在园林中就被广泛使用，比如苏州拙政园的“待霜亭”，亭名取唐朝诗人韦应物“洞庭须待满林霜”的诗意，因洞庭产橘，待霜降后方红，此处原种植洞庭橘十余株，故此得名。很多植物的果实色彩鲜艳，甚至经冬不落，在百物凋零的冬季也是一道难得的风景。常用观果植物果实的颜色可参见表 4-8。

**表 4-6 植物干皮颜色**

| 颜色 | 代表植物 |
|---|---|
| 紫红色或红褐色 | 红瑞木、青藏悬钩子、紫竹、马尾松、杉木、山桃、华中樱、樱花、西洋山梅花、稠李、金钱松、柳杉、日本柳杉等 |
| 黄色 | 金竹、黄桦、金镶玉竹、连翘等 |
| 绿色 | 棣棠、竹、梧桐、国槐、迎春、幼龄青杨、河北杨、新疆杨等 |
| 白色或灰色 | 白桦、胡桃、毛白杨、银白杨、朴、山茶、柠檬桉、白桉、粉枝柳、考氏悬钩子、老龄新疆杨、漆树等 |
| 斑驳 | 黄金镶碧玉竹、木瓜、白皮松、榔榆、悬铃木等 |

**表 4-7 植物花色、花期配置**

| 季节 | 白色系 | 红色系 | 黄色系 | 紫色系 | 蓝色系 |
|---|---|---|---|---|---|
| 春 | 白玉兰、广玉兰、白鹃梅、笑靥花、珍珠绣线菊、梨、山桃、山杏、白花碧桃、白丁香、山茶、含笑、白花杜鹃、珍珠梅、流苏树、络石、石楠、文冠果、火棘、厚朴、油桐、鸡麻、欧李、麦李、接骨木、山樱桃、毛樱桃、稠李等 | 榆叶梅、山桃、山杏、碧桃、海棠、垂丝海棠、贴梗海棠、樱花、山茶、杜鹃、刺桐、木棉、红千层、牡丹、芍药、瑞香、锦带花、郁李等 | 迎春、连翘、东北连翘、蜡梅、金钟花、黄刺玫、棣棠、相思树、黄素馨、黄兰、天人菊、芒果、结香、南洋楹等 | 紫荆、紫丁香、紫玉兰、九重葛、羊蹄甲、巨紫荆、黄山紫荆、映山红、山茶（紫红莲）、紫藤、泡桐、瑞香、楝树、珙桐（苞片白色）等 | 风信子、鸢尾、蓝花楹、矢车菊等 |
| 夏 | 广玉兰、山楂、玫瑰、茉莉、七叶树、花楸、水榆花楸、木绣球、天目琼花、木槿、太平花、白兰花、银薇、栀子花、刺槐、槐、白花紫藤、木香、糯米条、日本厚朴等 | 楸树、合欢、蔷薇、玫瑰（红色种）、凌霄、崖豆藤、凤凰木、耧斗菜、枸杞、美人蕉、一串红、扶桑、千日红、红王子锦带、香花槐、金山绣线菊、金焰绣线菊等 | 锦鸡儿、云实、鹅掌楸、檫、黄槐、鸡蛋花、黄花夹竹桃、银桦、耧斗菜、蔷薇、万寿菊、天人菊、栾树、台湾相思、卫矛等 | 木槿、紫薇、油麻藤、千日红、紫花藿香蓟、牵牛花等 | 三色堇、鸢尾、蓝花楹、矢车菊、马蔺、飞燕草、乌头、耧斗菜、八仙花、婆婆纳等 |
| 秋 | 油茶、银薇、木槿、糯米条、八角金盘、胡颓子、九里香等 | 紫薇（红色种）、木芙蓉、大丽花、扶桑、千日红、红王子锦带、香花槐、金山绣线菊、金焰绣线菊、羊蹄甲等 | 桂花、栾树、菊花、金合欢、黄花夹竹桃等 | 木槿、紫薇、紫羊蹄甲、九重葛、千日红、紫花藿香蓟、翠菊等 | 风铃草、藿香蓟等 |
| 冬 | 梅、鹅掌柴 | 一品红、山茶（吉祥红、秋牡丹、大红牡丹、早春大红球）、梅等 | 蜡梅 | — | — |

**表 4-8 植物果实的颜色**

| 颜色 | 代表植物 |
|---|---|
| 紫蓝色/黑色 | 紫珠、葡萄、女贞、白檀、十大功劳、八角金盘、海州常山、刺楸、水腊、西洋常春藤、接骨木、无患子、灯台树、稠李、东京樱花、小叶朴、珊瑚树、香茶藨子、金银花、君迁子等 |
| 红色/橘红色 | 天目琼花、平枝栒子、冬青、南天竺、忍冬、卫矛、山楂、海棠、枸骨、枸杞、石楠、火棘、铁冬青、九里香、石榴、木香、欧洲荚蒾、花楸、欧洲花楸、樱桃、东北茶藨、欧李、麦李、郁李、沙棘、风箱果、瑞香、山茱萸、小檗、五味子、朱砂根、蛇莓等 |
| 白色 | 珠兰、红瑞木、玉果南天竺、雪里果等 |
| 黄色/橙色 | 银杏、木瓜、柿、柑橘、乳茄、金橘、金枣、楝树等 |

## 三、植物造景的原则

### 1. 园林植物选择的原则

（1）以乡土植物为主，适当引种外来植物

乡土植物指原产于本地区或通过长期引种、栽培和繁殖已经非常适应本地区的气候和生态环境，生长良好的一类植物。与其他植物相比，乡土植物具有很多优点。

① 实用性强。乡土植物可食用、药用，可提取香料，可用于化工、造纸、建筑原材料以及绿化观赏。

② 适应性强。乡土植物适应本地区的自然环境条件，抗污染、抗病虫害能力强，在涵养水分、保持水土、降温增湿、吸尘杀菌、绿化观赏等环境保护和美化环境中发挥了主导作用。

③ 代表性强。乡土植物，尤其是乡土树种，能够体现当地植物区系特色，代表当地的自然风貌。

④ 文化性强。乡土植物的应用历史较长，许多植物被赋予一些民间传说和典故，具有丰富的文化底蕴。

此外，乡土植物具有繁殖容易、生长快、应用范围广、安全、廉价、养护成本低等特点，具有较大的推广意义和实际应用价值，因此在设计中，乡土植物的使用比例应不小于70%。

（2）以基地条件为依据，选择适合的园林绿化植物

北魏贾思勰在《齐民要术》中曾阐述："地势有良薄，山泽有异宜。顺天时，量地利，则用力少而成功多；任情返道，劳而无获。"这说明植物的选择应以基地条件为依据，即"适地适树"原则，这是选择园林植物的一个基本原则。要做到这一点必须从两方面入手，其一是对当地的立地条件进行深入细致的调查分析，包括当地的温度、湿度、水文、地质、植被、土壤等条件；其二是对植物的生物学、生态学特性进行深入的调查研究，确定植物正常生长所需的环境因子。一般来讲，乡土植物比较容易适应当地的立地条件，但引种植物则不然，所以，引种植物在大面积应用之前一定要做引种试验，确保万无一失才可以加以推广。另外，现状条件还包括一些非自然条件，比如人工设施、使用人群、绿地性质等，在选择植物的时候还要结合这些具体的要求选择植物种类，例如行道树应选择分枝点高、易成活、生长快、适应城市环境、耐修剪、耐烟尘的树种。再如纪念性园林的植物应选择具有某种象征意义的树种或者与纪念主题有关的树种等。除此之外，还应该满足行人遮阴的需要。

（3）以落叶乔木为主，合理搭配常绿植物和灌木

在我国，大部分地区都有酷热漫长的夏季，冬季虽然比较寒冷，但阳光较充足，因此我国的园林绿化树种应该在夏季能够遮阴降温，在冬季要透光增温。落叶乔木必然是首选，加之落叶乔木还兼有绿量大、寿命长、生态效益高等优点，在城市绿化树种规划中，往往占有较大的比例。比如沈阳市现有的园林树木中落叶乔木占40%以上，不仅季相变化明显，而且生态效益也非常显著。当然，为了创造多彩的园林景观，除了落叶乔木之外，还应适量地选择一定数量的常绿乔木和灌木，尤其对于冬季景观常绿植物的作用更为重要，但是常绿乔木所占比例应控制在20%以下，否则，将不利于绿化功能和生态效益的发挥。

**2. 植物景观配置的原则**

（1）自然原则

在植物的选择方面，尽量以自然生长状态为主，在配置中要以自然植物群落构成为依据，模仿自然群落组合方式和配置形式，合理选择配置植物，避免单一物种、整齐划一的配置形式，做到"师法自然""虽由人作，宛自天开"。

（2）生态原则

在植物的选择、树种的搭配等方面必须最大限度地以改善生态环境、提高生态质量为出发点，也应该尽量多地选择和使用乡土植物，创造出稳定的植物群落；以生态学理论为基础，在充分掌握植物的生物学、生态学特性的基础上，合理布局，科学搭配，使各种植物和谐共存，植物群落稳定发展，从而发挥出最大的生态效益。

（3）文化原则

在植物配置中坚持文化原则，把反映某种人文内涵、象征某种精神品格的植物科学合理地进行配置，使城市园林向充满人文内涵的高

品位方向发展，使不断演变的城市历史文脉在园林景观中得到延续和显现，形成具有特色的城市园林景观。

（4）美学原则

植物景观不是植物的简单组合，也不是对自然的简单模仿，而是在审美基础上的艺术创作，是园林艺术的进一步发展和提高。在植物景观配置中，植物的形态、色彩、质地及比例应遵循统一、调和、均衡、韵律四大艺术法则，既要突出植物的个体美，同时又要注重植物的群体美，从而获得整体与局部的协调统一。

综上所述，植物景观是艺术与科学的综合，是在熟练掌握植物的美学、生态学特性及其功能用途的基础上，对景观的整体把控。

## 四、植物景观配置设计手法

### 1. 植物景观配置方式

（1）自然式

自然式的植物景观配置，多选外形美观、自然的植物品种，以不相等的株行距进行配置，具体的配置方式见表 4-9。自然式的植物景观配置令人感觉放松、惬意，但如果使用不当会显得杂乱。

**表 4-9　自然式植物景观配置方式**

| 类型 | 配置方式 | 功能 | 适用范围 | 表现的内容 |
|---|---|---|---|---|
| 孤植 | 单株树孤立种植 | 主景、庇荫 | 常用于大片草坪中，小庭院的一角，常与山石搭配 | 植物的个体美 |
| 丛植 | 几株同种或异种树木不等距离地种植在一起形成树丛效果 | 主景、配景、背景、隔离 | 常用于大片草坪中、水边、路边 | 植物的群体美和个体美 |
| 群植 | 一两种乔木为主体，与数种乔木和灌木搭配，组成较大面积的树木群体 | 配景、背景、隔离、防护 | 常用于大片草坪中、水边，或者需要防护、遮挡的位置 | 表现植物群体美，具有“成林”的效果 |
| 带植 | 大量植物沿直线或者曲线呈带状栽植 | 背景、隔离、防护 | 多用于街道、公路、水系的两侧 | 表现植物群体美，一般宜密植，形成树屏效果 |

（2）规则式

规则式的植物景观配置方式在西方园林中经常采用，在现代城市绿化中使用得也比较广泛。相对于自然式而言，规则式的植物景观配置往往选择形状规整的植物，按照相等的株行距进行栽植，具体配置方式见表 4-10。规则式植物景观配置方式效果整齐统一，但有时可能会显得单调、乏味。

**表 4-10　规则式植物景观配置方式**

| 类型 | 配置方式 | 适用范围 | 景观效果 |
|---|---|---|---|
| 对植 | 两株或者两丛植物按轴线左右对称栽植 | 建筑物、公共场所入口处等 | 庄重、肃穆 |
| 行植 | 植物按照相等的株行距呈单行或多行种植，有正方形、三角形、长方形等不同栽植形式 | 在规则式道路两侧、广场外围或围墙边沿 | 整齐划一，形成夹景效果，具有极强的视觉导向性 |
| 环植 | 植物等距沿圆环或者曲线栽植，可有单环、半环或多环等形式 | 圆形或者环状的空间，如圆形小广场、水池、水体以及环路等 | 规律性、韵律感，富于变化，形成连续的曲面 |
| 带植 | 大量植物等距沿直线或者曲线呈带状栽植 | 公路两侧、海岸线、风口、风沙较大的地段，或者其他需防护地区 | 整齐划一，形成视觉屏障，防护作用较强 |

无论是自然式，还是规则式，都有其优势和特点，同一空间使用不同的配置方式，会产

生截然不同的效果。自然式配置方式随意，空间变化丰富，景观层次鲜明；规则式配置方式整齐，空间界定明确，景观效果统一。这里没有对与错、好与坏，问题在于是否适合，即这种植物景观配置方式是否能与景观风格、建筑特点、使用功能等协调。

另外，还有一种配置方式介于规则式和自然式之间，即两者的混合使用，在一处园景中，规则式地段采用规则式配置方式，而自然式景观配合自然式配置方式，两种配置方式相互结合。

**2. 树木的配置方式**

（1）孤植（单株/丛）

孤植在景观中起到画龙点睛的作用，因此孤植树往往选择体形高大、枝叶茂密、姿态优美的乔木，如银杏、槐、榕、梅、悬铃木、柠檬桉、朴、白桦、无患子、枫杨、柳、青冈栎、七叶树、麻栎、雪松、云杉、桧柏、南洋杉、苏铁、罗汉松、黄山松、柏木等。另外，孤植树应该具有较高的观赏价值，如白皮松、白桦等具有斑驳的树干；枫香、元宝枫、鸡爪槭、乌桕等具有鲜艳的秋叶；凤凰木、樱花、紫薇、梅、广玉兰、柿、柑橘等具有鲜亮的花、果……总之，孤植树作为景观主体、视觉焦点，一定要具有与众不同的观赏效果。

孤植树造景时需要注意以下几点。

① 孤植树的形体、高矮、姿态等都要与空间大小相协调。开阔空间应选择高大的乔木作为孤植树，而狭小空间则应选择小乔木或者灌木等作为主景。在自然式景观中，应避免孤植树处在场地的正中央，而应稍稍偏移至一侧，以形成富于动感的景观效果。

② 在空地、草坪、山冈上配置孤植树时，必须留有适当的观赏视距，以蓝天、水面、草地等单一的色彩为背景加以衬托。

③ 孤植树可配置在花坛、休息广场、道路交叉口、建筑的前庭等规则式绿地中，也可以将它修剪成规则的几何形状，更能引人注目。

④ 选择孤植树除了要考虑造型美观、奇特外，还应该注意树种的生态习性，不同地区可供选择的树种有所不同，表 4-11 中列出了华北、华中、华南以及东北地区常用孤植树树种，仅供参考。

**表 4-11　不同地区孤植树树种选择**

| 地区 | 可供选择的树种 |
| --- | --- |
| 华北地区 | 油松、白皮松、桧柏、白桦、银杏、蒙椴、樱花、柿、西府海棠、朴树、皂荚、槲树、桑、美国白蜡、槐、花曲柳、白榆等 |
| 华中地区 | 雪松、金钱松、马尾松、柏木、枫杨、七叶树、鹅掌楸、银杏、悬铃木、喜树、枫香、广玉兰、香樟、紫楠、合欢、乌桕等 |
| 华南地区 | 大叶榕、小叶榕、凤凰木、木棉、广玉兰、白兰、芒果、观光木、印度橡皮树、菩提树、南洋楹、大花紫薇、橄榄树、荔枝、铁冬青、柠檬桉等 |
| 东北地区 | 云杉、冷杉、杜松、水曲柳、落叶松、油松、华山松、水杉、白皮松、白蜡、京桃、秋子梨、山杏、五角枫、元宝枫、银杏、栾树、刺槐等 |

（2）对植（两株/丛）

对植多用于公园、建筑的出入口两旁或纪念物、蹬道台阶、桥头、园林小品两侧，可以烘托主景，也可以形成配景、夹景。对植往往选择外形整齐、美观的植物，如桧柏、云杉、侧柏、南洋杉、银杏、龙爪槐等。按照构图形式，对植可分为对称式和非对称式两种方式。

① 对称式对植：以主体景观的轴线为对称轴，对称种植两株（丛）品种、大小、高度一致的植物，如图 4-1 所示，两株植物种植点的连线应被中轴线垂直平分。

② 非对称式对植：两株或两丛植物在中轴线两侧按照中心构图法或者杠杆均衡法进行配置，形成动态的平衡。需要注意的是，非对称式对植的两株（丛）植物的动势要向着轴线方向，形成左右均衡、相互呼应的状态，如图 4-2 所示。与对称式对植相比，非对称式对植要灵活许多。

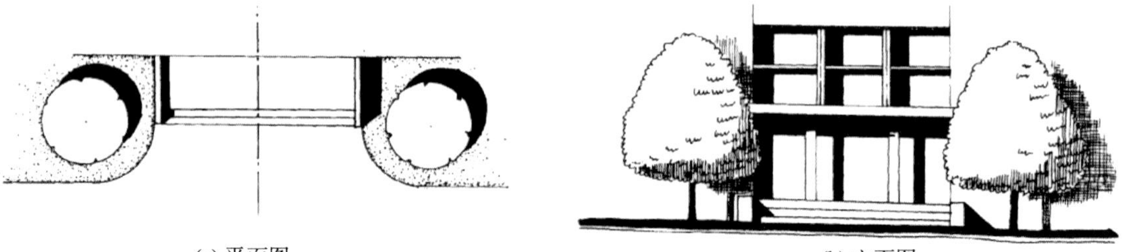

(a) 平面图　　　　(b) 立面图

图 4-1　对称式对植平面和立面图

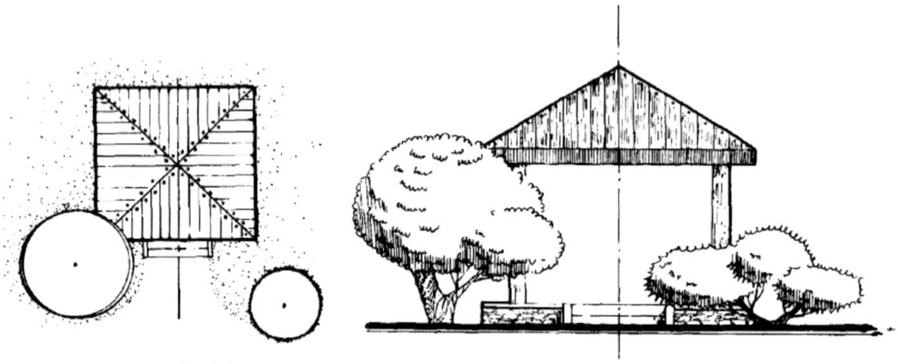

(a) 平面图　　　　(b) 立面图

图 4-2　非对称式对植平面及立面图



（3）丛植

丛植多用于自然式园林中，构成树丛的株数从 3 到 10 不等，几株植物按照不等株行距疏疏密密地散植在绿地中，形成若干组团。自然式丛植的植物品种可以相同，也可以不同，植物的规格、大小、高度尽量要有所差异，按照美学构图原则进行植物的组合搭配。一方面，对于树木的大小、姿态、色彩等都要认真选配。另一方面，还应该注意植物的株行距设置，既要尽量达到观赏要求，又要满足植物生长的需要，也就是说，树丛内部的株距以达到郁闭效果但又不致影响植物的生长发育为宜。在设计植物丛植景观时需要注意以下配置原则。

① 由同一树种组成的树丛，植物在外形和姿态方面应有所差异，既要有主次之分，又要相互呼应。如图 4-3 所示，三株丛植应该按照不等边三角形布局，“三株一丛，第一株为主树，第二、第三株为客树”，或称之为“主、次、配”的构图关系，“二株宜近，一株宜远……近者曲而俯，远者宜直而仰……”图 4-4—图 4-6 分别对应四株、五株以及五株以上的植物丛植的配置方式，可供参考。

② 植物丛植讲究组合搭配效果，基本原则是“草本花卉配灌木，灌木配乔木，浅色配深色……”通过合理搭配形成优美的群体景观，如图 4-7 所示，灌木围绕着乔木栽植，可使整个树丛变得紧凑，如果四周再用草花相衬托就会显得更加自然。多种植物组成的树丛常用高大的针叶树与阔叶乔木相配合，四周配以花灌木，使它们在形状和色调上形成对比。

③ 树丛前要留出树高 3—4 倍的观赏视距，在主要观赏面甚至要留出树高 10 倍以上的观赏视距。

④ 树丛可作为主景，也可作为背景或配景。作为主景时的要求和配置方式同孤植树，只不过是以“丛”为单位。

⑤ 丛植应根据景观的需要选择植物的规格和树丛体量。在开阔的绿地上，如果想创造亲近、温馨的感觉，可布置高大的树丛；如果想增加景深，则可以布置矮小的树丛。

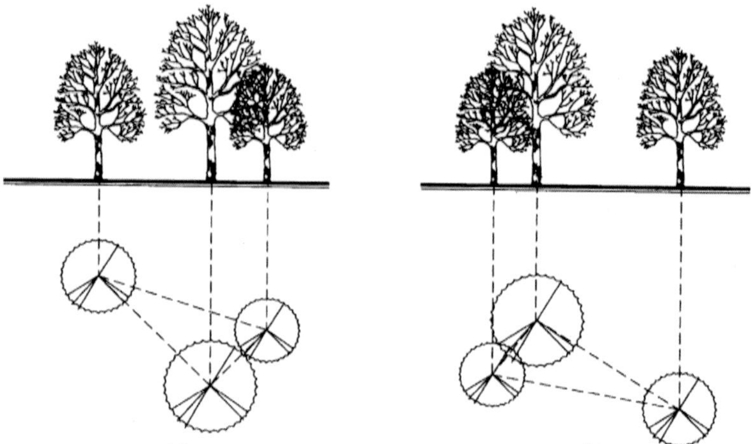

(a) (b)

图 4-3　三株丛植

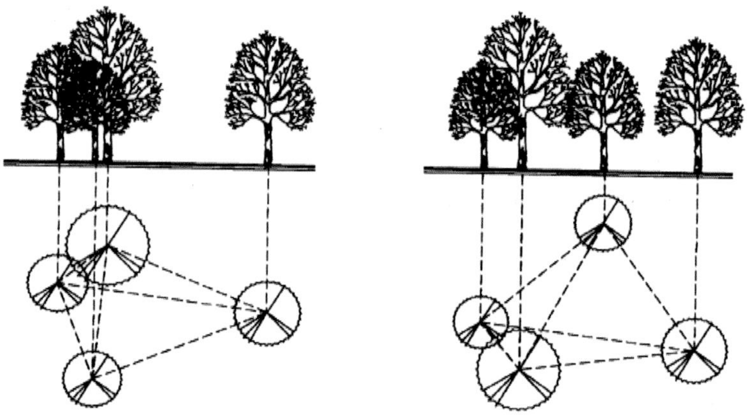

(a) (b)

图 4-4　四株丛植

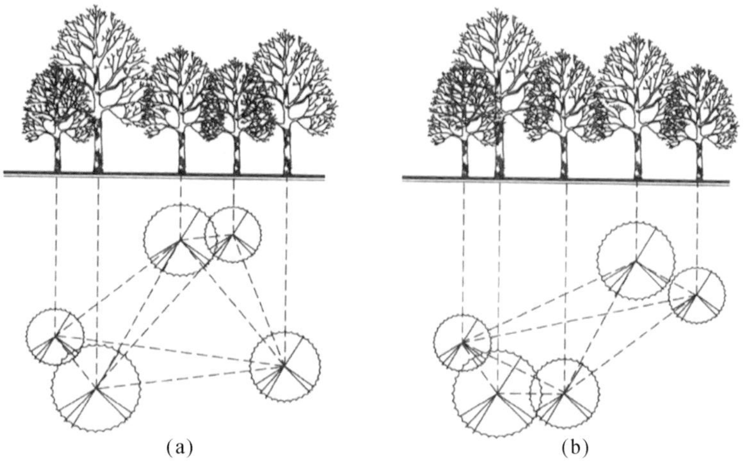

(a) (b)

图 4-5　五株丛植

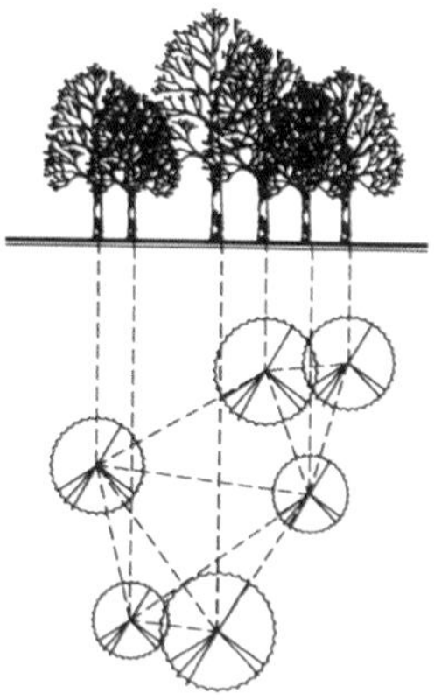

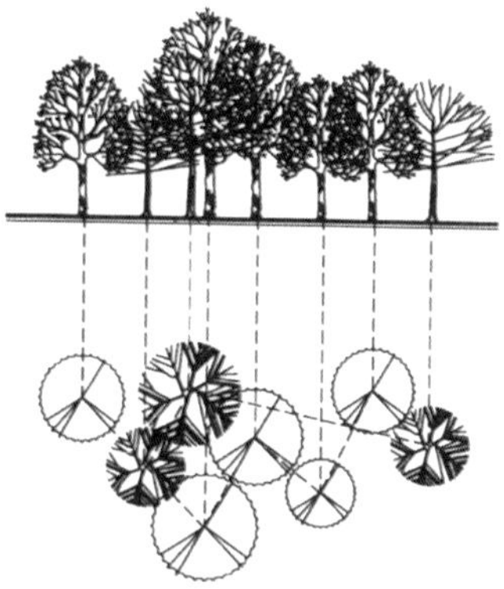

(a)　　　　　　　　　　　　　　(b)

图 4-6　五株以上丛植

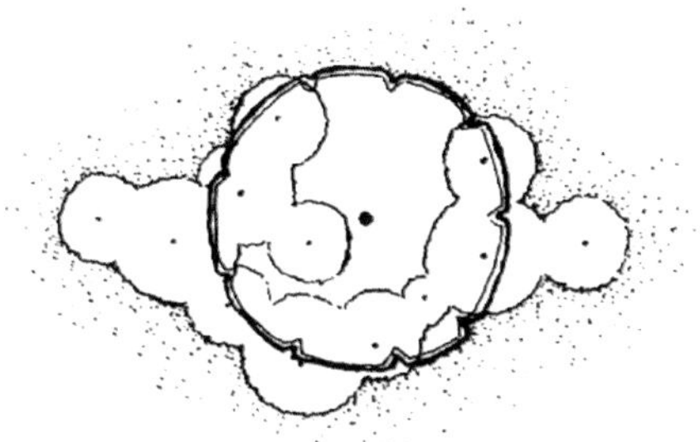

(a) 立面图　　　　　　　　　　　　(b) 平面图

图 4-7　乔木与灌木组成的树丛



（4）群植

群植常用于自然式绿地中，一种或多种树木按不等距方式栽植在较大的草坪中，形成“树林”的效果。因此，群植所用植物的数量较多，一般在 10 株以上，具体的数量还要取决于空间大小、观赏效果等因素。树群可作主景或背景，如果两组树群分列两侧，还可以起到透景、框景的作用。

按照组成品种的数量，树群分为纯林和混交林。纯林由一种植物组成，因此整体性强，壮观、大气。对于纯林一定要选择抗病虫害的树种，防止病虫害的传播。混交林是由两种以上的树种成片栽植而成。与纯林相比，混交林的景观效果较为丰富，并且可以避免病虫害的传播。

可根据郁闭度将树群划分为密林和疏林。郁闭度指树林中乔木树冠遮蔽地面的程度，一般郁闭度在 90%以上的称为密林，遮阴效果好，林内环境阴暗、潮湿、凉爽；疏林的郁闭度为 60%—70%，光线能够穿过林冠缝隙，在地面上形成斑驳的树影，林内有一定的光照。实际上，在园林景观中密林和疏林也没有太严格的技术标准，往往取决于人的心理感受和观赏效果。

在设计群植景观时应该注意以下问题：

① 品种数量。树木种类不宜太多，1—2 种骨干树种即可，并有一定数量的乔木和灌木作为陪衬，种类不宜超过 10 种，否则会显得凌乱。

② 植物的选择和搭配。树群应选择高大、外形美观的乔木构成整个树群的骨架，以枝叶密集的植物作为陪衬，选择枝条平展的植物作为过渡或者边缘栽植，以求获得连续、流畅的林冠线和林缘线。其中，林冠线是指树林或者

树丛立面的轮廓线，林缘线是指树丛、花丛在地面上的垂直投影轮廓。另外，设计群植景观时，还应该根据生态学原理，模拟自然群落的垂直分层现象配置植物，以求获得相对稳定的植物群落。

③ 布置方法。群植多用于自然式园林中，植株栽植应有疏有密，不宜成行成列或等距栽植，应做到“疏可走马，密不容针”。林冠线、林缘线要有高低起伏和婉转迂回的变化，林中可铺设草坪，开设“天窗”，以便光线进入，增加游人的游览兴趣。群植景观既要有作为观赏中心的主体乔木，又要有衬托主体的添景和配景。

（5）行植

行植多数出现在规则式园林中，植物按等距沿直线栽植，这种内在的规律性会产生很强的韵律感，形成整齐连续的界面，因此行植常用于街道绿化，如中央隔离带、分车带等。道路两侧的行道树一般采用的都是行植的形式，形成统一、完整、连续的街道立面。行植还常用于构筑“视觉通道”，形成夹景空间。

行植的植物可以是一种植物，也可以有多种植物，前者景观效果统一完整，后者灵活多变、富于韵律。如果使用的是分枝点较高的乔木，可以与规则式铺装相结合，形成规整的林下活动空间和休息空间。但如果栽植面积较大，同种植物的行植有时会因缺少变化，显得单调、呆板，而适当增加植物品种可以保证统一中有所变化。在高速公路中央隔离带和两侧防护林带的设计中应用后一种行植方式效果更佳，一方面可以形成丰富的沿途景观，另一方面可以通过植物品种的变化，缓解驾驶员和乘车者的视觉疲劳，提高旅途的舒适度。

（6）带植

带植的长度应大于宽度，并应具有一定的高度和厚度。按照品种构成，带植可分为单一植物带植和多种植物带植。前者利用相似的植物颜色和规格形成类似“绿墙”的效果，统一规整，而后者变化更为丰富。

带植可以是规则式的，也可以是自然式的，设计师需要根据具体的环境和要求加以选择。比如防护林带多采用规则式带植，其防护效果较好；游步道两侧可以采用自然式带植，以达到“步移景异”的效果。

设计林带时需要注意以下问题。

① 景观层次。林带分为背景、前景和中景三个层次，在进行景观设计时应利用植物高度和色彩的差异，以及栽植疏密的变化增强林带的层次感。通常林带从前景到背景，植物的高度由低到高，色彩由浅到深，密度由疏到密。对于自然式林带而言，还应该注意各层次之间要形成自然的过渡。

② 植物品种。作为背景的植物形状、颜色应统一，其高度应超过主景层次，最好选择常绿、分枝点低、枝叶密集、花色不明显、颜色较深或能够与主景形成对比的植物；中景植物应具有较高的观赏性，如银杏、凤凰木、黄栌、海棠、樱花、京桃等；而前景植物应选择低矮的灌木或者花卉。

③ 栽植密度。如果作为防护林带，植物的栽植密度需要根据具体的防护要求而定，比如防风林最佳郁闭度为50%。如果林带以观赏为主，植物的栽植密度因其位置功能的不同而有所差异，背景植物株行距在满足植物生长需要的前提下可以稍小些，或者呈“品”字形栽植，以便形成密实完整的“绿面”，中景或前景植物的栽植密度应根据景观观赏的需要进行配置，如果是自然式配置方式，则应按照不等株行距自然分布，在靠近背景植物的地方可以适当加密，以便形成自然的过渡。

**3. 植物景观设计要点**

（1）林缘线设计

林缘线往往是虚实空间（树丛为实，草坪为虚）的分界线，也是绿地中明暗空间的分界线。林缘线直接影响空间、视线及景深，对于自然式植物组团，林缘线应做到曲折流畅——曲折的林缘线能够形成丰富的层次和变化的景深，流畅的林缘线给人开阔、大气的感觉。

自然式植物景观的林缘线有半封闭和全封

闭两种，图 4-8（a）为半封闭林缘线，树丛在面向道路一侧敞开，一片开阔的草坪成为树丛的展示舞台，在点 A 处有足够的观赏视距去欣赏这一景观，而站在草坪中央（点 B 位置），则三面封闭、一面敞开，形成一个半封闭的空间；图 4-8（b）为全封闭林缘线，树丛围合出一个封闭空间，如果栽植的是分枝点较低的常绿植物或高灌木，则空间封闭性强，通达性弱；而如果栽植的是分枝点较高的植物，会产生较好的光影效果，也可以保证一定的通达性。

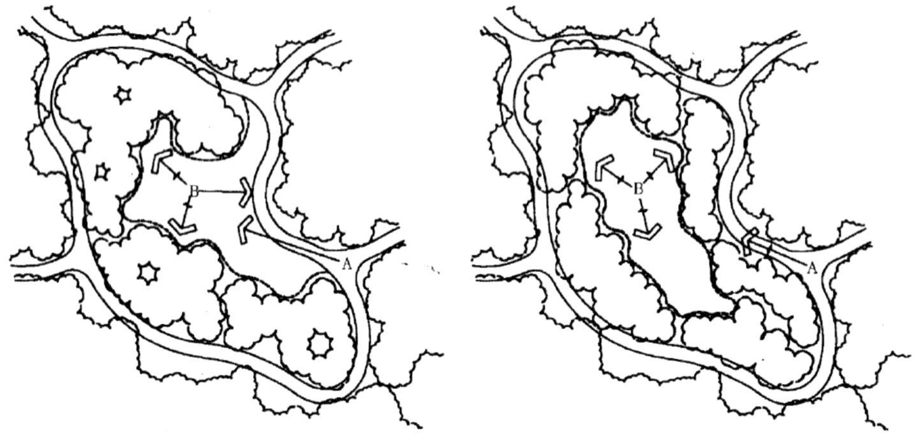


(a) 半封闭林缘线　　(b) 全封闭林缘线

**图 4-8　半封闭林缘线与全封闭林缘线**



（2）林冠线设计

林冠线主要影响景观的立面效果和景观的空间感。不同高度的植物组合会形成高低起伏、富于变化的林冠线。利用低矮的平展的植物形成过渡和连接；而由相同高度的植物构成的林冠线平直简单，但常会显得单调，此时在视线所及范围内栽植一两株高大乔木，就可以打破这一“单调”。通常园林景观中的建筑、地形也会影响林冠线，此时不仅要考虑植物之间的组合搭配，还应考虑与建筑、地形的组合效果。

（3）植物季相

植物的季相变化是植物景观构成的重要方面，通过合理的植物配置，可以创造出独特的植物季相景观。植物季相的表现手法常常是以足够数量或体量的一种或者几种花木成片栽植，在某一季节呈现出特殊的叶色或者花色的变化，即突出某一季节的景观效果，比如杭州西泠印社的杏林草坪突出的是春季景观，花港观鱼景区的柳林草坪突出的是夏季景观，孤山的麻栎草坪及北京的香山红叶突出的是秋季景观，花港观鱼景区的雪松草坪以及杭州孤山冬梅景观突出的是冬季景观。季相景观的形成一方面在于植物的选择，另一方面还在于植物的配置，其基本原则是：既要具有明显的季相变化，又要避免“偏枯偏荣”，即实现“春花、夏荫、秋实、冬青”。

以上所讲的三个要点其实涉及景观构成的三个主要方面，即林缘线对应平面、林冠线对应立面、植物季相对应时间。所以说园林景观涉及的是一个四维空间，在进行植物景观设计时，需要综合考虑时间和空间因素，只有这样才能够创造一处可游、可赏的植物景观。

## 第三节 ⊙ 植物设计程序

在景观设计中，植物与建筑物、水体、地形等具有同等重要的作用，因此在设计过程中应尽早考虑植物景观，并且也应该按照现状调查与分析—功能分区—植物种植设计的程序逐渐深入。

## 一、现状调查与分析

无论怎样的设计项目，设计师都应该尽量详细地掌握项目的相关信息，并根据具体的要求以及对项目的分析、理解编制设计意向书。

**1. 获取项目信息**

这一阶段需要获取的信息应根据具体的设计项目而定，而能够获取的信息往往取决于委托人（甲方）对项目的态度和认知程度，或者设计招标文件的翔实程度，这些信息将直接影响下一环节——现场调查与测绘，乃至植物功能、景观类型、种类等的确定。

（1）了解甲方对项目的要求

方式一：通过与甲方交流，了解其对于植物景观的具体要求、喜好、预期的效果以及工期、造价等相关内容。可以通过对话或者问卷的形式进行，在交流过程中设计师可参考以下内容进行提问。

① 公共绿地（如公园、广场、居住区游园等绿地）的植物配置。

a. 绿地的属性：使用功能、所属单位、管理部门、是否向公众开放等。

b. 绿地的使用情况：使用的人群、主要开展的活动、主要使用时间等。

c. 甲方对该绿地的期望及需求。

d. 工程期限、造价。

e. 主要参数和指标：绿地率、绿化覆盖率、绿视率、植物数量和规格等。

f. 有无特殊要求，如观赏、功能等方面。

② 私人庭院的植物配置。

a. 家庭情况：家庭成员及年龄、职业等。

b. 甲方的喜好：喜欢（或不喜欢）何种颜色、风格、材质、图案等，喜欢（或不喜欢）何种植物，喜欢（或不喜欢）何种植物景观等。

c. 甲方的爱好：是否喜欢户外运动、喜欢何种休闲活动、是否喜欢园艺活动、是否喜欢晒太阳等。

d. 空间的使用：主要开展的活动、使用的时间等。

e. 甲方的生活方式：是否有晨练的习惯、是否经常举行家庭聚会、是否饲养宠物等。

f. 工程期限、造价。

g. 其他特殊需求。

方式二：通过设计招标文件，掌握设计项目对于植物的具体要求及相关技术指标（如绿化率等），以及整个项目的目标定位、实施意义、服务对象、工期、造价等内容。

（2）获取图纸资料

在该阶段，甲方应该向设计师提供基地的测绘图、规划图、现有树木分布位置图以及地下管线图等图纸，设计师根据图纸可以确定可能的栽植空间以及栽植方式，根据具体的情况和要求进行植物景观规划和设计。

① 测绘图或者规划图。从图中设计师可以获取的信息有设计范围（红线范围、坐标数字）；基地范围内的地形、标高；现有或者拟建的建筑物、构筑物、道路等设施的位置，以及保留利用、改造和拆迁等情况；周围工矿企业、居住区的名称、范围以及今后发展状况，道路交通状况等。

② 现有树木分布位置图。图中包含现有树木的位置、品种、规格、生长状况以及观赏价值等内容，以及现有的古树名木情况、需要保留植物的状况等。

③ 地下管线图。图中包括基地中所有要保留的地下管线及其设施的位置、规格以及埋深等。

（3）获取基地其他的信息

① 该地段的自然状况：水文、地质、地形、气象等方面的资料，包括地下水位、年与月降雨量、年最高和最低温度及其分布时间、年最高和最低湿度及其分布时间、主导风向、最大风力、风速以及冰冻线深度等。

② 植物状况：地区内乡土植物种类、群落组成以及引种植物情况等。

③ 人文历史资料调查：地区性质、历史文物、当地的风俗习惯、传说故事、居民人口和民族构成等。以上信息，有些或许与植物的生

长并无直接联系，比如周围的景观、人们的活动等，但是实际上这些潜在的因子却能够影响或者指导设计师对于植物的选择，从而影响植物景观的创造。

总之，设计师在拿到一个项目之后要多方收集资料，尽量详细、深入地了解这一项目的相关内容，以求全面地掌握可能影响植物生长的各个因子。

**2. 现场调查与测绘**

（1）现场调查

无论何种项目，设计师都必须认真到现场进行实地调查。一方面，在现场可以核对所收集到的资料，并通过实测对欠缺的资料进行补充；另一方面，设计者可以进行实地的艺术构思，确定植物景观大致的轮廓或者配置形式，通过视线分析，确定周围景观对该地段的影响，做到“佳者收之，俗者屏之”。在现场通常针对以下内容进行调查。

① 自然条件：温度、风向、光照、水分、植被及群落构成、土壤、地形地势以及小气候等。

② 人工设施：现有道路、桥梁、建筑物、构筑物等。

③ 环境条件：周围的设施、道路交通、污染源及其类型、人员活动等。

④ 视觉质量：现有的设施、环境景观、视域、可能的主要观赏点等。

（2）现场测绘

如果甲方无法提供准确的基地测绘图，设计师就需要进行现场实测，并根据实测结果绘制基地现状图，基地现状图中应该包含基地中现存的所有元素，如建筑物、构筑物、道路、铺装、植物等。需要特别注意的是，场地中的植物，尤其是需要保留的有价值的植物，对它们的胸径、冠幅、高度等也需要进行测量并记录。另外，如果场地中某些设施需要拆除或者移走，设计师最好再绘制一张基地设计条件图，即在图纸上仅标注基地中保留下来的元素。

在现状调查过程中，为了防止出现遗漏，最好将需要调查的内容编制成表格，在现场一边调查一边填写，而有些内容，比如建筑物的尺度、位置以及视觉质量等，则可以直接在图纸中进行标示，或者通过照片加以记录。

**3. 现状分析**

（1）现状分析的内容

现状分析是设计的基础和依据，尤其是对于与基地环境因素密切相关的植物，基地的现状分析更是关系到植物的选择、植物的生长、植物景观的创造、功能的发挥等一系列问题。

现状分析的内容包括：基地自然条件（地形、土壤、光照、植被等）分析、环境条件分析、景观定位分析、服务对象分析、经济技术指标分析等。

现状分析为下一步的设计打下基础，对于植物种植设计而言，凡是与植物有关的因素都要加以考虑，比如光照、水分、温度、风向以及人工设施、地下管线、视觉质量等。

（2）现状分析图

现状分析图主要是将收集到的资料以及在现场调查得到的资料利用特殊的符号标注在基地底图上，并对其进行综合分析和评价。可以将现状分析的内容放在同一张图纸中，这种做法比较直观，但图纸中表述的内容不宜过多，所以适合于现状条件不是太复杂的情况。图纸中应包括主导风向、光照、水分、主要设施、噪声、视线质量以及外围环境等分析内容，通过图纸可以全面了解基地的现状。

**4. 编制设计意向书**

在对基地资料分析、研究之后，设计师需要确定总体设计原则和目标，并编制用以指导设计的计划书，即设计意向书。设计意向书可以从以下几个方面入手。

① 设计的原则和依据。

② 项目的类型、功能定位、性质特点等。

③ 设计的艺术风格。

④ 对基地条件及外围环境条件的利用和处理方法。

⑤ 主要的功能区及其面积估算。

⑥ 技资概算。

⑦ 预期的目标。

⑧ 设计时需要注意的关键问题等。

## 二、功能分区

### 1. 功能分区草图

设计师根据现状分析以及设计意向书，确定基地的功能区域，将基地划分为若干功能区，在此过程中需要明确以下问题。

① 场地中需要设置何种功能区，各个功能区所需的面积如何。

② 各个功能区之间的关系如何，哪些必须联系在一起，哪些必须分隔开。

③ 各个功能区的服务对象都有哪些，需要何种空间类型，比如是私密的还是敞开的等。

（1）程序和方法

结合现状分析，在植物功能分区的基础上，将各个功能区继续分解为若干不同的区段，并确定各区段内植物的种植形式、类型、大小、高度、形态等内容。

（2）具体步骤

① 确定种植范围。用图线标示出各种植物种植区域和面积，并注意各个区域之间的联系和过渡。

② 确定植物的类型。根据植物种植分区规划图选择植物类型，只要确定是常绿的还是落叶的，是乔木、灌木、地被、花卉、草坪中的哪一类，并不用确定具体的植物名称。

③ 分析植物组合效果。主要是明确植物的规格，最好的方法是绘制立面图。设计师通过立面图分析植物的高度组合，一方面可以判定这种组合是否能够形成优美、流畅的林冠线；另一方面也可以判断这种组合是否能够满足功能需要，比如私密性、防风等。

④ 选择植物的颜色和质感。在分析植物组合效果的时候，可以适当考虑植物的颜色和质感的搭配，以便在下一环节能够选择适宜的植物。

## 三、植物种植设计

### 1. 设计程序

植物种植设计是以植物种植分区规划为基础，确定植物的名称、规格、种植方式、栽植位置等，一般分为初步设计和详细设计两个过程。

（1）初步设计

① 确定孤植树：孤植树构成整个景观的骨架和主体，所以首先需要确定孤植树的位置、名称、规格和外观形态，这也并非最终的结果，在详细设计阶段也可以再进行调整。

② 确定配景植物：主景一经确定，就可以考虑其他配景植物。

③ 选择其他植物：确定主景、配景植物后，根据现状分析，按照基地分区以及植物的功能要求来选择配置其他植物。

最后，在设计图纸中利用具体的图例标识出植物的类型、规格、种植位置等。

（2）详细设计

对照设计意向书，结合现状分析、功能分区、初步设计阶段的工作成果，进行设计方案的修改和调整。详细设计阶段应该从植物的形状、色彩、质感、季相变化、生长速度、生长习性等多个方面进行综合分析，以满足设计意向书中的各种要求。

首先，核对每一个区域的现状条件与所选植物的生态特性是否匹配，是否做到了“适地适树”。若空间较小，加之住宅建筑的影响，形成一个特殊的小环境，可以在以乡土植物为主的前提下，结合甲方的要求引入一些适应小环境生长的植物。

其次，从平面构图角度分析植物种植方式是否适合，比如就餐空间的形状为圆形，如果要突出和强化这一构图形式，植物最好采用环植的方式。

最后，从景观构成角度分析所选植物是否满足观赏的需要，植物与其他构景元素是否协调，最好结合立面图或者效果图来分析。

**2. 设计方法**

（1）植物品种选择

首先，要根据基地自然状况，如光照、水分、土壤等，选择合适的植物，即植物的生态习性与生境应该对应。其次，植物的选择应该兼顾观赏和功能的需要，两者不可偏废。再次，植物的选择还要与设计主题和环境相吻合。总之，在选择植物时，应该综合考虑各种因素，包括：

① 基地的自然条件与植物的生态习性（光照、水分、温度、土壤、风向等）。

② 植物的观赏特性和使用功能。

③ 当地的民俗习惯、人们的喜好。

④ 设计主题和环境特点。

⑤ 项目造价。

⑥ 苗源。

⑦ 后期养护管理等。

（2）植物的规格

植物的规格与植物的年龄密切相关，如果没有特别的要求，施工时应栽植幼苗，以保证植物的成活率和降低工程成本。但在详细设计中，却不能按照幼苗规格配置，而应该按照成龄植物（成熟度 75%—100%）的规格加以考虑，图纸中的植物图例也要按照成龄植物的规格绘制，如果栽植规格与图中绘制规格不符应在图纸中给出说明。

（3）植物布局形式

植物布局形式取决于园林景观的风格，比如规则式、自然式以及中式、日式、英式、法式等多种园林风格，它们在植物布局形式上风格迥异、各有千秋。

（4）植物栽植密度

植物栽植密度就是植物的种植间距的大小。要想获得理想的植物景观效果，应该在满足植物正常生长的前提下，保证植物成熟后相互搭接，形成植物组团。

另外，植物的栽植密度还取决于所选植物的生长速度。对于速生树种，间距可以稍微大些，因为它们很快会长大，填满整个空间；相反地，对于慢生树种，间距要适当减小，以保证其在尽量短的时间内形成景观效果。所以，最好是速生树种和慢生树种组合搭配。

（5）满足技术要求

① 植物种植点位置与管线、建筑保持适当的距离。

② 道路交叉口处种植树木时，必须留出非植树区，以保证行车安全视距，即在该视野范围内不应栽植高于 1 m 的植物，而且不得妨碍交叉口路灯的照明。

植物种植设计涉及自然环境、人为因素、美学艺术、历史文化、技术规范等多个方面，在设计中需要综合考虑。

# 第四节 ◉ 设计实例解析

## 一、植物景观空间组合案例分析

**1. 长桥公园草坪**

长桥公园位于杭州市南山路长桥北侧，公园以桥命名。园内植物配置合理、层次分明。最上层的代表性乔木是枫杨、银杏、雪松，配以广玉兰、无患子，使公园空间宽阔；中间层次以桂花为主，配以樱花、海桐、紫薇、鸡爪槭，使公园四季植物变化丰富；下层群植野迎春、日本木瓜、杜鹃，再铺植麦冬和草坪，使整个公园处于绿色和宁静之中。

（1）空间要素分析

长桥公园草坪空间由空间 A、B、C 组合而成，它们之间通过点状树木枫杨形成的覆盖空间来联系（图 4-9）。空间 A、空间 B 临湖，采用外向布局，把湖光山色引入草坪空间；空间 C 以内向布局为主，强调围合感。3 个空间主从关系明确，重点突出，空间 C 无论在空间体量上还是景观内容上都居于主导地位，孤植的枫杨作为视觉焦点，具有很强的向心性，加上主题雕塑的布置，更显示出该空间的突出地位。

各草坪空间之间并非独立存在，而是既有分隔，又有联系，常常隔而不断，运用树木枝干形成的漏景、框景、夹景和借景，形成空间的渗透、流动和多层次的变化，产生深远幽邃、不可穷尽的感觉。当游人站在空间 C 中驻足远眺，空间之间的透景线把远处雷峰塔借入草坪空间内，在有限的草坪空间内拓展了无限的景致。“景贵乎深，不曲不深”，层次和景深既涉及静态观赏时各空间的层次感和立体感，也包括动态过程中空间的切换变化和各空间之间景色的互相因借。

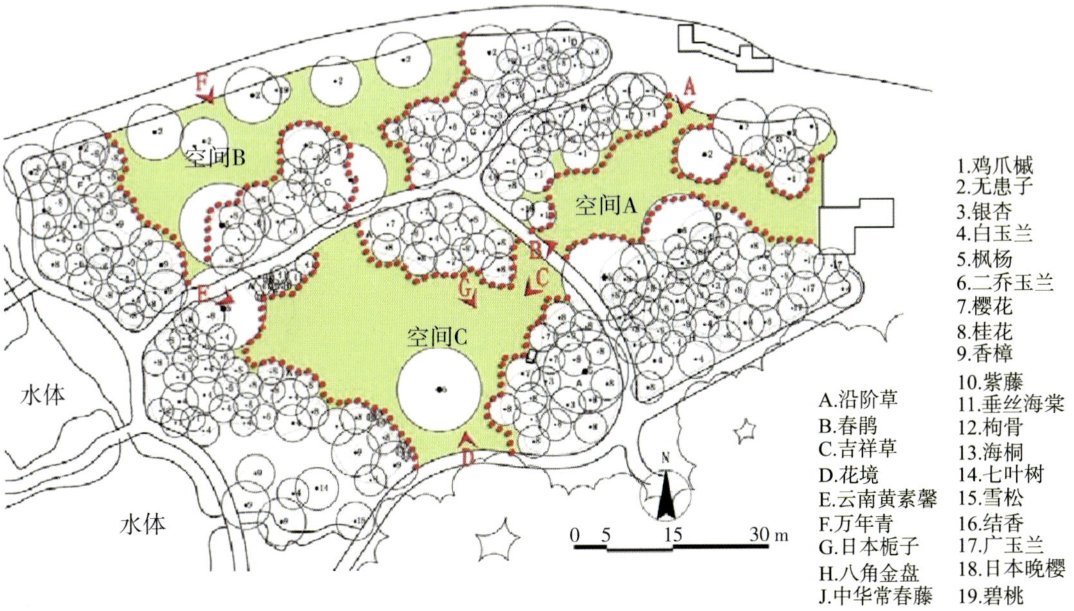


**图 4-9 长桥公园草坪实测平面图**

(a) 视角A空间A全景

(b) 视角B空间A全景

(c) 视角C空间C全景

(d) 视角D空间C全景

(e) 视角E空间C全景

(f) 视角F空间B全景

**图 4-10 各视角各空间观赏效果**

（2）空间的动态游赏

路径的设置跟动态观赏有关。长桥公园草坪空间通过园路的组织把 3 个空间有序地串联起来。游人时而面向空间，时而进入树丛，忽明忽暗，或疏或密，当沿园路穿过不同空间时，运动中的视点、视域和视角不断发生变化，空间的景观效果各不相同，一幅幅美丽的画面相继展开，空间体验相当丰富（图 4-10）。

**2. 友爱主题雕塑草坪**

友爱主题雕塑草坪（图 4-11）位于曲院风荷公园福井·杭州友好公园内，草坪边缘布置了友爱主题雕塑，并配置了樱花来营造中日友好的气氛，充分体现了植物景观的文化内涵和寓意，展示了园林植物空间的意境美。草坪空间采用外向布局，从乔木、灌木、地被的盖度比例上来看（图 4-12），灌木层盖度较低，保证了视线的通透，能够欣赏到湖面景观；地被层盖度较高，对空间边界的限定较明确，阻止了游人穿行。由于灌木层的缺失，林缘线的变化有限，只有通过乔木的变化来体现。如图4-11所示，YA—01 群落中高大的香樟位于林缘，树干向草坪倾斜，以其独特的树形和体量构成了林缘的焦点。这种以乔木构成林缘焦点的形式，远观效果极佳。空间 A 和空间 B 被一条园路所分隔，设计中通过 9 株樱花两边交替种植，弱化了园路的影响，自然地联系了 2 个空间（图 4-13）。这种通过樱花线状配置形成的走廊空间来联系各空间使空间相互渗透的手法，与长桥公园以点状植物来连接 2 个空间的手法相比，可谓异曲同工。

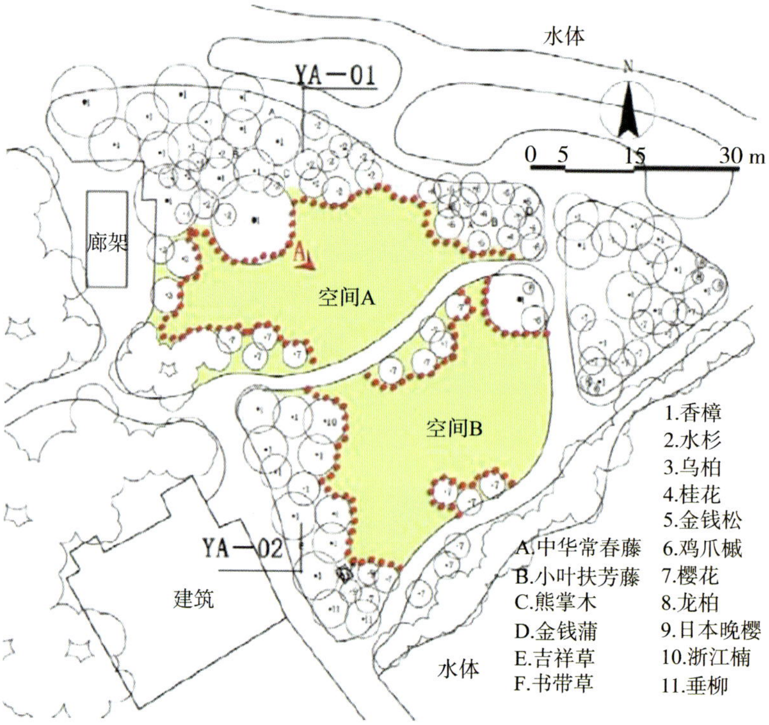


图 4-11　友爱主题雕塑草坪实测平面图

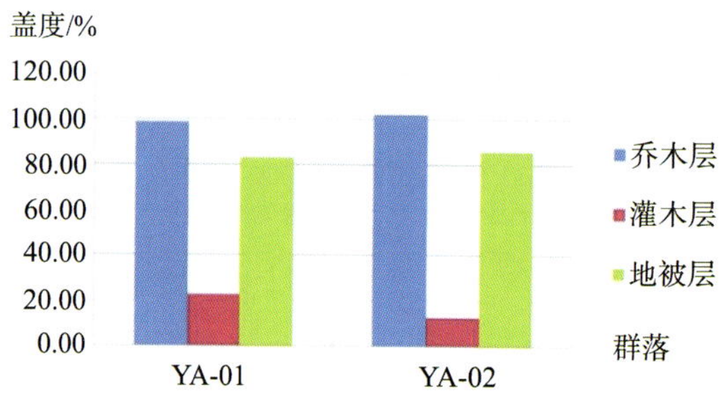


图 4-12　乔木、灌木、地被层盖度统计图

图 4-13　视点 A 草坪全景

## 二、滨河森林公园植物景观营造案例分析

通州大运河森林公园位于北京市通州区北运河两侧，距东六环约 4 km，占地面积约 713 $hm^2$，是北京第一个开工建设的、注重植物要素构建的滨河森林公园。大运河森林公园注重水与绿的结合，崇尚自然，弱化人工痕迹，将树木作为公园的景观主体，通过植物营造特色滨水空间，以恢复运河原始自然景观风貌为目标，利用场地现有条件，注重雨洪、景观及生态需求的结合。并对现有杨树林、果园及农田加以保留、改造及利用，结合当地古运河文化及北京城市特色构建形式美和意境美并重的特色滨水植物景观。

（1）植物配置契合场所精神营造特色景观

① 野趣营造

“双锦天成”景点周边契合森林公园“郊野生态”的定位，在林下采用宿根亚麻和大花金鸡菊大面积混播种植，形成银杏、绦柳、宿根亚麻和大花金鸡菊的乔草群落模式，既保证了林下视线的通畅，以及林下的通风，还避免形成利于细菌滋生的阴湿环境。而银杏和绦柳本身又有着一定的杀菌能力，能提高植物群落的减菌效果。混播的花卉自然生长，野趣盎然，维护度低，适于游人观赏及体验。另一处景观在保留现有杨树林的基础上，于林下撒播蒲公英，配合一些野生的诸葛菜，形成了别具一格的林下景观，具有“虽由人作，宛自天开”的意境之美。此外，园内很多区域在道路两边利用石竹、金光菊、大花金鸡菊、蛇目菊、紫苜蓿、黄香草木樨、宿根天人菊等草本花卉相互搭配，形成漫花步道，颇具自然气息。

② 滨水植物景观塑造

大运河森林公园以水为魂，沿河而建，河道全长约 8.6 km，属于城市滨水空间，滨水处植物景观的配置充分考虑与水的关系，通过生态驳岸的设计、透景线的保留、倒影关系的处理及植物群落竖向层次的搭配，营造出了多角度、多层次的滨水植物景观。在宏观层面考虑到河面较宽的限制，且由于两岸景观观赏距离较远，植物配置采取大面积种植的形式，突出强调整体群落的轮廓和色彩，竖向景观层次丰富，保留距运河较远的现状林作为背景，近河处以海棠、紫叶李、榆叶梅、迎春花、棣棠、连翘等花灌木群植形成色彩亮丽丰富的中层植物景观，同时搭配千屈菜、茭白、黄菖蒲、芦苇、慈姑、荷花、睡莲等湿生或水生植物实现低层景观的过渡；在微观层面注重植物与水体的结合，以自然式生态驳岸为主构建驳岸，根据地形和防洪需求因坡就势。在坡度较缓区域采用自然原型驳岸，缓坡入水，结合水生植物实现植物景观的自然过渡；在坡度较陡或冲蚀严重的区域，采用自然型驳岸——在坡脚采用石笼和木桩作为护底，可以增强堤岸的抗洪能力，上筑土堤，抬高土层，适合一些不耐水湿但于水边种植景观效果较好的植物，如碧桃、银杏等。

（2）植物配置结合不同空间调节景观序列

① 滞留空间植物景观配置

滞留空间又称停留空间，是指可以为公众提供逗留和使用机会的空间，是公共空间重要的组成部分，能满足组织交通、集散人流、强调景观、调节节奏及完善景观序列等功能性需求，是公园设计中重要的景观节点。一个好的滞留空间应首先满足上述功能性需求，同时更应该注重空间及景观给游人带来的心理感受，这在丹麦著名城市规划师扬·盖尔（Jan Gehl）的公共空间理论中被认为是最重要的因素之一。

大运河森林公园中有很多这样的停留空间，以铺装场地的形式呈现，通过植物景观的塑造形成吸引点，吸引人们注意，形成潜在的心理引导，使人驻足感知空间所带来的感官体验，这是对公共空间理论中“界面效应”的应用。场地1位于两条一级路相交的位置，是丁字路口局部的场地放大，面积约500 $m^2$（图4-14），设有座椅，属于坐歇空间。场地形态被塑造成五轮花瓣的形式，远路端搭配不同高度的植台，植以碧桃、矮牵牛，并借助后面的背景林营造出一处以桃花为主题的景观广场，手法简单，主题突出，层次分明。在空间层面，底层场地以桃花的五瓣形作为铺装，构筑小场地的空间，并群植鸢尾，形成绿块勾嵌场地边角，弱化形式构成上的冲突，使得场地结构整洁分明。中层与场地内侧面向主路的观赏面，结合地势建造阶梯状植台，将最美好的景观抬升至与视线持平，营造出中介空间，引导前景地被向背景林过渡，丰富了景观层次。高层以白皮松作为背景林，与远方保留的现状林林冠很好地衔接在一起，构成了完整的背景。色彩层面，以花色艳丽的三色堇铺地构成前景，叶色较亮的碧桃构成中景，叶色深绿的白皮松构成背景，前后对比，加大了空间景深，使景观显得厚重深远。

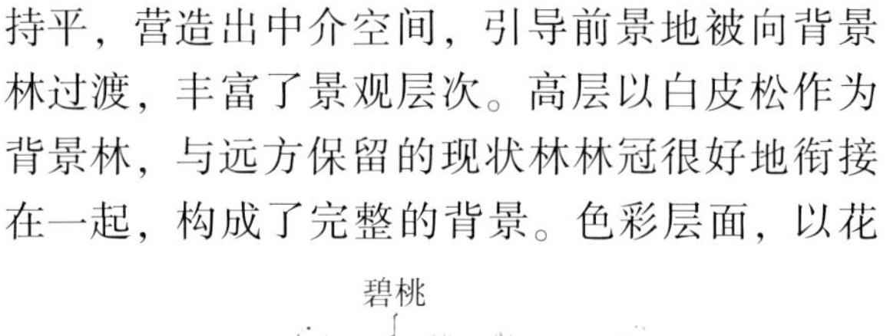

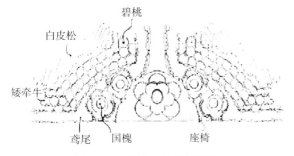


图4-14　场地1草测平面图

场地2位于两条三级路与一级主路交汇处，占地面积约80 $m^2$（图4-15），主要功能为集散交通，并无座椅等设施，属于停留空间中的驻足空间，需要通过周边植物景观的营造来改善周边环境质量，形成吸引点，使人们在此处做短暂的停留，缓解三条道路交汇带来的交通压力。植物景观搭配简单有效，不宜过度修饰，群落模式为油松—紫叶李—蒲公英，常绿树与异色叶树的搭配使此处景观稳定性较强，四季成景，很好地满足了场地需求，营造效果颇佳。

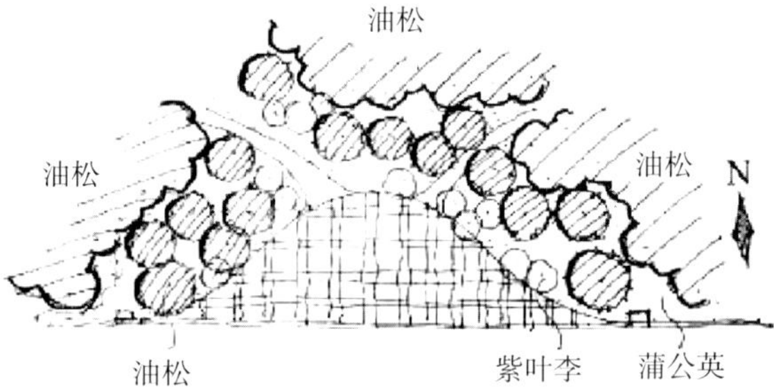


图4-15　场地2草测平面图

场地3为路边一小型休息场地，占地面积约6 $m^2$（图4-16），尺度适宜，并通过修剪的木槿围合形成半封闭的空间，具有一定的私密性。从环境心理学的角度来看，人们大多愿意在半公共半私密的环境中活动，渴望自己有通透的视野以获得观景的乐趣，同时又希望环境的半私密性给自己提供可控的安全氛围。此处通过植物的简单应用，满足了人们在心理上对于滞留空间的需求，体现了植物这一要素在景观形成过程中功能的全面性和有效性。从景观效果来看，油松+国槐—珍珠梅+棣棠的群落模式，突出了夏季景观。运用植物的体量对空间进行划分，虽然在空间上起到隔离作用，但植物材料的相似性和统一性使场地与周边环境并无强烈的对立感，反而更协调。

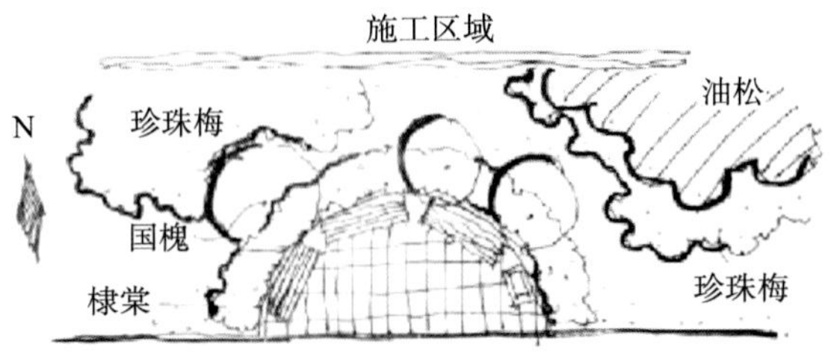


图 4-16　场地 3 草测平面图

② 流通空间植物景观营造

与滞留空间相对应，道路所提供的流通空间具有交通导向的主要功能，两侧植物景观的营造通过配合道路宽度可以实现游线的引导，以及人行速度、游览节奏的控制，增强游园体验。道路 1 为一级主路，濒临入口，是公园的门户，对于景观有较高的需求（图 4-17），路宽约 5 m，两侧植物群落模式为油松+国槐+新疆杨—珍珠梅+八棱海棠+“红王子”锦带——一串红+矮牵牛+孔雀草+菲黄竹。以新疆杨和油松形成背景林，国槐为行道树，突出中层花灌木的观赏效果，春花、夏花及秋果树种的搭配结合常绿的油松背景形成稳定的景观框架，保证了四季有景、三季有花的景观可持续性。同时，辅以 3 m 宽密植的草本花卉形成花带景观，花色丰富，氛围活跃，视觉冲击效果强，配合养护管理，应季更换合适的一、二年生花卉，可以保证大多数时段入口都具备丰富靓丽的植物景观，满足公园入口门户景观需要。

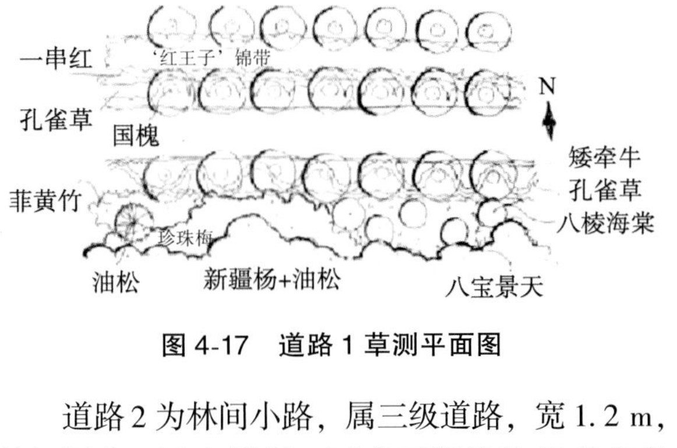


图 4-17　道路 1 草测平面图

道路 2 为林间小路，属三级道路，宽 1.2 m，蜿蜒屈曲，适宜慢行，要求两侧植物景观节奏舒缓，效果持久（图 4-18）。植物群落搭配模式为油松—榆叶梅—平枝栒子—大花金鸡菊+宿根亚麻。以油松林为背景，路缘种植三五株榆叶梅或片植的平枝栒子充实林下空间，通过其与道路的远近关系产生紧致或疏松的变化空间，丰富视觉效果。以林下大花金鸡菊和宿根亚麻为主形成地被层，在春夏秋三季形成稳定丰富的铺地效果，但由于两者对地表的覆盖力有限，尚有部分裸土区域，可考虑搭配蛇莓、活血丹等耐阴地被完善景观效果。此外，此处道路较长，但以常绿乔木为主，缺乏落叶乔木的搭配，夏季缺乏良好的遮阴，冬季又缺少适当的光照，应考虑局部搭配国槐、栾树等落叶乔木作为园路树，在丰富景观的同时可提供更为舒适的游赏空间。

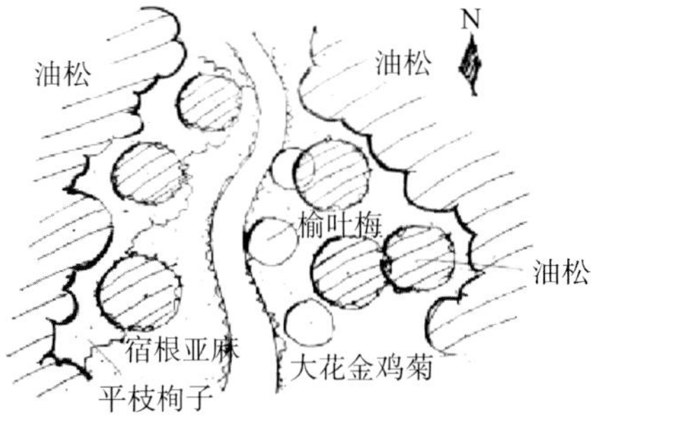


图 4-18　道路 2 草测平面图

（3）植物配置结合水体构建湿地生态系统

“湿地蛙声”景点位于月岛闻莺景区（图 4-19），是这一景观序列的起点。该景点围绕一个内湖构建起了“一池三山”的山水格局，秉承了中国传统的山水造园理念，在此基础上以耐水湿的枫杨，形成周边群落的骨架。景区内搭配丰富的水生、湿生植物，营造出了暗含秩序、野趣洋溢的湿地景观。整个湿地的交通系统由一系列曲折起伏的木栈道组成，局部地区放大成为观景平台，视线变化丰富，利用互惠共生原理协调了生物之间的关系，模拟自然群落结构，为物种生存提供条件，是近自然园林理论的实际应用。良好的植物群落搭配依托水体形成了适于生物生存的栖息地，蛙类、鸟类、鱼类的栖息构建了相对稳定的小型生态系统，也使得景观从视觉、听觉、触觉、嗅觉等方面得到了全方位的表达，实现了植物景观意境美的表达。

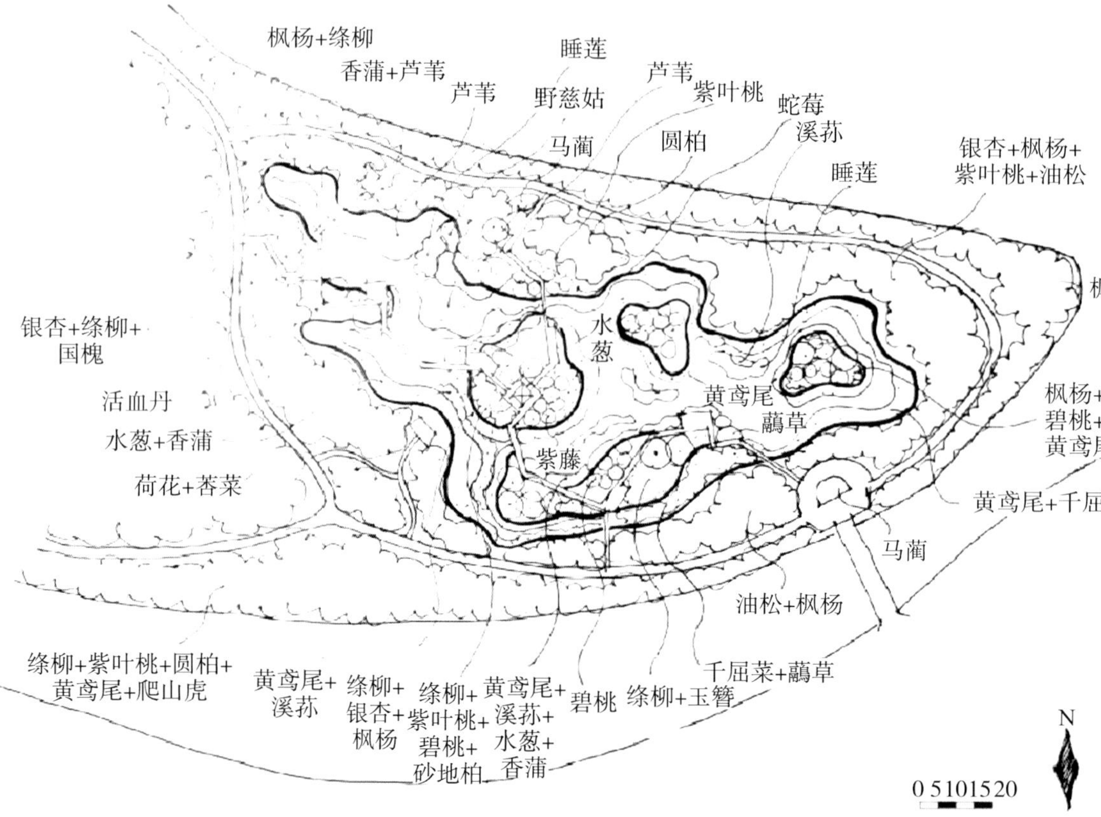


图 4-19 “湿地蛙声”草测平面图

在植物景观的营造方面，运用多种植物材料，增加物种多样性，丰富物种的构成。乔木层有油松、圆柏、银杏、柳、国槐、枫杨；中层灌木有紫叶李、紫叶桃、碧桃、圆柏；藤本有紫藤、爬山虎；地被有活血丹、蛇莓、玉簪；水生及湿生植物选择了对水体净化能力较强的黄菖蒲、溪荪、水葱、香蒲、藨草、芦苇、慈姑、藨草、马蔺、荇菜、睡莲、荷花。配置手法多样，既有单一材料如芦苇、水葱、千屈菜、香蒲、藨草等形成的纯粹的景观界面，亦有黄鸢尾、溪荪交错搭配的组合景观，并最终统一在一起形成整体的、丰富的混合景观。其中值得借鉴的是近水处植物的配置，虽然植物材料的表达都趋于野性和自然，但是水下种植台的设置，使得植物所形成的边界蜿蜒而整齐，使全园植物搭配在一起仍能保持很强的秩序性，且层次清晰，在满足湿地功能需求的基础上追求更完美的景观表达效果。此外，栈道周边绿地环境中没有使用常用的草坪草，而是选用连钱草、蛇莓等地被，覆盖率高，整体性强。园林构筑物的细致处理也与整个湿地景观的野趣氛围保持高度一致，茅草屋支柱上拼贴的树皮、平台上实木雕成的座椅、架空的木栈道等，所有元素和谐地统一在一起，突出了“湿地”这一自然主题。

# 第五章

# 景观构筑设计

“景观构筑设计”是当代景观设计教学的最新议题，“构筑”隶属于“构”与“筑”的规划设计创意与可操作性建造两个维度的耦合，强调了在景观的规划与设计两个层面的“建造性”问题，如同美国风景园林学者汤姆·R.瑞恩（Tom R. Ryan）等在《风景园林师应关注的细节：审美、功能与可实施性》（*Detailing for Landscape Architects*：*Aesthetics*，*Function*，*Constructibility*）引言中的设问与回答：“风景园林师有着让风景园林设计理念转化为构建现实的使命，因而会为每一个项目设计并绘制整套的细节，以显示项目的具体整合方式。风景园林师怎样才知道这些细化能否达成预期的效果呢？他们描绘的项目是否都是经济易行的呢？项目可排水吗？素材植物能茁壮成长吗？细节相互间、细节与项目的整体表现形式和空间之间是否看上去和谐统一？细节的雅致是否不因时间而减退，并确保在其所需持续的时间内经久不衰？诸如此类的重要问题还有许多。经验丰富的风景园林师不会将这些问题的答案归于偶然性。每个细节无论多么特殊或前所未有，都毫无例外地保持着普遍性和永恒的模式——能够适用于施工现场，并能有效地保证令人满意的性能。”

## 第一节 ◉ 宏观尺度的景观构筑设计

加拿大城市景观规划学者迈克尔·哈夫（Michael Hough）在《城市与自然过程：迈向可持续性的基础》（*Cities and Natural Process*：*A Basis for Sustainability*）中从“城市生态学：塑造城市的基础”、“水”、“植物与植物群落”、“野生动物”、“城市农业”、“气候”和“区域景观：塑造城市形态的框架”共七个层面，聚焦于“塑造城市物质空间形态的自然过程”这一研究对象，描述了城市景观的基本特征与演化过程，考察了能源、环境以及社会必需产品等方面的约束条件，并强调这些约束条件对塑造城市的形态、特征及功能用途方面均具有各自的影响作用。

### 一、城市生态学：塑造城市的基础

一种生命过程对另一种生命过程的依赖性，土壤、气候、水文以及动植物之间的有机和无机过程的相互联系及发展，生命与非生命物质之间持续不断的转化与循环，这些都是自我延续的生物圈的基本要素。这些要素维持着地球上的生命，并形成各种物质景观。它们成为塑造地球上所有人类活动的核心决定因素。通过设计和规划过程将城市化与生态系统整合起来是我们所关注的方向。城市生态学在地区与更大的生物区之间建立起联系，把不同的因素联结起来，并将那些原先并不明显的可能性揭示出来。当城市生态学所提供的观点与社会和经济的目标并列时，就可以为塑造城市景观提供一个理性的基础。以下为基于城市生态学原理的七项设计原则。

**1. 过程的动态性**

城市景观塑造过程是动态的。景观的格局是各种驱动力的综合结果。山脉的地质隆起与侵蚀，水文循环和水的作用力，森林的连续演替，以及在不同进化阶段栖息于此的各种鸟类和动物，均持续地塑造着大地。一处场地的形态显示出它的自然历史，以及自然过程的持续循环。城市自然过程与经济、产业和文化活动错综复杂地交织在一起，城市的形态是经济、政治、人口和社会变化持续演替过程所推动的结果，是新建筑代替旧建筑、旧建筑适应新功能的结果，是城市衰败和复兴的结果。

**2. 方法的经济性**

最经济原则即可以从最少的资源和能源中获得最大的环境、经济和社会效益。譬如英国的一项关于在乡村机动车道路两侧重新造林的政策，既减少了割草的费用，也营造了野生动物走廊。实践证明，这一举措能够提高动植物的多样性，有利于动物迁徙，并能用最少的钱和能源创造更有趣的视觉特征。

**3. 环境的多样性**

在城市环境中，多样性具有社会和生物的意义，因为一个多样的城市社会意味着选择的多样性，可以在一个地方和另外一个地方之间进行选择，也可以在一种生活方式和另外一种生活方式之间进行选择，还意味着具有有趣、令人愉悦、刺激性和富于变化的景观。城市里如果有狐狸、猫头鹰的容身之所，有自然林地、沼泽和田野，也有热闹的广场、超市，还有其他嘈杂或安静的场所，如游乐场和规整的花园等，就会比没有这些场所的城市更有趣，更令人愉悦。

**4. 环境的联系性**

要正确了解一个地方，就必须了解这个地方的区域背景：这个地方所处的流域环境和生物区域环境。同时，对生物区域的了解是始于它的地方场所的。

**5. 始于家园的环境教育**

重塑城市空间的一个基本任务就是关注人们对乡野的体验，使其意识到自然、社会和文化环境在丰富城市空间方面已有的和潜在的可能性。

**6. 创造最多的机会**

环境敏感设计（environmental sensitive design）被理解为借助“过程”这一视角可使对物理和生命系统的损害降至最小。栖息地建设（创造适合一个物种生存和繁衍的各种条件）是所有生命形式的基本动机。从本质来讲，这些活动的副产品所产生的变化的环境，为其他物种提供了有益的机会。在人类环境中，如果没有建立起必要的联系，对环境的人为改变将产生负面影响，隐藏在整合生命支持系统（integrated life-support systems）背后的理念就是创造联系，积极地寻找使人类发展能对其所改变的环境产生积极贡献的方法。因此，创造最多的机会也是生态恢复的基础——将自然系统恢复到生态健康的状态，并重建生物多样性。

**7. 让维持生命的过程显现**

我们大部分的日常生活环境都被设计为将维持生命的过程隐藏起来，而这些过程可能比其他任何因素都重要，由此导致我们的日常生活环境贫乏。譬如道路边沟和集水槽使雨水流入地下变得无影无踪，切断了其与自然水循环过程的可见联系，而暴雨排水系统将雨水排放到溪流中，最终排放到湖泊和河流。我们不清楚在暴雨过后，水生生物以及海岸会发生什么样的生态退化，因为它们会被封闭一段时间。因此，使过程可视化是环境意识的一个基本组成因素，也是环境行为的必要基础。

随着生态学在更大的区域景观尺度上成为环境规划必不可少的基础学科，对城市中已被改变但仍然发挥功能的自然过程的理解就成为城市设计的关键所在。如果设计能对城市生态学予以响应，并基于城市所提供的先天资源，抓住机会予以应用，便可以奠定一种替代性设计语言的基础。我们寻求一种设计语言，它的灵感来自充分利用现有的机遇；它可以重建多功能，多产的，正在运作并将生态、人类和经济综合在一起的景观概念。随着环境问题对城市及其区域的未来发展正日益变得紧迫，我们在塑造未来景观时所采用的方法也应制订新的目标。

在城市设计中，城市用地作为一个整体，必须发挥环境、生产和社会功能，而远不止传统的公园功能和公民价值。由城市产生并作用于更大周边区域环境的许多问题，基于对人类生态足迹影响的认识，将被控制在城市范围内解决。所有的城市环境和空间要素都将被纳入一个综合框架中，根据它们的性能来发挥各种作用，如作为食物和能源的产生者，小气候的调节者，水体、植物、动物以及舒适性和娱乐性的保护者等。

## 二、水

城市的开放空间是重建水文平衡的基本要素，其重要性不仅限于我们通常所说的交通、经济和休闲意义。城市形态的生态基础表明，利用城市水循环可以降低成本并增加效益。城市森林和花园扮演着净化废水和补充地下水的角色，它们还可以就近提供食物、木材，作为野生动物保护区。城市森林对于城市的价值是巨大的，它是提供有用、多产且低维护性的景观的基础。城市的社区公园、废弃场地、停车场、游戏场和屋顶都可以被适当改良，在合适的地方形成暂时或永久性的蓄水区和湿地，满足水文功能要求，并帮助减轻侵蚀和污染问题。

当今水设计的任务，强调创造一种能反映城市水文过程和城市自然系统整体性的新的象征性语言，即一种重建水与生命过程的一致性的城市设计语言。而且，废水经过适当处理后被用于土地，可以使土壤更肥沃，为农作物、城市植被提供养分，从而为目前荒废着的城市土地赋予价值。利用城市的开放空间来存留雨水，有利于保持水文平衡，并且可以帮助改善城市气候。它增强了在公园和城市空间中整合环境、社会和审美效益的潜力，并使自然过程贴近日常生活。

## 三、植物与植物群落

城市中运转着的生态过程为恢复城市景观奠定了必不可少的基础。气候、地质、地貌、水体、土壤、植物和动物之间的相互关系提供了基本的生态学信息，这是环境规划与土地管理的基础。在空间规划的广义层面上，需要对城市中残存的天然植物群落和自然驯化植物群落进行分类与评估。动植物的潜在栖息地（林地和草地斑块、溪谷和其他一些节点）应该被整合到城市规划和社会网络中。除了保护那些遗存的本地群落，自然驯化的植物群落也是在贫瘠场地和土壤上重建植被的极有价值的资源。植物可以被视作持续演替群落的一个组成部分，而非静态的孤立现象。对适应了城市土壤的引种植物，可以强化并调整它们，并为丰富城市植物群落提供许多新的契机。景观维护可以成为一种整合的、基于生态原则的管理过程，并为保持多产且自给自足的景观提供有效的工具。

城市开放空间中有一种普通类别的生境类型：再生景观。许多景观已经因为采矿的破坏或类似的干扰，在生态、水文、地形等方面完全改变，但这些再生的自然环境仍然至关重要并具有宝贵的教育价值和生态价值，往往可以承受人们高强度的使用。道路两侧的输电线用地连接并穿过城市，生长着不同类型的先锋植物，并且是珍贵的野生动物栖息地（图 5-1）。

用植物恢复自然过程的方法为那些不适用传统园艺方法的地区提供了自我繁衍、适应环境的基础，这种方法可以被定义为自然驯化进程，从而为城市景观设计与维护引入一种生态的视角。它包括将自然景观元素引入城市，在某些地段恢复林地，在水系环境允许的条件下营建湿地，通过改善草坪管理来发展草地群落以及建立不同类型的野生动物栖息地等。“城市森林”反映出生态森林管理实践从乡村到城市的转变。其目标基于一个期望，即现存或引入的森林是一种花费低廉并且可以自我维持的景观，且城市森林的意图在于创造出与场地属性，如土壤、地形、气候等相关环境因子，相适应的多样植物群落。此外，其长期目标还在于恢复因土壤板结、表层土壤流失、生产力与营养物减少而已经长期退化的场地。

(a)

(b)

图 5-1　植物群落

## 四、野生动物

对野生动物而言，最具潜力的栖息地是河流、小溪、林地、运河及仍保留在城市内但未受城市干扰的景观。那些保存着丰富的植物物种、具有结构多样性，并与更大栖息地相连的地区，往往也具有更丰富的动物多样性。因此，它们是城市中最为丰富也最为珍贵的地方之一。然而，城市发展的过程的确伴随着对自然演替过程的干扰，以及复杂的野生动物栖息地景观的形成。这些都为城市设计提供了尚未利用的机会与条件。

在一个具有广泛意义的规划中，对野生动物有特殊价值的城市环境必须被整合到城市的空间网络中去。这不仅仅包括公园，还要将必不可少的自然与人工联系及外部环境作为一个整体纳入其中。野生动物在城市压力下生存的能力，不仅取决于栖息地的复杂性、生产力、大小和形状等（图 5-2），也取决于公众使用的强度、类型及对场地施加限制的不同程度。野生动物栖息地可以按重要性递减或对干扰的敏感性递减的顺序来识别，这些特殊的区域包括：

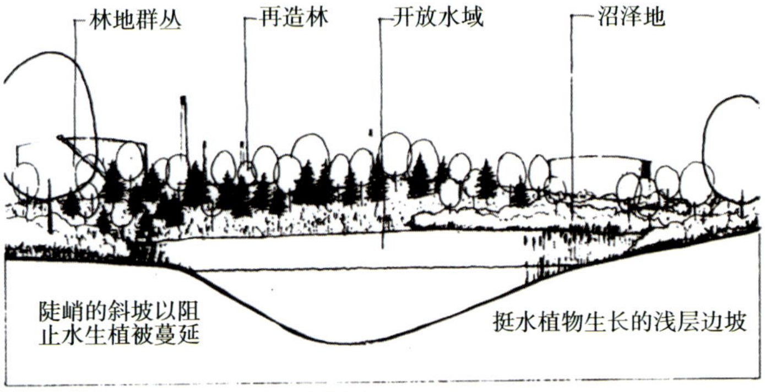


(a) 池塘结构原理剖面图

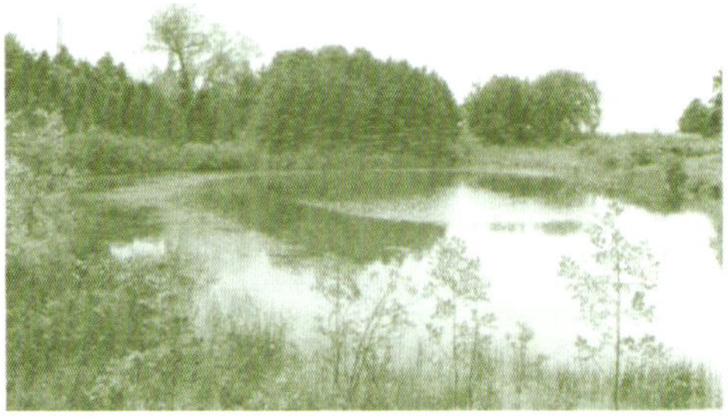

(b) 野生动物栖息地

图 5-2　池塘剖面与野生动物栖息地

① 被围在城市边界以内的残存乡村景观，仍保持着留存下来的野生动物种群，或为当地罕见的或不寻常的物种提供避难所。如林地群落、旧耕地和草地、航道、沼泽地、自然走廊。

② 受人类影响但有很大潜力的地方。如城市污水处理厂的氧化塘、自然重建的遗弃土地、工业用地、水生生物越冬地。

③ 对野生动物保护而言具有极高重要性和敏感性的地区，这些地区的雨洪管理可以和野生动物栖息地的管理结合起来。如住宅区开放空间、大型城市公园、湿地保护区、洪泛平原

和河道。

④ 其他对人的存在不是很敏感的地区，包括有野生动物存在可能性的开放空间，通过管理可以使人类活动与野生动物共存；也包括大众公园、墓地、高尔夫球场、办公用地、工业用地、公共设施用地及相关领域的用地。

⑤ 连接生境区域的线性空间，包括河溪廊道、陡坡、连续的林地、输电走廊和地下管道。

## 五、城市农业

随着城市的扩张，耕地逐步消失，乡村地区自给自足的能力也逐渐减弱。城市区域面临着发展的压力和随之而来的长期的耕地损失，事实上，许多城市都发端于十分富饶的土地。然而，人、食物种植、有机废弃物及城市空间是环境与社会价值的核心要素，必须创造性地重建它们之间的关系以及食物与可持续发展之间的根本联系，而且必须重塑人们对城市的态度。显然，城市具有发展小型农业的潜力，由此创造一种更为丰富且更具生产力的城市环境也指日可待。一方面，城市应在种植和生产供本地消费的食物方面起主导作用，应制定规划战略，鼓励集约发展，限制城市扩张以保护本地的农业用地。另一方面，与土地重建联系的机会维系于食物的生产，这种联系尤其需要在城市中重建。城市是为具有破坏性的技术寻找替代者的理想场所，这需要通过土壤生产力、营养和原料资源的循环利用，以及都市新陈代谢过程的直接经验来验证其效果。因此，在城市发展过程中保护富饶的土地和自然特征，涉及能量、紧凑的城市形态、生态学、土壤生产力和乡村传统等问题，并且需要寻找到能够整合城市与乡村的新型城市形态的新方法（图 5-3）。

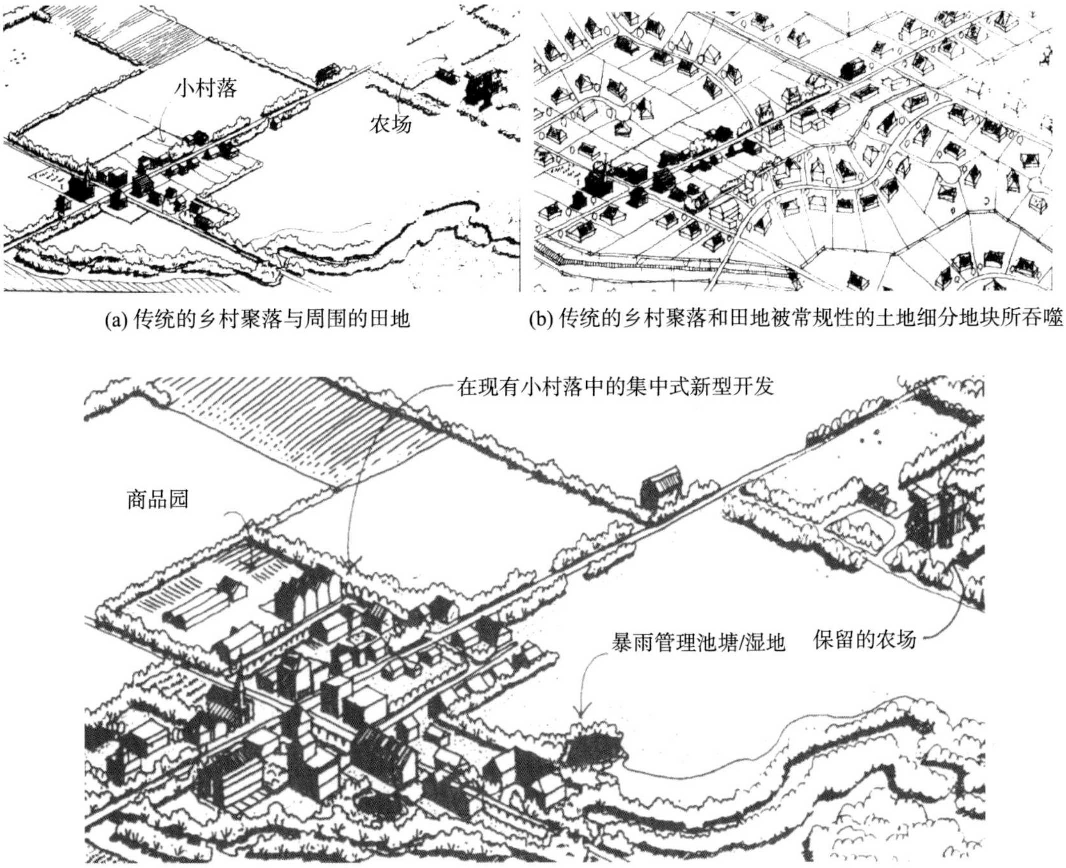

(a) 传统的乡村聚落与周围的田地

(b) 传统的乡村聚落和田地被常规性的土地细分地块所吞噬

(c) 围绕在乡村周围的新开发组团，保留了许多乡村的功能及完整的小溪和树林

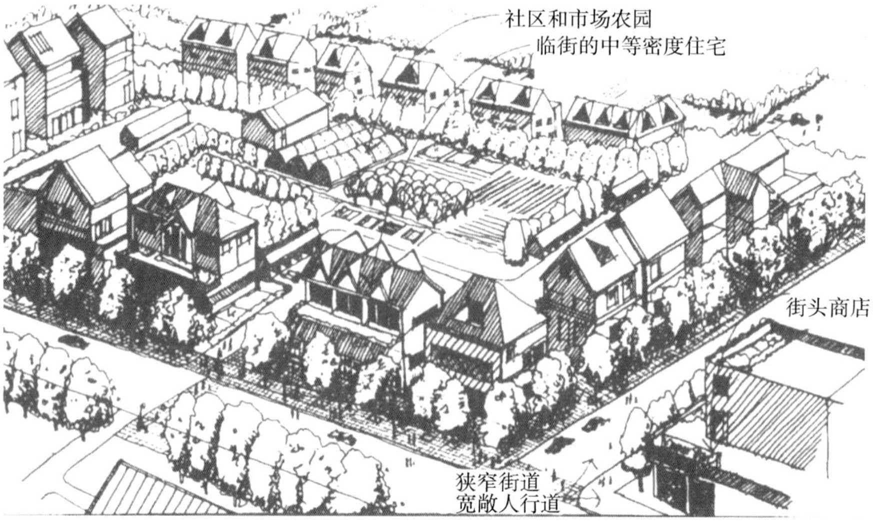


(d) 混合功能开发，包括小规模的商品菜园和其他乡村型功能，如苗圃、制陶场和回收站

**图 5-3　城市农业景观形态示意**



## 六、气候

气候是塑造和改变大地、土壤和所有生命形式及其适应过程的更为重要的因素。气候要比其他任何自然要素，在涵盖自然和人类活动的范围方面都要广。气候的影响遍及水体、植物、野生动物和农业等。它是塑造地方和区域场所形式的根本力量，也是形成不同场所之间差异性的根本原因。城市地区的气候与农村地区显著不同，各种气候研究解释影响城市气候的 5 个主要因素，都是基于这样的事实，即能源是城市和乡村气候产生差异的基础，具体如图 5-4 所示。

① 城市和农村环境中材料的区别。一方面，城市街道和硬质铺装的不透水表面，以及石和混凝土建筑物表面，储存和导热速度远远超过土壤或草木的表面。且城市结构往往是多面体，屋顶、墙壁和街道作为多重反射体能够吸收热能，并将其反射到其他表面，所以，整个城市都在吸收和储存热量。因此，城市成了一个可以加热大量空气的高效系统。另一方面，在乡村中，热量往往存储在较高的层次。在树林中，林冠接收并保存大部分热量，而较低层则保持相对较低的温度。

② 城市的空气动力学粗糙度比农村大很多。城市的独立塔楼布局显示出的表面粗糙度比农村要大得多。这对减小盛行风速、增加街角和高大建筑周围的强风、减少夏季风的制冷效果等均有影响。

③ 数量惊人的热量从供暖和冷却系统、工厂和机动车排放到城市空气中。

④ 降水引起的问题。雨水会被排水管道迅速排走，而在北方气候环境下，城市街道和步行区域的积雪通常也都会被清除走。蒸发作为一个冷却过程，将辐射能量转变为潜热。在农村，湿气要么保留在地面，要么在离地面很近的地下，因此很容易蒸发和冷却。但是在城市中，由于没有湿气，因此抑制了蒸发，原本可进入冷却过程的能量被用于加热过程，成为能源交换中的决定性因素。建筑材料的储热能力是空气储热能力的 1 000 倍左右，通过空气粒子将热量排放到大气中的效率比蒸发要低得多。只有开放水域和植被覆盖区域的蒸发过程是充分而有效的。

⑤ 空气质量。空气质量问题源于臭氧、颗粒物和大气中的二氧化碳等。大气中二氧化碳的增加可能会导致大气增温和臭氧问题加剧，这三

种物质的主要排放源均为机动车和工业生产。臭氧是由氮氧化物和挥发性有机化合物在太阳紫外线和水蒸气的作用下发生光化学反应而形成的，对人类呼吸组织和功能具有很大影响。城市空气中承载着大量的固体颗粒状、气体和液体状的污染物。城市空气中的颗粒物是乡村的 10 倍以上，它可以将太阳光和热量反射回去，但也会延缓热量的释放。大气层中大量的颗粒物减少了紫外线范围内的短波辐射的渗透，这对生物生成某些维生素和保持健康具有不良影响。

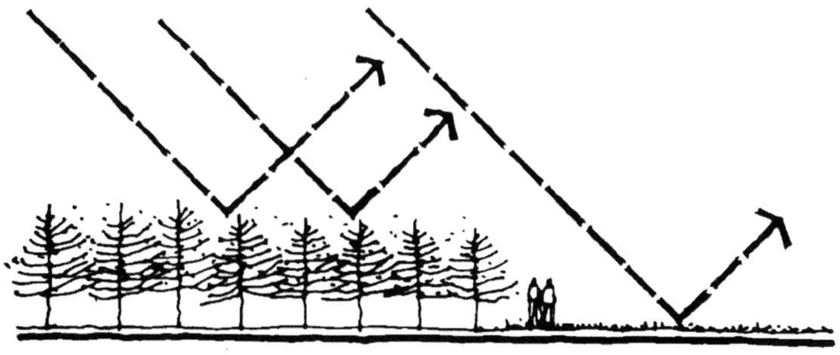

（a）树冠的储热作用

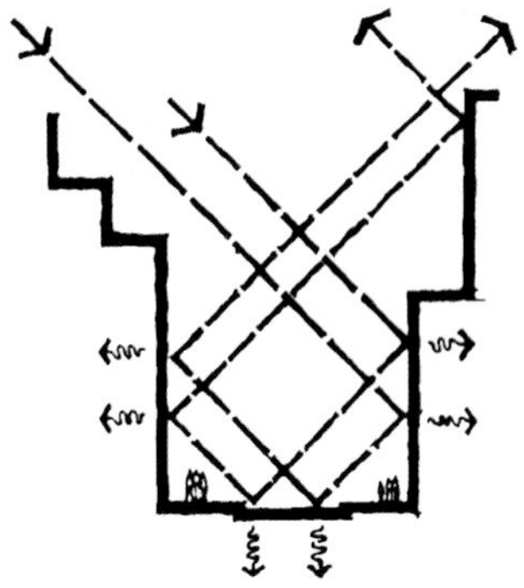

（b）城市墙面的反射和吸收

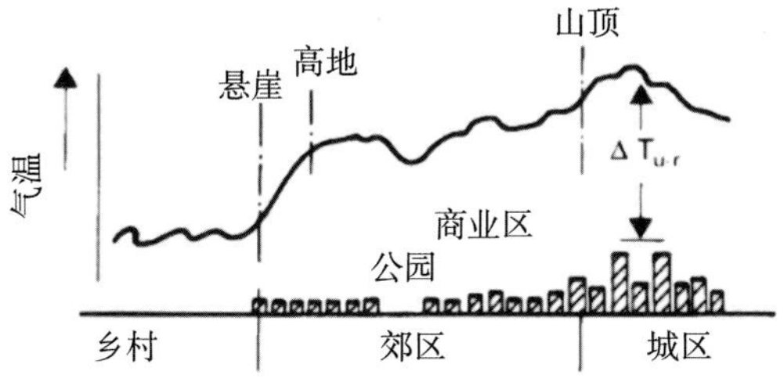


（c）不同材料的表面温度

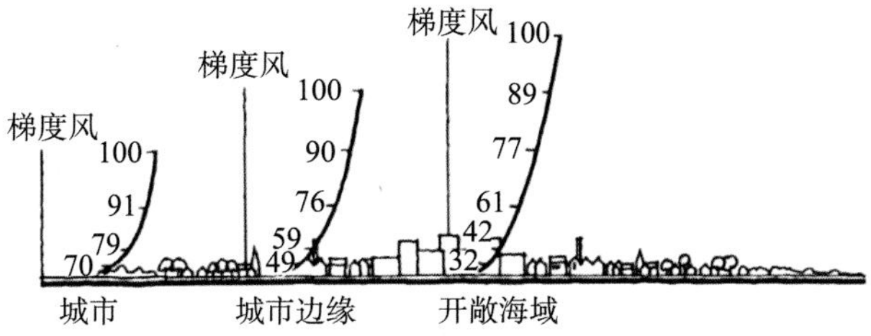


（d）城市、城市边缘和开敞海域上方典型的风廓线

（e）城市热岛（大城市的烟雾穹顶因城市活动而周期性地形成。空气在相对温暖的城市中心上升，并在相对凉爽的周边区域下沉，形成了循环系统。烟雾穹顶及其对城市气候的影响一直持续，直到风或雨将它们驱散）

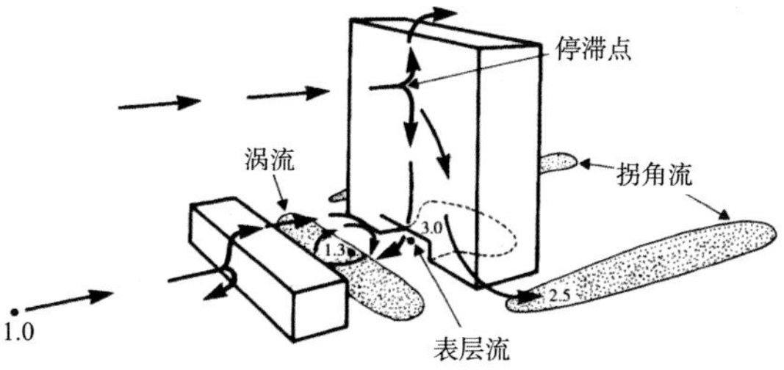


（f）城市中环绕建筑物的空气流

**图 5-4　气候影响下的景观生成**

受地形、植被和水体影响的宏观气候，以各种方式影响人居环境的选址与特征及土地的使用方式。人类以特有的方式应对气候的影响，使其处于可控制的范围内。身体舒适是一项基本的需要，而舒适的温度介于 20—24 ℃之间。人们受气候变化影响时会自动作出反应，即使有些反应是无意识的。在不同的季节，城市空间的使用存在着显著的差异。在冬季，人们会聚集在街道朝阳的一面，寻找背风的场所。在炎热的夏季，人们则聚集在有树木遮阴或有习习凉风的公园座椅和草坪上。通过处理环境中的自然和人为因素以及太阳能，创造适宜、健康的生活和工作场所，是人类历史自有记载以来城市居民所关注的事情。在城市开放空间的最优格局设计中包括以下 4 个设计原则。

① 土地的自然格局，包括山脉、丘陵、山谷、河流、小溪、池塘、森林和草地，均决定着地方的气候模式，在某种程度上也影响着城市的环境。尽管这种影响的范围可能只是地方性的，但是出于气候原因来保留和强化自然特征，则是设计过程中必不可少的部分。

② 植被和水对维持城市小气候的稳定性具有重要影响。由于城市中大面积的铺地和硬质表面在夏季产生了大量的热量，因此，应尽可能种植浓荫的植被，以减少城市热岛的不利影响，还能消除灰尘、净化有毒气体和其他化学物质。浓密的树冠能提供较多的树荫，比当前很多只重视孤植树的做法更为有效。而连续的树冠除了在小气候方面有益之处，还能为一些野生动物提供相互联系的生境。另外，公园及其他地方保存的水体和自然池塘，通过直接蒸发对于恢复能量平衡也具有重要作用，它们还能发挥如水文和保护野生动物等其他功能。

③ 市中心和郊区工业用地的大规模屋顶区域会导致热量积聚。因此，发展屋顶种植在改善气候方面也发挥了重要作用。这需要对轻型、低维护的技术进行应用型基础研究，以实现在已有屋顶上种植植物的目的。适应当地环境的乡土植被只需很少维护或基本不需要维护，在比较艰苦的条件下也可以生存，因此对调节气候具有重要意义。

④ 对于在极端条件下控制气候的大多数成功案例，气候控制的重点一直被放在由小空间和低层建筑构成的城市肌理上。在炎热的夏季，狭窄的街道和小型生活空间增加遮阴，可以减少太阳辐射的积聚。此外，也可通过采用朝向、遮阴檐篷、拱形走廊、植物、水体和通风等手段进行人为控制。在凉爽的气候条件下，城市较少受冷风、雨雪和极端气温的影响。通过将建筑朝南向布置以及避开冬季主导风向等对空间的组织，可以创建出阳光充足的环境。在大多数城市中，建筑形态的演变基本未考虑气候因素，而景观的材料以及新的建筑形态都必须发挥调节气候的作用。植物、地面形式和建筑檐篷，都必须用于创造阳光充足的空间和庇护场所，以抵抗盛行风、改变倒灌风的流向等。

## 七、区域景观：塑造城市形态的框架

在城市区域保护环境系统并将其作为巨大城市形态的基本结构要素是非常必要的，因此，城市化作为影响区域景观最重要的发展趋势，常伴随着与河流、湿地、地下水、土壤、植被及野生动物的相互作用。将城市地区与乡村在地方尺度和自然区域上联系起来，涉及它们的相互依赖性及可持续性。而城市与一种连续的保护区网络相联系，既能发挥维持生物多样性的作用，同时也能起到城市增长组织框架的作用。

（1）自然作为基础设施

城市增长控制和组织的途径与整体景观有关，包括河谷系统、森林、湿地、区域自然公园系统和保护区等，也就是应该将城市增长控制放在区域生物背景下来理解。相互连接的公园系统概念，是一种优先考虑自然系统的规划策略，同时又以之作为引导城市增长的基础。“自然作为基础设施”理念不仅适用于区域尺度，同时也适用于小规模的城市尺度。

自然系统的健康与活力主要取决于几个地方层级的动态相互作用：单个场地和栖息地、次级流域和流域，以及生物区和生物区之间的联系。另外，加强各个流域中具有潜在价值的栖息地之间的联系也相当重要。对于在城市区域内保护峡谷系统的“膝跳式反射”，在传统意义上是认为峡谷用地是用于“自然”功能的，而高原是用于“发展”的。然而，从生物多样性的角度来看，交叉联系可以提供其他的迁徙路径和机会，这是构建生态网络的关键因素。

在规划中保护城市区域内已建立起来的自然群落也非常重要。首先，这里存在一些人类活动留下的废弃区域，其中由自然演替形成的栖息地不仅有助于维护生物多样性，也有助于在未受扰动地区之间建立联系，并通过对其的积极修复，以适应栖息地和联系廊道的格局。其次，这里还有一些土地利用能够与规划框架整合，既可作为自然联系，也可作为四季小径，发挥符合每处场地需要的多样化功能，包括地方公园、墓地、居住用地、后院、高尔夫球场、农业和乡村用地。

① 长期目标

a. 增加自然区域的范围，提升其品质。

b. 保护和加强自然地理特征，以获得生态多样性、游憩机会、健康的生活环境、高质量的水源等。

c. 鼓励那些尊重建成区及乡村的自然和文化特征、改善环境质量的开发建设。

因此，须将生态系统方法融入土地利用规划的方方面面。

② 单个政策

a. 绿道体系。包括河谷地带、植被群落、森林公园、公共开敞空间和低影响的游憩小径。该体系力图维护和支撑自然过程，提供进入自然区域的入口。

b. 绿道走廊。包括河谷廊道、高尔夫球场、公园及墓地。

c. 绿道节点。包括大型的连接性区域，通过生态修复将极大地增加城市的生态多样性。

d. 活动联系。用节点和绿廊连接城市建成区。

e. 流域和小流域。把小流域看作基本规划单元，保护补给区和排泄区，恢复水质以支持鱼类繁衍。

f. 管理。制订一种综合的土地所有者管理计划，包括公众教育和决策参与。

g. 缓冲区。应合理控制绿道体系周边土地的开发，包括在缓冲区内保护自然景观特色和廊道。

影响区域景观可持续性的主要议题包括：首先，河谷系统应被设计为“绿色基础设施”，它们是影响城市发展形态和特征的结构性要素，暗示着建成区的形态与自然景观之间的相互依赖性；其次，可持续建筑设计（绿色建筑）关系到保护和支持自然系统的设计，如通过渗透、贮存和绿色屋顶，管理来自硬质表面的雨水；再次，只有恰当的能源技术，才会减少温室气体的排放；继次，社区与自然河谷景观之间的关系与环境认知有关，就社区的某些地方而言，这涉及该怎样保护自然景观，在与自然河谷景观相关的花园内该引进或杜绝哪些植物类型，如何对宠物进行控制，避免其闯入保护区和影响区内的物种，以及如何进行景观管理等，实际上这些都属于管理的范畴；最后，绿色基础设施与社区的可识别性有关。河谷体系、高原森林栖息地和绿道形成了自然结构要素。当存在着明确的边界、多姿多彩的景观以及方便到达的公园和自然区域时，这些要素决定了用地发展的位置，并提供了当地和区域的投资基础。

（2）区域规划与棕地

城市在棕地上重建，在平凡的地块中发现其独特之处且避开前面提到的建成区外围绿地，已成为一种趋势。其关键在于认识物质空间和生物过程之间的关系，了解使该地区变成如今模样的人类历史过程，以及保障未来健康发展的社会和经济需求。

（3）从孤岛到网络

栖息地破碎化和城市增长，是城市和保护区都面临的至关重要的问题。20 世纪末期，生态系统管理和对生态完整性的维护，给人们带来了一种管理保护区的全新思路。该思路以广阔的区域为背景，强调把保护区与“区域和地方土地利用规划及所有政府的土地分配过程”充分整合到一起，包括国家公园、野生生物避难所、海滨地区、遗产河流系统及更大区域景观中的其他重要保护区。研究表明，仅依靠在地图上画出的孤立保护区无法保护物种的多样性，环境组织和非政府组织应该提倡以市民为领导的新保护方法，把重点放在建立保护区、廊道和生态连接的系统上。

（4）合作规划：连接城市与保护区

保护区构成的大区域网络与城市区域关系密切。城镇越来越关注自身发展，包括重要自然特色景观和廊道的网络体系，以保护野生生物，创造线性游憩路线，引导城市增长。其他功能则通过河流、主要自然特征景物和公园等系统，建立保护地网络与城市区域之间的联系，并作为渠道满足物种迁徙和城市区域内外小径系统的需要。而且，通过区域景观规划来建立生态网络、联系城市区域和保护地的方法已经得到了应用。

① 保护区应涵盖相关联的生物物种、生态系统、群落和生境，还包括经济价值和基因类型的多样化。

② 保护区应提供可持续的能力，包括必要的过程（如迁徙）。

③ 保护区应维护地质地貌形成的多样化和具有历史意义的文化景观。

④ 保护区应具有地方特殊性、不可替代性、自然珍稀度，保持濒危物种、栖息地或结构的存在。

⑤ 保护区应关注与当地社会和经济因素有关的可视性，以及为人类带来的收益。

⑥ 保护区应注重场地的选择，以尽可能获得生物多样性和地貌多样性的可持续覆盖。

## 第二节 ⦿ 中观尺度的景观构筑设计

在进行宏观尺度的绿色基础设施网络规划时，人们通常主要关注景观的自然过程和它们的生态利益。而由于廊道同时具有游憩功能，人们开始关注将人类可以游憩的土地纳入廊道系统，如公园、景观游道、游憩区、观景点、生产性土地等。譬如美国佛罗里达大学在进行佛罗里达绿道网络规划时就特别考虑到公众游憩的需求，他们首先建立生态网络模型，然后往该系统里添加游憩网络。游憩网络的规划同样使用了基本的 GIS 方法，确定能成为景观游道集散地的中心控制区和能够连接城区与中心控制区的小路。生态网络模拟技术的使用使得设计团队能够方便地考虑到土地的潜在特质，帮助他们决定游憩中心控制区和连接方式（因为有可能穿越重要的生态区域）。其中，生态廊道设计的十大原则如下：

① 要求廊道不仅能为野生动物提供栖息地，而且能增加野生动物运动的可能性。

② 廊道应该设计为能引导动物进入适合的栖息地，而不是进入高死亡风险的区域。

③ 在野生动物廊道设计和建立的过程中，应该始终考虑到可能使用该廊道的生态过程和生物物种。

④ 在设计时，新建立的廊道应尽可能地使其边界最小化，使周围土地上进行活动的干扰最小化。

⑤ 努力建造和保持廊道里复杂的植被结构，并模仿原生植被物种的成分和结构。

⑥ 廊道必须被视作生态系统（指更大尺度的生态系统）中的一个组分，生态廊道的功能有效性也需依托更大尺度生态系统中其他功能单元（如栖息地斑块、自然水文单元）的协同优化。

⑦ 需要设计一个合理的、明智的、连续的过程来确定、发展和保存区域的廊道网络。

⑧ 生态廊道不仅需要建设，更需要维护和

监控，如在廊道建立好之后监控野生动物对它们的使用情况。

⑨ 想办法减少廊道的潜在弱点。

⑩ 不能等待在得到所有的“回答”和科学信息后再进行廊道的规划——我们需要认识到，确实需要更多的知识，但不能只是等待而不着手建造廊道网络。

其中，查尔斯·弗林克（Charles Flink）和罗伯特·西恩斯（Robert Seams）在《绿道规划·设计·开发》（*Greenways：A Guide to Planning，Design，and Development*）中对“提高土地自然价值”“关注河流、溪流和湿地”“绿道游径设计”等方面进行了深入阐述，洛林·施瓦茨（Loring Schwarz）则在此景观学名著的“前言”引述了查尔斯·利特尔（Charles Little）在《美国绿道》（*Green Ways for America*）中论及的“绿道”概念的内涵与外延。

绿道是一种线性开放空间，通常沿着自然廊道建设，如河岸、河谷、山脉或者陆地上由铁道改造而成的游憩娱乐通道，一条运河、一条景观道路或者其他线路。绿道把公园、自然保护区、文化景观、历史遗迹，以及人口密集地区等连接起来。在某些地区，狭长地带或线性公园被指定为公园道或绿带。

查尔斯·利特尔概括并描述了五种类型的绿道。

① 城市滨河（或者其他水体）绿道。通常是一个被忽视的、破败的城市滨水区，被建设成为再发展计划的一部分（或者计划的全部）。

② 游憩娱乐性绿道。充满个性特色的多种类型道路，距离通常比较长，以自然廊道为基础，例如山谷、废弃铁路、公共通道等。

③ 具有生态意义的自然廊道。通常沿着河流和小溪，有时也沿着山脉线，用于野生动物迁徙和物种交换、人们的自然学习和打猎等。

④ 景观线路和历史线路。通常沿着一条道路、高速公路或者水路，最典型的是为背包客提供沿着道路的专门通道，使他们至少有一个能避开汽车的空间。

⑤ 全面的绿道系统或网络。通常基于自然地形，例如山谷和山脉，但有时为了创造一种可供选择的市政或地区绿色基础设施，它仅仅是一些随机组合的绿道或多类型的开放空间。

## 一、提高土地自然价值

近几十年来，全球城市化和人口增长改变了地球表面形态。环视全球，几千年来保持原生态的大部分地区已经被人类活动大幅改变。森林被大肆砍伐，河流不断地被裁弯取直，被筑建大坝、混凝土所分割，甚至导致干涸。对于不计其数的动植物物种来说，与它们生存息息相关的栖息地也在一步步地被消耗、占据、开垦。由于这些影响因素，绿道总量必须远远超过那些游憩设施的数量。不难发现，作为开放空间，有着重要连接作用的绿道往往连接在河流、泉水、湿地与山脊之间。最理想的设计是，所有绿道都应该包含保护野生动植物和森林的目标。同时，随着对自然廊道认识的加深，以及对它们在不断增加的景观危机中所扮演的角色的重视，人们意识到规划多用途的绿道是一项复杂的工作，而且其巨大的挑战就是要把工程技术、生物科学及绿道规划，以一种新的有效的方法综合起来。其中，与周围环境相融合的绿道规划指导原则包括：

① 确定对自然价值干扰最小的专用休闲游憩通道，将人类活动与野生动植物的冲突降到最小。

a. 在远离内部及敏感栖息地的地方设置游径和游憩设施。

b. 假如要穿越内部栖息地，游径要尽可能地狭窄以防止对野生生物及边缘生物造成干扰。在这些敏感地区尽可能地使用瞭望、俯瞰及其他非干扰性方式进行体验。

c. 尽可能多地了解那些需要保护的物种并尝试使它们适应绿道规划。

d. 使用木板路、覆盖物及自然材料以防止对敏感区域土地的破坏。尽可能多地使用渗透性的覆盖物。

② 绿道周边的公园不应该使用干枯的草，而应种植具有自然修饰技术的本土植物，即不需要化学肥料又耐干旱的本土植物。

③ 对现有植被如乔木应该加以保护，且所有掉落并覆盖在地面的树枝也要保护起来。地方绿化组织应该为种植区提供资金、规划或技术支持。

④ 对生态敏感区内部及周边地区的人类活动进行限制。目前甚至连非敏感地区也倾向于对土地开垦、践踏植被、干扰野生生物、土地过度利用造成侵蚀等方面进行限制。如果有必要的话，可将这些区域内的活动限定于鸟类观察、自然学习、远足旅行、越野滑雪，以及非机动划船等。

⑤ 注意观察一些物种在不同生命阶段和季节的被干扰程度是不一样的，规划时要将这些因素考虑进去。

⑥ 目标物种中的不同个体可能需要不同类型的栖息地。在绿道中对植被进行控制是必要的，应仔细考虑以提供正确的组合。

⑦ 密切注意栖息地及附近土地质量的变化。可以在存在问题的区域铺设厚植被以作为缓冲。努力促进土地所有者和土地管理者之间进行更亲密的合作，以促成合理的土地保护和最好的管理实践（最好的管理实践是控制土地流失、改善退化的水质，以及湿地保护等相应措施）。

⑧ 制订一个清除入侵廊道的外来或有害物种的计划。有害植物管理程序应该基于对这一地区有害的、外来的、不受欢迎的及不合规定的物种的清晰识别。控制方法包括机械清除，在植物的花凋谢前予以清除，种植可以遮蔽或挤走上述入侵物种的植物。还可以使用化学药剂（除草剂），但这项技术同时也会对使用者和环境带来一定危害，因此使用这一方法时应该慎重，尽量采用可替代的方法。

⑨ 建立一个多机构复审制度，为任何影响廊道的行动制定标准和方针。同时，也为大桥和高速公路建筑物建设的投资计划，以及沿着小溪割草或沿输电线种植植被等活动制定标准和方针。

⑩ 尝试恢复及保护廊道沿线的栖息地，以及动物迁移的传统路线。

⑪ 对正在变迁的土地进行标识，包括植被再生、修复和人造设施的设置，如供鸟类栖息的人造巢穴或控制家畜活动范围的标记。用本土植物维系植被再生。

⑫ 对廊道状态及其随时间的变化进行记录。在一条敏感但健康的廊道中，最好的管理就是尽量保持它的原始状态（图 5-5、图 5-6）。

图 5-5 最左边的图是一片自然土地，沿着它的边界边缘作用正在渗入。中间的图表现了一条公路穿过并分割了一片土地，大大减少了内部栖息地的面积。右边的图是一条绿道仅拥有极少的内部栖息地，因为它太窄，无法抑制边缘作用。

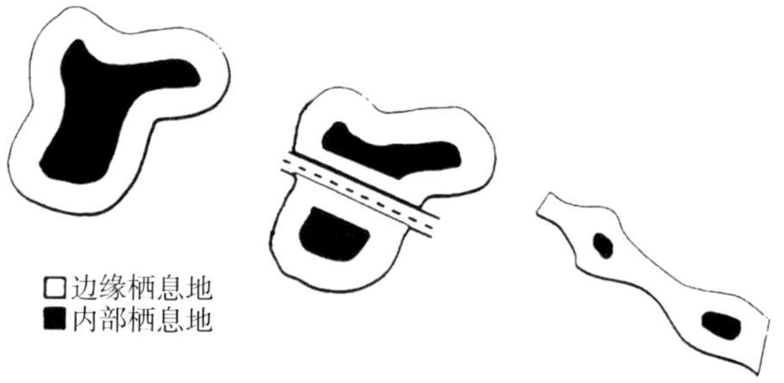


**图 5-5　栖息地内部断裂化与狭窄化效果示意图**

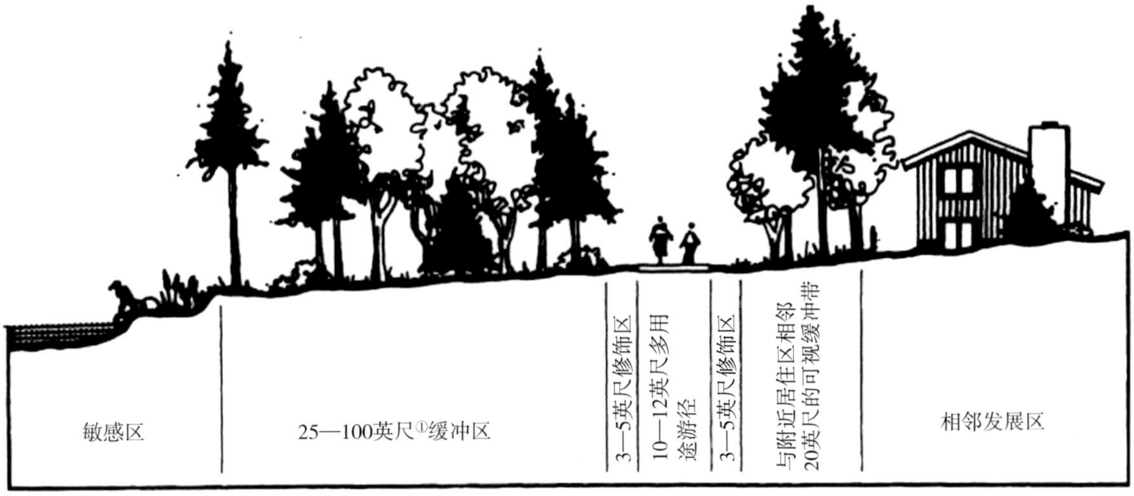


图 5-6　靠近敏感地带典型植物分布剖面图

## 二、关注河流、溪流和湿地

许多绿道最重要的景观是水景观：河、溪、运河、湖或海。绿道可以利用这些自然特征景观把人们连接起来。在一个地区范围内，河流和湿地系统成为连接公园、庇护所以及居民点、绿道的中枢。越来越多的地区正在恢复当地的河流，或者，从某种意义上说，把它们从人造工程中解放出来，从而使它们成为当地生活的组成部分，而不仅仅是一个倾倒垃圾的场所（图 5-7）。

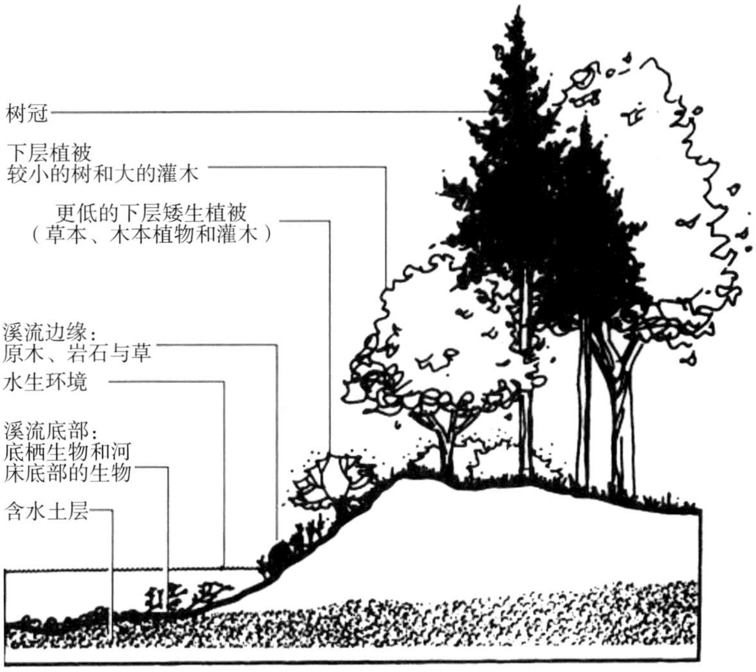


图 5-7　溪流廊道垂直结构

① 英尺是英美制长度单位，1 英尺约等于 0. 304 8 米。

**1. 河道系统的价值**

河道是一个动态系统，包括水、能量、土壤和岩石，受到太阳能、地心引力和水动力的驱使。一些河流流速较慢，而一些则较快，一些河流宽而深，而另外一些小河只在为数不多的暴雨时节才有地表径流。河道不只是在陆地上开辟的沟渠中流淌的水，而是一个更大、更复杂的系统。一个河道包括水流流经的冲积平原、地下水位与地下蓄水层系统、关联的湿地，以及含有丰富动植物的毗邻河岸区域。

（1）洪水淹没区

洪水淹没区是经常遭受洪水侵袭的沿着河道的区域。洪水淹没区有几种类型。一是 500 年一遇的洪水淹没区，或者说是至少有 0.2%的可能性在某一年被淹没的陆地区域。二是“最大极限可能洪水淹没区”，它被作为水坝设计的依据。常用的一种类型是“百年一遇洪水淹没区”（有时也叫做基础洪水淹没区），或者说是至少有 1%的可能性在某一年被淹没的陆地区域。大部分地区的河漫滩使用规范以百年一遇河漫滩作为主要分界线，以限制区域内的建筑物和各种工程的特定种类。注意，一个洪水淹没区的范围会随时间而变化，特别是当城市化降低了地表的吸水量时，这种变化更加明显。增加的陆地水流可能会转而增加洪水发生的频率。分洪河道是另一个常见的分界线，它是必须在一百年时间里同时保持水平（水宽）和垂直（水深）上畅通无阻的河道，以此使百年一遇洪水淹没区的水位涨幅不会超过某个预计值。其他许多洪水量度标准为两年甚至一年一遇。

正常的洪泛作用对于河道和湿地物种的生存是至关重要的，因此在绿道规划中扮演着重要角色。因为洪水淹没区是不适于建造建筑的，但却是建造公园的理想场所，所以绿道规划必须包括对洪水淹没区和相关湿地区域的分析。绿道规划应当制定相应的方针政策去保护和优化这些区域。对洪水淹没区的描绘可以帮助设计者确定哪些区域必须改进绿道设计方案以抵挡洪水。例如，一条自行车道如果经常遭遇洪水袭击，那么它就需要用岩石铺砌进行加固或采取其他加固措施等。

（2）湿地

湿地往往与河流、溪流、湖泊等地面水体相关联。这些能生长植物的区域，也叫做沼泽、湿地、泥沼、湿草地、河漫滩、池塘、浅湖，它们受到当地地下水位、温度、降雨、季节、附近溪流，以及河流水位的影响（潮汐湿地还会受到潮汐的影响）。非潮汐湿地会受到乔木、灌木或草本植物的影响，并在一年中的大多数时间会被水淹没或浸透。在生态系统运转正常的情况下，河岸带和其他湿地共同为河流生态系统的健康发展发挥着积极的作用。绿道规划人员必须努力保护湿地，因为这些地区一旦失去就很难恢复。

（3）河岸带

河岸带（图 5-8）是河岸植物代谢效率极高的地带，对河流生态系统大有裨益。就像河道一样，河岸带连接了从山脉到海洋的沿河动植物栖息地，并为各种各样的物种提供了迁移路线、食物和庇护所。很多植物生长于潮湿而肥沃的河岸土壤中。乔木和灌木为水道遮阴，由此产生的凉爽温度是使鱼群和其他在树荫下寻找食物与庇护所的水生物种更加健康的关键因素。腐殖质和干树叶在降水时贮存水分，再将水分过滤后使之进入土壤，这一过程使水分被逐渐释放并进入河流。河岸带和河漫滩植被能够使河岸更坚固，防止河岸被河水侵蚀。植被不仅可以过滤陆上和地下径流的腐蚀性沉积物、污染物，以减少河流中非点源污染；还能够从河流中过滤出过多的营养物，以避免藻类过度生长而使水生生物所需的光和氧气减少。

**2. 河流与陆地的相互作用**

河流与陆地的相互作用是复杂的。基于对这一相互作用的深刻理解而采取的措施，能够减少洪水侵害并保护重要的河流栖息地（图 5-9）。

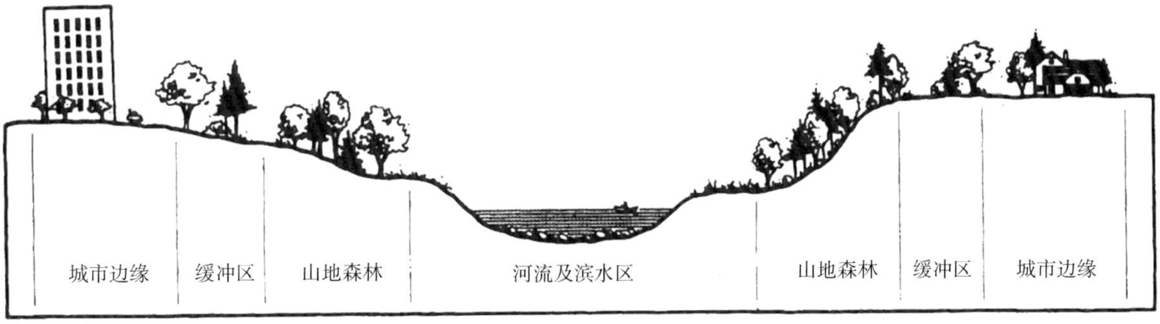


图 5-8　河道横截面

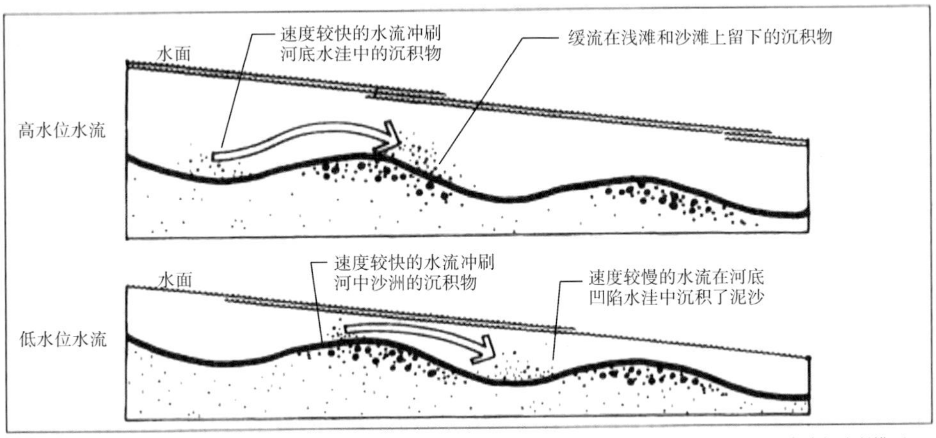


水洼与沙洲模型

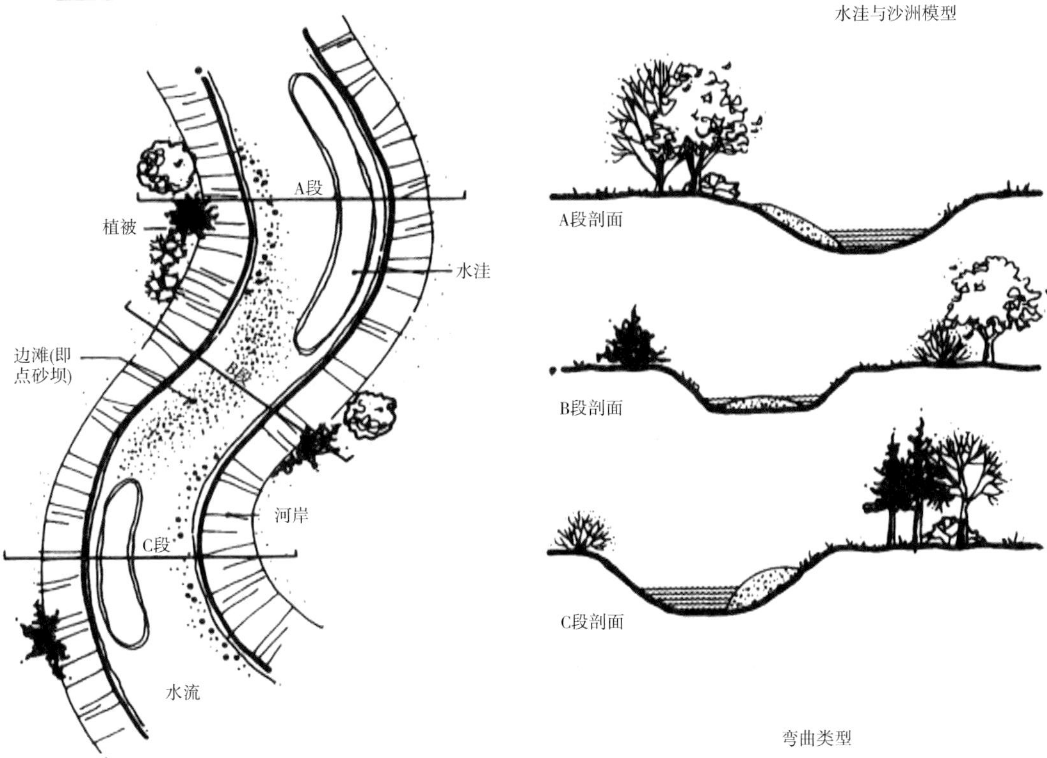


弯曲类型

图 5-9　河流如何流动

（1）弯曲化

河流在陆地上开辟通道时往往形成曲流的形式，这一过程被称为“弯曲化”。在弯曲处的外侧，快速流动的流水冲刷形成水塘。这些水塘为水生生物提供了一个隐蔽的可进食的安静场所。弯曲处内侧流动较为缓慢，则出现了由沉积物沉降而形成的沙滩，同样为生物特别是鸟类提供了休憩场所。

河流弯曲的长度一般在河道宽度的6—10倍之间。浅滩总会在两个弯曲处之间形成，并能够加固河流底部，成为一种调节自然力的结构。浅滩水流浅而湍急，促进了水中充氧，这对于鱼类等物种有着非常重要的意义。许多生活在浅滩的水生昆虫的幼虫（无脊椎微小生物）是鱼类的重要食物来源。曲流、水塘和浅滩连续地吸收并耗损水的巨大能量，减少了河流侵蚀和洪水侵害。

（2）河道边缘

“粗糙度”对于“河道边缘”是很重要的概念。尽管平坦的、没有植物和碎石的河岸看起来比较吸引人，但它却不太适宜野生水生生物生存。水生生物需要一个拥有丰富结构的粗糙河岸。所谓“结构”指的是根、乔木、外伸灌木、大石头和植被。小河的结构还包括由岩床或大圆石周围的急流形成的水塘。这些结构为大量的两栖动物、爬行动物、鸟类和哺乳动物提供了庇护所、阴凉地、食物和家园。粗糙的河岸也可以减缓洪水流速，从而减轻对下游的破坏。混凝土或经开凿的河岸不仅不适合野生动物生存，而且加速了洪水流速，增加了下游地区洪水、冲刷、侵蚀的潜在可能性。在相对稳定与湿润的环境中，河道向着能够承载1.5—2年一遇洪水位的方向发展，这一现象可能不会在半干旱地区或高度侵蚀的陆地上发生。许多因素明显地影响着自然河流构造，包括流速、坡度、植被和地质。

**3. 减少洪水侵害和恢复河流的技术**

如何减少洪水侵害以及恢复河流的资源敏感性，可参鉴以下描述的应对洪水的“软性”方法，其中一些模拟了河流的自然过程。

（1）建立滨河缓冲区

包括树林和草、灌木或是树木过滤带等在内的滨河缓冲植物的种植，可以成功地阻止径流沉积物，防止来自耕地的污染物和其他非点源污染，这与滨河本身的自然过程几乎是完全一致的。沿河流的植物带能否截断危险沉淀物和营养物的路径是由大量因素决定的。最重要的因素是缓冲带的宽度。众多事实表明，随着缓冲带宽度的增加，沉积物的去除比例会增加，同时只会有少量的新增沉积物。足够宽的缓冲区（包括周围的用地、土壤、植被、斜坡及其他）可以去除几乎所有那些原本会一直滞留在河流中的沉积物和营养物质。推荐的缓冲区宽度在25—1 000英尺，朔伊勒（T. R. Scheuler）建议，100—300英尺宽度对于移除城市河流中的小颗粒物质已经足够了，600英尺宽缓冲区则几乎可以让所有种类的鸣禽在其中生存。雷蒙德·帕尔弗里（Raymond Palfrey）和厄尔·布拉德利（Earl Bradley）提出：要想拦截将会附着在人工草地上的90%的沉积物，需要一条150英尺宽、占斜坡面积3%的缓冲带。帕尔弗里和布拉德利也提出了最小缓冲区概念——以高水位线、水体边缘或潮汐/非潮汐湿地算起延伸100英尺。这样一个缓冲区应包括百年一遇洪水淹没区、特定土地，以及邻近水体和湿地的高地。为了保护营养丰富地区的水质，缓冲区需要加宽到300英尺。帕尔弗里和布拉德利指出，包括洪水淹没区在内，河岸带和地下水区域都在洪泛区内外进行补给。

为保护绿道而进行缓冲区的评估与建设时，要考虑到土地的自然因素，如土壤渗透性、野生动植物潜能、现存植被范围和效能、绿道斜坡构造（及它们是否生长植被）和周围土地利用状况。种植那些既可以翻土又能提供栖息地的深根树林和灌木物种是比种植草皮更好的选择。如果种植草皮，必须使它们深扎根并在表面密集分布，并且能够在洪水后恢复。但缓冲区不是万能的，如果缓冲区的宽度和构造不适合工程本身，那么它们会被沉积物堵塞，也不能再吸附营养物质。

（2）保留/滞留设施

水可以储存在其他物质中，例如小池塘或其他洼地、人工湿地、大池塘、湖泊、土壤、河流或河漫滩等。这些存储方式比河流渠道化要好得多，因为后者根本不能实现开放空间内的储存，也没有自净能力。那些成功的保留/滞留设施都要求增加河道的泄洪能力。

“运输存储”的概念很重要。降雨径流的一部分被储存在运输它们的河道里。一种方法就是利用流速慢且横截面大的河道来容纳洪水——更加自然化的河流和湿地可以趁机进行水的存储。需要特别注意的是，人工存储系统非常复杂，必须精心设计以符合降雨特征和流域水文状况。在许多情况下，滞留设施在错误的时间向河漫滩导流会使下游洪水问题变得更为严重。总之，区域性滞留设施由于有专职人员管理而更为推崇。保留/滞留设施必须根据整个流域系统的基本情况进行设计，并考虑到排水系统、上下游状况，建造最自然化的湿地和植被缓冲区。

（3）土壤生物工程

土壤生物工程为利用建筑方法解决问题带来希望。这项技术主要依赖于自然植被、自然河道修整以及对河道廊道的不断加固。最初，土壤生物工程可能看起来比其他传统的混凝土河道或是碎石道路花费更多。但是它比硬化河道的方法要少一些维护步骤，也能创造环境效益。土壤生物工程成功的关键仍然是要从技术角度理解河流水力学（stream hydraulics）。设计者必须设法了解河流流动速率、干舷（freeboard，包括桥下的空间）、河道粗糙度和摩擦力。土壤生物工程学家和传统排水工程师需要进行合作。

而且，土壤生物工程是一门应用科学，它将建筑、生物和生态思想结合起来，为河流侵蚀、沉积物和洪水控制构建充满生命力的结构。旺盛的植物通常会成为加固和绿化河岸的主要材料和结构。在植物休眠季节种植植物能够使它们发挥最大作用。木本植物用插条繁殖的方式很容易成活，它们可以立即在保护和加固土壤的特殊结构中扎根下来。除了提供高质量的保护，土壤生物工程系统还可以通过根系的发育来加固表层土壤。而生长在最上层的植物则又覆盖了表层植被。植被生长的环境效益是产生了更多更富有生长能力的水生和水滨栖息地。这样的栖息地既可以遮阴，也为河流提供了有机物，为鱼类提供了庇护所——植被和深潭，同时还改善了水质。从美学角度来看，这些系统也将提升河道廊道的形象。

大部分土壤生物工程的实施需要一个多学科专家团队的合作。这样的团队包括一位生物学家、一位栖息地专家、一位植物学家、一位河流地貌学家、一位水文学家、一位土木工程师、一位土壤学家和一位土壤生物工程师。所有参与者都必须接受严格的技术训练，具有丰富的实践经验。尽管仅从概念来看，土壤生物工程好像比较简单，但是场地分析、设计，以及建筑施工等却是复杂的。以下资料可以帮助我们大致了解土壤生物工程系统的优点，并熟悉一些特殊工具及技术方法。系统中所有装置的使用都必须由知识丰富的土壤生物工程专家进行科学指导（图5-10）。

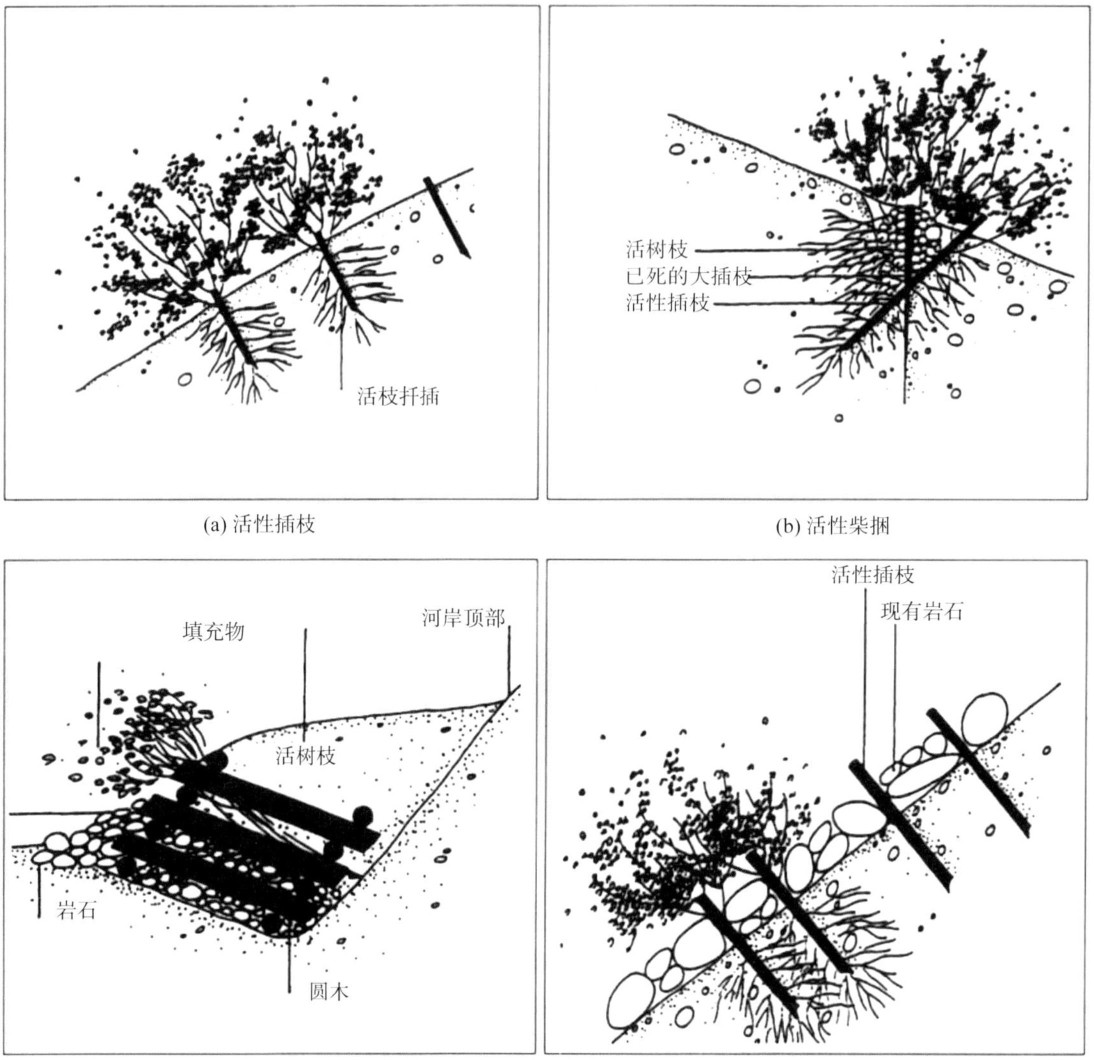

(a) 活性插枝
(b) 活性柴捆
(c) 活栅栏墙
(d) 联合种植

**图 5-10　土壤生物工程**

① 活性插枝

说明：活性插枝是活态木本植物的枝条，很容易扎根。这样的枝条需要足够大、足够长，以便植入土壤中成为一个独立植株。它们将扎根并生长为成熟树木，随着时间的推移，它们就能够固定土壤、肥沃滨河栖息地的恢复区域，同时改善水质。总之，这是组织和实施起来都最简单、最经济的系统方法。

效果：虽然在种植活性插枝初期并不能体现多少价值，但是一旦根系和植被生长起来，对于一些存在问题简单或规模小的小型河流系统来说，种植活性插枝就会成为一种良好的加固途径。当建筑时间有限时，这一技术作为一种经济而简单的解决办法，就显得尤为有效。活性插枝还是保护诸如由黄麻网布、椰子壳纤维（椰子纤维织物）或其他材料制作成的表面覆盖物的有效方法。

② 活性柴捆

说明：活性柴捆是由形如腊肠的新砍伐的树枝扎成的捆。它们被牢固地绑在一起，填塞到河岸的沟渠中。通常会按照斜坡表面的等高线来布局这些柴捆。它们被埋得比较浅，相比其他系统来说对所在地的影响较小。为确保成功，这些系统都需要进行严格的估价和施工。

效果：若是被合理地安置利用，活性柴捆是相当经济且能迅速抵御侵蚀与腐蚀的。不管是不是活态，柴捆都能很好地减少浅沟渠所遭受的侵蚀。这一系统是有效的稳定技术，特别是当它们生根或与活性插枝结合使用时效果更为明显。活性柴捆能够把土壤固定在河岸表面。若在河岸表面覆盖黄麻网布或椰子壳纤维制作成的覆盖物，固定效果会特别明显。活性柴捆能够稳固表层，促进周围植物群的蔓延，从而促进滨河水生植物及高地斜坡植被的生长。

③ 活栅栏墙

说明：活栅栏墙是由圆木料、石头和木条组成的矩形结构，用来保护流速快且坡度大的易侵蚀河岸。在实施前，需要对活栅栏墙进行全面估价，并对河流水文状况有全面了解。相对其他土壤生物工程系统，活栅栏墙的设计及施工都更为复杂且花费更大。活栅栏墙需要进行水下作业，而且可能会因渔业的关系而变得不再合适。

效果：活栅栏墙可对流水汹涌的主干河道的外弯道起作用，产生沉积物，从而对河岸形成了自然坡脚保护。在建成之后，这些设施将保持河岸的自然风貌，并为大量的滨河廊道生物、水生和高地斜坡生物提供良好的栖息地。当河道窄小或河岸插枝不可行时，活栅栏墙就非常有用。圆木或林木框架能够在短期内及时防止侵蚀和河岸塌方，而其他植物则能够长久地保护河道。活栅栏墙对于多泥沙河流也很有用处。

④ 联合种植

说明：联合种植包括在以前铺砌的碎石间种植活性插枝。碎石是指沿河岸、陡峭山坡或海岸线铺砌的石块或其他重型材料，用于控制侵蚀和冲刷。它们就像是后援军，通过在原有碎石材料的基础上形成一个活性根系来增强原有系统的抗侵蚀和冲刷能力。岩石需要松散地进行堆积，厚度不能超过 2 英尺。联合种植将土壤生物工程和传统系统很好地结合在一起。

效果：联合种植一般都设置在碎石已经铺砌好的地方，随着时间推移可以使河岸看起来更加自然化，也更具自然功能。它能够保护流量大、陡峭险峻的河流系统，减缓水流速度，促使沿河岸沉积物的产生。

土壤生物工程学家应该精通并参与植物的选择和配置。在干旱和半干旱气候区进行植物的选择格外关键。一些专家建议用在当地或邻近地区易生长的树木进行插枝。另外一些专家则提出使用苗木，但这可能会因植物对当地土壤和生长环境的不适应而增加死亡的风险。选择植物时也应该优先选择那些根系扎得深且根系丰富的植物，因为它们有着良好的保持水土的性能。此外，还应该有一名熟知当地植物种植制约条件和最佳树种选择的专家顾问进行指导。

（4）河渠恢复

在许多情况下，排水系统优化主要包括恢复和修补已有的人工河渠段。这就为采取更为有效的多目标措施提供了机会。其中一个新方法需要一个“多级河渠”（multistage channel）。这种河道有着低流动性的水流或涓涓细流，用来输送日常流水。理想状况是，这样的河道总有流水，且尽可能地接近最深谷底线（水流最小流动区域的中心线）流动。

在涓涓细流河道的上方，梯田运送着洪水水流。梯田上种植本地草被、树种以及其他耐水淹的植被。岩石和圆木相当于偏转仪，有助于控制河岸侵蚀。多级河渠有很多优点。第一，它有着更为自然化的外貌。第二，梯田可以成为植被和野生生物的繁殖地，植被可以帮助控制侵蚀，吸收污染物。第三，多级河道能够自净，可以运送更多的洪水。不断快速流淌的水流可以冲刷掉低流速河道里的沉积物，留下底部的鹅卵石和沙砾，对水生生物更加有利。沉积物往往会滞留在梯田中以滋养植被，而不是滞留在河水中导致鱼鳃堵塞或是鱼卵窒息。

但这一方法并不适用于所有河流。比如河底为沙质的河流，采取这一方法就不够稳定。当考虑采用梯田方法时，最好听取排水工程师、河流地貌学家、水生生物学家、湿地生态学家及土壤生物学家的意见和建议（图 5-11）。

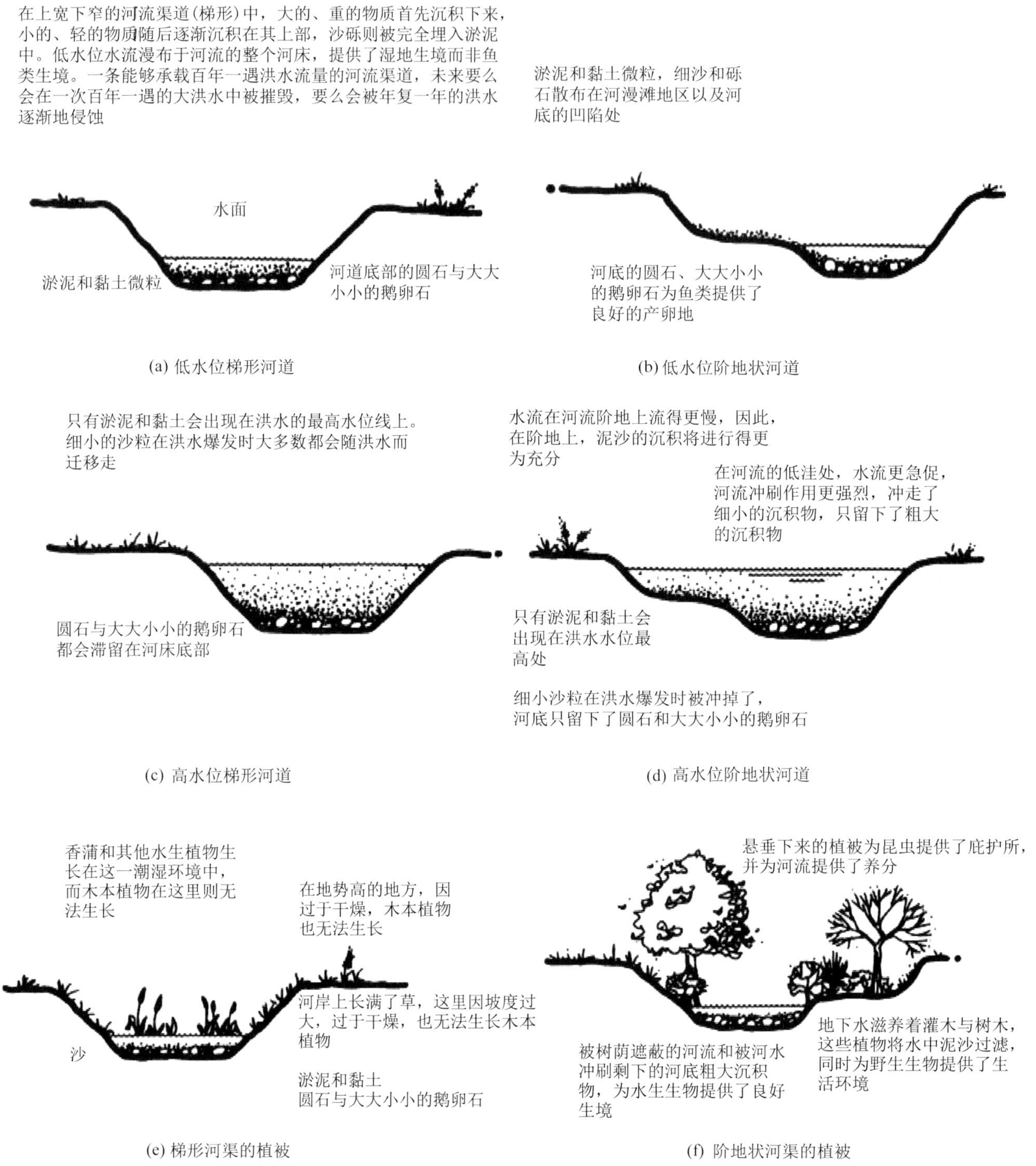


**图 5-11　可选择的河道处理办法**

（5）河道坡度控制装置

当河流改道后，水流流速往往会增大，从而使河流变得更具侵蚀性，这会导致“下切侵蚀”或河道底部退化。传统解决办法是在河道底部浇筑混凝土。此外，也可以利用耗能装置。这样的装置主要由竖直分布于河道内的混凝土牙状物组成，在河流逐级流下时吸收其能量。精心设计的河道坡度控制装置为减缓水流流速和减弱流水侵蚀提供了一个新的解决方法。该装置由一个或多个穿越河流的小堰（挡水坝）组成，它们有1—4英尺高，由混凝土、钢板桩基或岩石建成。有时也可以使用混凝土碎块，但这些碎块必须足够小，适当地摆放后还要盖上一块石板或其他一些能让其美观的材料。河道坡度控制装置能降低水流流速，促使沉积物沉淀，从而形成河流的底部。如果设计得当，这一装置看起来会像一个小瀑布。

河道坡度控制装置设计的核心理念包括：用一些低矮构筑物代替高大构筑物，从而使鱼类能顺利地迁徙，行船能够顺利通行；使用蜿蜒曲折的形态代替河道的直线形态，使其更加美观，并在构筑物的弯曲边缘处形成水生生物栖息地；在装置中开槽以供鱼类洄游；避免装置底部水压产生的“凯波”给船客或涉水者带来危险；使用岩石和大圆石而不是小岩石或混凝土碎块构成河道坡度控制（或落差）结构的可见部分；任何时候，河道坡度控制设计都要考虑其对河流栖息地造成的潜在影响。

（6）乱石护坡

乱石护坡是固定河岸的一种常见方法。“乱石”是指沿河岸、陡峭山坡或海岸线铺砌的岩石或其他材料，用以控制侵蚀和冲刷作用。废弃车身、混凝土碎块、轮胎以及其他垃圾，无论是从建筑、美学还是从环境角度都是不可用的。如果植被（生物工程）的方法不可行，那么乱石护坡就是最后的选择。一般来说，乱石护坡不应该用泥浆填塞。在大多数情况下，乱石护坡状况良好，如果仅仅是铺设在一层过滤床上，则会随河流有微小的移动。如果追求完美，最好还是精心挑选大小一致、色泽自然的石头。

## 三、绿道游径设计

绿道最常见的表现形式就是游径，这些游径设施的合理设计与规划，在激发游客各种游憩动机方面发挥着重要作用。游径既可以是陆上的，也可以是水上的，能够为游客提供多种形式的服务以满足他们的需求，如各种形式的主动和被动游憩，多种选择的交通运输服务。此外，游径还应该具有最基本的维护保养功能。游径种类是多样的，游客类型也是多样的。规划设计一条成功的绿道游径，必须仔细考虑下列因素：游径使用者（游客）类型、游径类型（陆上或水上、单人或多人）、游径布局等。

### 1. 游径使用者类型

规划绿道游径时，首先需要清楚哪些人适合并会选择使用所设计的绿道，并对这些目标群体的需求进行细致分析，在此基础上作出决策。游径使用者有多种类型，主要包括散步者、远足者、皮划艇爱好者以及雪橇爱好者等。传统研究方法一般把游径使用者分为两类：一是使用机动交通工具的；二是不使用机动交通工具的。又可进一步细分为6个亚类：步行者、非机动交通工具使用者、水上非机动交通工具使用者、畜力交通工具使用者、机动车使用者和水上机动交通工具使用者。

### 2. 游径类型

既然存在不同类型的游径使用者，那么也就自然存在不同类型的游径，虽然它们的分类方式很简单，但还是有必要对它们加以区分。一般来说，所有游径基本上都可以分为四类：基于地面的、基于水面的、单人游憩为主的和多人游憩为主的。

基于地面的游径是最普遍的。它们会穿越城市中心、郊区、乡村，以及野外任何风景优美的地区。同样地，可以依据道路路面材质和路面环境的不同来进行定义。但是一些使用者可能会另辟蹊径，创建出新型小径或游径。当然大部分人还是会使用指定的线路。基于地面的一个颇受欢迎的游径类型就是利用废弃铁路而修建的游径。

基于水面的游径主要是依据河道或水面宽度、深度、宜航性以及它所经过的线路和景观来定义。

单人游憩为主的游径，包括陆上的或水上的，美国的诸多国家公园和国家森林游径即采用了这一设计理念。至于如何判断一条游径应该设计成单人的还是多人的，主要依据其周边的自然环境特征和自然条件状况，譬如季节性的激流淹没道路的区域以及敏感的生态景观等。

多人游憩为主的游径，包括陆上的或水上的，此类游径存在的主要问题之一是游客之间的冲突。这一现象的产生主要归因于：游客对游径资源需求的逐渐增长；对现有有限设施的不当使用；管理方管理工作的匮乏；设计方对设施安全系数考虑不足；对于不同使用者能力考虑不足。

**3. 游径布局**

游径布局设计中需要考虑的问题包括 8 个方面的要素：选择一个合适的结构类型；对游径在绿道廊道中的位置进行定位；对影响游径走向的廊道景观的纵坡和横坡进行确定，对游径位置和排列方式进行相应调整；基于使用群体对游径起点及宽度进行确定；针对使用对象，对游径的设计承载量和交通承载量进行计算；对所选路段主要使用的土壤进行确定；熟悉绿道廊道内部的排水模式和湿地系统，使游径系统与之相适应；列出在适应游径本身和其使用者时必不可少的关于清理植被的规定。

同时，在确定游径路线和排列方式之后，设计者就可以对游径路面细节上的要求，以及游径断面的设计进行研究和分析。

（1）选择布局结构

游径布局结构形式不仅仅是两点之间的最短距离，而是必须有自己的特点。要使游径与众不同，则须对以下六种布局进行详细研究，至少选择一种，从而较好地与游径实际情况契合（图 5-12）。

① 线形布局，符合两点间最短距离的要求。

由于大部分绿道用地都比较狭窄，所以线形布局是最常见的布局形式。这一布局形式常常由支线来补充，进而连接起点。其缺点是游客若想从终点回到起点，必须按原路返回。这一布局形式适用于狭窄的绿道，因为在狭窄的绿道中，最需要强调的就是不同群落、社区之间的连接，可选择的运输通道，或者共同使用社区的设备及装置，比如公共交通工具及其他公共设施。此外，如果网络状的游径有可能打扰野生动植物群落，或者游径只能在指定土地上通过时，线形结构也会成为比较合适的选择。

② 环形布局，为不同绿道游径使用者提供了多种功能。

环形布局的起点和终点是同一地点。这一布局形式主要用于环湖和水库地区，对社区或更广泛的绿道进行规划时，是一种有效的布局结构。这一布局的成功实施需要依赖于更多的土地。游径使用者希望有一种长途跋涉的体验，但同时又未远离游径起点。其主要缺点是缺乏多样性。尽管在游径连接点设置合理的情况下，这一布局形式可用于运输通道的设计，但环形布局最适于游憩之用。

③ 多环式布局，由两个或多个环形区围绕一个独立的靠近游径起点的环形区共同组成。

多环式布局增加了线路的距离并丰富了多样性。如果绿道地形高低起伏，同时希望为游客提供更多选择并使其产生更多的愉悦感，那么这一形式是非常有效的。这一布局形式的主要优点是游径距离有长有短，可以给游客带来不同的体验。在小规模绿道中，这一布局形式最适合能力不同的使用者游憩之用。对于周边社区等，该布局形式也可以作为运输之用。

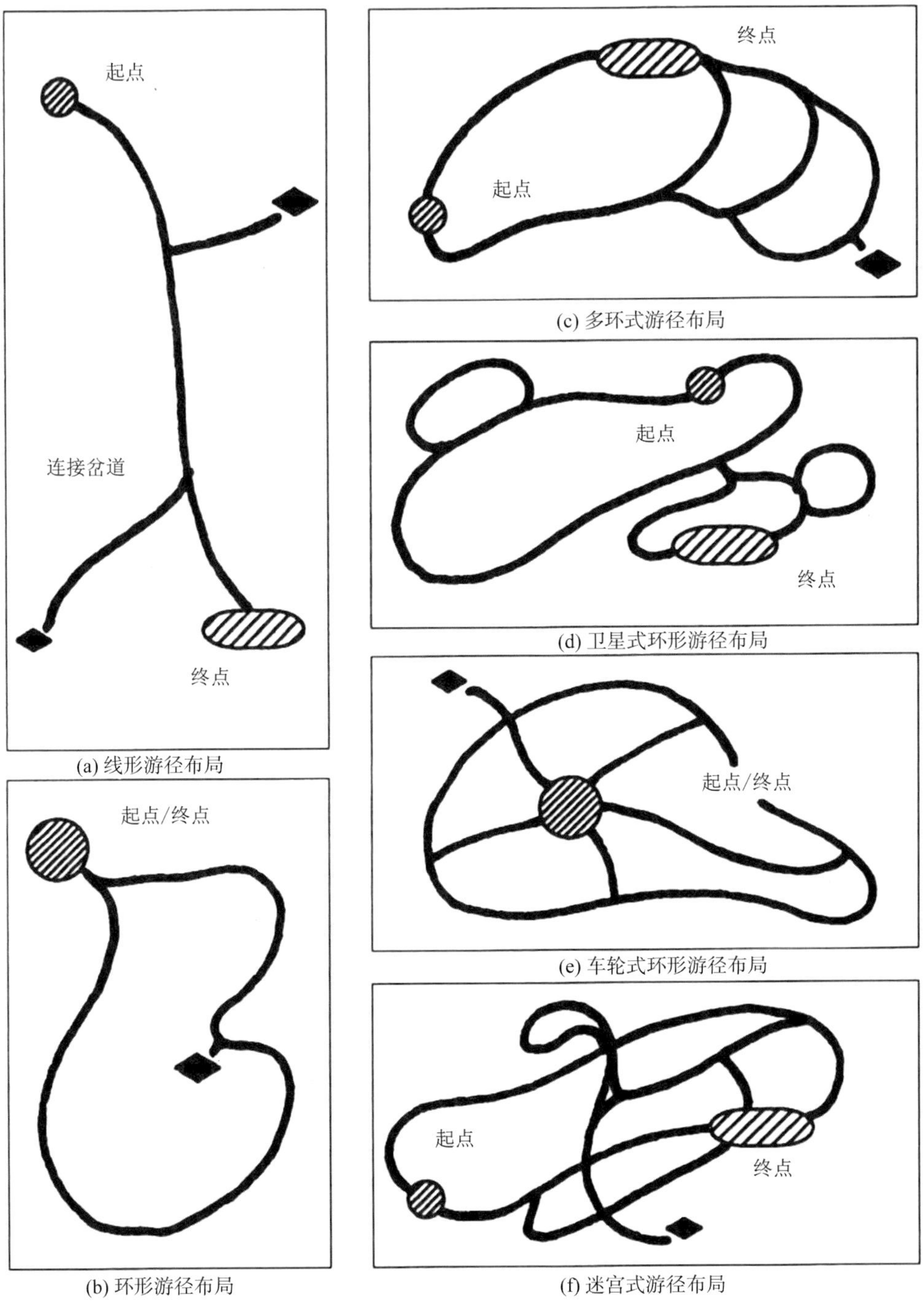


(a) 线形游径布局
(b) 环形游径布局
(c) 多环式游径布局
(d) 卫星式环形游径布局
(e) 车轮式环形游径布局
(f) 迷宫式游径布局

**图 5-12　游径布局类型**

④ 卫星式环形布局，提供了一系列从中心向外围辐射的环形和线形游径。

它为使用者提供了环状的“起点到起点”的旅行方式，以及其他次级环线和连接点。对于小型绿道来说，这一结构的一个很实用的特性就是：主线路满足不同游客的需求，与此同时外部的环状线路还能够满足某单一游客群体的需求。另外一个特性就是可以在放射状环形线路中设计出与主线路不同主题的游径。在较大区域的景观处理过程中，整个社区都要以这一布局来构架绿道系统，从而有助于其长期的发展。

⑤ 车轮式环形布局，包括一系列从中心区向主要环形游径辐射的线形游径。

中心区可以是一些很小的圆形游径或一个游径起点。无论游径使用者走过的路程有多长，这一设计都能够给使用者提供不同长度和线路的游径，使他们能够轻而易举地回到出发点。此外，这一设计也给游径使用者提供了可供选择的旅行距离和旅行方式。更大规模的地区性绿道可以运用这一模式将不同社区连接起来。

⑥ 迷宫式布局，通过一系列相互连接的环形和线形游径给使用者提供了最大可能的选择路线，以及最多类型的交叉点。

这一布局需要大面积的区域和复杂的标志系统，以保证游径使用者不会走失。由于众多的交叉点和复杂的布局，这一结构不是最好的选择。这一布局结构便于使用者疏散，但是如果土地面积很小，过度利用会导致自然资源的退化。在更大区域范围内，起点和目的地可以是地区性的社区，社区被发展良好的通道系统连接在一起，其中包括为游憩和运输功能专设的路线。

（2）绿道廊道中游径的定位

一旦选择了布局形式，就可以通过对绿道廊道中游径的定位来优化线路设计。所有的绿道游径应该将自然景观与其功能有机地融合起来。以下是进行绿道选址时应遵循的 5 个标准（图 5-13）。

① 必须与目的地地形状况相适应。

② 必须有足够的承载容量以容纳数量庞大的游客。如果游径不能适应计划中所有的使用者，设计者就需要缩小发展规模，简化活动日程以防止资源的退化。

③ 必须设立安全通道、安全措施，包括预防不同使用者之间的冲突，以及预防危及游客（身体方面等）状况的出现。

④ 必须能够让游人在游览的同时体会到保护环境的重要性。

⑤ 建设和维护必须具有成本效益，且要具有实效性。这里需要指出的是，有些资金可用于游径的开发，而有些资金则只能用于因资金贫乏而导致的长期不良维护和修整的改善，两者相比，前者更加稳妥、可靠。

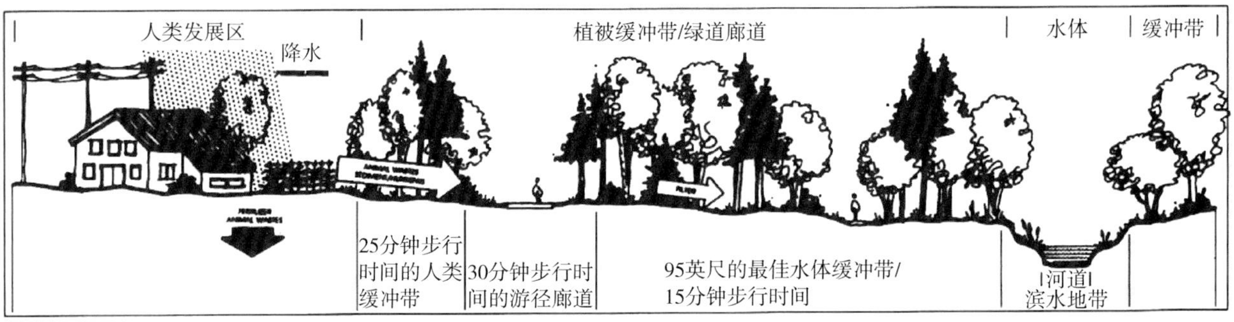


**图 5-13　廊道中的游径位置**

（3）游径斜坡

需要考虑的另外一个因素就是如何使游径与现有自然条件下的横坡、纵坡相匹配。纵坡指的是游径因沿其延伸方向被提升而产生的变化。一般说来，任何一条游径的延伸方向都需要与绿道的自然形态和地形相适应。需要注意的是，如果游径需要适应类似于自行车运动爱好者的使用者，则应保留足够的空间，以方便使用者行进过程中的行为控制，特别要考虑到使用者一前一后的状况以及赶超的情形。临近河道及水道的游径应该与岸缘平行，并与自然地形的起伏相符合。有时候纵坡的改变是必要的，但应该尽量将此类改变程度降至最低（图 5-14）。

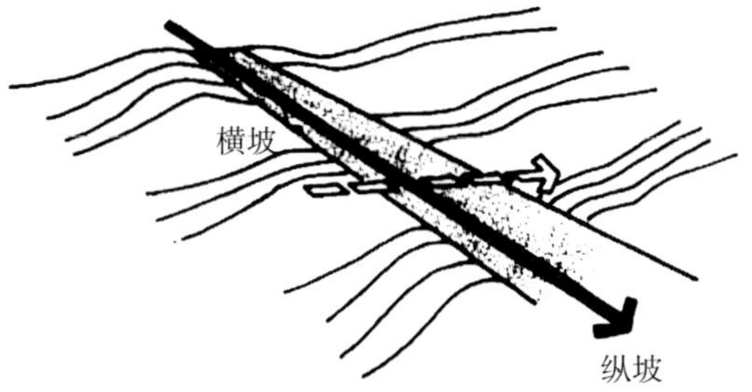


**图 5-14　纵坡与横坡**

横坡自游径一侧到另一侧横穿游径路面。当游径与自然地形相吻合时，设计者需要对横坡进行一些改良，从而使游径与使用者以及路表的自然排水状况相协调。对于所有游径的横坡，无论其作用和种类是怎样的，其倾斜程度都应该在 1%—4% 之间，最常用的是 2%（表 5-1）。除此之外，选择适当的廊道和地基都能够节约地表建筑材料。

**表 5-1　游径纵坡与横坡设计建议**

| 游径使用者 | 平均速度（英里①/时） | 纵坡 | 横坡 |
|---|---|---|---|
| 远足者 | 3—5 | 没有限制 | 最大 4% |
| 残障步行者 | 3—5 | 2% 为宜，最大 8% | 2% 为宜 |
| 自行车运动者 | 8—15 | 3% 为宜，最大 8% | 2%—4% |
| 骑马者 | 5—15 | 5% 为宜，最大 10% | 最大 4% |
| 越野滑雪者 | 2—8 | 3% 为宜，最大 5% | 2% 为宜 |
| 雪橇使用者 | 15—40 | 10% 为宜，最大 25% | 2%—4% |

（4）尽可能降低对游径路面的影响

进行绿道规划时，不要设想环境能够进行自动调节以适应多用途的游径。高强度地使用绿道会给生态敏感景观造成破坏。如果准备在生态敏感区开辟游径，应该考虑会产生短期和长期影响的几个设计因素，包括游径节点压力、游径开发对环境的影响和游径铺面选择等。为了设计出对生态敏感景观影响最小的游径节点，首先需要确定游径能否被架高，是否需要用木栈道架空。如果所有的游径都有可能被高强度使用，那么需要对线路进行重新设计。

在设计游径节点时，需要考虑以下几个方面。

① 土壤适宜性。如果土地会被季节性淹没，那么就需要铺设高架步道。

② 生态脆弱性。一些景观非常脆弱，不允许人类的进入及高架步道的建设。

③ 允许进入的游客类型。

④ 游径开发对生态系统造成的影响。

木栈道建设需要借助重型机械以协助插入木墩。设计师则需要调整设计以确保使用一种比较可靠的且利于生态保护的方式进行建设。如果能建设高架游径节点，游径铺面的选材就变得尤为重要。自然铺面材料与环境能很好地协调，但是必须确保其容量能满足规划需要（图 5-15、图 5-16）。

另外，还应通过恰当的设计将其他因素对环境的影响最小化。减少对植被的清理能够保护动物栖息地。在游径和被保护景观之间设置栅栏，能够将人类的进入对环境的影响降至最小。使用游径路面控制排水，或者在路的两旁设置开放的排水沟，有利于减轻土壤侵蚀。减小游径的宽度也有利于单行道在单一方向的延伸。将这些作为游径布局的根据，我们大体可以得出：徒步游径最小宽度为 2 英尺，自行车游径最小宽度为 5 英尺，骑马游径最小宽度为 4 英尺，雪橇游径最小宽度为 5 英尺（图 5-17）。

① 英里是英美制长度单位，1 英里约等于 1.6093 千米。

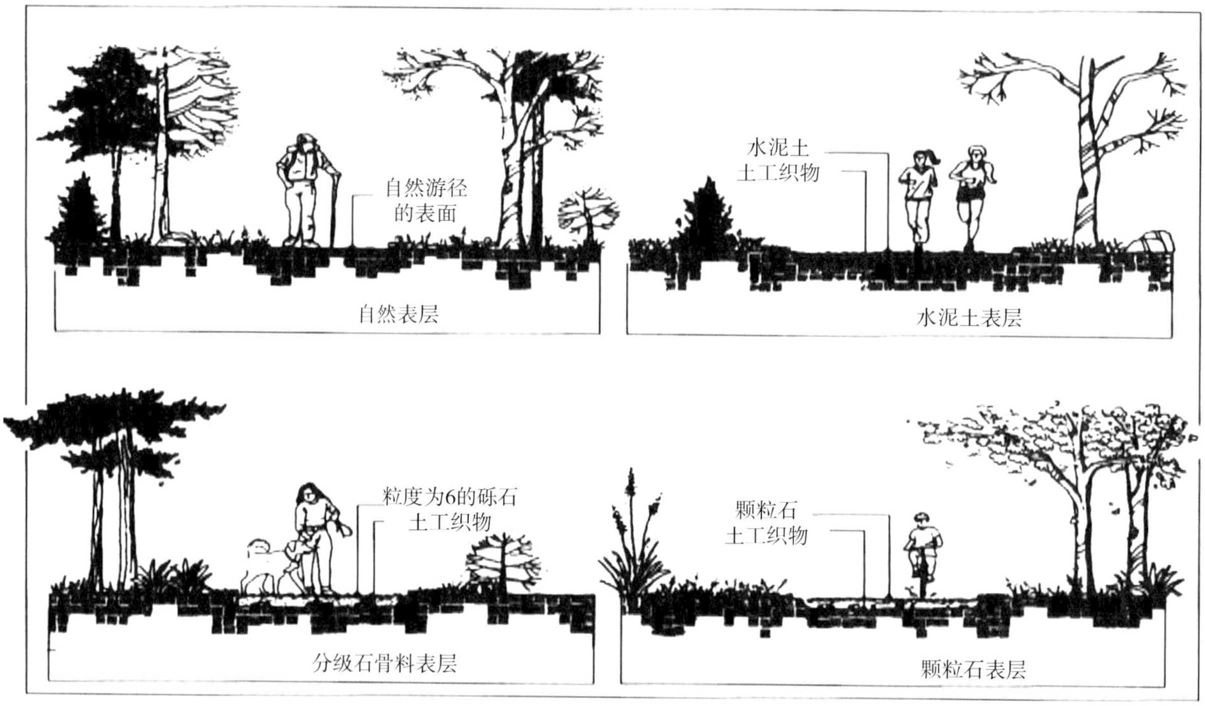


图 5-15 游径铺面类型：自然、水泥土、分级石骨料和颗粒石

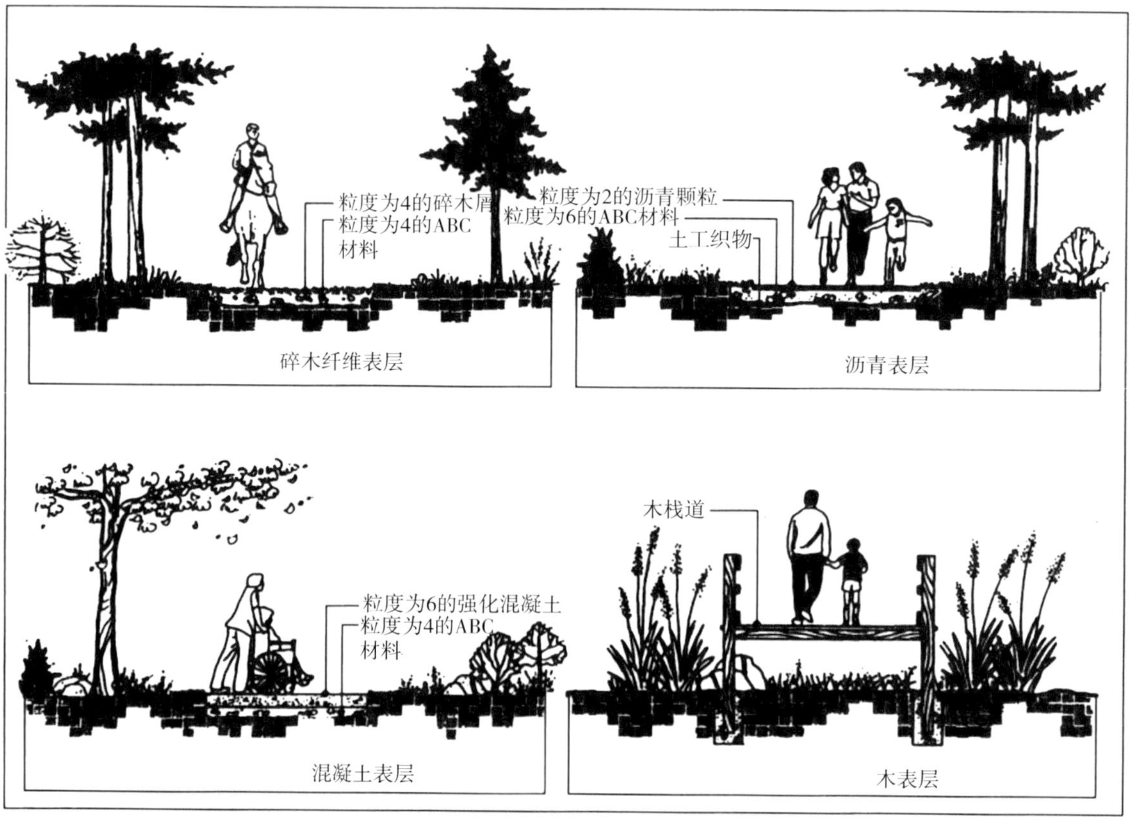


图 5-16 游径铺面类型：碎木纤维、沥青、混凝土、木材

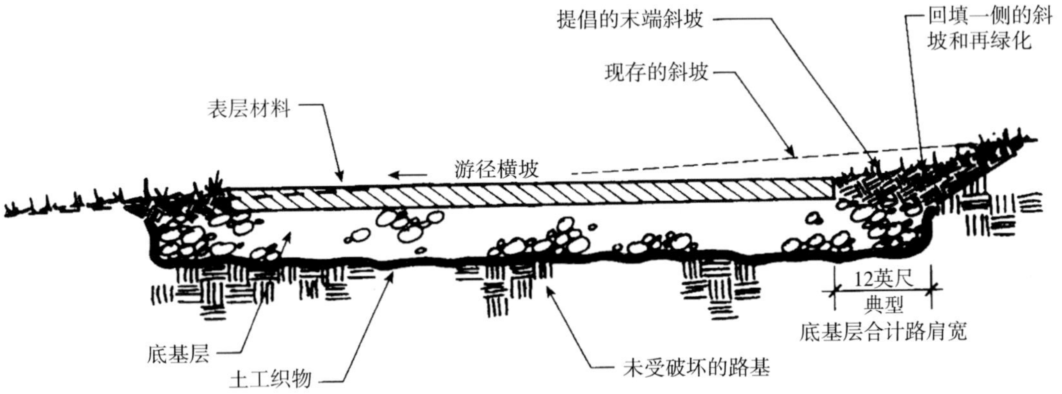


**图 5-17　游径截面**

（5）本地土壤的影响

绿道游径开发的一个重要构成要素是本地土壤成分。土壤是岩床的产物，也是一种有机物，还是排水的通道，它是自然景观的基础。土壤类型描述包括黏土、泥沙和沙砾构成；土壤湿度；膨胀和收缩量，即土壤受到水分和气温影响时扩张和收缩的程度。开发适宜性土壤的承载力不尽相同，由此划分出不同的土壤类型，从而应用于不同的城市用地。

在设计游径路线图时，设计者应尽可能地避开质地较软的土壤、浸水土壤和不适宜的土壤。由于大多数绿道倾向于在洪水冲积平原选址，因此在游径建设中会面临软土问题。有三套开发方案可供选择：利用土工织物加固游径中的横截面；在软土区铺设木栈道或者清除现有软土并用黏土或混合物取而代之；或者两者兼而有之。

（6）排水对绿道游径的影响

良好的排水是游径选址和建设需要考虑的一个重要因素。排水目标是促进游径节点多余水分的排出，以保证游径的坚固和干爽。有两种排水模式可供选择：地表径流和地下径流。地表径流是通过小河、水槽、间歇性河流、小溪将水分排到溪流、河和湖中。地下径流是通过水平和垂直方式将水分排出。地表径流速度取决于包括路基在内的现有土壤类型，可通过渗透性测量来确定土壤类型。游径设计者必须对场地内外地表径流和地下径流的相关问题非常清楚。良好的排水系统能够：

① 防止路基和地基遭受地表水流的侵蚀。

② 通过提供能够自然吸纳洪水的区域，或者在不产生破坏作用的情况下，引导洪水流经游径截面，以减轻洪水的影响。

③ 维护或提高邻近溪流和水道的水源质量。

④ 保证野生动物栖息地免受游径侵扰。

减少地表径流有三种方法。

① 开放的排水系统（图 5-18）。将洼地、沟渠和片状平坦区域与地表滞留池塘相连，以吸收多余的地表水。

② 封闭的排水系统。利用已有建筑、地下装置——滤污器、排水沟、地下管道、涵洞管道（公路下面的排水管）以及坚硬的排水装置，控制过多的地表水。

③ 开放闭合混合的排水系统。即根据当地场地条件，将水流分流并直接排放到不同系统中。

对于绿道，应该尽可能地使用开放的排水系统，因为它是最自然、效益最高的排水方式。

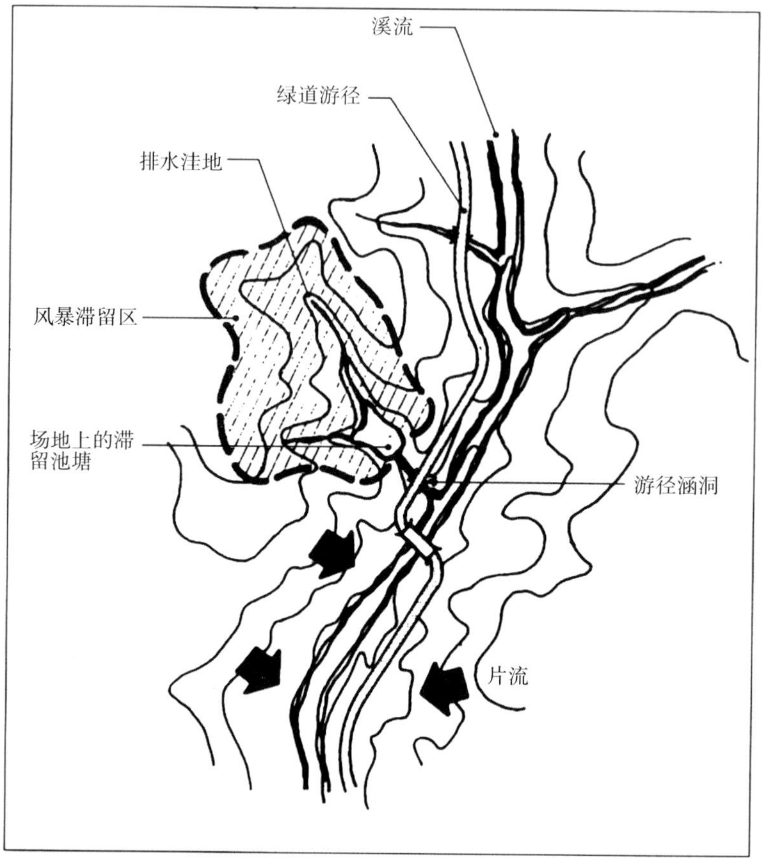


图 5-18　开放的排水系统



## 第三节 ⊙ 微观尺度的景观构筑设计

戴维·索特（David Sauter）的《景观建筑学》（*Landscape Construction*）考虑到景观构筑的设计和施工过程的重要性，依据景观工程逻辑顺序，从多角度、多阶段对景观建筑进行了诠释，景观构筑设计由“施工前的准备”、“场地准备”、“整地与场地排水”、“场地设施”、“景观挡土墙和台阶”和“景观铺地”等部分组成。

### 一、施工前的准备——景观工程施工工序

在场地施工中，景观工程施工是附属于其他工程项目的工程，因此景观工程必须有一定的效率。景观工程施工与其他工程施工之间冲突较多，在施工时，必须对其他工程施工有详细的了解，才能有效地减少彼此之间的冲突。本节主要阐述景观工程施工的全部工序，每一项主要施工工序都由多项具体的施工项目组成，如图 5-19所示为大多数项目的施工工序。景观工程施工工序的工作时间表因具体施工对象的不同而不同。下文阐述的全部工程程序只能作为景观工程施工工序的说明指南。实际的施工工序因承包商、地域、项目的大小以及项目所在地的气候的不同而有所变化。

**1. 施工前的准备**

景观承包商在施工前，必须保证拥有项目施工的权力。通过与其他承包商竞标、竞争，景观承包商最终得到授权并开发建设项目。总承包商或主要承包商与施工项目现场业主签订合同，完成招投标程序，进入项目实施第二阶

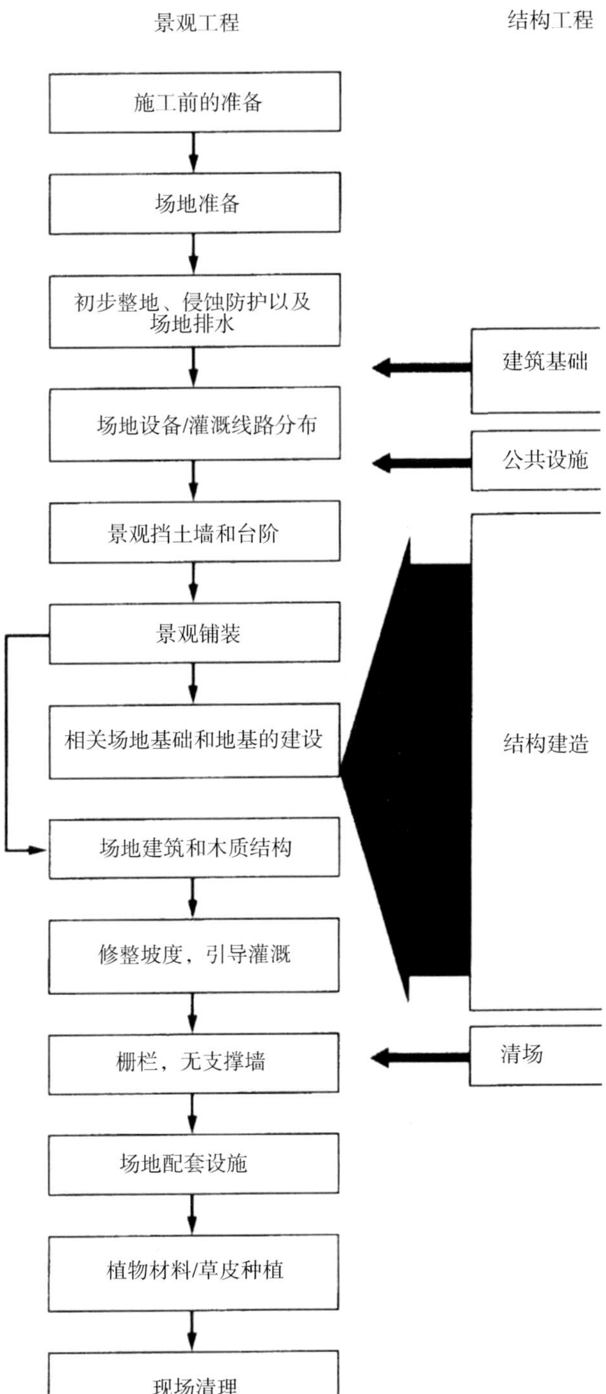


**图 5-19　景观工程施工流程图**

段——施工前期规划。对于大型项目，承包商收到业主代表的书面授权就意味着项目开发工作的开始。分承包商从总承包商那里得到授权，开始执行景观项目工程施工任务。虽然分承包商与总承包商视情况不同，可以签订合同，也可以不签订合同，但是分承包商在开始进行景观项目工程施工前必须得到总承包商的授权。当景观承包商作为一个大型公开分承包商开发项目时，确定正确的施工进度时间表是十分必要的，这有利于确保其景观工程施工不受其他工程的干扰。一般来说，即使受到其他承包商工程的干扰，总承包商也不会给景观工程施工追加额外费用。任何工程施工前，都需要得到许可、保险、契约。对于项目建设所需的材料要预先进行预订，比如桥梁、景观小品、灯光、特殊规格建筑、特殊铺装以及墙体所需要的材料。施工开始前，要获得工程的主要标注和坡度管线。任何对项目施工有意见的或者因为项目开发性质而没有资格实施项目施工的人可以与施工现场调查员联系，争取能得到满意的答复。

**2. 场地准备**

虽然现场准备变化很大，但是应在项目工程开始前，完成保护和清除工作。

① 保护现有特色：现场要求保护的包括对确定施工现场入口的保护，对栅栏、围护栏、等同于项目管线的水准基桩与基线桩的保护，对植物材料、建筑物、路面的保护，或者对成为已建成项目一部分的长期更新部分的保护。对于代表工地特色的物品进行妥善的保护，有利于降低因施工对其造成的损害，而避免不必要的损失。施工文本应包括保护场地特色的内容。对于没有施工文本的项目，承包商有责任对其作出正确的判断。

② 清除不需要的现场要素：完成对涉及的已经成为项目部分的现场更新部分的搬移。一般在施工前，对移动要素部分的处理也是承包商的责任，如移动旧的建筑物、已铺路面或已被损坏的路面，以及位置不对的植物材料。清除工作不像保护现场那样，无法被忽略。然而，如果这一步运作得不合理，将会对现场造成不必要的损失。这种损失需要承包商支付费用来进行恢复。

### 3. 初步整地，侵蚀防护以及场地排水

要达到期望的景观效果和排水效果，初步的土地平整应该在场地准备活动之后进行。在进行其他施工程序前，要进行大量的土地平整工作。对于大型景观项目而言，土地平整工作一般分为局部挖掘和保护现有资源两方面内容。对于小型景观项目而言，通常省略了许多工作环节，因为小型景观项目现场并不像大型景观项目场地要求的土地平整效果那样有一定的特点。

土地平整的第一步是清理，包括在需要进行平整场地的地面上清除草皮和残根，这些材料一旦被移走，就要把现场表土堆积起来供日后使用。多余的地基土被挖走填到所需的坑中。这一阶段进行的土地平整低于规划要完成的土地平整级别，因为铺路和地表土是要分别放在地基土上面的。同时也要进行现场工地排水工程的施工甚至安装排水系统（比如铺砖建排水沟）。直到所有的设备、建筑物和铺路都到位，土地平整工序才算结束。在完成土地平整任务后，就要开始准备对现场进行侵蚀防护，以减少现场的损失。

### 4. 场地的公共设备和灌溉工程管线分布

根据项目大小的不同，这项工序大多都由对水、管道、气、电、电话和其他通信设备熟悉的专业分承包商来完成。工序开始前应进行初步土地平整，对部分设备适当埋设。大型设备结构（如检查井、断开设备等）的挖掘和放置都要事先进行并且要回填土以免破坏已建成的景观要素。管道和直接埋入的管线以及现场灯光、电线等的地下埋设工作都要在此工序中完成。在这项工序中，主要工作是布置大型景观灌溉系统的线路。当所有的重型机械都到现场工作，以及土地平整工作都已完成时，就不能再安置阀门盒或灌溉管了。景观承包商必须能够在施工场地协调和准确安装机械设备。设备位置的文字说明文本对以后施工中的挖掘工作也是很有必要的。不适当或不明智地放置使用设备对未来的植物种植、景观墙或铺路等工作将产生严重的负面影响。

### 5. 景观挡土墙和台阶建设

用枕木、预制混凝土块或干砌石头等建设景观墙都需要进行土地平整。一旦初步土地平整结束，现场就可以开始景观挡土墙的建设（图 5-20）。在建设景观挡土墙之前，须确保设备已运送到景观挡土墙附近并且土地平整工作已完成。在铺设路面工序开始前，要确保铺设地点的墙基地面平整。

图 5-20　建造干砌、石灰石、景观挡土墙

### 6. 景观铺装

当所有的初步土地平整、一般设备的安装、景观挡土墙地基平整或现场大型移动机械设备安置等工作完成后，才能开始景观铺装工作。但有一种情况例外，就是铺设的沥青路面不平整或只有基础层平整，这时，所有的运输机械都要停下来。铺装工序包括铺设水泥、砖与水泥铺面块、石头和粒状材料。铺装对象有步行道路、机动车道、园路和其他室外环境以及可使用场地（图 5-21）。规定草坪和种植床边缘高度标准有利于表面土在现场摊散。当所有的铺装工序完成以后，最终的土地平整工作才能完成。铺设表面工程项目的时间要与相应建筑结

构相协调，要对需要有基墩的所有栅栏或景观小品进行水泥浇筑。这样有利于材料的有效运输，并减少对铺装和已建成的现场景观的潜在破坏。

图 5-21　景观铺装的场地准备

**7. 场地建筑和木质结构建设**

在施工进程中，大量的时间是用在建筑的建设上的，所用时间的多少根据建设对象而定。独立式建筑（比如凉亭、棚架）与建筑的附属物（比如平台）所用的时间不同。一旦地基平整完后，独立式景观建筑地基平板就可以设置了，景观建筑的基本结构就搭建起来了。公共建筑和景观铺装在这一工序中可能有冲突，原因是公共建筑结构要求在平板浇筑之前进行一般的连接，并且与场地人行道路有一个已铺设的连接路面。比较好的方法是在进行景观铺装工序的同时浇筑地基，并且能够在铺装和房屋位置确定后完成建筑结构的建设。

虽然现场一般工程做完后，与现场建筑物没有联系的地基、地表面工作以及部分工程可以进行施工，但是完成与建筑物相联接的工作时间不得不向后推迟。在施工前，附属在建筑物上的建筑结构需要建设一个与其相搭接的外部建筑构件。对场地建筑结构而言，大部分联接件通常是一些外部盖板（挡板）或其他表面材料，也可以设计成与建筑物屋顶一体的联接件。材料运输也影响此工序的进程时间，原因是建筑物材料的运输需要车辆运行通过设计建筑结构的道路线或靠近建筑结构。因此，需要确定场地结构、建筑物施工中所运输材料的时间，以避免运输材料的车辆对已建成的景观工程造成破坏。

**8. 土地平整和灌溉系统**

在其他硬质景观完成之后，在草皮和其他植物种植之前，把土堆散在要种植草皮或植物的地方的表层。通过撒表层土可以使设计的土地达到平整水平，这时效果良好的土地平整工作才算完成。完成土地平整后，可进行灌溉系统阀门和管头的安装，也有一些是在铺设草皮时进行安装的。

**9. 栅栏和独立式墙建设**

建设栅栏和独立式墙所用的时间依据不同的项目而定。在进行其他基础建设时，也要同时建设独立式墙的基础，并且在完成土地平整工序前，要完成砌砖工作。链条、金属链、木质栅栏要求有水泥柱子，这部分施工要与水泥人行道路、建筑结构基础以及景观小品基础的施工协同进行。栅栏表面的刨光需要等现场运输材料和施工人员的车辆全部进入后才能进行。栅栏表面刨光在现场施工完成后进行，并且栅栏的最终整合也须完成。

**10. 场地配套设施安装**

配套设施安装包括凳子、旗杆、垃圾箱、自行车棚和场地灯的安装等工作。这些设施是看得见、摸得着的硬质景观，它们的安装要尽可能晚，以保护已建成的景观效果。在景观铺装和公共设施建设期间，需要设定好与景观小品有关的工程，尤其是基础建设和管线安排。但是配套设施的安装一般是在植物材料种植前。景观中的蓄水工程要在植物材料种植前完成并且对其进行检验，确保运行正常（水池和喷泉的维修点对周围环境有很大的影响）。

**11. 植物材料保护和草坪种植**

保护敏感植物材料的工序应等到项目接近尾声时才进行。因为这一步完成以后，任何其他活动都会对已种植的植物和草坪造成严重的破坏。植物种植要先从大树开始，并且要先在难以进出的地方进行种植。接下来种植小树、灌木，以及边缘植物和地被植物。当每种类型的植物种植后，要马上进行养护（比如对草坪或其他植物进行覆盖）。当植物种植后，要对铺设草皮的地面进行必要准备和细心铺设。许多有经验的景观承包商都会在种植乔木和灌木前铺设草皮床面。种植完成后，要对已铺设的草皮进行修补。种植植物的时间对植物的存活率和业主的养护是十分重要的。所有植物（草坪）的养护（尤其浇水）需使用大量时间。虽然植物（草坪）种植时间不仅对其成活率有影响，而且时间选择适宜还能降低养护成本，但是，种植时间也很难与全面完成建设项目施工任务的时间相适应。冬天、春天或秋天完成项目需要有大量养护任务，因为承包商要确保种植的植物存活并且直到业主接收这个项目。

**12. 现场清理**

景观建设全部完工以后，必须对已完成工作的现场进行清理。花费在清理人行道路、油漆景观小品和确保灯泡正常工作上的时间是值得的。当总承包商要求在建筑物外部工作或相应工作完成之前完成景观建设，这时的清理工作就会变得十分困难。然而，在对景观进行最后的艺术处理前，一定要确认现场外部环境清理工作已全部结束。

### 二、场地准备——保护场地已有元素与清除多余场地元素

**1. 保护场地已有元素**

（1）场地通道和贮存区

确定场地通道位置一般是设计人员应该考虑的事情，有的承包商也需注意这一点。施工现场通道的选择要遵循离公路近、容易出入公路的原则，避免在陡坡地段设置出入口。确定施工现场出入口建议遵循以下原则：

① 法律原则：在未经许可的情况下，通道不能穿过另一个土地业主的地面。在社区中，在非公路地段设置永久的或临时的通道必须经过审批。

② 可视性原则：进入和离开施工现场的车辆都能看得见。

③ 畅通原则：在施工期间，要有交通信号灯，确保交通畅通。

④ 水平坡度：有一定的水平坡度，能使从路边到通道移动货物较为容易。

⑤ 车辆大小和类型：确认车辆的最大宽度，以及是否能够进入施工现场的入口。

⑥ 设施位置：避免破坏上方的电线和地下设施。

⑦ 避免额外施工：避免在现在或将来的施工过程中产生额外的工程量。

⑧ 最小干扰原则：使现场干扰降到最低。

施工材料的存放需要注意以下几点。

① 运输一般都是用半挂拖车，要求在公共

街道和施工通道能够到达的地方存放。

② 材料的贮存在许多情况下都存在很多问题，应首先保管有价值的物品。

③ 如果植物材料需要喷灌设备，或者用于切割、种植、修剪的设备，那么这些设备需要有存放的地方。

④ 植物的贮存要保证有良好的生存环境，适当情况下，要求有湿润和荫凉条件。

（2）施工界线

施工的场地一般是在确定的地方，但是允许施工的场地界线有可能不够明确。有些项目规定了一些地方不允许被任何施工活动干扰，并且用施工界线规定了这些地方的范围。界线以围绕在项目周围一条线的基准规定在项目文本中，为了防止界线内的工作被干扰，一般在项目执行初期就界定栅栏或标记界线的位置。如果项目没有施工限制，那么还要确认业主是否对其财产有限制。如果项目没有施工限制，还要注意对敏感地方进行保护，关注施工会给施工现场外界产生的影响。同时，清楚标记基准点、坡度和布局桩，以及使用其他参考标记（图 5-22），有助于保护和控制施工现场的水平面与垂直面的布局。最简单的保护办法是喷洒便于识别的颜色。在一些极特殊的情况下，可以安装栅栏杆或金属钉进行防护。这些多用途参考点可以为重建被破坏的参照物提供依据，从而减轻偶然破坏所造成的损失。

（3）植物材料的保护

对于景观承包商来说，显而易见地需要保护植物材料。然而，许多景观承包商不熟悉植物材料性质，在用植物材料进行施工时，又没有适当的保护植物材料的技术。场地中种植的植物，从种植开始到生长成熟都具有许多潜在风险，在大多数情况下，这种风险带来的不良后果直到施工项目完成几年后才显现出来。基于这一原因，在景观设计中有掌握实际保护植物技术的专业人员是十分重要的，熟悉和掌握识别植物与种植需求，对鉴别哪些植物在施工建设中最为敏感和了解哪种施工实践措施对植物损害最为严重也是十分有益的。在施工全过程，各项施工开始前就应有保护植物和创造有利于植物生长环境的意识，这样才有助于降低明显的和潜在的施工风险。而且，保护植物材料的技术是受多种因素影响的，主要有植物种类和品种、植物生长的不同阶段、现场施工内容等（图 5-23）。

图 5-22　工程规划的基线参考标记

图 5-23　在树木轮廓线处设置围栏来保护树木的根区

（4）建筑物的保护

建筑物在景观项目中的位置和大小决定了它们受保护的等级程度。即使采取了保护措施，如果不加以注意，建筑物也会遭到景观工程施工的破坏。用胶合板覆盖窗户可以防止砂石或其他飞行物损坏玻璃，建筑物的墙角用木头栅栏围起来以起保护作用，尤其是面向交通道路转弯角的那一面。远离建筑物的交通道路和远离建筑物的贮藏地点都可以减少来自设备和施工活动对建筑物的破坏。

（5）公共设施的保护

在设施管线（电线、水管线）埋入地下较浅的地方，重型交通工具通过时会对其造成破坏。埋藏浅的灌溉管线、用于气体管线的铜线、PVC 管线或排水管线，都可以通过在其上方加厚土层或在设施上方路径通过的地方放上木料的方法来实施保护，而高度较低的设施则需要避让或临时移走，以降低被破坏的风险。

（6）施工场地周边的防护

在所有施工现场，都需要竖起临时栅栏以避免公众进入现场干扰施工或受到伤害。断开或搬移铺装地面，敞开式挖掘和未完成的施工表面，对贸然进入的公众都会有潜在的人身伤害危险。在安装的栅栏和设施栏上涂上光亮颜色都可以警示公众。

（7）敏感区域的环境保护

与外界环境相关的施工活动都有可能面临敏感区域环境保护的问题。对保护周围环境重要性的充分认识有助于减轻施工工程给周围环境带来的负面影响。敏感区域包括林地、湿地、草原、沙丘以及其他类型的野生动物栖息地。对敏感地区进行保护最重要的是承包商知道保护的重要性。作为从事环境建设的工作人员，首先要认识到这样做的价值和保护这些地方的重要意义。对这些敏感地区进行保护的最有效的做法是避免这些地方直接或间接受到施工活动的影响。对林地的压实，甚至对湿地的排水，给林地和湿地造成的破坏是不能被恢复的，即使是施工现场环境的微小变化，都会改变湿地和森林的特性。所以不在敏感地区进行施工，就是对这些地区的最好保护。如果必须在敏感地区周围施工，要采取十分谨慎的措施，尽可能减少对敏感地区的破坏，对土地平整、设施安装和在敏感地区建立通行走廊等施工工序加以限制，使用临时覆盖物，比如草皮材料覆盖物或木板，用以在敏感地区建立可供通过的环形路。有条件时应该在保护区下方通过而非从其上挖沟通过。

**2. 清除多余场地元素**

（1）植物材料的清除

清除植物材料的技术依据被清除植物的大小和类型而定。在清除植物时，重要的是清除有生长力的植物主体。如果大部分树桩被留下，在铺地或形成坡度时将产生参差不齐的现象。挖掘所有的根是不实际的，但是宿根和大部分“宿生根”应该清除，而且植物废弃料不应该埋在设立排水的重要区域。剥去草皮和地被要求大范围地剥离薄层植物。应人工或用草地切割机切断、清除植物材料，并用滚动行进设备收集碎屑。更大地块的除草技术是使用一个有齿的水桶状的滚动行进设备来脱去草皮。

（2）人行道铺装的清除

清除人行道铺装的准备工作依据被清除的人行道的类型而定。如果部分人行道铺装要被保留，清除之前要用混凝土锯切断。单元铺装表面需要除去边缘黏合材料以容许进入表面；混凝土人行道通常要求打碎板块并搬运清除；对于小的区域，这个操作可以用一把大锤或装满空气的提供动力的风镐手工完成；大的区域需要用一桶状滚动行进设备击碎并挖掘，或者把混凝土板块预先锯成碎片并用桶状滚动行进设备将它挖出；可以租用较大型的设备，除去混凝土人行道而不会进一步把它轧成更小的碎片。

（3）公用设施的废弃及清除

掘出并清除旧的电缆管线会为将来的挖掘工程减少麻烦。一个场地中的大部分废弃公共设施需要被拆卸、掩埋，并送至规定的地点。

这项操作应该由一个具有相关执照的技师完成，尤其是对气、电、光纤维、饮用水和生活污水管线的处理。可能的话，建议清除所有废弃的公共设施。景观建设场地中有时会有雨水排水管和黏土瓦管，如果这些管线可用，可以重接或改线，避免重复建设。不再有用的管线应该被覆盖或堵上以防止出现地下排水问题，这些管线可以在管的末端安置一个 PVC 帽盖，或者使用塞入塞灰浆或膨润土的方法堵上废弃的管线末端。

（4）不需要的场地元素的埋藏及废弃

人们会有一种覆盖现有不需要的场地元素而不是清除它们的倾向，但是由于下列原因，这种方法不被认可。

① 会有公用设施线路在以后暴露的不确定性。

② 埋藏的场地元素限制植物生长。乔木和灌木的根可能不能到达地下水，并且由于旧设备留在一定位置，草地可能更迅速地变干。

③ 当旧的地基或混凝土道路板被暴露时，将来的挖掘会更难且更昂贵。

④ 由于在场地留下老的场地元素，表层土将以不同的速度发生沉降。

如果已经规划了现场废弃物埋藏，废物坑不能在现存的或规划建设的建筑、人行道或公共设施的区域。废物坑应当覆盖至少 5 英尺厚的土壤以给植物提供足够的种植基础。

（5）再循环及废物处理

在景观建设中，废物处理的方法有垃圾掩埋法，以及有创造性的再循环和副产品的重新使用。不管处理方法在环境上是敏感的还是迟钝的，处理景观废物是一个景观承包商必须为之做准备的问题。预计掩埋所有废物的行为是不被允许的，因为有机废物和市场上可重复利用的材料是受限制的。减少景观美化浪费的机会需要另外的努力和计划，因为对于单一的工程再循环材料的量可能很小。再循环可能需要材料的储蓄或者给再循环加一些负荷。如果承包商愿意尽力重新使用和再循环，大多数场所产生的副产品可以在景观美化的其他方面被利用。此外，清除、运输、再循环使用和处理危险材料时必须小心。下文提出了关于如何处理景观中移出的材料的建议。

① 景观材料的重复利用

零碎地、适合地重复利用旧的景观材料已经发生数十年之久，以下是一些关于景观材料重复利用的有创造性的建议。

a. 石墙材料可以被重复利用。这种材料不受时间影响并且可以用作墙体、铺装、步石、边缘石或者湿地隔板。

b. 砖块或铺装可以作为边缘石或步石被重复利用。

c. 混凝土碎片可以被用作墙体原材料或者铺地，并且作为一种骨料来散铺。它作为一种表层材料，在使用之前应确定所有影响强度的其他材料已经被清除。

② 景观材料的再循环

健康的木质化的植物材料可以被景观承包商再循环利用，可使用一台削片机将其切成疏松又细碎的“护根物”。“护根物”的质量和再使用价值依据上一代材料而变化。主要由木质化的植物部分组成的材料可以用于风景床，而小枝和叶的材料可用作“护根物”或者堆肥原料。有病害或虫害的植物材料应该被烧毁或者掩埋，这取决于病虫害的处理技术。从场地剥下的草皮可以与场地里的其他废弃植物一起堆肥。

③ 景观废物作为填充材料

某些废弃土壤经过适当地放置并压紧可用作填充材料。这个填充步骤可以在场地内或者运输到场地外来完成，没有瓦砾的纯净土壤适用于这个操作。混有木头、铺装块或其他“非土瓦砾”的土壤会阻碍掘沟和将来在填充区内的地下工作，不宜使用；大量有机材料的分解将造成土壤表面的不稳定性，应避免将草皮作为填充材料。

④ 垃圾掩埋场处理

仅需要付出最小的努力，但对承包商和环

境都有益的一种选择就是垃圾掩埋场处理。很多地区，关于什么材料可以放置在垃圾掩埋场，包括对植物材料的限制均有严格规定。垃圾掩埋场的特殊使用要求承包人拖运、安置废物，并且基于处理材料的总吨数付费。如果固体废物设备有处理装置，有机材料及绿色植物有时也用来堆肥。

## 三、整地与场地排水——平整施工场地与施工场地排水

### 1. 平整施工场地

大多数景观项目都需要移动施工现场的土壤以达到景观设计的目的。平整施工场地可以总结为移出施工现场中不需要的土，再将这些土放在需要的地方。平整施工场地通过挖土和填土过程完成。挖土是把不需要或不理想的土从施工现场移走，填土是在需要适当填土的地方填充土壤。小型景观项目应用简单的平整场地方法即可，即将项目施工现场的土和草皮移出，当施工完成后，若需要这些土，再把它们移回来。当景观场地要求有明显坡度变化时，可按照图 5-24 提供的程序完成土地平整，具体的平整场地过程包括以下 6 个步骤。

（1）起块状草皮

由于植物材料经过一段时间会被分解，像草皮这样的地被植物一般能够分开移走，或被处理掉，或被混合处理，或从表层土分开用在非重要地方铺设。施工现场需挖成 4 英寸深的条块状，以便移动上部集成的植物材料。在一些地方根据地被植物材料的种类和成熟情况，挖的深度有所不同。若是有乔木树桩的地方，一般要用挖土机的反向铲在以树桩为中心、直径为 10 英尺的圆内挖 24 英寸①深。

（2）起表层土和堆积土

施工现场移出地被植物层后，接下来就是把最后用于平整土地的表层土堆积起来。用于覆盖的表层土数量是实际平整土地所需数量的 115%，其中 15%用于堆积损失、水土流失和压实损失等。在计算表层土时，要包括所有草皮、地被植物和苗床。如果缺少表层土，那么就意味着要从别处移取表层土以弥补种植地被植物所需的土壤。堆积的表层土宜放在离施工地区不远的地方，既可以供施工工地随时使用，也方便施工结束后处理。如果可行，多余的表层土也要被堆积起来，用于铺设施工场地地基层。大多数表层土都是稳定的，完全可以用于土墩、草坪和其他非永久性建筑物的地基土。泥沙含量较高的土沉降性极强，不适合作为铺设路面或建筑物的地基土。

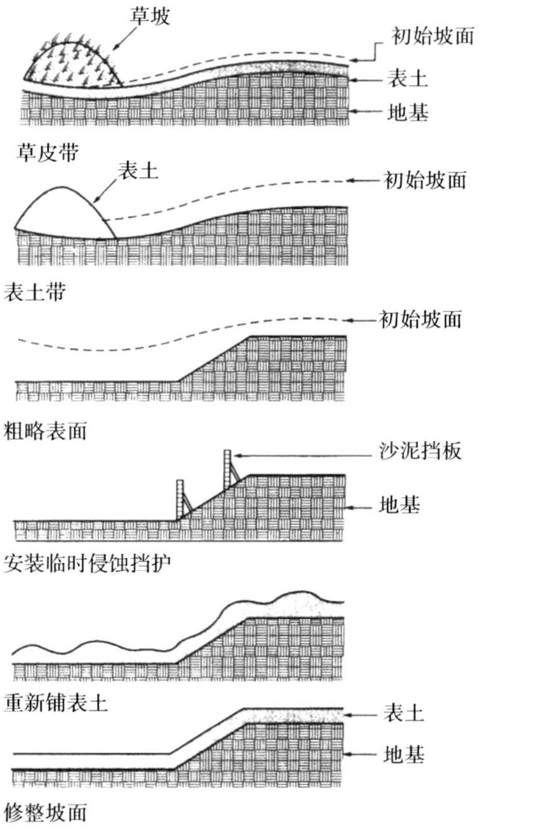


图 5-24 平整土地的步骤

（3）初步平整土地

初步平整土地主要包括挖掘或填充施工场地以建立适当的地基层高差，通过削减所需表

① 英寸是英美制长度单位，1 英寸约等于 25.4 毫米。

层土、铺设路面和路面地基，或其他地基更新。地基建设不需要达到完成地基时的效果，但是在项目建设中应尽可能减少后续需要完成的土地平整工作。如果现存的场地坡度高于期望达到的地基坡度，那么多余的地方就要被挖掉，挖出的土一般会直接移到需要填充的地方。填充完成后，建议留出 5 英寸高的土层，以供夯实时用。只有在全部填充完毕后，被夯实的工地现场才会更加稳定。一般要在需要夯实的土层上喷洒一些水，有助于夯实。

（4）临时性水土流失防护设施安装

在许多项目中，初步平整土地后，就可以开始设墙、铺装地面和其他工作了。有一些项目特别小，甚至项目从开始到结束期间都可以进行平整场地工作，但是随着项目范围的扩大和复杂性的增加，平整土地要在规定的工序内完成。初步平整土地工序完成后，就要安装临时设施以防止水土流失。

（5）扩散表层土

当大型、重型交通机械在施工现场移动减少时，并且所有墙、铺装地面和结构建设工作已经开始后，平整土地工作就可以继续了。要把堆积的表层土移走，转移到施工现场所要求填满的坑处。根据项目说明书确定表层土的深度，种植草坪要求表层土厚度在 5—10 英寸，种植苗木要求表层土厚度在 10—20 英寸。表层土一般要求铺设到施工场地中符合规划要求的平整后的地面上。

（6）完成平整土地

在进行苗床准备或种植之前的阶段，要按照平整土地规划规定的平整级别来平整表面并进行抛光。这项工作主要是用平整土地机或履带拖拉机完成。要在表层土密结的地方准确得到期望的平整土地级别，就有必要进行手工操作。在没有平整土地规划的情况下，完成平整土地需要与已铺地面和永久建筑保持适当的高差，并且设置适当的排水管道和坡度。在这一阶段，要用滚压机轻轻地压实土层。在铺设草皮和种植其他植物时，还要对土层表面进行抛光或翻耕。在完成平整土地后，要安装永久的控制水土流失设施以防止水土流失。

**2. 施工场地排水**

现代景观施工很重视排水问题，包括灌溉系统抗旱、地基与铺面设计加强防冻，以及完成的平整土地、瓦管和其他排水工程用来减少水的侵害等。给施工现场带来困难的所有因素中，水是破坏力最强的因素。无论是洪水还是排水能力差造成水过量，或干旱缺水，或水结冰后使路面凸起，或路面结冰，对施工现场存在的这些隐患通过适当的处理能减少施工期间和长期问题的发生。施工场地的排水有地面排水和地下排水两种方法，可结合使用。地面排水是通过塑造地形变化直接将水引到想排出的地方，准备适于地面排水的场地的目的是使地面倾斜并使会受水侵害的重要设施（比如建筑物、墙和已铺路面）远离排水道。另外，一般应避开积水的低洼地和那些雨后冲刷不到的地方。排水方法的选择尤其要考虑建设的成本、效率和简便性，在大多数施工现场中，排水技术是施工中应用最为广泛的一项技术。

持水达最低点是场地表面排水的基本原则，最低点要比场地建筑和重要设施点都要低。最低点有时指的是“自由排出”或“洼地高点”。最低点能够保证如果持续下雨达到洪峰，可以让水流走而不会进入建筑设施。这一原则对于地貌丰富的场地很容易做到，但是对于地面平整的场地却是一个挑战。地面排水受限或最低点定位有困难的场地要求的排水系统比平面地表的排水系统更加复杂。当水量很大，或场地本身不适于进行路面排水时，要建立地下排水系统以确保有效地排水。地下排水系统将水聚集于地表并使其在自身重力作用下自动流进排水管系统。虽然修建地下排水系统比路面排水系统费用高、耗时长，但是对于排水困难的场地是十分有效的。

（1）地面排水

在任何适宜坡度和排水规划中，地面排水是首先要考虑的，地面排水可以定义为应用地形和坡度排水。更具体的技术涉及洼地坡度、浅水渠，以及设计师设计的用护坡道改变水流方向的转向护坡道的应用。地面排水主要应用在场地小和水流量有限的场地施工现场中。随着场地面积的增加，地面排水限制了水流方向，需要使用更加持久的排水设施，比如瓦管排水或暴雨下水道。另外，限制地面排水有效性的一个因素是水的流量。建筑物和已铺地面占用面积较大的场地限制了地表吸水量，要保护建筑物和已铺地面必须排除地面上的大量积水。对于这种场地，若在暴雨期间，地面排水方法是最快且最有效的。

① 平整土地坡度

好的场地排水最基本的技术是设计并实施远离建筑物的地表坡度面。在平整施工现场土地期间，尤其是在初步和最终平整土地期间，要加强地表坡度的建设。场地坡度百分比在施工图纸中应有所标识，在缺少平整土地规划的情况下，也要遵守标准和施工现场条件。多数施工现场草坪区坡度标准最低保留 2%—3%，草坪能有效地进行地面排水。如果能够确保 2% 的坡度，那么已铺地面的排水效果就很好。运动场地地表坡度的确定以权威部门推荐的不同体育项目的坡度标准为准。建筑物周围要比建筑物底面低 5 英寸，并且在建筑物 10 英尺外，地面还要降低 5 英寸。

② 平整排水洼地

排水洼地是用来将水引出场地的浅沟。如果场地没有洼地，而有足够的坡度和地方去排水，那么就不需要排水洼地。虽然洼地是排水渠道，却是由坡度缓到足以能割草的缓坡组成。像所有的地面排水一样，洼地的总坡度是初步平整土地时形成的，坡度的细部处理是在细加工坡度阶段形成的，洼地的最高点至少比已完成铺装路面或地面低 5 英寸。从该最高点开始，下游坡度最低为 2%，距离短时坡度可为 3%—5%。边坡的坡度要平缓到可以割草，但在水流量大或有时需用陡坡时，要建设长期性渠道以防止水土流失。

洼地应在最有效的地方使用。设置在建筑物周围，或通过草坪低处让洼地起到收集并排出草坪中水的作用（图 5-25）。当一个建筑物周围有一个大流量的山坡时，在山坡和建筑物之间建一个洼地，洼地会起到阻断水流的作用。洼地中的水能够直接注入雨水管道中或排进排水渠、小溪或废弃的草地，后者将会产生很长时间不能使用的湿地。

图 5-25　在排水洼地直接改善径流

③ 平整改道坡

场地有时会有一个斜坡将径流引向建筑物和其他设施。如果不能够建成洼地去截取水流，那么可选用改道坡。改道坡是将土壤隆起来引流（图 5-26）。而洼地一般是降低地表高程来引流。通过在离建筑物一小段距离堆积土壤并延

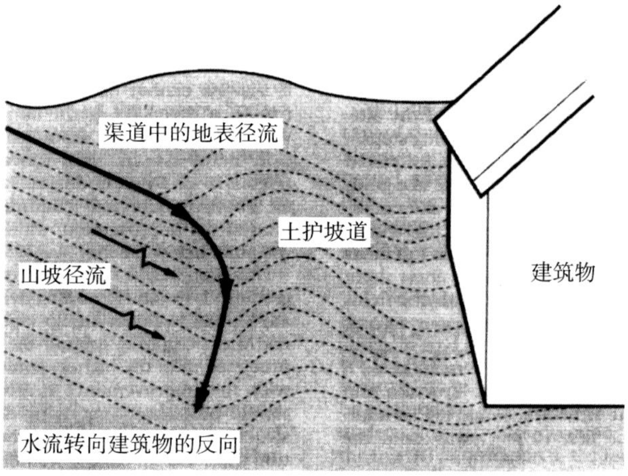


图 5-26　引导地表径流的改道坡

续到建筑物周围，水就能够直接引到低于建筑设施的位置。在场地平整期间，就要考虑建设改道坡。要使改道坡更加有效，就要在坡上面建一个小的洼地盛装水，并且延续到要保护的景观实物周围，直到改道坡最高点与已建成的景观实物高度相同为止。在建筑物附近使用改道坡时应谨慎，改道坡与建筑物之间的空间会继续向建筑物排水，并且如果水是从落水管喷出，或屋顶排水，或在这一地区其他大型径流地中流出，建筑物可能会受水灾。如果发生这种情况，就要考虑应用瓦管或暴雨管道系统进行排水。

（2）地下排水

场地排水其次考虑的是地下排水，有些场地要求建设地下排水系统。要求建设地下排水系统而非地面排水系统的情况包括：有多种坡度的场地；不适宜建洼地，会发生临时性水灾的场地；有较大径流量的场地；景观实物和已铺地面占有较大地面面积的场地以及必须让径流避开建筑物的场地。建设地下排水系统有3种方法：第一种方法是使用暗沟将过量的水排出路面，并储存起来直至渗入周围土壤中为止；第二种方法是采用地下瓦管将水排到瓦管出口，这一方法适用于地表坡度变化不大，并且可以使水直接排到集水区，尤其是地表无表面入水口的情况，渗透瓦管系统不需要应用地表入水口就可聚集地表水使之渗透；第三种方法是建设暴雨管道系统，暴雨管道是一个能聚集地表水到地表低点继而排出排水口的排水构造。

① 暗沟

暗沟是用一层土壤和地面覆盖物覆盖的砂石沟。在暗沟里，利用砂石之间的空隙贮存水（图5-27）。暗沟是一个封闭的排水系统，要求不能设有出口。暗沟要建在能集水的低处，或地表水渗透慢的土壤贫瘠的地区。如果场地不能容纳一整条暗沟，那么要将一条暗沟分成多条，每条至少长3英尺，将大多数暗沟建在水淹区最有效。沿着标志线挖出宽1英尺、深3.5英尺的沟。在有草皮的地方，将草皮卷成卷搬走，等建成暗沟后再铺回来。保留约10%的挖沟土用于覆盖暗沟。暗沟的平均使用寿命一般为5—10年。在这之后，岩石之间的空隙就会被淤泥堵塞，降低蓄水能力，直接影响暗沟的蓄水效果。

② 瓦管系统

应用瓦管系统既可以排出地表水，又可以排出地下水。地表水从瓦管的入口进入瓦管，从瓦管的出口排出。瓦管也可用来截流地下水位（升为地表水的地下水）并减少霜冻带来的损失。

排出地表水的瓦管系统——排水区瓦管系统的安装要从标记入水口和出水口开始。入水口可以设在已铺地面或草坪处、靠近屋顶落水处以及重要的排水处。入口与入口之间，应该标出一个各瓦管线通向出口的简单网络图，这一网络要避开上坡。挖沟从出口开始，沿着管道系统全长挖一个8—12英寸宽的沟（图5-28），沟要足够深，使从最高入水口到出水口的坡度为1%。从入口最高点开始铺设直径4英寸无孔瓦管，瓦管从地表面铺到沟底。在瓦管系统处，切掉突出地表面的瓦管安装一个帽子（图5-29）。这个帽子用于过滤阻塞系统的废弃物。沿沟底部继续铺设瓦管，入水口多的地方或水流量大的地方要求将瓦管的直径尺寸增加到6英寸或更大。在每一个计划安装入水口的地方，用地毯刀切开瓦管插入T形联结物。从T形管口到高于入水口表面12英寸的地方安放竖管（图5-30）。接着继续安装T形管并铺设瓦管直到瓦管系统铺设完毕。预制的T形、Y形或其他型号的管子可以使安装支管和连接管道系统更加方便。在所有连接处周围都要用管道带缠结以免连接处松开，最后要回填土至地表表面，每回填12英寸厚要轻轻压实。适合于波形塑料管的凸形玻璃纤维插件瓦管系统，可以用于安装入水口（图5-31），每一个竖管的周围都要挖土，切开竖管将该插件放入竖管的基部。用突出地面的土固定竖管。回填土并且调整地面使入水口处的地面最低。

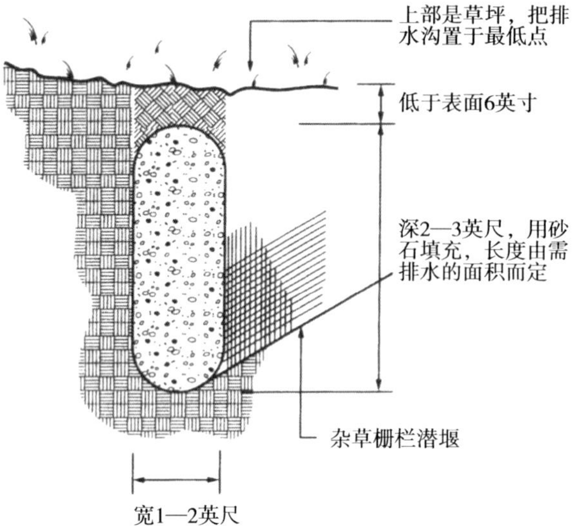


图 5-27　暗沟的横断面

图 5-28　挖沟并安置瓦管

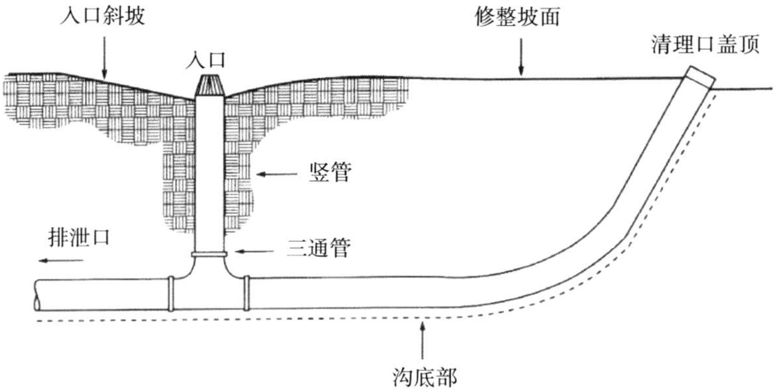


图 5-29　竖管和排水口的横断面

图 5-30　安装入口装饰前铺竖管

图 5-31　铺设入水口

利用瓦管系统排出地下水，首先要依据施工现场所需排水系统的面积设计瓦管系统（图5-32）。管线的位置用平行线和与平行线垂直相交的管线规划出来，每一个瓦管从交叉瓦管处连到出水口。依据土壤类型、降水量以及现有水问题的严重程度来确定平行管线之间的间距。根据环境不同，平行管线之间的间距一般是5—40英尺，环境越差，间距越小。挖掘和安放瓦管的方法与地上瓦管排水系统基本相同，只是要使用多孔瓦管。要减少填充多孔瓦管的可能性，用粗质松散的材料回填，比如砂石，或用纺织套包上渗透瓦管。如果要防止瓦管系统不受霜冻，其位置一定要比地基深。

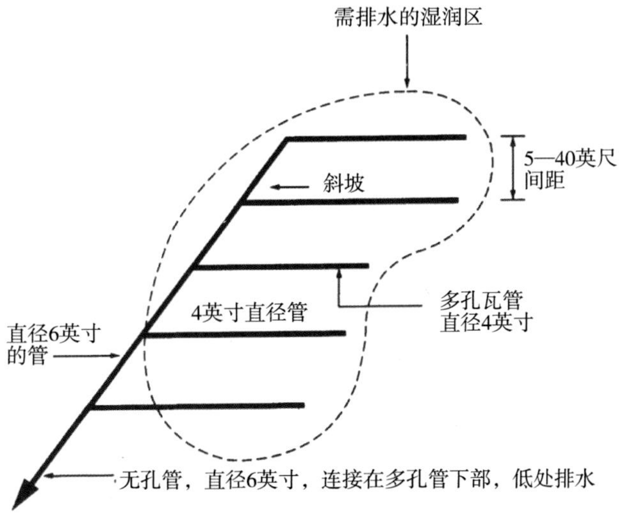


**图 5-32　在湿润地区为截流地下水设计铺设图**

③ 暴雨管道系统

暴雨管道系统是地下永久性排水系统，由两个主要部分组成：入水口和管道系统。用一个上部开放的地下水泥槽（水泥是预制的或现浇的）来存贮从入水口进来的水。水从地表直接流到入水口，然后进入贮水槽。基于贮存的水的类型不同，使用的入水口种类也不同。在入水口底部有一个污水坑滤污器用来存放流进入水口的杂物或沉淀物。路边入水口是金属构架的水泥箱，用于满足公路边线排水的要求。沿路边开放的空间允许水从道路侧坡进入入水口。一旦进入入水口，水就直接流进水泥管或石灰管线，从出口排到小溪或河里。铺设此管道的最小坡度为2%时才能使水流动（图5-33）。入水口表面的地表坡度要相对平坦，与入水口相邻的陡坡容易腐蚀，入水口附近的地面多设排水沟，可防止入水口处形成水洼。瓦管管线系统可以连到入水口作为小型排水系统的出水口。这要求在入水口处开一个洞，使瓦管从洞伸入入水口处。洞周围的空隙要用砂浆填充，防止土壤冲进入水口（图5-34）。当瓦管系统用这种方法排水时，要进一步核实入水口以下至少有一半的高程应是空的，否则会出现入水口底部附近的进水管倒流现象，或当入水口满了以后，水倒流回瓦管系统。

④ 出水口处的处理

地面和地下排水系统的出水口处要进行特殊处理以防止侵蚀。洼地、水渠、瓦管系统和暴雨管道的末端都集聚了来自场地的大量的水（可能是多个场地），并且这些水流动得也非常快，因此出水口处易发生严重的土壤侵蚀。要减少侵蚀的影响，建议每一处出水口都要进行防冲碎石处理。防冲碎石是指排水洼地上用于防止水土流失的大石头。防冲碎石通过减缓冲击到石头上的水的冲力以减轻侵蚀，一般主要由直径为4—8英寸的石头组成。防冲碎石能够保护所在位置的地表轮廓，不像土壤和小块石头一样会被水冲走（图5-35）。

（3）雨水暂时贮存

施工现场在铺路（地面）和结构建设之前，大部分的降水都被施工场地吸收，或渗透至地下，而不是流走。施工现场开发完后，大部分水要被排出而不是渗入土壤。解决雨水滞留，可设计一个池溏，用来盛装从被开发后的施工场地流出来的水并且按相同的速率把这些水排出。如果雨水滞留处理得当，那么在大雨期间，发生洪水的现象就会减少许多。施工现场的滞留池塘可以建在草坪上，并且在施工现场场地紧张的情况下，有时也建在已建好的停车场。草坪线形池塘必须建设准确以确保草坪有定量的水。当滞留池塘有一定坡度时，边缘的高度（水能够达到最高点时的高度）十分重要。边缘高度低点会使水排出滞留池塘，而不是停留在最低点处，且大多数滞留池塘都有一个溢水口。

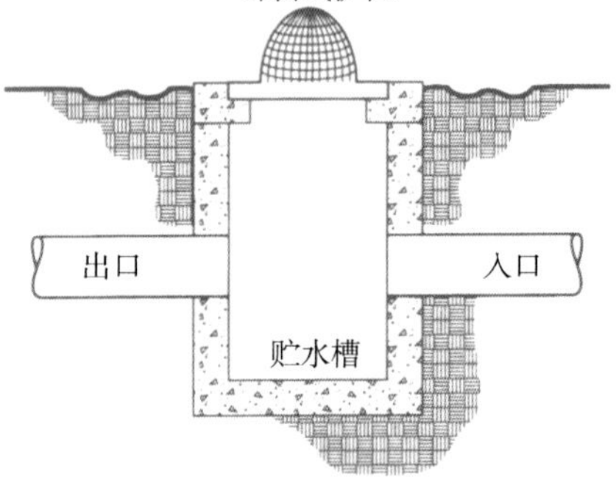

(a) 水井横断面图

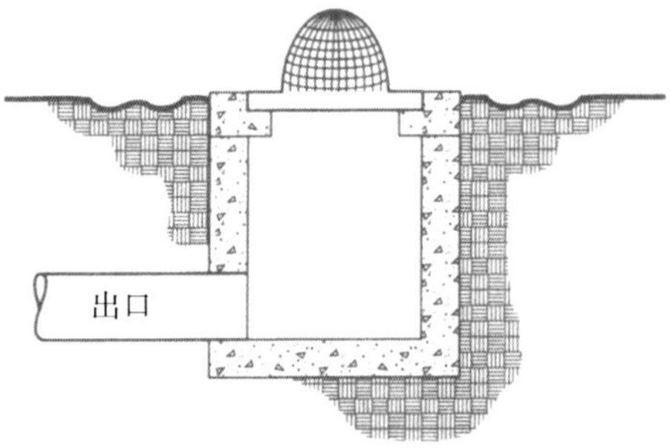

(b) 排水管入口

图5-33 暴雨管道

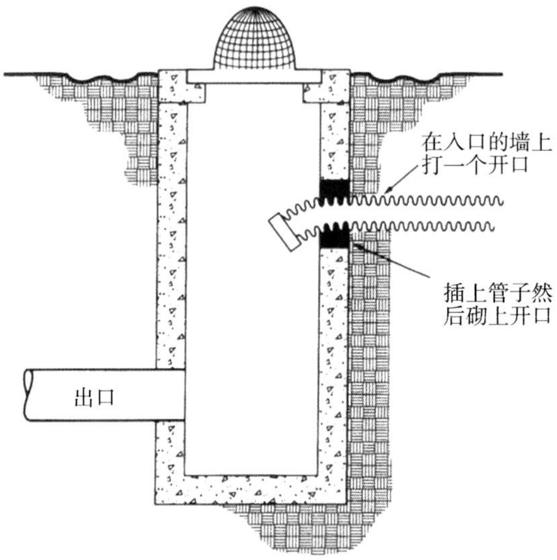

图5-34 把排水管连接到现有的雨水管入口

图5-35 用4—8英寸的碎石处理排水管出口以防侵蚀

## 四、场地设施

### 1. 直流电力系统

电力装饰灯主要用外部低伏电力系统供电。景点灯、楼梯灯、步行道灯、植物材料中的射灯或草坪灯都是需要景观承包商安装提供的直流电力系统。由于生产厂家不同，基本直流灯的产品略有不同，因此，安装方法略有不同，但是安装步骤是相同的。在设计安置灯的地方，要在每一位置连续安装配件。直流电路电线需直接接地。典型的安装方式是电线通过植物种植床用地被覆盖物盖上。如果电线被切断，电击的损害会减少许多，但是这样切断电线会使电线在景观施工过程中或建园活动中遭到不同程度的破坏。如果损坏严重，就要增加一条同样长度的电线，要有可用的拼接工具将两条电线连接成完整的线路。

**2. 交流电力系统**

用在户外装饰、安全和防护的电力照明系统一般都是使用高压电。另外，外部电力系统被用于电力泵、喷泉和其他动力设备的景观系统中。有从业资格的交流电力工程师才有资格安装交流电力系统，景观承包商要把安装交流电设备的施工现场准备好。直流灯光仅限于小面积和用途简单的地方，而交流电力系统可用于大面积的区域，比如停车场、人行道和建筑物正面。交流电力系统也被用于不同类型的照明系统，比如水银灯、金属卤化灯和高压钠灯。普通的交流照明系统包括人行道照明、装饰照明、设施照明。人行道照明包括低的、中等高度的灯，用来照亮人行道，地区照明使用安装得更高的灯照明（如停车场）。像直流一样，交流也可用作装饰照明、建筑物上的流动灯、植物材料中的高灯或低灯、需要高压系统的景点灯。不应要求景观承包商完成诸如拉线、提供电源、连接或者相关线路的交流工作。准备灯配件、安装标准配件或者为将来的景观照明安装空导管的准备工作由景观承包商完成。

**3. 供水系统**

外部供水系统包括灌溉、外部水龙头和供室外植物盆栽用水。在许多项目中，这一部分工作都是由水管工或灌溉专家来完成的，但是景观承包商有时也可自行完成安装水龙头或安装管道等工作。

**4. 电话、电视、电传系统**

大多数人低估了电话、电视、电传系统在景观中的作用。在景观工程施工期间，任何地方都能够联通信息高速路。把电话线和电视天线安装在室外建筑物上，就能够把从室内办公室接收到的信息传到可视园林中。私人电话或电视天线要求有具体的承包商。如果服务线路没有安装，那么首先要安装管道。

**5. 燃气系统**

燃气一般是天然气或者液化气。一般应用在室外的气体贮存在供应管道中以供远离气源的建筑物用（室外做饭，有时也用于照明或烧窑）。像其他设施一样，燃气系统具有一定的危险性，安装与连接燃气系统应该与专业的燃气系统公司签订合同。

**6. 管道安装**

在安装景观长期使用的管道时，具体就是那些靠近建筑物的管道，首先应考虑在未来能够用到的空心管道的安装。一般管道安放在人行道、亭、甲板或建筑物的地下，以避免在以后安装其他设施时挖到这些管道。一般管道用途不同，使用的管道型号也不同（比如用于电、气、水的管道直径为4—6英寸）。如果有潮湿现象或担心虫子爬进建筑物，管道也可放在穿过墙的地基或与墙分离。为了防止管道潮湿，可以把管道用覆盖物盖上。

## 五、景观挡土墙和台阶

景观中发挥重要作用并决定视觉效果好坏的因素之一是挡土墙（图5-36）。无论是作为单一元素还是在台地上组成的群体墙，都会产生垂直变化的效果，对景观垂直视觉效果影响极大。墙体本身也有一些实际功能，比如可防止水土流失和创建封闭空间等。挡土墙的重要作用之一是在景观中能够使坡度平面化并创造出更多可用空间。大量施工现场是有坡度的，坡度较低的地面用于铺设草坪、建设园林、造游戏地。在坡度大的地面上，建循环步行道。挡土墙创造出来的水平空间可供人们在这些场地上活动。用临时建筑材料和技术建造的墙给景观增添了灵活性和有效性。几乎任何形状、颜色和材料与其他景观元素混合建造的墙都是为了实现设计的目标。除了这些优点外，建设挡土墙也是景观建设中成本较高、消耗时间较长的一项工程，因此在解决坡度问题时，要考虑所有的解决方案。

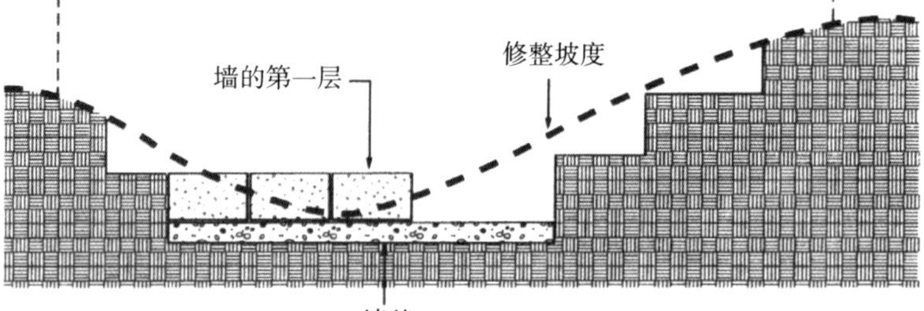


图 5-36　低处的起始墙

**1. 挡土墙的材料与砌墙技术**

（1）墙体材料的选择

① 已处理的木质景观木材

人们可以按不同尺寸和长度生产各种木材。景观木材克服了材质本身的不连续性问题，并且能使墙面具有连续性的外观颜色和组织效果（图 5-37）。另外，不要把木工厂销售的边角材料当作景观木材来购买。出售的景观木材一般横断面尺寸为 6 英寸×6 英寸或 8 英寸×8 英寸，为正方形，长度为 6 英尺或 8 英尺。大多数边角材料比景观木材小得多而且横断面为圆形，不适合建造景观挡土墙。

② 分段墙体砌块

许多生产厂商生产预制分段混凝土砌块用于砌墙（图 5-38）。这些墙体砌块像混凝土砌块一样具有不同类型、形状和施工方法。分段墙体砌块砌出粗制石头墙表面，与不同颜色结合，产生具有吸引力和连续性的墙体表面。墙体砌块较重，但比木材轻，而且使用墙体砌块砌墙效率会更高。铺设地基和连续的墙体砌块时要十分注意，因为它们之间是按层搭建的，在转弯和楼梯处搭建时有一定的困难。这与用其他材料建设挡土墙相比，成本有时略高。经常应用的墙体砌块材料有两种。一是钢钉墙体砌块——用金属或纤维玻璃杆固定交互层面；二是拱形支撑墙体砌块——用一个隆起物托在墙体砌块底部，使墙体砌块成为一个整体。把固定在一起的墙体砌块或者是钉上预制安置件的薄混凝土横带置于山脚下并使其与山脚固定，也是可行的方法。

图 5-37　用垂直的木栏固定成木垂直挡土墙

图 5-38　混凝土预制块砌成的挡土墙

③ 干砌石头

干砌石头已应用多年，并且被认为是传统砌墙材料（图5-39）。用这种自然材料砌墙时，石头之间不用任何灰浆。对艺术要求较高的墙，可以采用规则或不规则的石头建造出外表具有不同图纹的墙面。这样砌墙的要求高，准备和施工劳动强度大，采石成本也高，因此有时成本较高。石头是很好的建筑材料，一般情况下，大部分石头都是在采石场切割后运来的，因此工人容易搬动。在砌墙时，可按不同的艺术设计效果堆砌石头。尽管石头本身较重，但是砌墙时还要考虑墙体的稳定性。

④ 石笼

目前，还有一种常见的挡土墙是用石笼（图5-40）建成的。石笼是在重型长方形铁丝筐里装上大石头并安放在墙的位置上。石笼因为有一定的大小和质量而使墙变得十分稳定。石笼中石头的大小和形状的不同使墙的艺术效果变得丰富多彩，但是石笼的筐线总是要收缩得十分紧。虽然石笼体量很大，并且要求用特殊设备安放和填充，但是与其他类型材料的挡土墙相比，它的成本还是比较低的。

**图5-39　干砌石头挡土墙**

**图5-40　一层高的石笼制挡土墙**

（2）墙的布线

在进行施工前，首先要确定墙前面的位置，钉桩、放线或沿着建墙线在地面上画线，这些方式都有利于找到墙的起始点以及发现将要遇到的问题。台阶与墙角的位置也要事先确定，这样有利于指导挖盲沟的位置，对于砌有一定坡度的墙是有必要的。若发现墙偏离预计位置，可以用挖盲沟的办法弥补偏差。

（3）挖掘

砌直墙的地方，挖掘工作是必不可少的。在整个墙的沿线，要把墙前后两个方向2英尺距离内的所有草皮和表层土挖走。一般挖掘深度要比墙的平整地基面低大约8英寸（图5-41）。由于墙的地基或底部要比平整地基面低，因此，要保证一定的挖掘深度。在挖掘时，遇到的任何不稳定物质都应该被移走并替换成砂石地基。

（4）地基准备

砌墙要从建墙基开始。挖沟初步完成以后，放一条麻绳线表示墙的前面。在初级沟里沿着墙布线，再挖一个沟并用地基材料填满（图5-42），沟深0.5英尺，沟宽要比墙体材料宽1英尺。沟的底部要求为平面。当水平沟深超过使用的墙体材料厚度时，墙就要再上一层。当墙遇到堤坝时，就要根据堤坝的高度适当重复上述工作。在这种情况下，墙绝对不能高出一层。底层总是被墙前的坡度层面保护。用直径约 1 英寸的碎石或河流沙填满这个沟后再用振动平盘压缩机压平。在碎石顶上放一层直径约 0.5 英寸或 1 英寸的质量好的砂石材料，有利于墙体材料地基层保持水平。在这里用过 0.5 英寸筛后的碎石更有利于铺设第二层墙体。

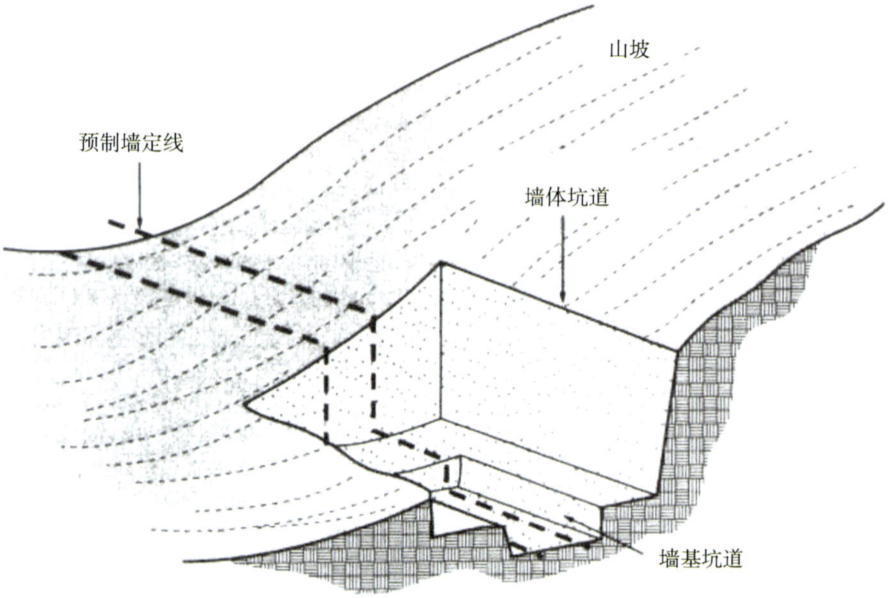


图 5-41　为挡土墙准备坑道

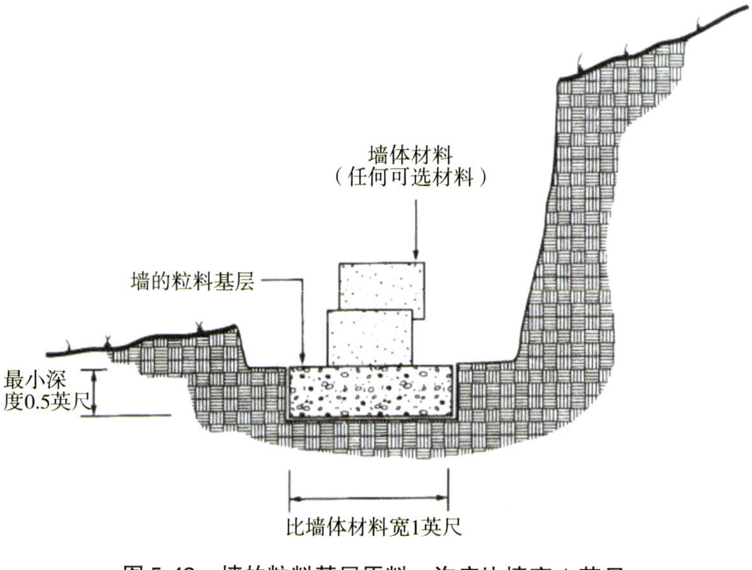


图 5-42　墙的粒料基层原料，沟应比墙宽 1 英尺

① 流状填充

在湿的地方对砂石粒地基材料压实的方法是采用中等级的流状填充。流状填充是一个比较薄的由与粉煤灰混合的混凝土制成的填充物，可以在已挖好的整个沟中流动。在进行流状填充时，沿着要建墙的线路挖一个最窄 2 英尺宽、深 1 英尺的沟。在沟里放进石头桩并标出地基材料顶端期望的高度。沿着沟在某点处

开始喷灌，用填充材料填满沟并达到预期坡度。如果流状填充材料流动性强，在不用刮板的情况下，它就可以自动形成水平面。要等到流状填充材料达到一定硬度后，才能开始建设墙。

② 地基梁

在土壤构成较不平整的地方，应该要求设计人员在地基梁上建造墙。地基梁是地层下的水泥支柱支撑着的钢筋混凝土地基（图5-43）。尽管这种方法不常用并且成本高，但是对支撑墙是十分有效的方法。地基梁施工时，开始进行挖掘并按设计人员设计的尺寸与位置浇铸支柱，同时在支柱中间还应加入一根贯穿顶部到底部的钢筋棒。在地基定线下，挖一个至少2英寸深的沙坑（一般按设计人员设计的尺寸进行挖掘），这可以防止地基底层发生霜冻时引起地面冻胀。这样就形成地基并且把钢筋水泥固定在从支柱伸出的短柱上。一般地基梁横断面面积为1平方英尺，地基梁横断面根据其使用环境的不同，尺寸也有所变化。浇铸前先确认支柱的顶端是否平整，并且正好在地基要求的高度上，浇铸地基并待凝固后移走模具。

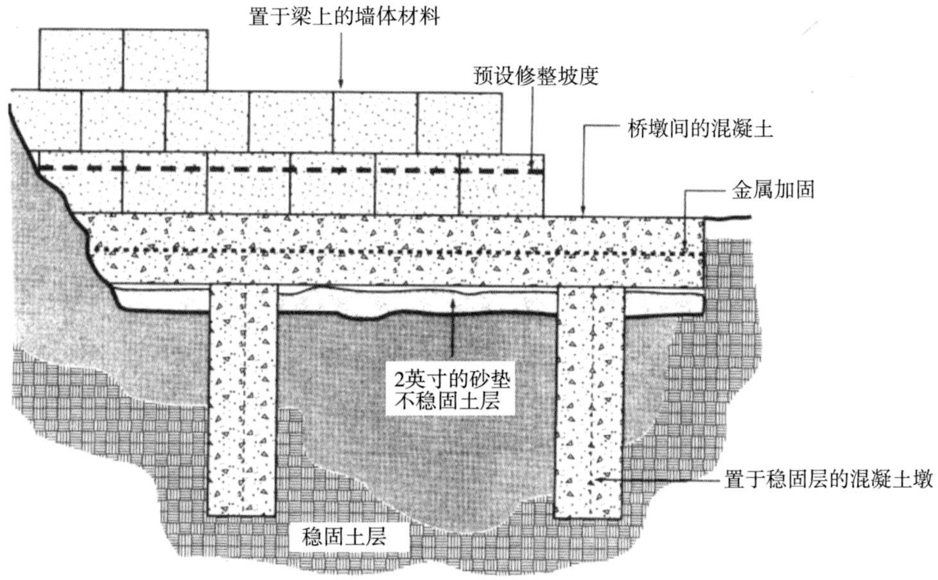


**图5-43　在恶劣的土壤条件中用于支持墙体的地基梁截面图**

（5）墙后排水

墙后水产生的压力过大是使墙倒塌的主要原因之一。当墙后水产生的压力足够大时，水能冲毁钢筋混凝土建造的墙。一般可以在墙地基处每隔6—8英尺挖一排水孔来排除墙后水，或让水从墙体材料之间的空隙自然流出。尽管利用排水孔和墙伸缩缝排水是经济有效的排水方式，但是更优的做法是在高度超出2英尺的墙后建一个排水管道，排水管道一般建在墙地基后（图5-44），在这个位置沿墙安置一个直径为4英寸的由纤维包着的瓦管，有助于排出多余的水，这个管道的长度由墙体的长短决定。若把独立排水尖角石填在瓦管上，则更有利于水渗到瓦管里。在墙后，选择适当的材料回填排水管道，会大大降低水对墙面的压力。应在墙后1英尺区域内填充直径为3/4英寸或1/2英寸的干净、易排水的尖角石材料。这些石材不会阻碍水向排水管流动，但会增加排水管内部的紧密程度。瓦管必须在墙的低处有一个坡度，如果墙的低处不能让瓦管通过，那么就要切开墙或者挖一个凹槽，让瓦管通过墙并且使空管可以集水。超过4英尺高的工程墙要沿着整个墙的长再增加一个瓦管，以便快速排出墙后水。

图 5-44 在挡土墙后安装排水管道

（6）墙后的夯实

墙后 1 英尺以外的区域要进行回填，回填土可以是原土或是其他地方运来的土。回填材料要逐层回填，每层夯实前不超过 1/2 英尺。仔细认真地选择墙内侧夯实方法，尽可能降低墙坍塌的风险。比如在距墙 5 英尺内，可以使用振动盘压缩机压实地面。在 5 英尺以外，可以用更重的设备进行夯实。不要在墙后一次踏压得过实以免推移墙体（图 5-45）。

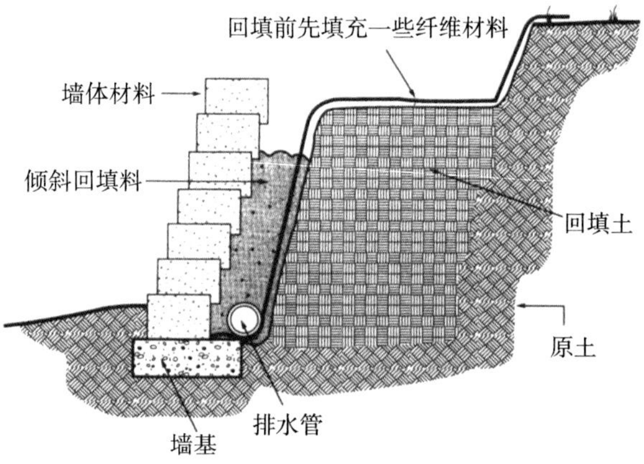


图 5-45 挡土墙后的夯实

① 埋设第一层墙地基

埋设墙地基是加强墙稳定性的首选措施。实际埋设深度根据设计人员或墙体材料生产厂商制定的工程标准而定。墙的第一层至少要埋设到地下，如果墙的高度比较低，埋设一层就可以了。对于任何墙体材料，都要挖掘一个至少能埋下一层墙的地基坑。地基坑深度以墙前面平整后的地面为准。无论墙的高度是多少，至少要埋下平整后地面的一层墙。许多墙体材料，尤其是墙体砌块材料，能够使用 2 英尺钢筋过材料孔将其固定在地基上。该方式可以固定墙的地基并抵抗外界对地基施加的压力。

② 倾斜

倾斜指向后倾斜或逐层倾斜。砌墙时可以轻微向后倾斜地基（一般从前向后倾斜大约1/4 英寸）。在砌墙结束后，每一层都向后倾斜。这种方法被称为层倒置倾斜，有助于固定墙，而且能保证材料水平。对于每 1 英尺高的墙，层倒置倾斜的范围为 1—2 英寸。大部分墙是采用这种方法，尤其是直线墙或外围曲线墙。

③ 台地

降低墙倒塌风险的另一种有效方法是限制墙的高度。尽管有些没有实际经验的设计人员设计了非常高的墙，但是实际中能够砌筑的最高高度建议为 4 英尺。在许多景观项目中，墙的高度标志着项目完成设计目标的程度。如果需要更高的墙，可以采用台地方式砌筑墙来实现。台地是砌筑一系列短墙的最好方法。应用台地，若没有任何其他工程要求，砌三段 4 英尺高的墙，就相当于砌了 12 英尺高的墙。台地对于那些有大量回填土或空间受限的地区在应用上有一定的限制。

台地墙首先从最低处开始建设，然后在墙后面进行平整土地，接下来建设另一个高处台地墙。两墙之间的坡度一般为向上斜坡的垂直高度在 0. 5—1 英尺。两墙之间的距离由两墙之间的坡度而定。一般而言，两墙之间的距离不能少于高墙高度的两倍。如果墙建在回填土上或上方有重型运输工具，要咨询设计人员，采用适当的方法去固定墙。

（7）墙的收尾

从景观角度来讲，墙的收尾不能突然停止，

而要采取一些过渡坡度的方法，其范围从墙前方逐渐减小坡度，到逐渐下台阶以达到平面（图5-46）。方法的选择取决于墙后的坡是下降的还是上升的。

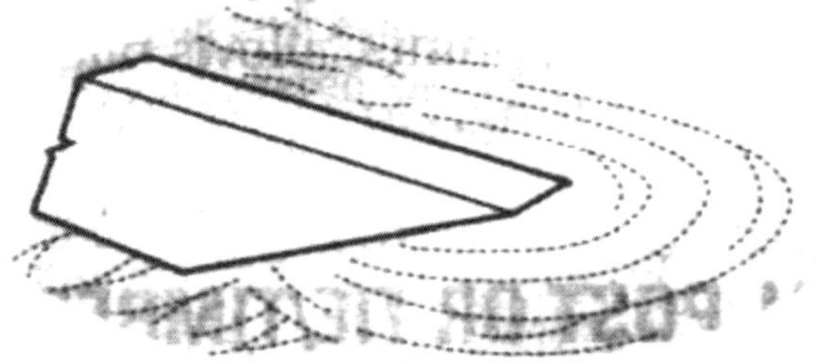

(a) 锥形坡面

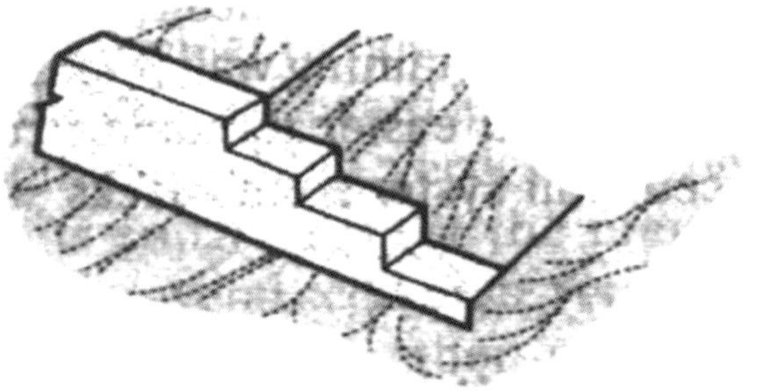

(b) 向下台阶墙

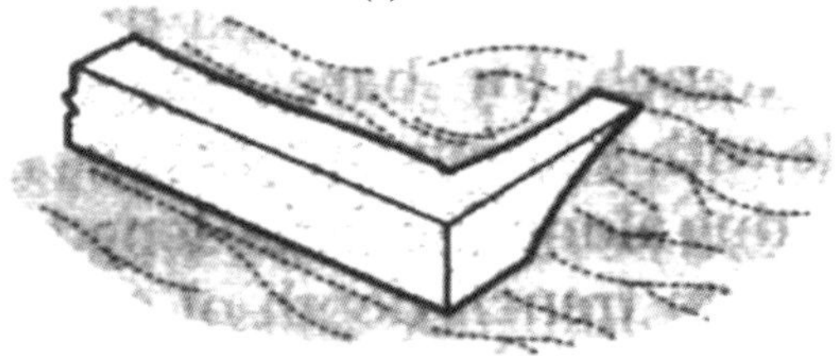

(c) 转折墙

**图 5-46　墙的收尾方法**

① 逐渐下降的坡

最简单的过渡坡度的方法是建挡土墙，在墙后回填。在墙结束位置前方，过渡坡坡度从高程较大的地方向高程小的地方倾斜，选择尽可能陡的坡度，保证其耐用且能减少水土流失。如要砌一高度为 4 英尺的墙，通常要在墙前方水平 10 英尺远的地方逐渐减小坡度。回填材料的过程要小心，以免对墙造成破坏。墙前方坡度要均匀地过渡到地平线。

② 墙逐层下降

当墙后方坡度减小时，墙从顶端逐层下降到底端，能够保证墙的平稳过渡。通过结束位置顶层实施这种过渡，在结束位置以外扩展几个底层单位。继续下移直到墙达到规定的坡度或在已存在坡度处结束。

③ 转折墙

如果没有足够的坡度可用于过渡，就要建设一小部分垂直墙作为转折墙。转折墙高度要与原墙一样，直到原墙能够逐层下降或在已存在坡度处结束。

（8）防止墙顶水流量过大

当墙砌在坡底或靠近铺设地面时，墙顶上流过大量的水是一个潜在的问题。可通过在靠近墙顶上的地方建一个沿着整个墙长度走向并与墙保持一定的坡面的洼地，以减少墙顶上的水流量（图 5-47）。这个洼地出口与污水入口处相连，以排空洼地水或在墙前面贮存部分水。对于铺设地面而言，一个排水洼地要安置一个能把水从墙处排出的侧面道牙。



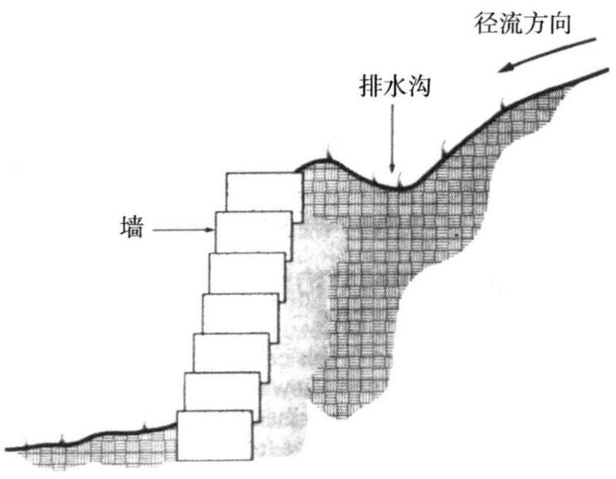


**图 5-47　挡土墙后地形构筑物的安装**

**2. 台阶**

当墙在坡地上产生一定水平面后，就要应用台阶在不同的水平面过渡。台阶与墙有联系，并且由于许多台阶项目被归并为墙项目，与台阶有关的规划信息不仅应用在作为墙的一部分工程的台阶中，而且也应用于预制混凝土台阶和作为景观建筑一部分的木质台阶中。

（1）台阶种类

台阶能够作为墙系统中的一部分，或是脱离墙，作为独立跨越缓坡的台阶。在一定情况下，可以铺设缓坡路面取代台阶。选择建设台阶的类型还要依据斜坡的平陡程度、距离长短、人员流动情况而定。无论何时，为了简化建设和方便各类行人，在台阶上方建设一段斜面坡路是一个明智的选择。若坡度超过 5%（长 100 英尺、高 5 英尺的坡面），需要考虑建设台阶作为项目的一部分。如果斜坡处不需要墙，则要多加自由独立台阶数以便行人通过斜坡。

当台阶作为墙的修建部分时，要求在建造台阶处的两边建造边墙。边墙走向垂直于挡土墙，和挡土墙一样高，并且至少要与台阶延伸到斜坡的距离一样远。边墙的修整工作取决于边墙是与台阶连接还是独立支撑。台阶材料最好使用与墙体材料同样的材料，这样可保持墙与台阶风格和尺寸的一致性。在一些情况下，同一种类型的材料不可行且不理想，当更换材料时，最重要的是考虑台阶材料与整个建设环境是否统一协调。最为普遍的选择是预制混凝土台阶。这种材料铸成后，能够安装成任一尺寸的踏步踢面和踏步面，并且能够和几乎所有边墙匹配（图 5-48、5-49）。

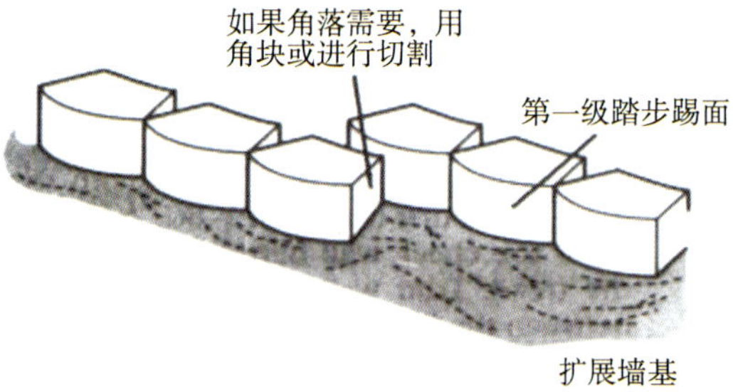

(a) 墙基和第一级台阶层

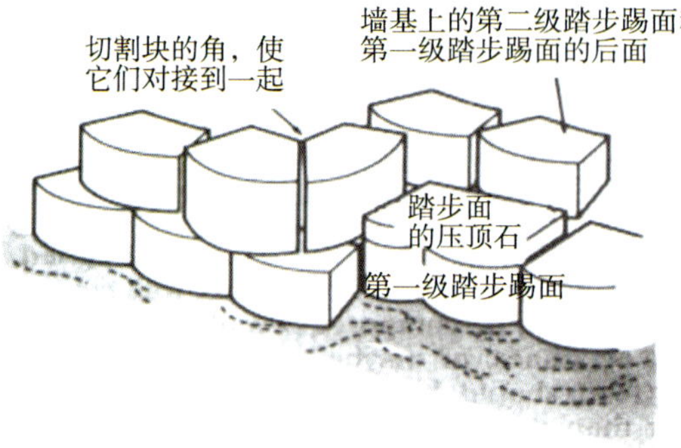

(b) 第二级台阶层

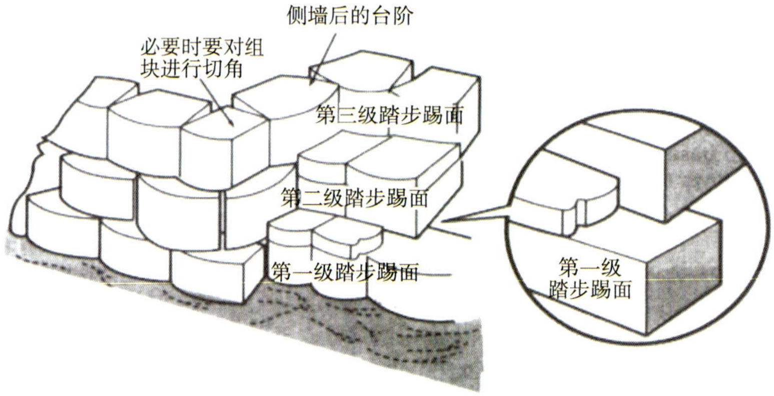

(c) 接下来的台阶

图 5-48　用预制弧形块建造交错台阶

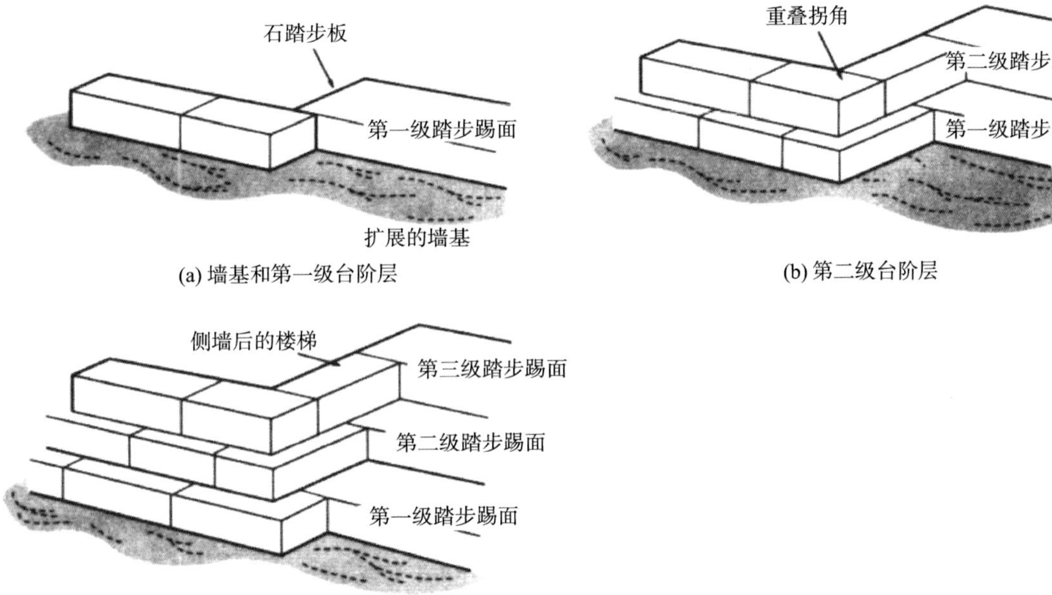

(c) 接下来的台阶

图 5-49　用干砌石头建造交错台阶

（2）独立台阶的材料选择

独立台阶几乎可以用任何材料建造。一般把材料归结为以下 4 大类。

① 混凝土台阶

混凝土台阶可以浇筑成任何高度的踏步踢面和踏步面，并且在边缘没有挡土墙的情况下，容易建成。

② 踏步面用水泥、砖或松散材料组成的木质框架

沿着山坡的台阶能够形成框架，在前面和两侧用木材或大型尺寸的木板，踏步面表面被贴上多种不同类型的材料。高一级台阶的前部都倚靠在低层台阶的两面。

③ 枕木式台阶

没有侧边，用松散物或草皮填充踏步面的台阶。对于非正式台阶，松木或枕木被放在每一层台阶上作为踏步面不用处理，或用松散物覆盖。

④ 埋叠木板材料的台阶

对于非正式台阶，在平地上可以铺设大量类似厚木板的材料，作为踏步踢面和踏步面。每一个连接的台阶都靠在低层台阶后边缘。用于建设这种类型台阶的材料包括预制混凝土、大块平滑石头、树木部分，或具有一定厚度和大型尺寸的其他材料。

## 六、景观铺地

大多数景观依靠铺地创建不同的外部空间环境，通过建设硬质地面，能够创建与打造人行道、小亭的入口空间以及在各种气候条件下使用的不同的功能空间。在许多项目中，铺地也是一种艺术，使用恰当的颜色、结构和材质能够增加项目的整体效果。如果铺地能够起到走路时脚不必踩在泥巴上的作用，那么有多种铺地材料可供选择，能产生除了功能性之外的良好艺术效果。

（1）选择铺地材料

① 混凝土

混凝土可使室外空间铺装表面具有良好的效果，其成本适中，并且表面效果多样，形式多样。由于建成的混凝土形状类型易达到设计要求，几乎所有的铺地形状都可实现。混凝土有多种完工效果，从铺设到着色，缓解了混凝土作为步行道外表艺术效果“乏味”的问题。由于混凝土外表和形式的多样性的增加，混凝

土也变得更昂贵。除了这些，混凝土一直是最佳的表面铺设材料之一。适合的混凝土铺地表现出优异的耐磨性和安全性，经常用在动力车辆区、商业街区和公共场合。

② 预制构件铺地材料

预制构件铺地材料包括石灰砖、交错混凝土铺地砖、泥砖铺装、预制混凝土构件、中空玻璃铺地和弹性铺地材料。由于它们的表面常带有具有艺术性的图纹，且有多种类型可供选择，所以预制构件铺地材料一直是铺地的理想材料。若地基或底层没有铺好，会对铺地效果产生影响，并产生安全隐患和缩短持久性等问题。这样，预制的混凝土也会产生裂缝。所有的预制构件铺地材料之间都有大量连接点，即使铺设效果好的铺地，连接点的缝隙也不易清扫。中空玻璃铺地材料一般铺在人或车通过的草皮上。中空玻璃铺地材料可用预制混凝土或附带一个网状的塑料环制成。用再循环材料制成弹性铺地材料，并且其铺设技术与预制混凝土材料铺设技术相同。弹性铺地材料一般应用在铺设地比较软的地方（比如运动场）。弹性材料的成本几乎是其他材料的 2 倍，因此，铺设弹性材料限制在特殊情况使用。

③ 石块

石灰石、砂岩、花岗岩、石板都是较受欢迎且具有良好艺术效果的铺地材料。对石头铺地艺术效果的追求使其铺设成本高且铺设技术要求高。使用的材料影响着价格，在采石场附近使用的石头成本低，但是石头的强度和安全性不能与高价格石料相比，尤其是公共场所的石块铺装，持久性和安全性同那些预制构件铺地材料相同。石头铺地产生不规则的连接点，存在滑倒和扫雪困难等问题。地基的任何变形或积水都可能使石头错位，产生严重问题。一般仅在机动车路、商业街区以及公共场所铺设石头（比如花岗岩和棱石在持久的地基上铺设）。铺路石板多数被用来铺设不规则的人行道。无灰浆的台阶石被铺设在土面或薄砂粒地基上是比较经济的，但是这种材料仅适用于私人庭院。

④ 灰浆

灰浆铺地使用像混凝土一样的混合物，需要用灰浆去填充空隙和支撑铺地材料。灰浆也被用在填充连接处（包括铺地砖之间）的空隙来防止水渗漏。能够作为灰浆铺地的材料有瓦管、砖（通常是非灰浆砖厚度的一半厚）及石头（尤其是自由形状的石头），如果铺得好并且维护得好，灰浆铺地还是有一定持久性的。即使允许水渗入连接处，最终水还是会损坏铺装表面，这种情况在寒冷地区更严重。灰浆铺地的艺术效果好，但是与其他铺地材料相比，铺设相对困难，成本高。若维护得当，灰浆铺地的强度可以维持；如果铺设技术不当，铺地维护不佳，地基材料使用得不合理，那么将产生灰浆铺地不持久的问题。经维护的铺地表面一般是安全的，而没有维护的表面将会产生滑动问题。

⑤ 砂粒

砂粒铺地通常用在车行道、人行道、小路，以及居住区室外。砂粒铺地材料包括砂石、碎石、小砾石和其他像小块砖之类的持久性材料。应根据需要认真选择材料，考察材料的用途和有效位置。薄砂粒铺地的应用仅在居住区室外和庭院人行道中表现出耐久性。砂粒铺地的艺术性是中性的，尽管它们能提供连续的纹理和颜色，但是不需要较高的技术水平。砂粒铺地的铺设相对容易，成本也较低，因而在居住区常使用。需利用持久性的材料，比如石头、砖或混凝土等作为砂粒铺地的边界，尽管这可以提升人行道或居住区室外铺地的艺术效果，但也增加了铺地的成本。用这些材料铺地存在一些安全隐患，比如冲刷、松散以及尖锐的砂粒。砂粒铺地维护费用高，要经常进行表面冲洗、边界维护和整平，以及清除铺地内废弃材料。在防止腐蚀和维护公众安全的地方，最好不使用砂粒铺地。

⑥ 沥青

热的混合沥青铺地经常被用在公路、机动

车道、人行道、小路等景观项目。灵活多样的铺设方式使沥青也可以作为预制构件铺地材料的地基材料。沥青铺地材料是一种由结合料、集料和矿粉等混合组成的一种经过加热到高温后增强其功效和黏合力的材料。在沥青加热时，应用特殊扩撒、压实设备将其铺设到人行道或机动车路表面上。在平坦的地基面上，沥青相对易于铺设。由于沥青艺术表面的局限性，沥青很少用于艺术效果要求高的铺地工程中。沥青成本是依据劳动力成本和材料价格决定的。铺设沥青需要对材料及设备熟悉的技术工人并使用特殊的设备。沥青的变形——冷沥青有类似的结构，仅用来修补已铺坏的地面。

（2）工程布线

对项目进行准确的测量和利用标桩、细线定点放线，将有助于引导最初的挖掘。用白灰或粉笔（用粉笔画上地基线）画线比用细线布线容易得多。标记并挖掘一个比实际铺地面远1—2英尺的地方，搭设一个跳板，可用于施工或用来过渡，使新铺设的地面与坡度相适应。

（3）除去草皮

把整个施工场地的草皮除去，并放在庭院中供下次用或堆肥。草皮被清除后，标出项目边界，用坡度标桩确定项目高程。

（4）调整现存的混凝土和沥青路面

当新的铺地与旧的预制混凝土或沥青铺设的铺地相邻时，在新铺地的位置设立一个直边是有益处的。通常使用切割锯或动力混凝土锯标记并切割一条直线作为一个现存铺地的边界。要垂直切割并且切透铺装层，用凿子开凿粗略的边界，挖出原来的铺地材料，并为新的铺地材料准备一个边界。混凝土铺地也要求将已存铺地与新铺地连接。如果切割地面为沥青，喷洒黏性覆盖物用以增强新铺地的黏接性。

（5）挖掘

应用有效的方式，挖掘多余土以保证达到预期铺地的深度。对于需要边界的铺地，地基挖掘要伸到已铺设地边界1英尺以外，作为边界。在坡度标桩之间拉一个细线绳，以检查其挖掘的深度。挖得过深，由于填充物原因，会降低铺地的稳定性，在回填边界时，要应用事先堆积的多余表层土。挖掘的实际深度由使用的表面材料、地基土壤条件和通过铺地的车辆重量决定。

① 初级坡度准备

由于铺地能产生相对平坦的表面，并且有点坡度易于排水，因此形成适当坡度是十分重要的。如果建设太陡的坡度，将会导致表面施工困难和表面侧滑，但没有坡度又不利于排水，坡度也可以直接使水排离建筑物。大多数铺地中都用2%的坡度。平的斜坡（甚至全部表面只有一个方向的坡面）最容易建设并且排水效果最好，但有时候有必要使用变化的或弯曲的斜坡面，在铺设地调整排水系统，与现有高差相适应，拐弯使施工变得困难，但是对排水系统是有益的。

② 地下设施应用

因为铺地不容易改变，在铺地之前确保可能会影响施工的其他工程先完成是十分重要的。这些区域的所有地下设施都要铺设好、填充铺地下面的沟且压实。如果未来有预期使用的设施，可以铺设空的管道。

③ 校正地基问题

最好的地基是不受干扰的砂子—石灰土壤。把地基材料铺在表土层上面或未压实的土壤上会导致地质不稳固，而使铺地变形。因而应该挖走不适合的材料并且用地基材料回填。

④ 平整地基准备或地基压实

没受过扰动的土是最适宜的地基土。在铺地施工建设的地方，适当地压实地基是必要的。如果一个供铺地的平面要建一面墙，应先把墙建起来，再回填并压实地基以符合地基标准。在地基压实后，要确保通过所有地基的车辆都不对地基产生破坏，或者已存在的道路也保护地基不受破坏。检查地下和地基的压实程度有利于确认铺地基础的稳定性。

（6）铺设地下纺织物

为了使地基与地下土壤分开，在使用预制构件铺地材料、石块和砂料铺设的地基与地下土壤之间，一般铺设一层地下纺织物。考虑到耐磨性，应选择适当的纺织编织物，不能用杂草栅栏代替地下纤维。在地下层上面，铺设纤维并且延伸到工程整个周边所有建筑结构和挖的坑的边界处。在施工期间，把纤维钉在建筑物上以保证其不碍事。铺设完成后，切掉多余边。

（7）铺设地基材料

虽然地理位置不同，选择的地基材料也不同，但是在大多数地区，研碎砂石的粒径的范围都要以通过孔为 3/4 英寸的筛子为最佳。在有些地方，这一材料称为 3/4 英寸公路石。当压实时，这种混合物通常对居住区铺地项目很有帮助。地基材料有一定湿度，并且在挤压时能够成团。在施工期间，要求浇湿干燥材料并且压实。

用耙子或刮板刮平地基材料，铺设的地基材料一般为 2 英寸厚。移出所有土壤渣土块或其他垃圾，并且用平盘压实机按照不同的角度进行两次压实操作。最佳的压实方法是从边界向中心压，或从低处向高处压，或沿上下坡来回压实。

在每一层铺设完后，检查地基厚度，预定坡度偏差不能大于 3/8 英寸。在一缓坡区域铺平地基时，首先沿着结构或现存边界检查合适的高差。从一边按适当坡度检查施工的地基边缘。在这些边界之间，用细线或直板通过中心检查最高点和最低点。也可应用长滚筒在表面滚动来检查地基以找出凸起或凹陷的地方，用彩笔标记出不平的地方。如果地基低，增加一薄层；若地基高，用耙子刮掉多余部分。重新压实并检查平整地基的适宜坡度。重复上述过程直至铺完地基。

（8）铺地表面饰边

在地基铺设后和铺地之前，要铺设边缘材料，这些材料的选择是依据铺地材料的不同而定的。大多数边缘的铺设要求有特殊施工技术，并且对已铺好的地面破坏性较大。在部分铺地材料破切或铺设之前铺设边缘效果会更好。另外一些边缘材料在大部分铺地已经完成以后铺设效果会好。下文描述了景观铺地普遍应用的边缘类型和铺地技术（图 5-50）。

① 石头（预先或铺地后铺设）

对于干砌和灰砖边缘，用石头铺设是可行的。如果在设计中到处都用石头，能够把其他材料带入铺地地面。除非应用稳定的埋藏深度，在必须进行铺装铺设的表面，建议最好不用石头边缘。用石头作边缘时，应选择大型的石头材料，一般是 4—8 英寸宽。长的石头稳定性高，短的石头一般被用在转角处。在铺设地面周围挖一个沟并把石头按照事先预计的坡度级别铺设起来。如果有需要，在石头底下铺设一排景观纤维，有助于减少石块间空隙中杂草的生长。铺设以后，在边界外回填并压实，并在边界内部铺设铺装层［图 5-50（a）］。

② 混凝土（预先铺设）

混凝土作为铺地边缘，耐磨性强且持续时间长。铺设铺地边缘，首先沿着要铺设铺地边缘周围挖一个沟，确认沟的深度与选择铺地材料的厚度相适应。如果太深，用砂粒回填。建成形态与铺地完成后表层形态相同，用混凝土填充后铺设就完成了［图 5-50（b）］。

③ 预制混凝土（预先铺设）

应用预制混凝土边缘以确保大多数预制构件铺地材料的铺设。在铺设地基和铺地之前，先铺设预制混凝土边缘。标出边缘位置并且铺设混凝土块。如果考虑用道钉，确保用 10 英寸道钉钉入地基。用地基材料填充铺地块与边缘之间的空隙。在铺设铺地材料前，先把铺设地周围填满并且压实［图 5-50（c）］。

④ 塑料（预先或铺地后铺设）

铺设混凝土块的标准是使用专门设计的灵活多变的塑料边缘材料作为边界。这一边缘材料有凹口，所以能够被弯成很小的半径，并且能用金属标桩或道钉固定，安装后是不可见的。在铺设地基之前，或者在完成全部地面铺设后边缘材料被切割和铺设之前，安装塑料边缘材料。事先铺设塑料边缘要求标记铺地边缘位置。

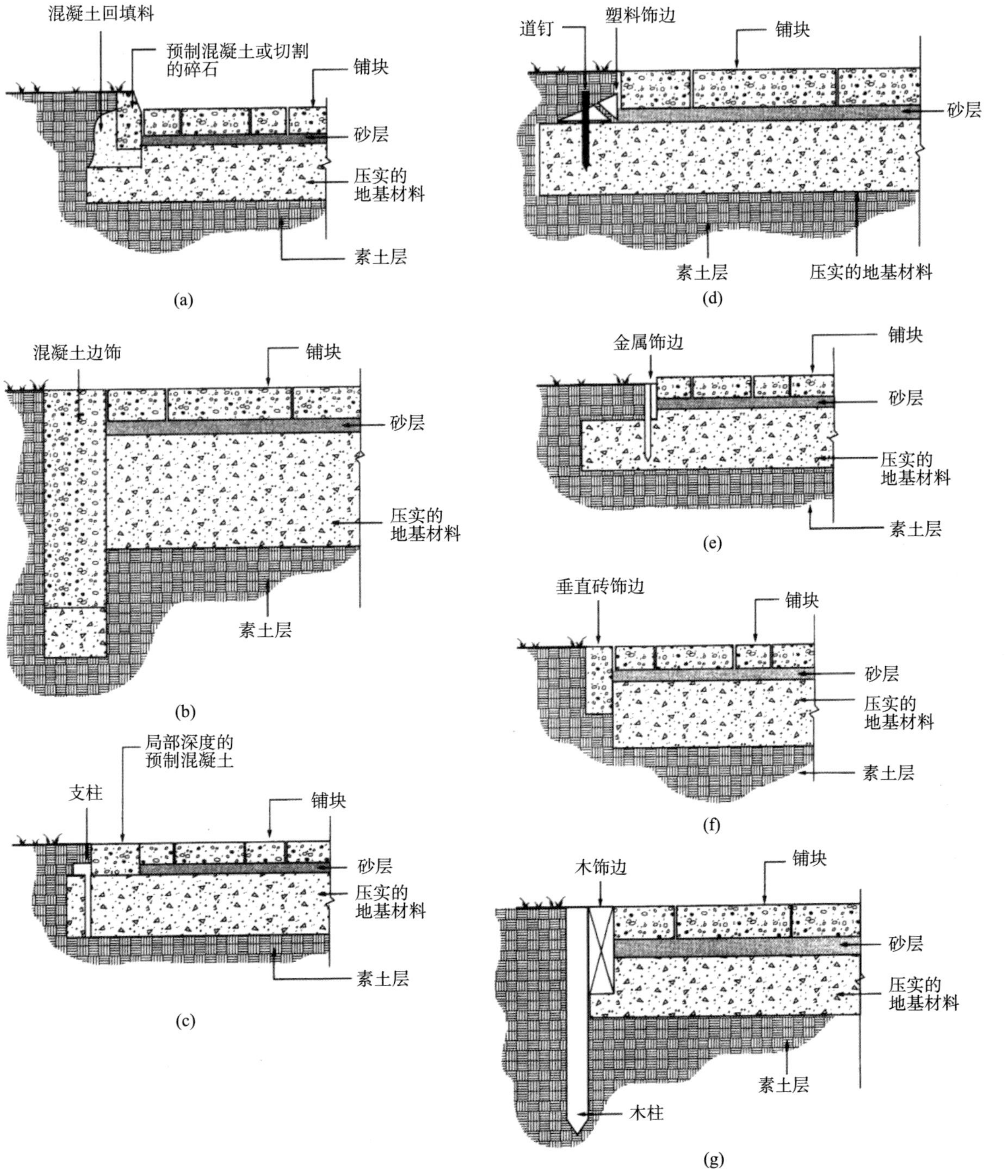


**图 5-50　铺面的固定边界**

把铺地边缘材料牢固地放在地基上并且用标桩或 10 英寸道钉固定。剪切塑料边缘材料以适应要求。连接处要尽可能紧，用纺织物覆盖空隙处以防止地基渗水。应用这种边缘作为整平板来指导地基铺设［图 5-50（d）］。

⑤ 金属（铺地后安装）

应用金属边缘能够把铺地材料固定在恰当的位置。在所有的铺地材料被剪切和铺设后，铺设金属边缘。在铺地面的每一边测定铺设边缘的尺寸和铺设边缘所需金属材料的件数，以确保整个周边被围合。应用金属刀具，沿着铺地地基垂直边缘界面方向切出地基垫层砂。从转角开始铺设，靠着铺地侧面，把金属边缘材料推到铺地材料底下1英寸处。穿过通过边缘位置的凹槽，沿着边缘把边界标桩钉入地基1英尺深。安装完后，迅速回填边缘周边并且压实［图5-50（e）］。

⑥ 垂直砖（铺地后安装）

这种方法对保持铺地材料的稳定有局限性，但对于砖材料地面效果良好。铺地完成以后，应铺设边缘垂直砖材料，包括半砖或部分砖。为了铺设垂直砖边界，要沿着铺地周围认真挖掘一个9英寸深的沟。沟必须是垂直边界，沿着铺地边界外面直线向下。在沟里放一些小的砂粒材料并且把砖对着铺块垂直放置。通过添加或移出砂粒材料，调整边缘砖高度，使其与已铺设地面保持水平。在铺设砖后，立即回填边缘周边空隙并且压实。有土壤的地方，可以通过回填一些灰浆大大增强垂直砖的稳定性。当灰浆硬化后，用土覆盖灰浆［图5-50（f）］。

⑦ 木材（预先或铺地后安装）

木材边缘的应用有一定的限制。由于木材本身易弯、易腐，并在霜冻情况下变严重，因此一般是在短时间使用时才予以考虑。这种边缘材料被安装后，切下部分多余材料或补充缺少的材料。安装木材边缘材料，选择耐腐蚀、方形标准板材并且按照已铺地边缘长度进行切割，最后需用木材防腐剂进行保护。沿着铺地面外界边缘挖一个5英尺深的垂直沟，把木材放在沟里，紧靠已铺地面边缘。为了增加边缘材料的稳定性，沿着边缘边界每隔2英尺，钉入一个2英寸×2英寸的标桩。使用镀锌钉子把标桩固定在边缘材料上，回填周边空隙处并且压实［图5-50（g）］。

# 第四节 ◉
# 经典景观构筑设计案例

## 一、微山湖绿道湿地田园区方案设计（AECOM 公司设计作品）（图 5-51—图 5-59）

微山湖绿岛湿地田园区方案设计
WEISHAN LAKE WETLAND FARMLAND SCHEMATIC DESIGN

**总平面图**
MASTERPLAN

① 净化湿地
② 主入口访客中心
③ 浪漫田园(景观梳理后低强度发展)
④ 阅微草堂(多功能艺术会所)
⑤ 艺术绿岛+编制DIY工坊
⑥ 碧野漫舟(田水花园)
⑦ 如意茶舍+麦田迷宫
⑧ 欢乐田园(户外田园体验)
⑨ 溪涧林语
⑩ 中草药体验园
⑪ 生态拓展林地
⑫ 复育林地(保留现状)+SPA/氧吧
⑬ 演替展示湿地
⑭ 现状小学及住宅区
⑮ 婚纱摄影基地
⑯ 薛河村
⑰ 京杭运河
⑱ 新薛河
⑲ 南庄河
⑳ 观鸟绿洲湿地景区
㉑ 南部新城
㉒ 演艺中心
㉓ 田园地景/热气球
㉔ 次入口

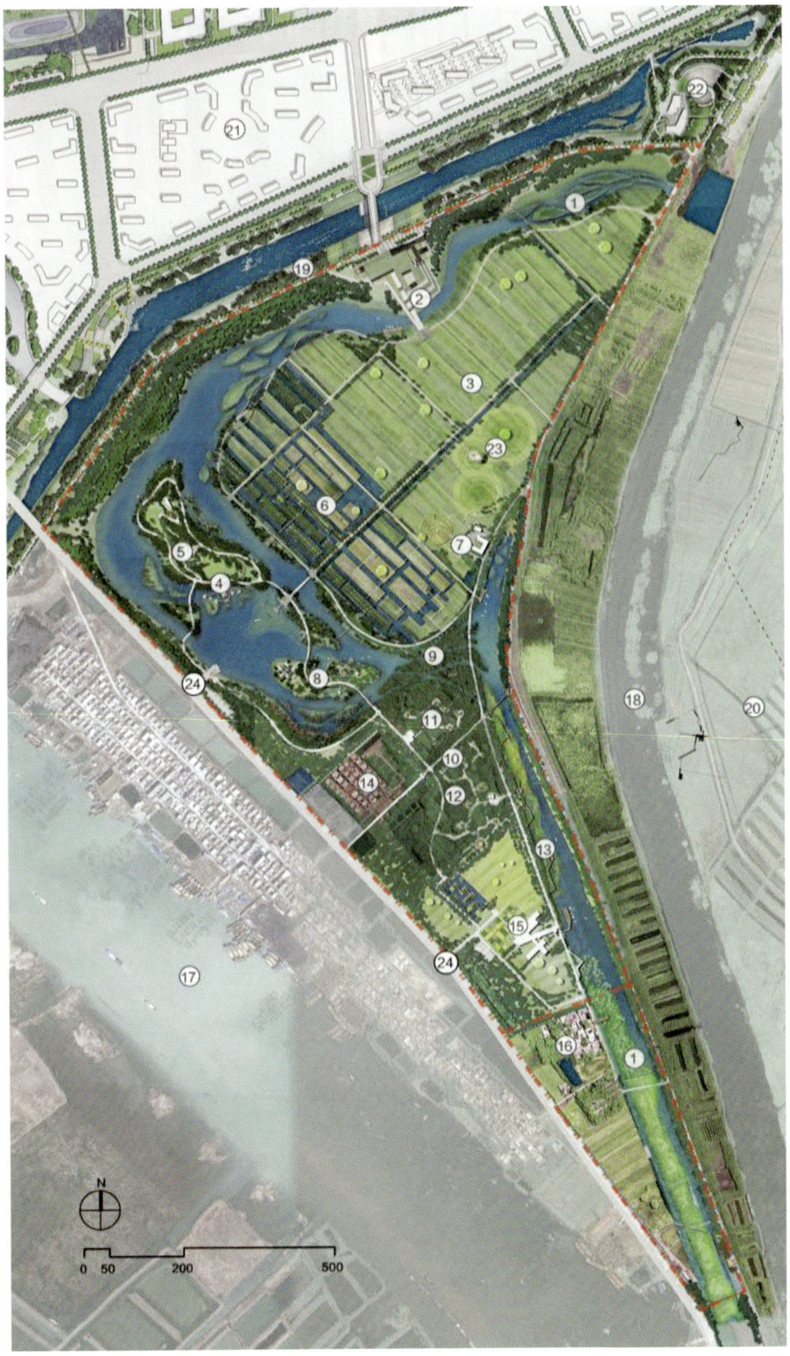


图 5-51　总平面图

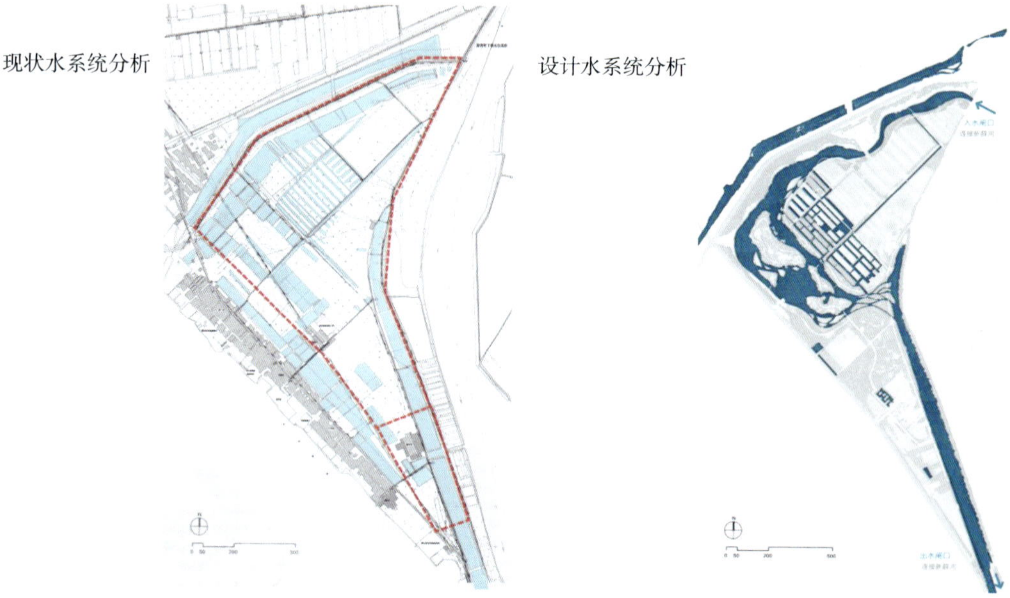


图 5-52 现状系统分析与设计水系统分析图

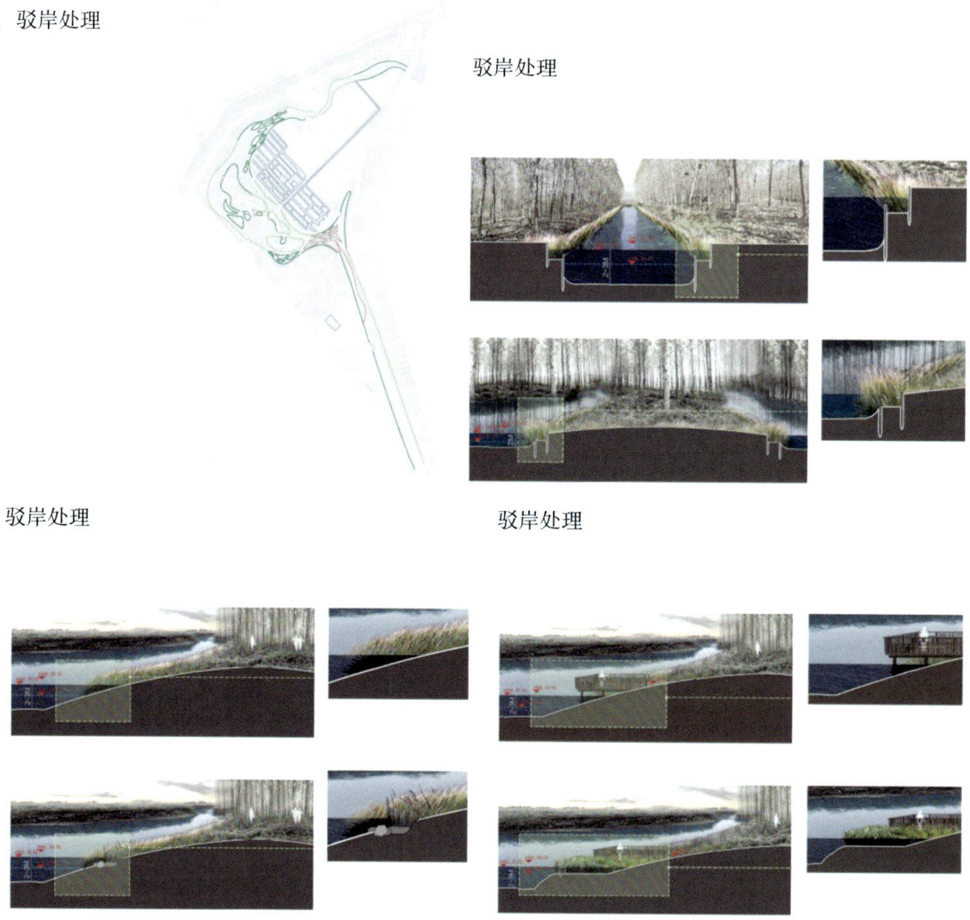


图 5-53 驳岸处理分析图

区域环境格局设计
REGIONAL ENVIRONMENTAL PATTERN DESIGN

融合场地区位生态效应

发挥园区区域生态服务

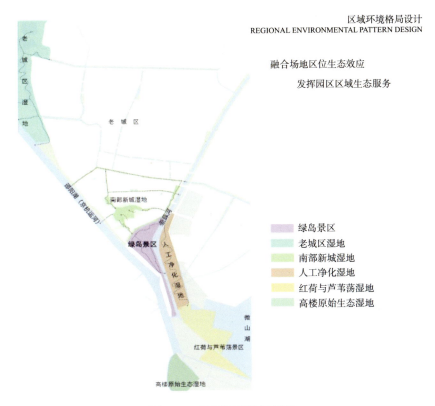

图 5-54　区域环境格局设计

环境敏感度分析
ENVIRONMENTAL SENSITIVITY

综合环境敏感布局研究

因地制宜实施可持续设计

| 敏感分区 | 策略 | 生态功能 |
|---|---|---|
| 高敏感区 | 高限制性开发<br>尊重和保护现状林地，减少斑块破碎化<br>有针对性地增强斑块与周边自然资源的联通性 | 生态保育核心斑块<br>高级别生态通廊<br>生物栖息<br>水土保护 |
| 中敏感区 | 中限制性开发<br>充分 利用并优化<br>在林地、鱼塘、湿地创建多元生境水系连通 | 生态缓冲<br>中级别生态通廊<br>水源涵养<br>防洪 |
| 低敏感区 | 中低限制性开发，注意环境影响最小化<br>通过优化现有农业用地，提升片区生态功能 | 生态缓冲 |

图 5-55　环境敏感度分析

图 5-56　整体环境策略

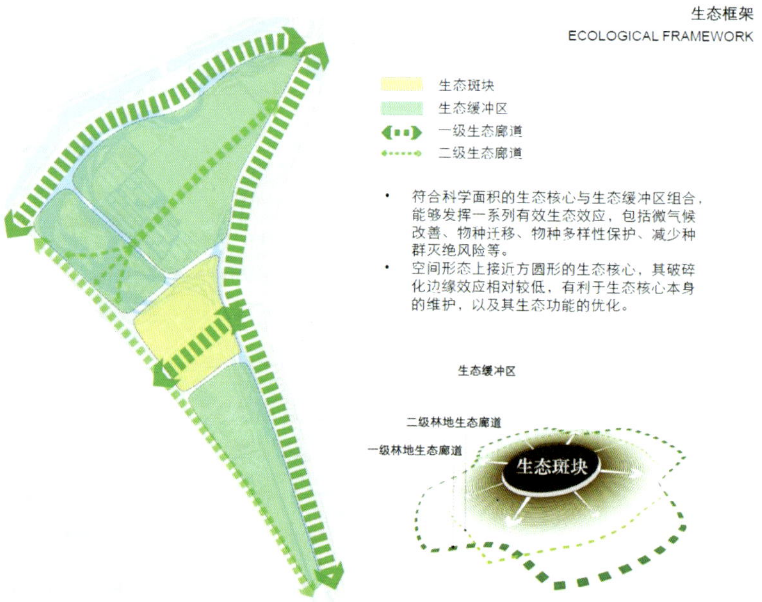


| 生态肌理 | 景观肌理 | 生态功能 |
|---|---|---|
| 生态斑块 | 多彩林斑 | 生态核心、种库 |
| 生态缓冲区 | 多彩林地<br>多彩农地 | 生态缓冲、生态辐射 |
| 生态廊道 | 绿色树列、树阵、湿地 | 物种迁徙交流 |

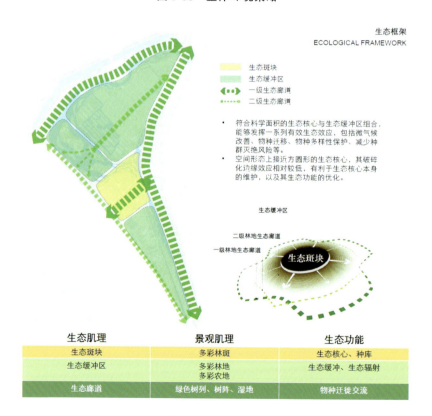

图 5-57　生态框架

结合现状生境，顺势优化

| 生境 | 模式片区 | 生境功能 |
| --- | --- | --- |
| 林地 | 林地复育区(核心斑块) | 生态斑块 |
| | 其他林地复育区 | 生态踏脚石、生态廊道 |
| | 林地营造区 | 生态缓冲、生态廊道 |
| 湿地 | 净水湿地复育区 | 水质净化、水禽栖息 |
| | 景观湿地复育区 | 水源涵养、湿地植物教育 |
| | 演替湿地营造区 | 湿地生态教育、水禽栖息 |
| 农田 | 农田复育区 | 生态缓冲、农作经济 |

现状生境

图 5-58　基地总体生境营造

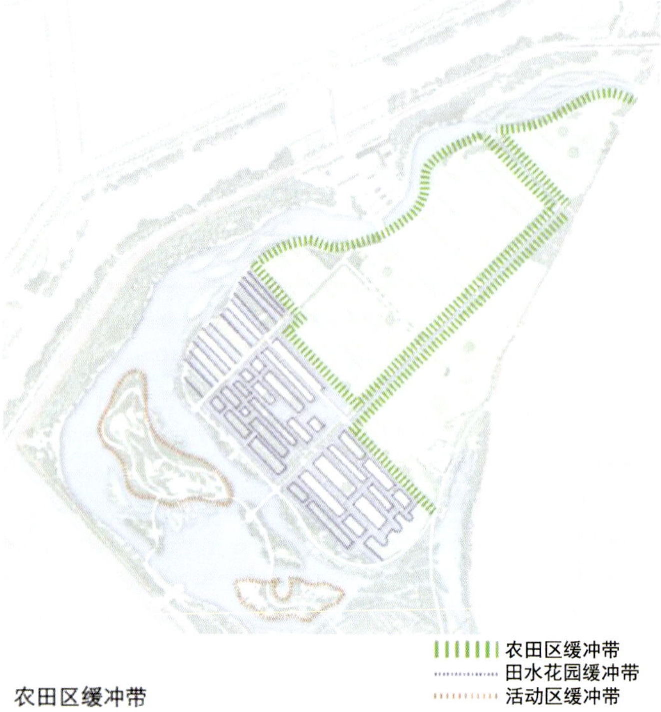


## 水系运作方案

**水质净化设施**——滨河缓冲带

由于未来基地内产生的污染物质类型和地块的开发模式具有直接关系，应科学合理地设计滨水缓冲带的宽度和植被结构，最小化可能产生的水质风险。

1）宽度设置：
- 农田区缓冲带宽度为 15—20 m。
- 田水花园缓冲带宽度为 1—2 m。
- 活动区缓冲带宽度为 5—10 m。

2）植被结构：
- 农田区：径流污染中有机物含量较高，适合采用“四带”模式，即由河道至陆地分别为水生植物带、乔木带、乔灌丛带、草皮带。
- 田水花园：适合采用水生植物带辅以草皮的植被结构。
- 活动区：适合采用“双带”模式，即由河道至陆地分别为生长浓密且迅速的草皮、乔灌木带，该结构对拦截悬浮颗粒物具有显著作用。

农田区缓冲带

田水花园缓冲带

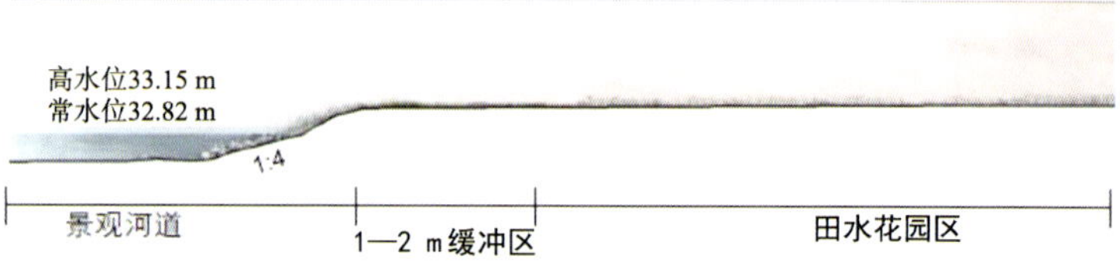


活动区缓冲带

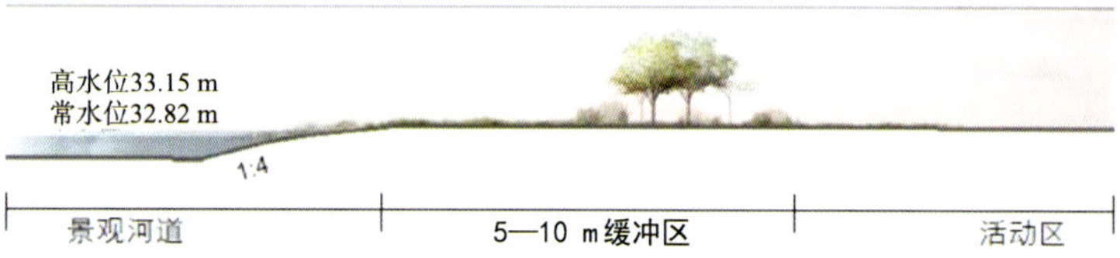

图 5-59　水系提升策略

## 二、武汉商业广场概念性设计方案（SWA 公司设计作品）（图 5-60—图 5-66）

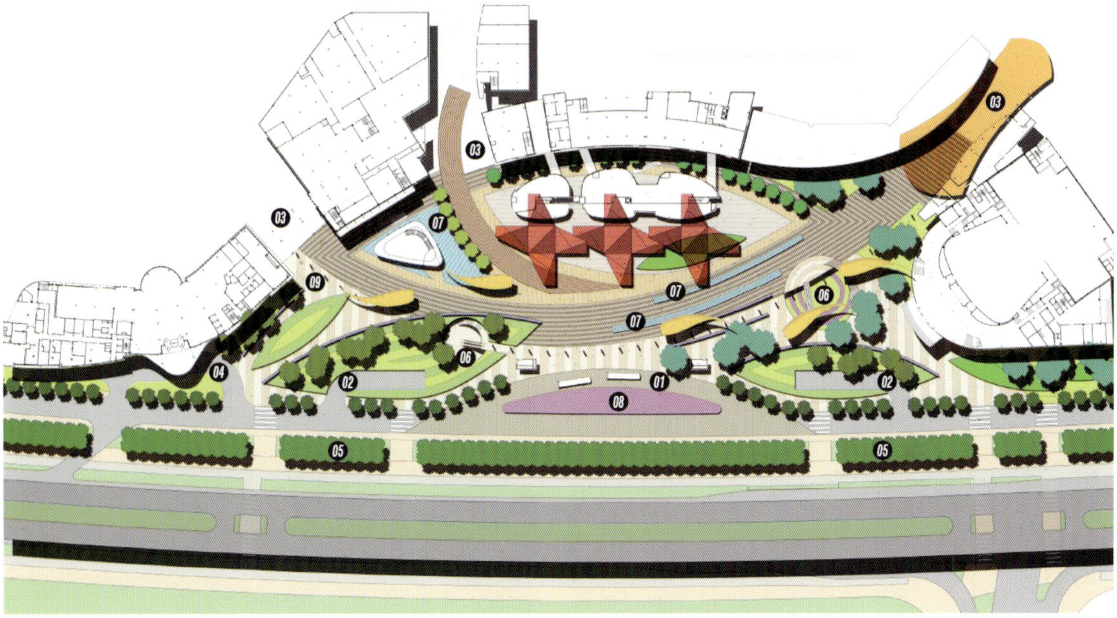

01 PLAZA'S BUS DROP-OFF 广场的公交车上下客区
02 GARAGE EXIT/ENTRY 地下停车场入口
03 MAIN ENTRANCE TO HAPPY VALLEY 通往欢乐谷各内容的主要入口
04 HOTEL DROP-OFF 宾馆上下客区
05 GREEN BELT BETWWEN PLAZA AND EXPRESSWAY 景观带，位于广场和高速路之间
06 EMERGENCY ACCESS 地下消防疏散口
07 WATER FEATURE 水景
08 SEASONAL FLOWERING PLANTS 季节性花卉植物
09 SPECIAL LIGHTING COLUMN 特色照明灯柱

图 5-60　方案 1 总平面图

01 大树及树下荫凉休憩空间

01 大树及树下荫凉休憩空间
02 不同颜色的植被相间种植，组成锦缎般的纹理

01 大树及树下荫凉休憩空间

02 不同颜色的植被相间种植，组成锦缎般的纹理

图 5-61　方案 1 植物配置意向

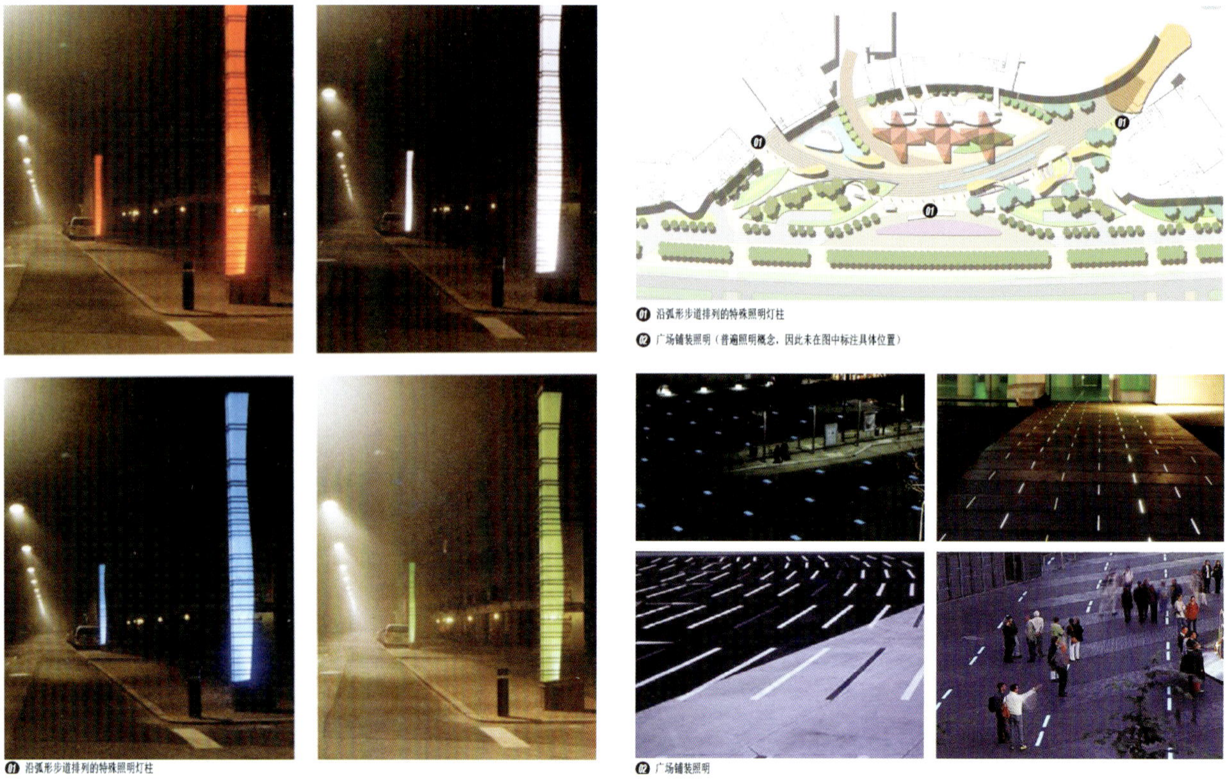


图 5-62　方案 1 灯具与铺装意向

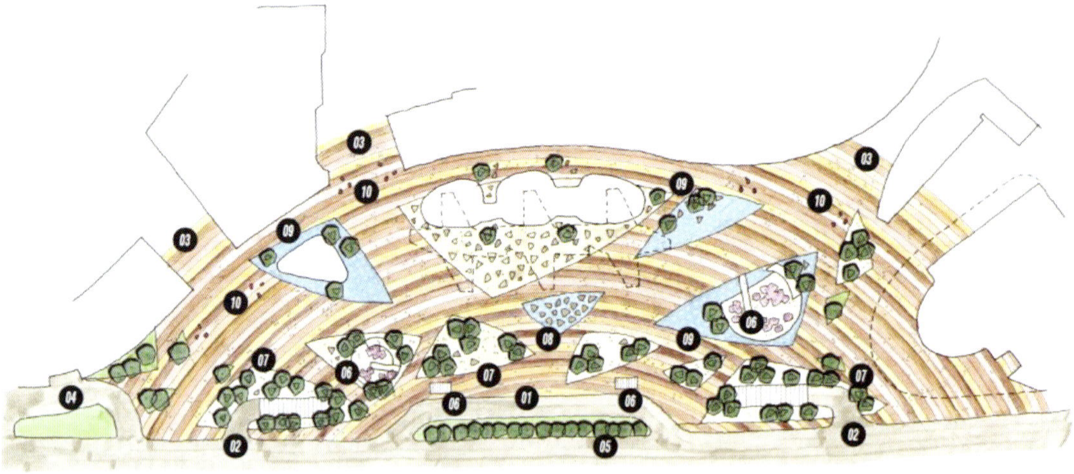

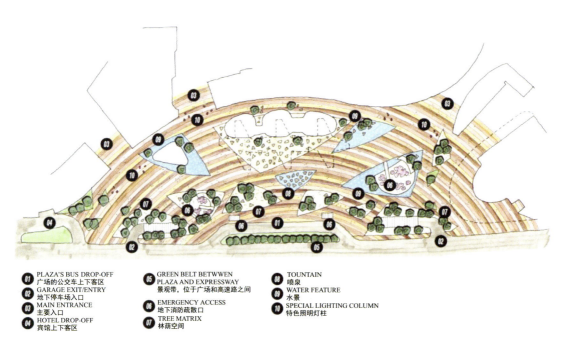

01 PLAZA'S BUS DROP-OFF 广场的公交车上下客区
02 GARAGE EXIT/ENTRY 地下停车场入口
03 MAIN ENTRANCE 主要入口
04 HOTEL DROP-OFF 宾馆上下客区
05 GREEN BELT BETWWEN PLAZA AND EXPRESSWAY 景观带，位于广场和高速路之间
06 EMERGENCY ACCESS 地下消防疏散口
07 TREE MATRIX 林荫空间
08 TOUNTAIN 喷泉
09 WATER FEATURE 水景
10 SPECIAL LIGHTING COLUMN 特色照明灯柱

图 5-63　方案 2 总平面图

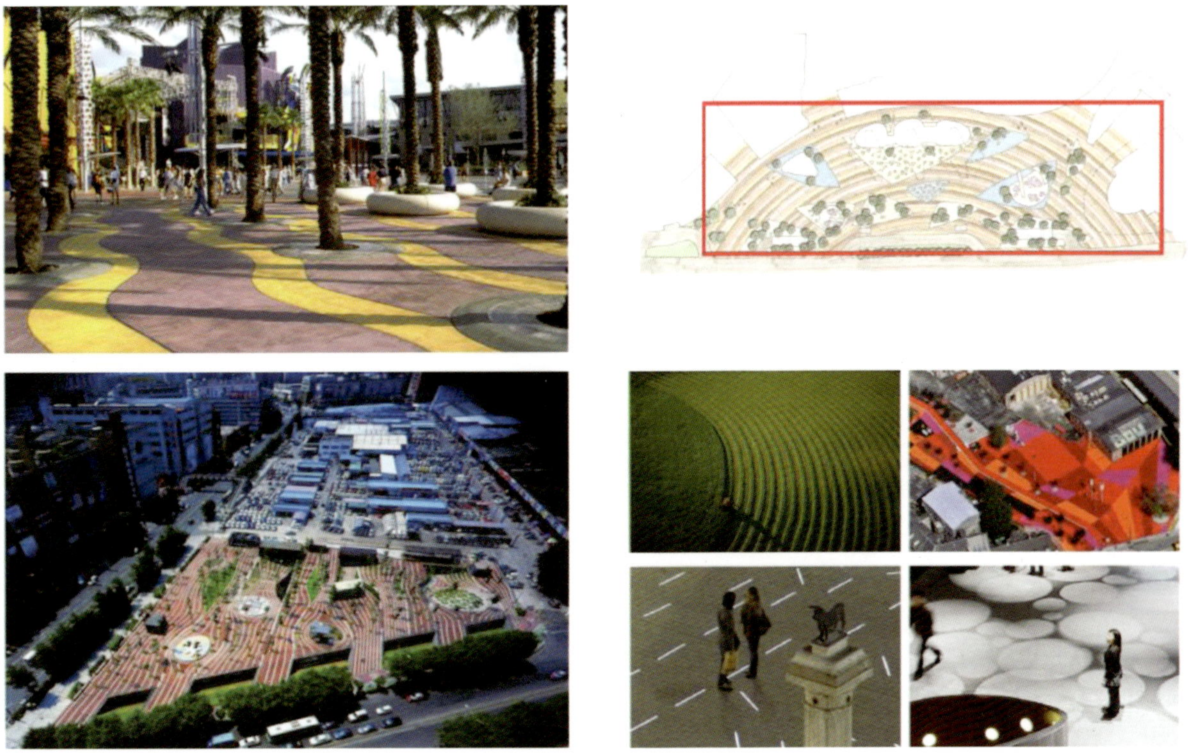

图 5-64　方案 2 铺装意向

图 5-65　方案 2 水景意向

## 三、莱蒙创智谷概念设计方案（AECOM 公司设计作品）（图 5-66—图 5-67）

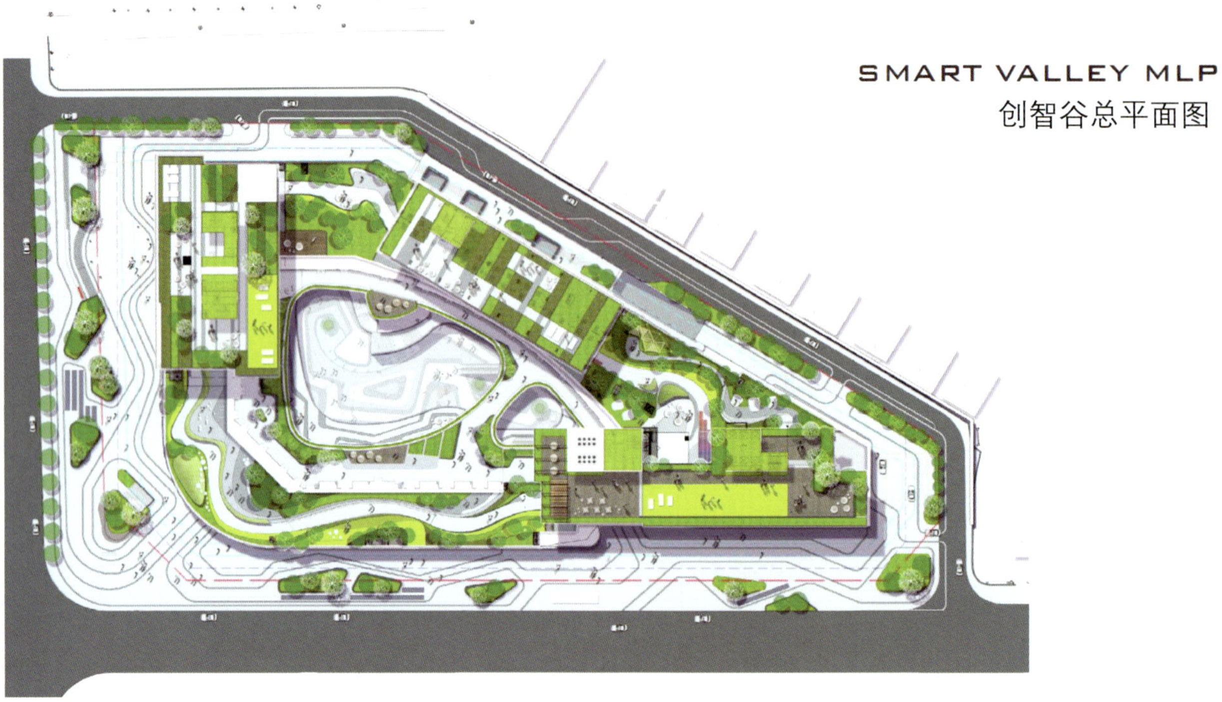


图 5-66 总平面图

## L3 - LEISURE CORRIDOR
L3 休闲长廊

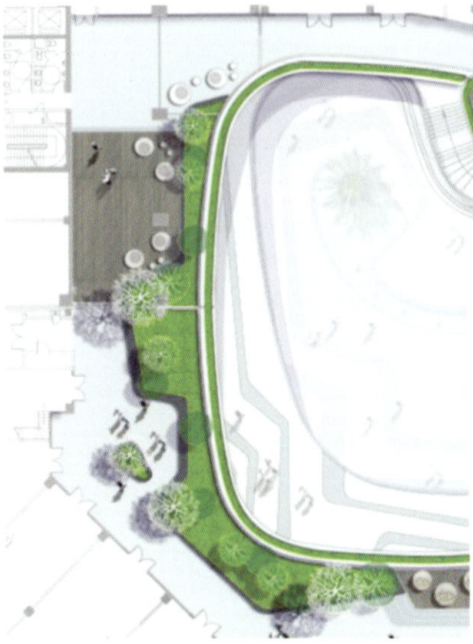

## L5 - CREATIVE GARDEN
L5 创想花园



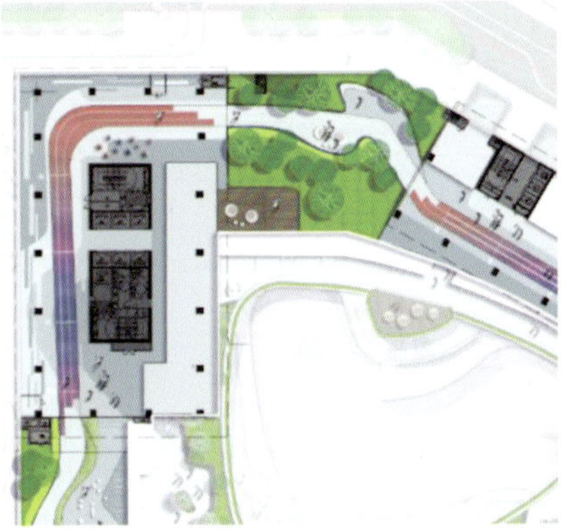

## TERRACE GARDENS - OPTION 3
露台花园方案三

图 5-67　设计意向图

## 四、泰禾北京院子景观方案设计（奥雅景观设计作品）（图 5-68—图 5-72）

图 5-68　总平面图

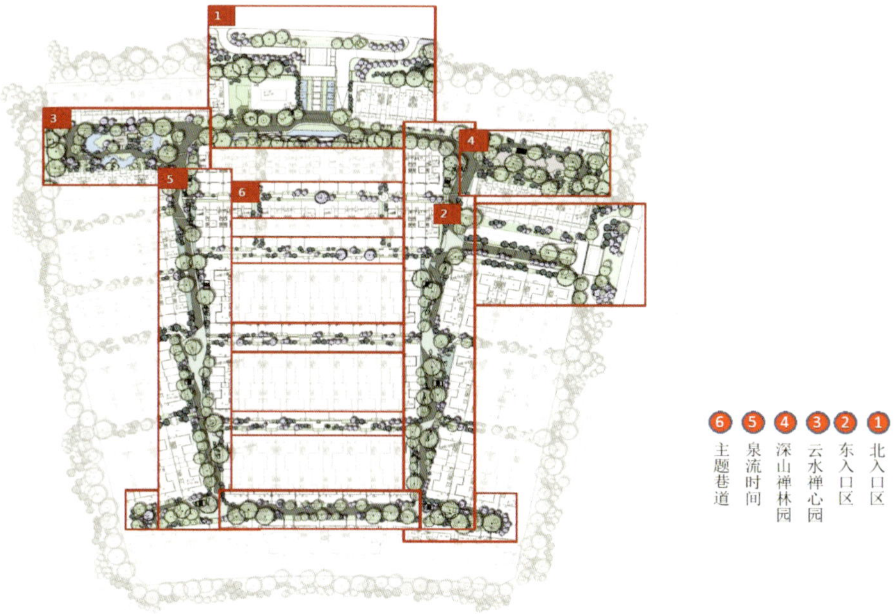


图 5-69　分区平面

图 5-70　水庭设计方案

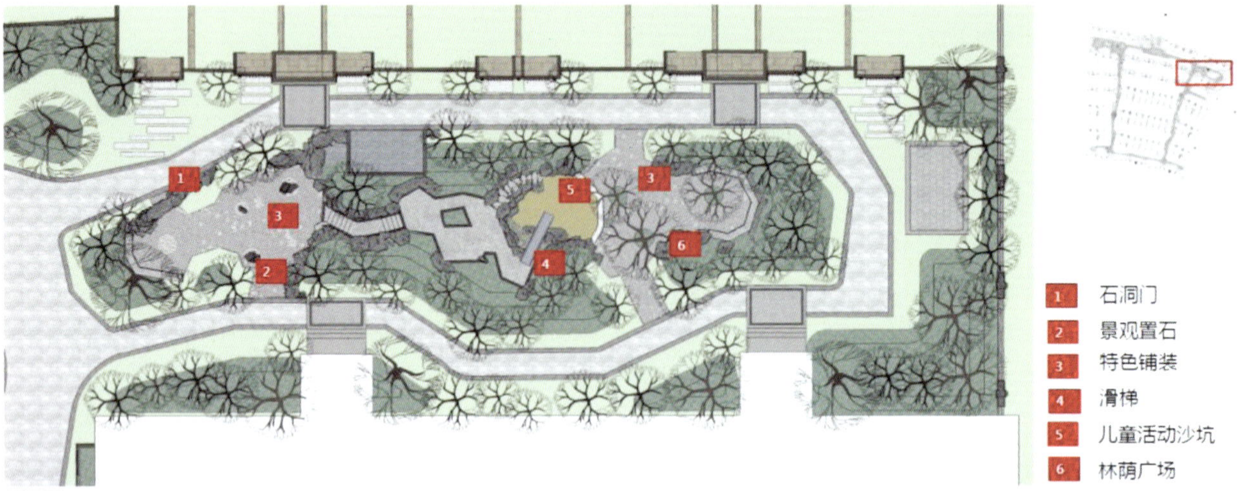


平面图

图 5-71　山院设计

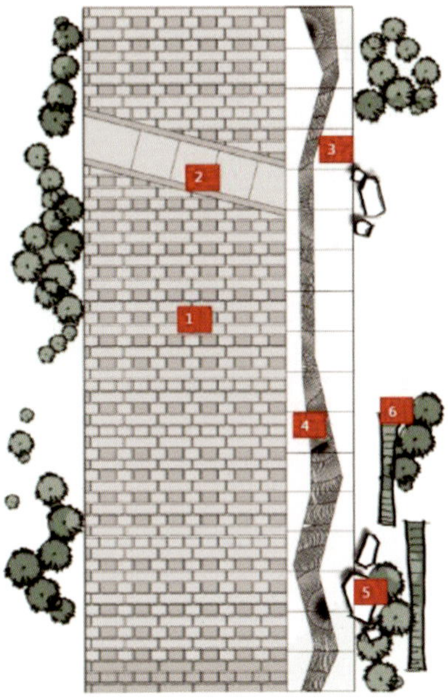


散步道标准段平面图

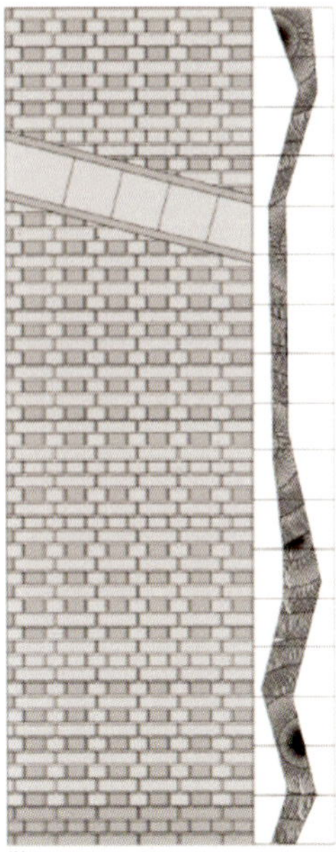

散步道标准段铺装平面图

1 散步道铺装

2 铺装装饰带

3 铺装收边

4 景观排水沟

5 景观置石

6 景观石带

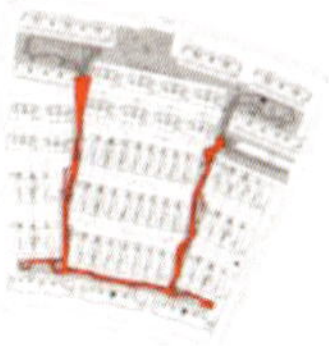

青砖、卵石、瓦片均为中国传统中常用的材料元素，利用其独特的肌理可创造出别具一格的现代景观。

图 5-72　散步道设计

# 下篇

景观设计实例与图纸

# 第六章

# 从方案设计到施工图设计

——《义乌都会文澜》

## 第一节 ◉ 义乌稠州路项目展示区方案深化设计

本节通过引入项目“义乌稠州路项目展示区方案深化设计”，在前期景观概念设计、景观方案设计的基础上，着重解析景观设计方案细化的图面表达与设计逻辑框架的建构，以及在景观方案深化设计阶段应达到的设计技能水准。通过强化设计元素与功能需求的整合实践，培养学生平衡艺术性与实用性的景观方案深化设计能力，提升其创新表达能力。

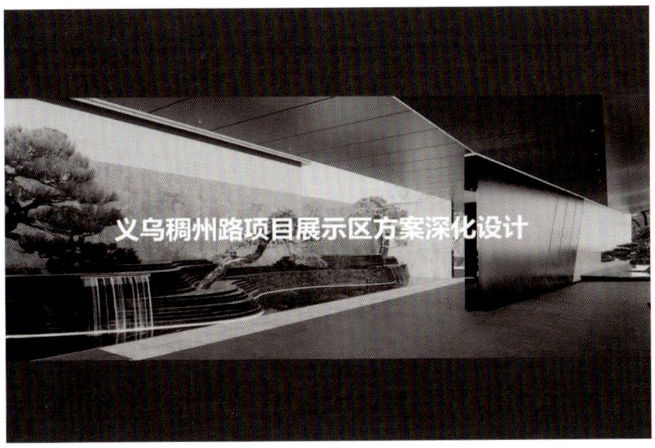


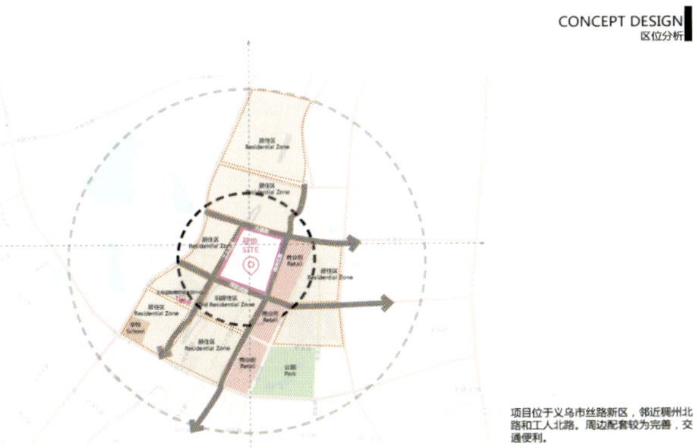

CONCEPT DESIGN
区位分析
项目位于义乌市丝路新区，邻近稠州北路和工人北路。周边配套较为完善，交通便利。


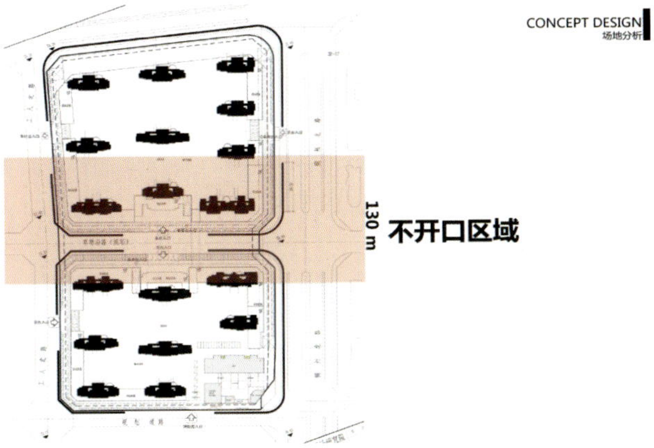


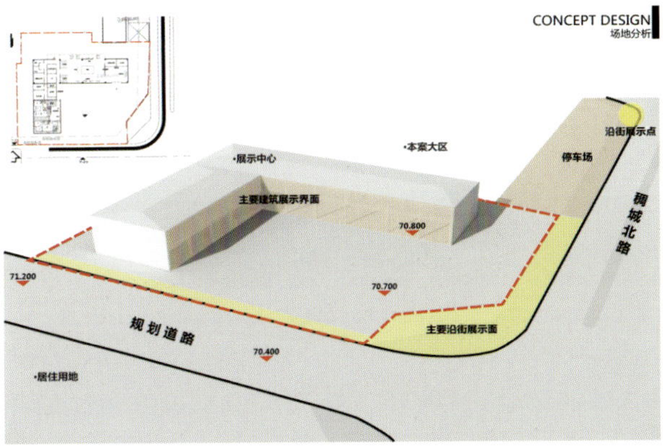

CONCEPT DESIGN
主题构思
国风合院 方寸之间
国风礼序的栖居情怀
将空间的美感作为设计要素来阐述
延续国风方正而精巧的格局
向内而藏 向外而生
纯净而平展的界面给予空间呼吸的媒介
以隐匿的存在感渲染场地的气氛
构筑空间的比例和美感

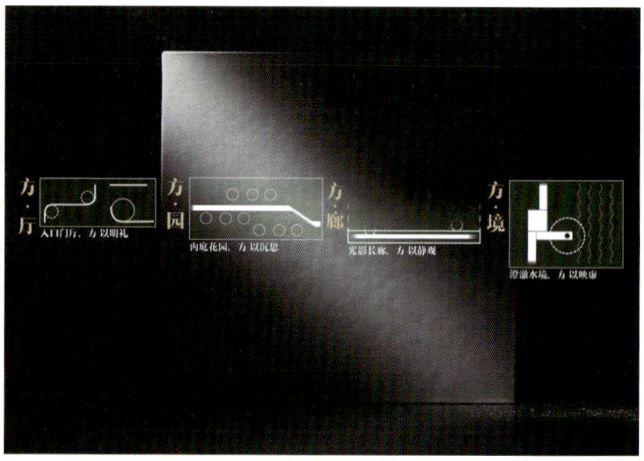
方·厅
入口门厅，方以明礼
方·园
内庭花园，方以沉思
方·廊
光影长廊，方以静观
方·境
澄澈水境，方以映虚

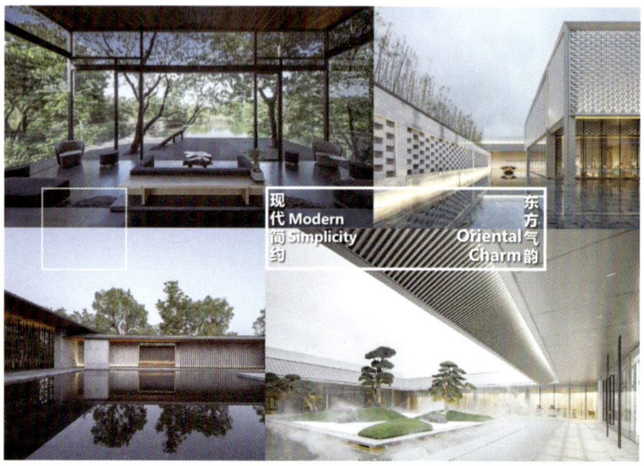
现代简约 Modern Simplicity
东方气韵 Oriental Charm

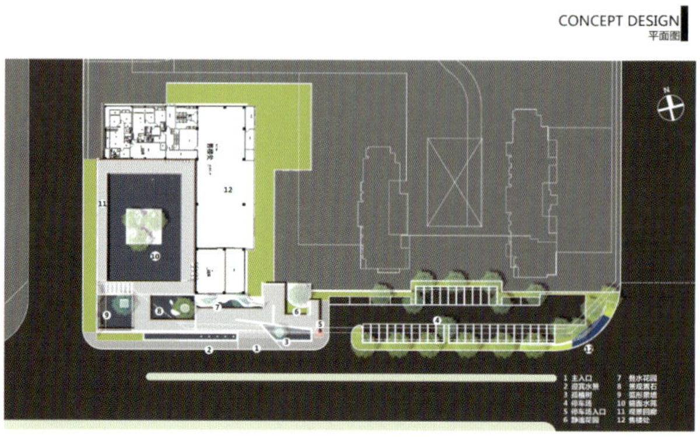
CONCEPT DESIGN
平面图

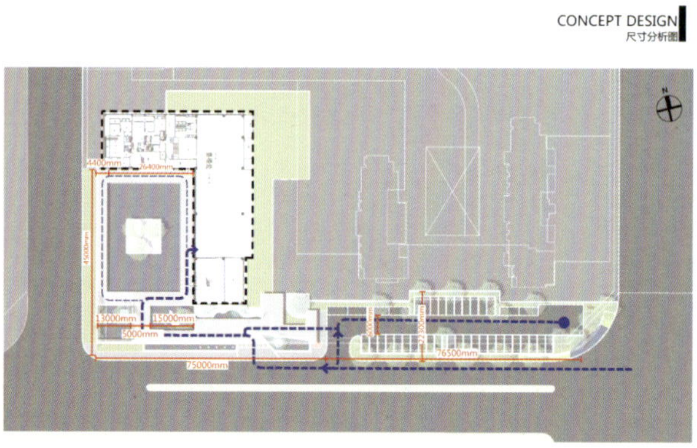
CONCEPT DESIGN
尺寸分析图

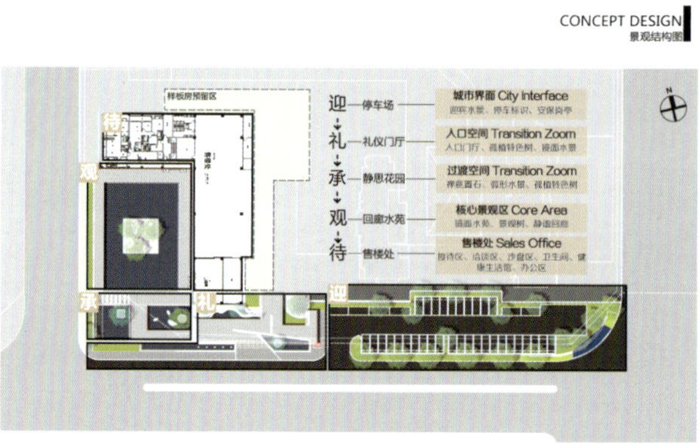
CONCEPT DESIGN
景观结构图
迎—停车场
礼—礼仪门厅
承—静思花园
观—回廊水苑
待—售楼处
城市界面 City Interface
迎宾水景、停车标识、安保岗亭
入口空间 Transition Zoom
入口门厅、孤植特色树、镜面水景
过渡空间 Transition Zoom
禅意置石、雾形水景、孤植特色树
核心景观区 Core Area
镜面水苑、景观树、静谧回廊
售楼处 Sales Office
接待区、洽谈区、沙盘区、卫生间、健康生活馆、办公区

CONCEPT DESIGN
效果图

CONCEPT DESIGN
效果图

CONCEPT DESIGN
效果图

CONCEPT DESIGN
效果图

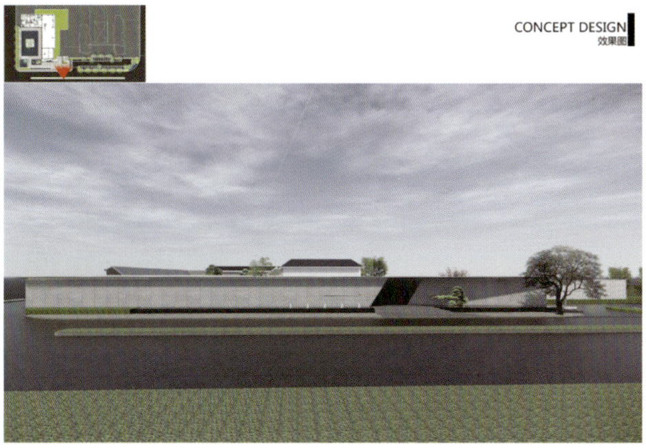
CONCEPT DESIGN
效果图

CONCEPT DESIGN
效果图

CONCEPT DESIGN
效果图

CONCEPT DESIGN
效果图
深灰色拉丝铝板
200x600x80
光面珍珠黑花岗岩
水洗面珍珠黑花岗岩
4000mm
10000mm

CONCEPT DESIGN
效果图

CONCEPT DESIGN
效果图

CONCEPT DESIGN
效果图
青石片岩
仿水洗面珍珠黑石英砖
600x1200x20
电镀深咖色镜面不锈钢
黑色砾石
2000mm
150x600x20
青石片岩
仿水洗面珍珠黑石英砖

CONCEPT DESIGN
效果图

CONCEPT DESIGN
效果图

CONCEPT DESIGN
效果图

CONCEPT DESIGN
效果图

CONCEPT DESIGN
效果图

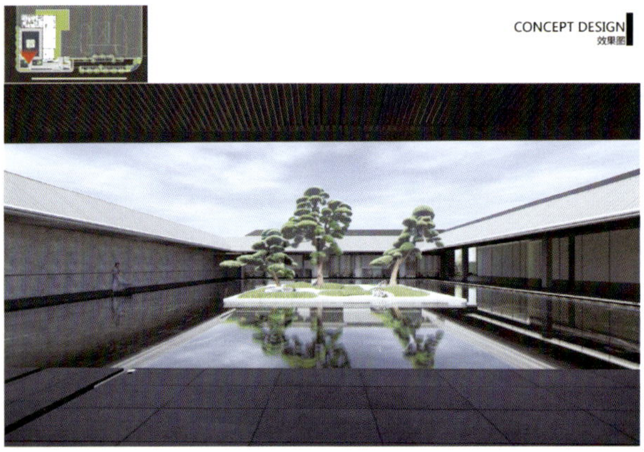
CONCEPT DESIGN
效果图

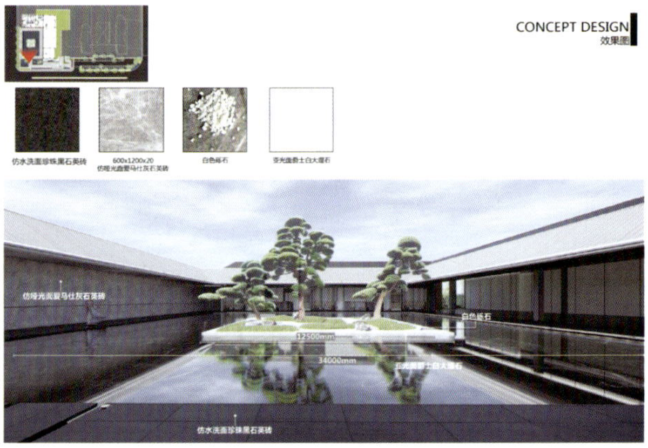
CONCEPT DESIGN
效果图
仿水洗面珍珠黑石英砖
600x1200x20
白色砾石
白色砾石
12500mm
34000mm
仿水洗面珍珠黑石英砖

CONCEPT DESIGN
效果图

CONCEPT DESIGN
园路铺装

CONCEPT DESIGN
细节意向

CONCEPT DESIGN
成本策略

| 序号 | 分部分项工程名称 | 单位 | 数量 | 单价 | 合价 |
| --- | --- | --- | --- | --- | --- |
| 一 | 道路及铺装工程 | | | | |
| 1 | 沥青 | m² | 1 038 | 350 | 363 300 |
| 2 | 铺装 | m² | 943 | 400 | 377 200 |
| 3 | 汀步 | m² | 28 | 800 | 22 400 |
| 4 | 枯山水 | m² | 146 | 600 | 87 600 |
| 5 | 镜面水景 | m² | 797 | 2 000 | 1 594 000 |
| 6 | 入口叠层水景 | m² | 96 | 2 500 | 240 000 |
| 7 | 入口对景水景 | m² | 57 | 5 000 | 285 000 |
| | 小计 | | | | 2 969 500 |
| 二 | 景观小品工程 | | | | |
| 1 | 曲线跌水水景 | m² | 27 | 6 000 | 162 000 |
| 2 | 廊架顶面 | m² | 561 | 3 000 | 1 683 000 |
| 3 | 景墙 | m | 178 | 3 000 | 534 000 |
| 4 | 围挡 | m | 223 | 1 500 | 334 500 |
| 5 | 门头景墙 | m | 63 | 4 000 | 252 000 |
| 6 | 置石点景 | 个 | 3 | 50 000 | 150 000 |
| 7 | 枯山水置石 | 个 | 7 | 10 000 | 70 000 |
| 8 | 零星工程 | 项 | 1 | 600 000 | 600 000 |
| | 小计 | | | | 3 785 500 |
| 三 | 植栽工程 | | | | |
| 1 | 红外绿化 | m² | 1 560 | 600 | 936 000 |
| 2 | 入口造型松 | 个 | 1 | 200 000 | 200 000 |
| 3 | 对景造型松 | 个 | 3 | 150 000 | 450 000 |
| 4 | 枯山水造型松 | 个 | 5 | 200 000 | 1 000 000 |
| 5 | 点景树 | 个 | 3 | 30 000 | 90 000 |
| | 小计 | | | | 2 676 000 |
| 四 | 室外整体电气工程 | m² | 4 692 | 40 | 187 680 |
| | 小计 | | | | 187 680 |
| 五 | 室外整理给排水工程 | m² | 4 692 | 50 | 234 600 |
| | 小计 | | | | 234 600 |
| 六 | 总造价 | 元 | 9 853 280 | | |
| 七 | 景观面积 | m² | 4 692 | | |
| 八 | 平方造价 | 元/m² | 2 100 | | |

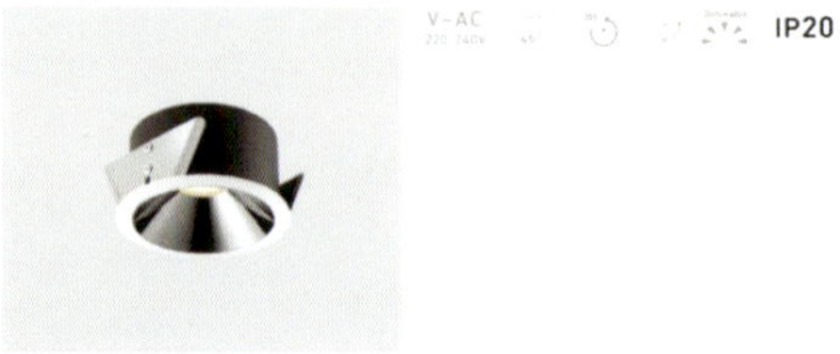

尺寸信息

BD10140

| Power | Beam | CCT | Flux | CRI | Color | Drive |
|---|---|---|---|---|---|---|
| 8W | 15°/24°/36°/60° | 2 700 K | 592 lm | RA>90 | BK/WH | 200 mA |
| | 15°/24°/36°/60° | 3 000 K | 613 lm | RA>90 | BK/WH | 200 mA |
| | 15°/24°/36°/60° | 4 000 K | 625 lm | RA>90 | BK/WH | 200 mA |
| 15W | 15°/24°/36°/60° | 2 700 K | 976 lm | RA>90 | BK/WH | 350 mA |
| | 15°/24°/36°/60° | 3 000 K | 1012 lm | RA>90 | BK/WH | 350 mA |
| | 15°/24°/36°/60° | 4 000 K | 1030 lm | RA>90 | BK/WH | 350 mA |

照度选择待定

**15°/3 000 K/Ra90**

| h(m) | E(lx) | Emax | D(m) |
|---|---|---|---|
| 1 | 3859 | 5756 | Φ0.30 |
| 2 | 964 | 1439 | Φ0.60 |
| 3 | 428 | 639 | Φ0.90 |
| 4 | 241 | 359 | Φ1.20 |

Efficacy 64lm/W
Lumen output 965lm wattage 15W

**24°/3 000 K/Ra90**

| h(m) | E(lx) | Emax | D(m) |
|---|---|---|---|
| 1 | 3616 | 5251 | Φ0.36 |
| 2 | 904 | 1312 | Φ0.72 |
| 3 | 401 | 583 | Φ1.08 |
| 4 | 226 | 328 | Φ1.44 |

Efficacy 67lm/W
Lumen output 1012lm wattage 15W

**36°/3 000 K/Ra90**

| h(m) | E(lx) | Emax | D(m) |
|---|---|---|---|
| 1 | 2284 | 3302 | Φ0.61 |
| 2 | 571 | 825 | Φ1.22 |
| 3 | 253 | 366 | Φ1.83 |
| 4 | 142 | 206 | Φ2.45 |

Efficacy 73lm/W
Lumen output 1102lm wattage 15W

照射半径选择

**Acceeeories**

颜色选择

CONCEPT DESIGN
灯具选型

## 筒灯

材料供应商名称：

联系方式：

地址：

网址：
是否有产品册：是
是否有材料样板：否

照度选择需经现场样品试装确定

CONCEPT DESIGN
灯具选型

**洗墙灯（埋地）**

材料供应商名称：

联系方式：
地址：
网址：

CONCEPT DESIGN
灯具选型

**射树灯（12 W）**

材料供应商名称：

联系方式：
地址：
网址：

CONCEPT DESIGN
灯具选型

**射树灯（20 W）**

材料供应商名称：

联系方式：
地址：
网址：

CONCEPT DESIGN
灯具选型

**水底射灯**

材料供应商名称：

联系方式：

地址：

网址：

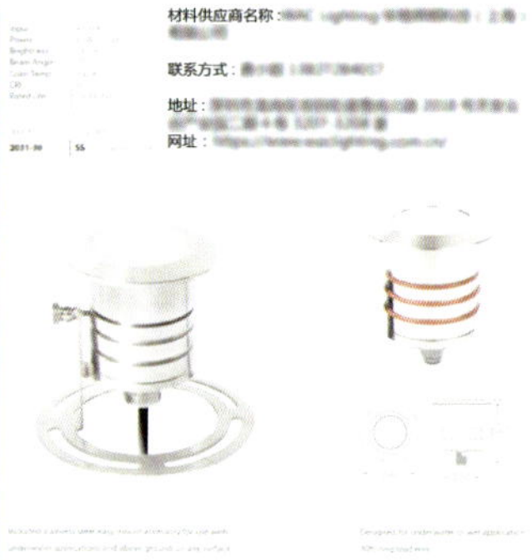

景观规划设计

# 第二节 ◉

# 国深 · 义乌 都会文澜大区景观方案深化设计

本节教学目标包含两个维度：其一，延续第一节的教学重点；其二，通过不同规模与尺度的景观方案深化设计实践，引导学生进行设计比较分析，理解场地条件对深化设计难度与深度的影响。通过实际项目案例教学，培养学生建立从初步方案到深化设计的系统性思维，掌握植物配置、材料选择、空间布局等关键技术环节，全面提升深化设计能力。

**1**

**前期分析**

Pre-Analysis

**周边概况**

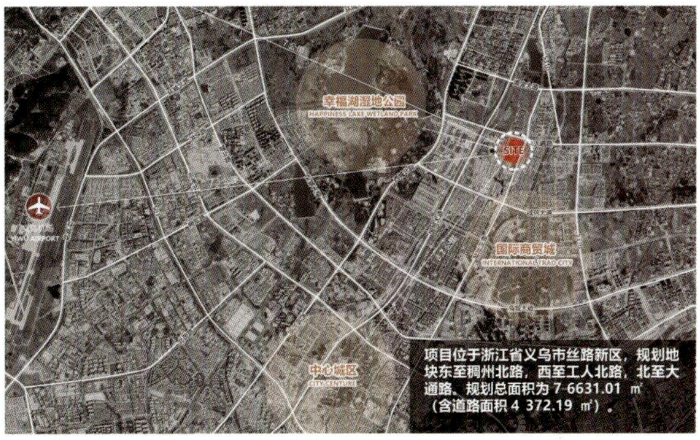


**现状及配套**

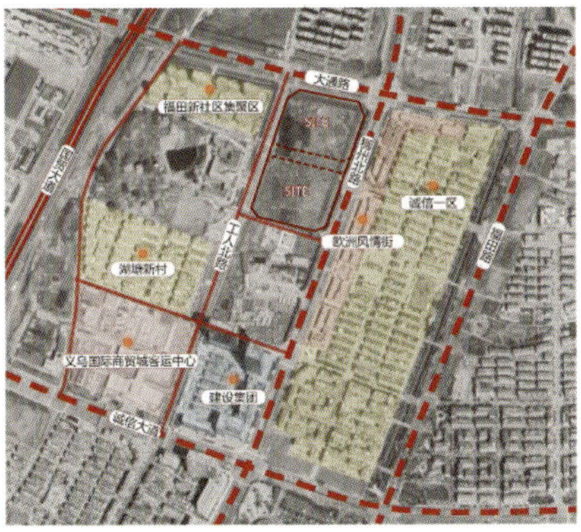


**路网完善，交通便捷**

**区位优势显著，配套设施较为完备**

周边主要有欧洲风情街、国际商贸城客运中心、湖塘小学、福田二幼、党群服务中心等公共配套，以及湖塘新村、诚信一区、宗宅新村等居住区。

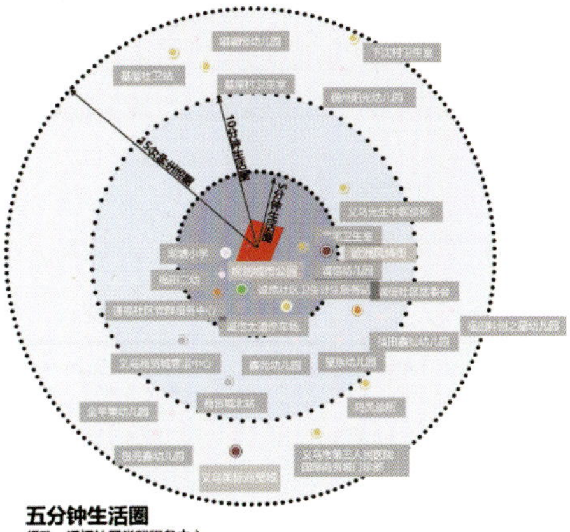

**五分钟生活圈**

行政：通福社区党群服务中心

教育：福田二幼、诚信幼儿园以及湖塘小学

医疗：诚信社区卫生计生服务站和宗宅卫生室

交通：诚信大道停车场

**十分钟生活圈**

行政：诚信社区居委会

教育：鑫苑幼儿园、望族幼儿园以及诚信鑫灿幼儿园

医疗：义乌元生中医诊所、凤鸣诊所

交通：义乌商贸城客运中心，稠州北路与诚信大道交叉口规划有一处轨道站

**十五分钟生活圈**

教育：金苹果幼儿园、银海鑫幼儿园、福田科创之星幼儿园、稠州阳光幼儿园

医疗：下沈村卫生室、基层村卫生室、基层社卫站，义乌市第三人民医院国际商贸城门诊部

## 上位规划

占地面积：76 631 ㎡

项目呈南北向排布，其中北侧 18# 地块由 10 栋高层、商业及配套用房组成，南侧 17# 地块由 8 栋高层、幼儿园、商业及配套组成。

**主要经济技术指标**

| 分组 | 项目 | 面积/m² | 备注 |
|---|---|---|---|
| | 用地面积 | 76 631.01 m² | 含代建道路4 372.19 m² |
| | 容积率 | 2.7 | |
| | 建筑密度 | 26% | 20%-28% |
| | 绿地率 | 30% | ≥30% |
| | 建筑高度 | 70-80 m | |
| | 用地性质 | B1、R2、S1 | |
| | 总建筑面积 | 302 140.80 m² | |
| 其中 | 地上计容建筑面积 | 206 903.00 m² | |
| 其中 其中 住宅建筑面积 | 户型 | 套数/套 | 套数比 |
| 其中 其中 住宅建筑面积 | 128户型 | 100 | 5.24% |
| 其中 其中 住宅建筑面积 | 118户型 | 284 | 14.89% |
| 其中 其中 住宅建筑面积 | 106户型 | 425 | 22.29% |
| 其中 其中 住宅建筑面积 | 98户型 | 548 | 28.74% |
| 其中 其中 住宅建筑面积 | 88户型 | 198 | 10.38% |
| 其中 其中 住宅建筑面积 | 76户型 | 352 | 18.46% |
| 其中 其中 住宅建筑面积 | 小计 | 1907 | 100.00% |
| 其中 其中 | 住宅建筑面积 | | 189 368.83 m² |
| 其中 其中 | 物业管理用房 | 1 448.33 | 地上总面积7‰ |
| 其中 其中 | 居家养老服务用房 | 395.00 | 要求为住宅总面积2‰，要求面积378.74㎡ |
| 其中 其中 | 公共文化设施用房 | 228.84 | 0.12 m²/套，室外文化活动场地100 m² |
| 其中 其中 | 商业 | 11 990.00 | 10 000 m²＜商业＜12 000 m² |
| 其中 其中 | 幼儿园（8班） | 3 000.00 | 用地面积4 363 m²，建筑面积3 000 m² |
| 其中 其中 | 配套设施 | 472.00 | |
| 其中 其中 其中 | 公厕 | 80.00 | 位于18#楼一层 |
| 其中 其中 其中 | 开闭所 | 192.00 | 位于S1#、S7#楼一层 |
| 其中 其中 其中 | 消控室 | 70.00 | 位于8#楼一层 |
| 其中 其中 其中 | 其他 | 130.00 | 快递收集点、管道井等 |
| 其中 | 地下建筑面积 | 90 867.80 | 含5G机房70 m²，位于9#楼处 |
| 其中 其中 | 17#地块 | 37 616.20 | 其中非机动车库3 104.4 m² |
| 其中 其中 | 18#地块（含人防） | 53 251.60 | 其中非机动车库3 297.6 m² |
| 其中 其中 | 人防面积 | 16 026.22 | 住宅面积8%，商业配套面积5% |
| | 架空层建筑面积 | 4 370.00 | |
| | 室外体育健身场地 | 1 716.30 | 按0.9 m²/套配建 |
| | 住宅总户数 | 1 907 | 共6 103人，按每户3.2人计 |
| | 机动车停车位 | 2 321 | |
| 其中 | 幼儿园停车 | 13 | 地面 |
| 其中 | 地面停车位 | 175 | 公共泊位171个，出租车位4个 |
| 其中 | 地下停车位 | 2 133 | 地下公共泊位48个 |
| | 非机动车停车位 | 4 041 | |
| 其中 地面 | 17#地块 | 263 | 含幼儿园地面非机动车位85个 |
| 其中 地面 | 18#地块 | 223 | |
| 其中 地下 | 17#地块 | 1 723 | |
| 其中 地下 | 18#地块 | 1 832 | |

（单位面积：m²）

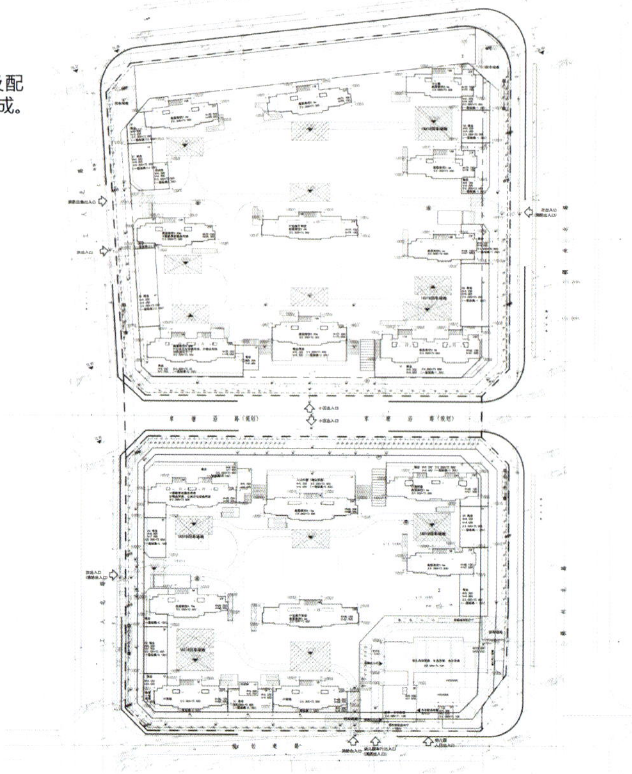

## 建筑分析

**建筑色彩：**

明亮的浅色系

**建筑材料：**

玻璃、石材、金属格栅

**建筑语言：**

整体风格力求清新典雅、舒适和谐。在立面主体色彩上采用暖灰系列，立面设计力求稳重大方，细节丰富，立面材料主要以真石漆和铝板结合的形式，提升造型品质，形成精致、时尚又宜居的建筑外观，体现高雅的建筑品质和浓郁的生活气息。

**景观切入点：**

简约、精致、典雅

延续简约精致的风格，打造雅致、有格调的生活场所。

# 2

## 项目定位

Project positioning

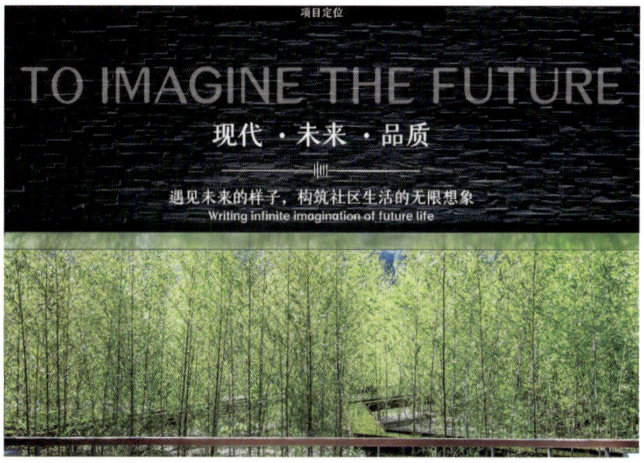
项目定位
TO IMAGINE THE FUTURE
现代·未来·品质
遇见未来的样子，构筑社区生活的无限想象
Writing infinite imagination of future life

设计愿景
周边用地资源
渗透
PENERATION
生态宜居社区
景观与生活
交织
INTERWEAVE
人文关怀社区
独立组团空间
激活
ACTIVATION
凝聚活力社区

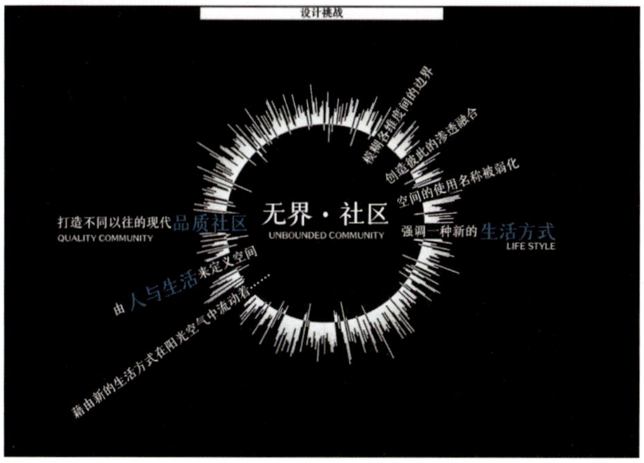
设计挑战
无界·社区
UNBOUNDED COMMUNITY
打造不同以往的现代品质社区
QUALITY COMMUNITY
强调一种新的生活方式
LIFE STYLE
由人与生活来定义空间
藉由新的生活方式在阳光空气中流动着……
模糊各维度间的边界
创造商业的渗透融合
空间的使用名称被弱化

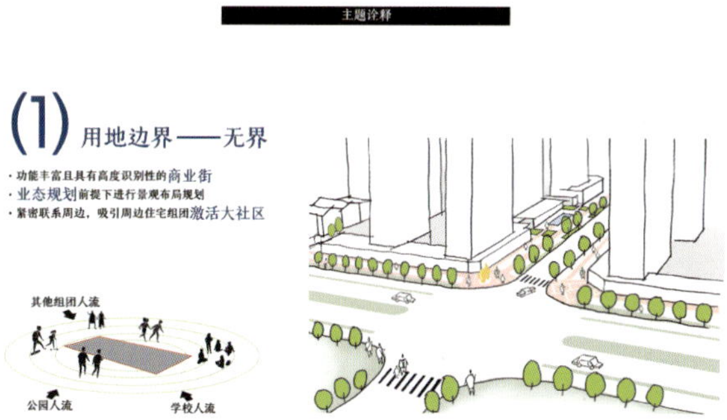
主题诠释
(1) 用地边界——无界
·功能丰富且具有高度识别性的商业街
·业态规划前提下进行景观布局规划
·紧密联系周边，吸引周边住宅组团激活大社区
其他组团人流
公园人流
学校人流

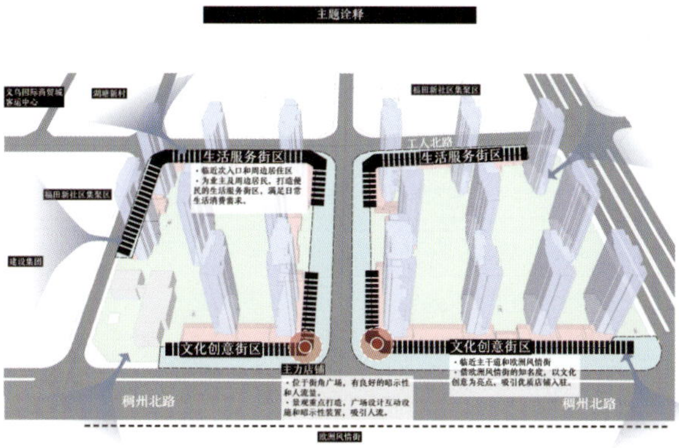
主题诠释
生活服务街区
工人北路
文化创意街区
主力店铺
稠州北路

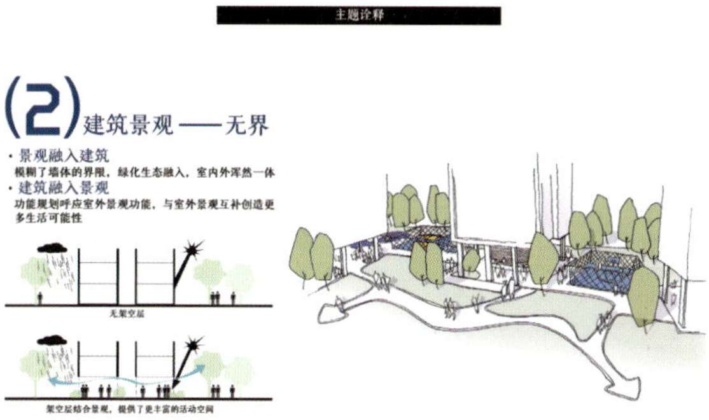
主题诠释
(2) 建筑景观——无界
·景观融入建筑
模糊了墙体的界限，绿化生态融入，室内外浑然一体
·建筑融入景观
功能规划呼应室外景观功能，与室外景观互补创造更多生活可能性
无架空层
架空层结合景观，提供了更丰富的活动空间

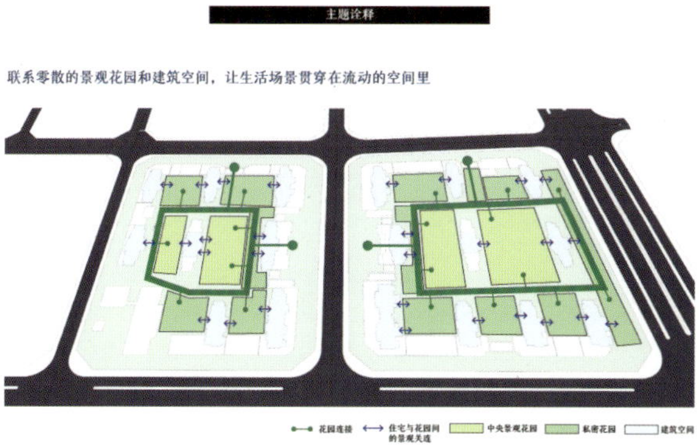
主题诠释
联系零散的景观花园和建筑空间，让生活场景贯穿在流动的空间里
花园连接
住宅与花园间的景观关连
中央景观花园
私密花园
建筑空间

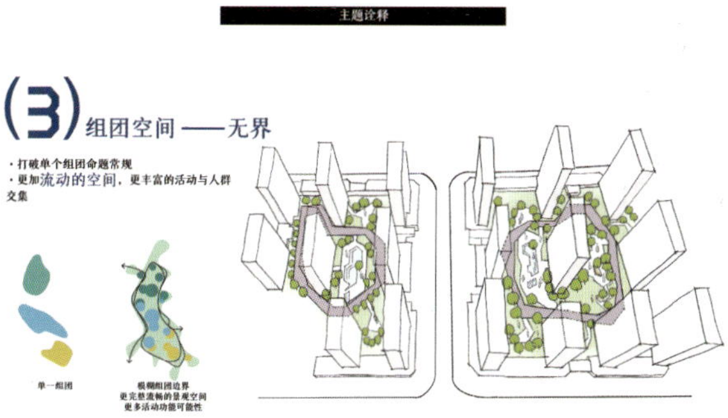
主题诠释
(3) 组团空间——无界
·打破单个组团命题常规
·更加流动的空间，更丰富的活动与人群交集
单一组团
模糊组团边界
更完整流畅的景观空间
更多活动功能可能性

## 主题诠释

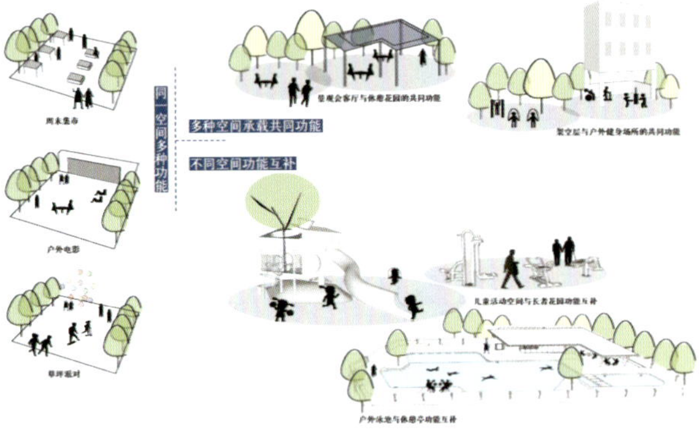


# 3

## 大区设计

## Overall Design

## 总平面图

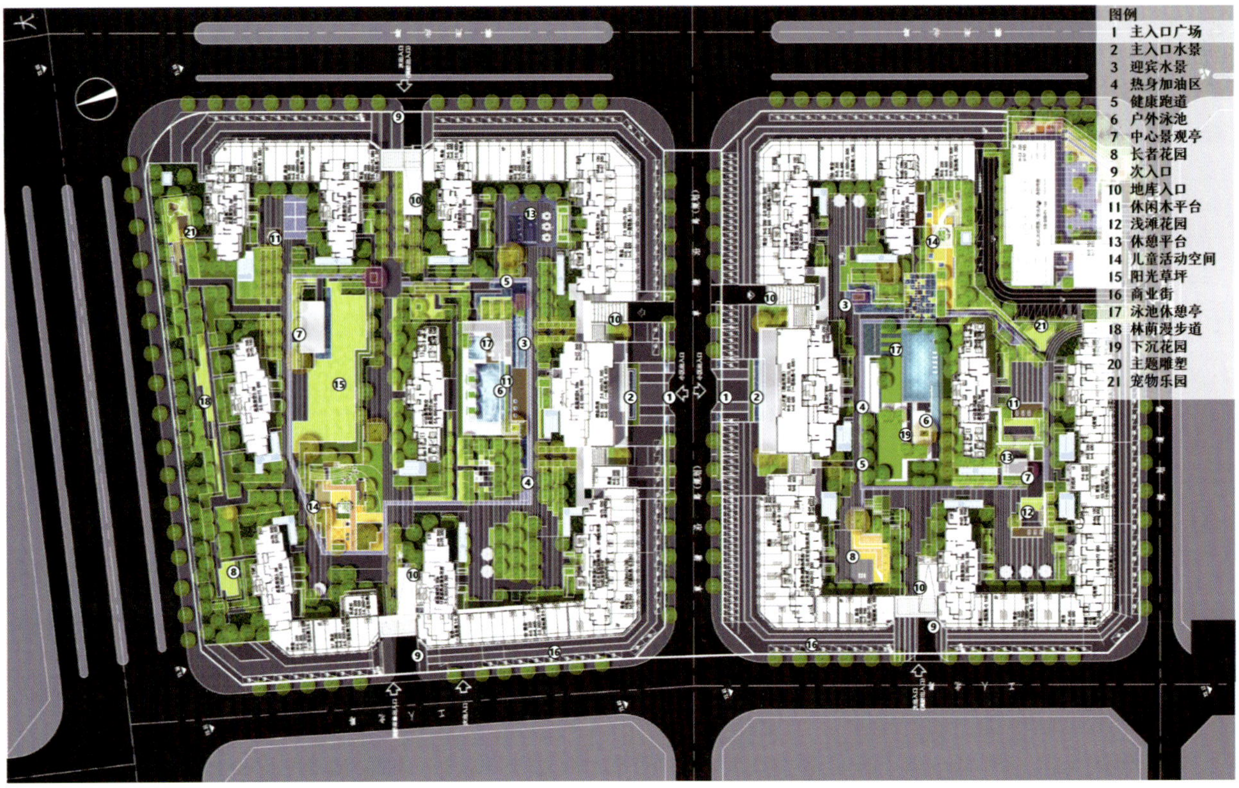

## 总平面图 - 消防

## 景观结构分析

**一进 · 仪式感**

利用现代感的门头结合围墙在城市界面增加昭示性，提高归家仪式感。

**二进 · 尊享感**

大区景观通过南北方向的主轴延展开来，入口对景铺垫归家氛围，营造社区生活化情境。

**三进 · 体验感**

整个大区的核心部分打造精致景观社区花园，提升整个大区的品质，提高用户的体验感。

**四进 · 互动感**

根据不同空间特性设计符合场地条件的儿童空间、多功能运动场地、林下交流空间，提高邻里间的交流和互动体验。

**五进 · 归家感**

宅间绿地因地制宜地化解登高面问题，每一处入户都与花木相邻，让归家之路洋溢着自然芬芳。

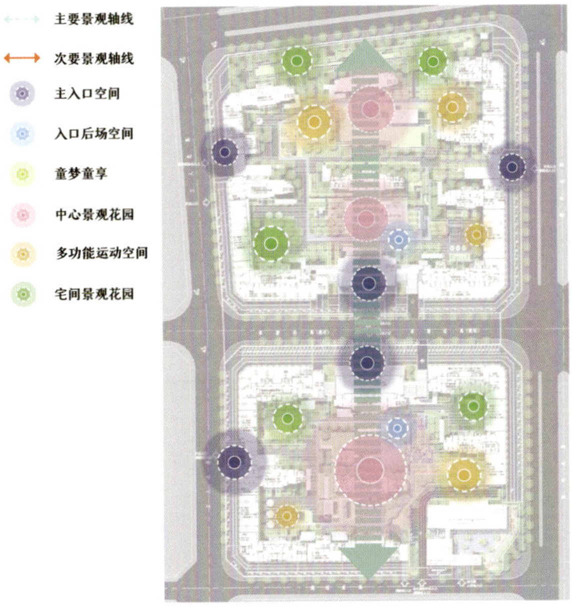

# 景观功能主题

## 五进空间 七大主题

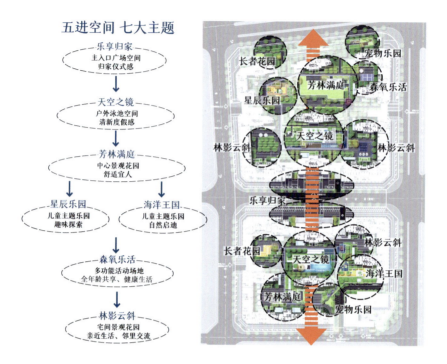

**乐享归家**
主入口广场空间
归家仪式感

↓

**天空之镜**
户外泳池空间
清新度假感

↓

**芳林满庭**
中心景观花园
舒适宜人

↓ ↓

**星辰乐园**
儿童主题乐园
趣味探索

**海洋王国**
儿童主题乐园
自然启迪

↓

**森氧乐活**
多功能活动场地
全年龄共享、健康生活

↓

**林影云斜**
宅间景观花园
亲近生活、邻里交流

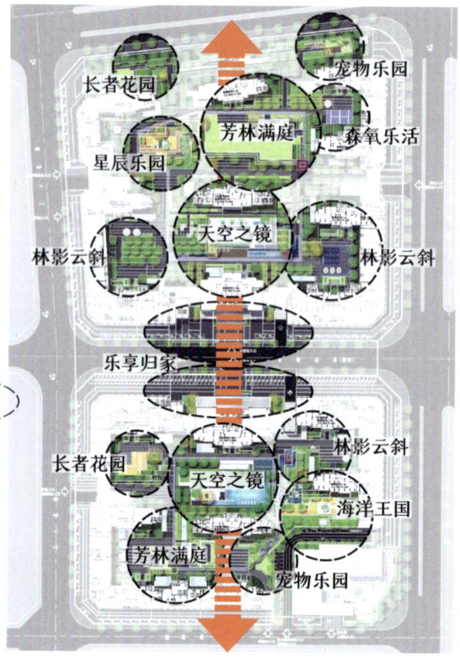




# 4

## 分区设计

## Partition Design

**ELEGANT GARDEN**
**仪式入口**

主入口彰显场地气韵
打造高端落客区门楼
归家就是尊贵的感受

仪式 | 尊贵 | 大气

## 北区主入口

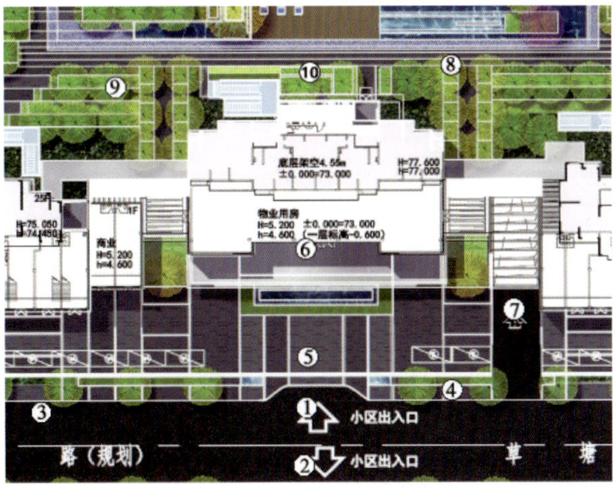


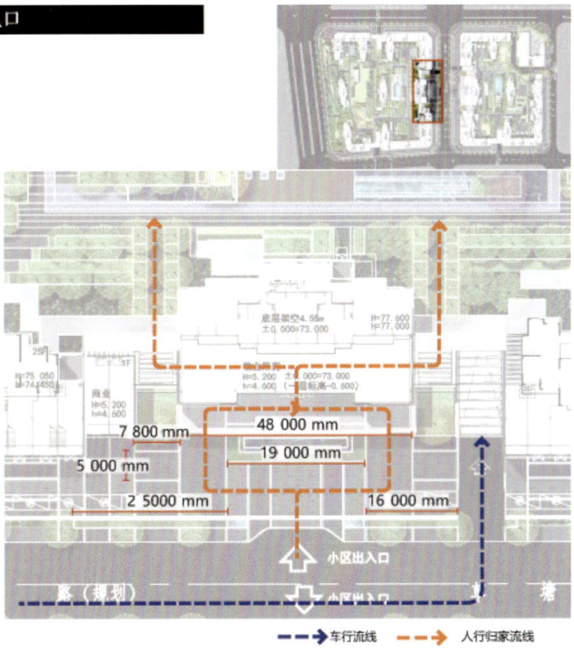


图例 ①主入口广场 ②市政道路 ③机动车停车位 ④迎宾树阵 ⑤迎宾水景 ⑥归家大堂 ⑦地库出入口 ⑧对景水景 ⑨健康跑道 ⑩休闲木平台

## 次入口 - 北区（近工人北路）

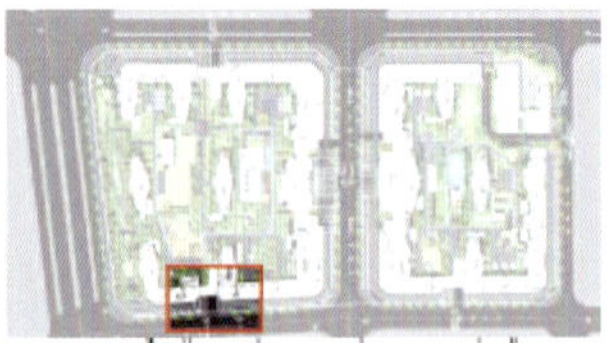

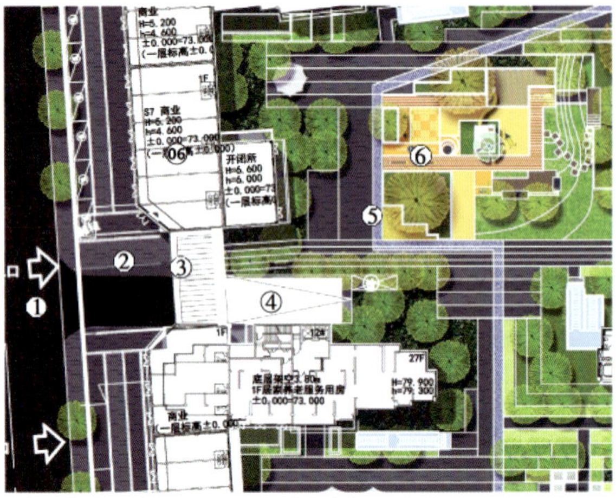

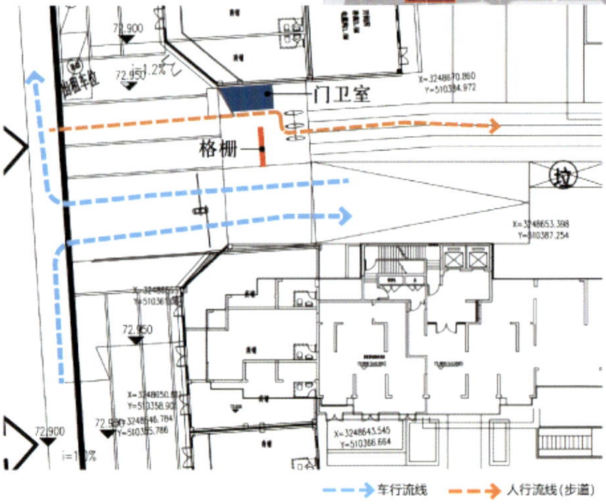


图例 ① 车行路　　④ 地库出入口
② 次入口广场　　⑤ 健康跑道
③ 迎宾门楼　　⑥ 儿童活动场地

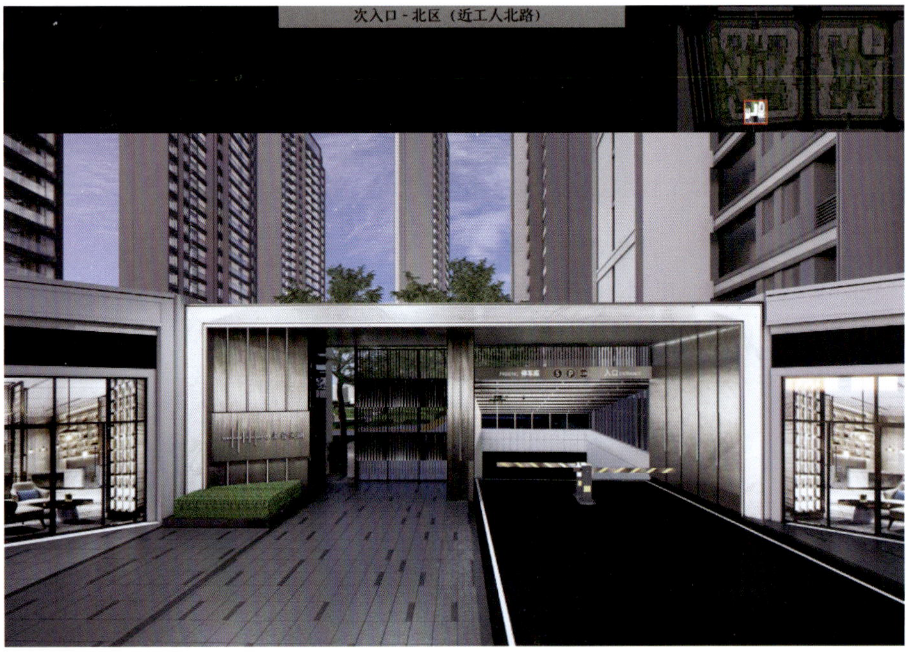

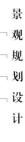

## 次入口 - 北区（近工人北路）详图

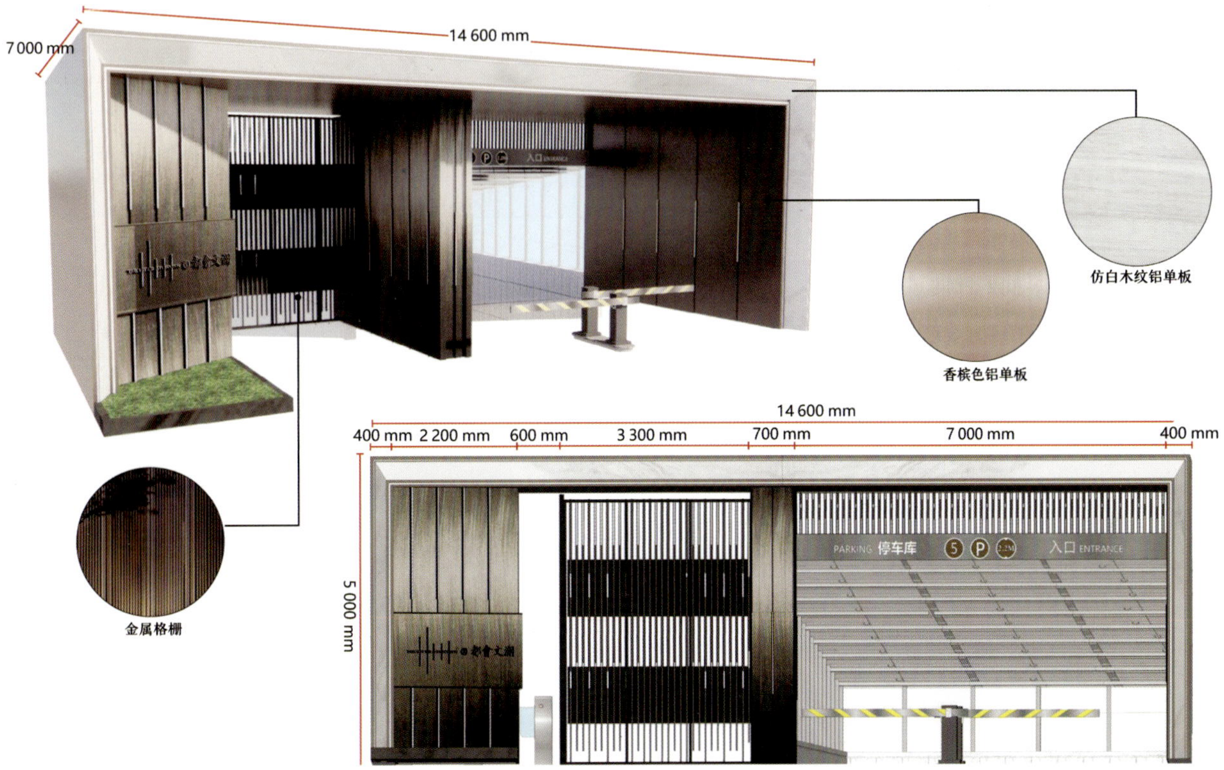


## 南区主入口

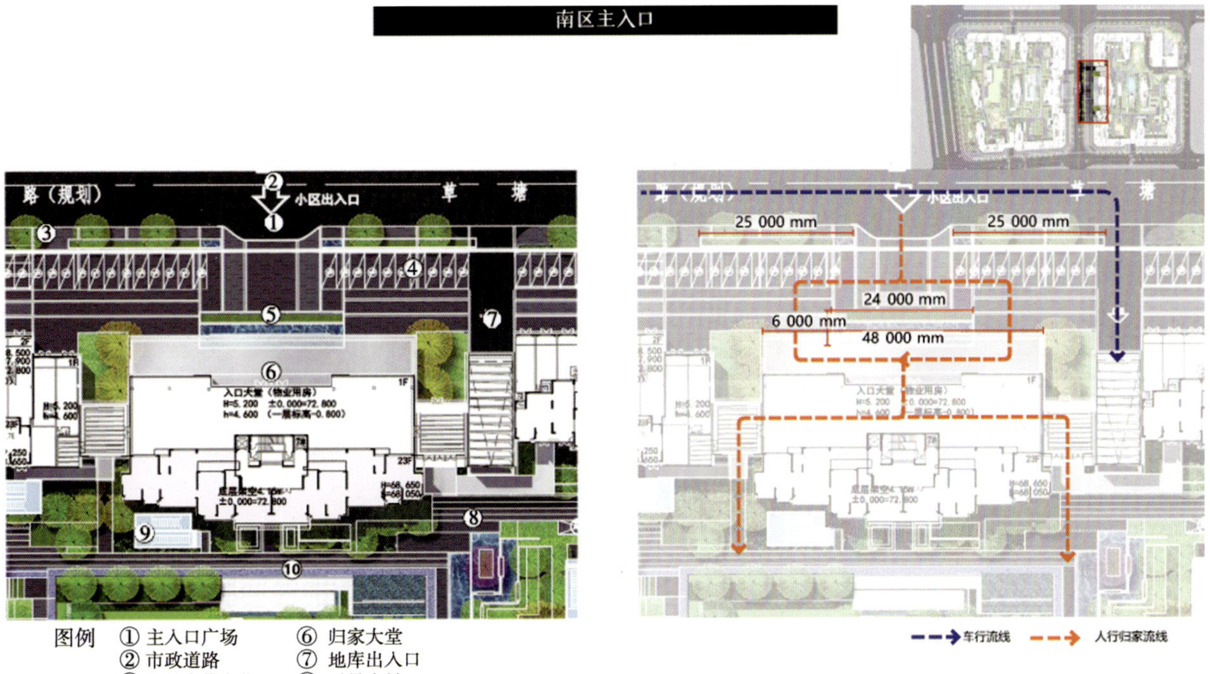


图例　① 主入口广场　⑥ 归家大堂
② 市政道路　⑦ 地库出入口
③ 机动车停车位　⑧ 对景水景
④ 迎宾树阵　⑨ 健康跑道
⑤ 迎宾水景　⑩ 休闲木平台

主入口 - 南区

## 主入口 - 南区 详图

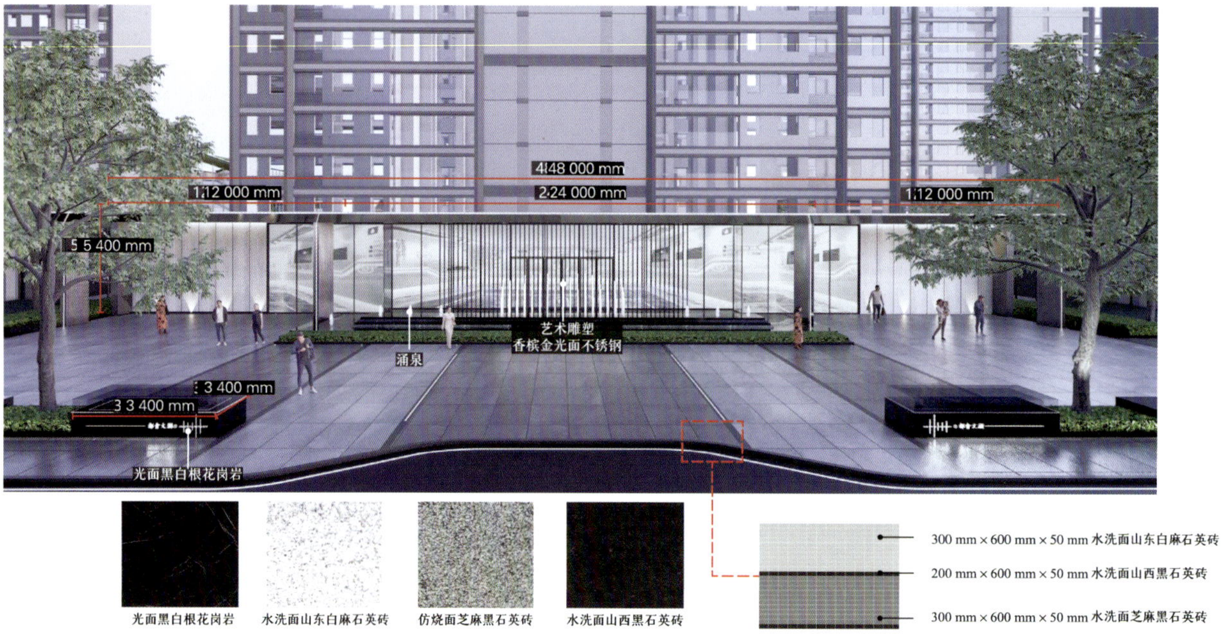
48 000 mm
12 000 mm
24 000 mm
12 000 mm
5 400 mm
艺术雕塑
香槟金光面不锈钢
涌泉
3 400 mm
3 400 mm
光面黑白根花岗岩
光面黑白根花岗岩
水洗面山东白麻石英砖
仿烧面芝麻黑石英砖
水洗面山西黑石英砖
300 mm × 600 mm × 50 mm 水洗面山东白麻石英砖
200 mm × 600 mm × 50 mm 水洗面山西黑石英砖
300 mm × 600 mm × 50 mm 水洗面芝麻黑石英砖

## 次入口 - 南区（近工人北路）

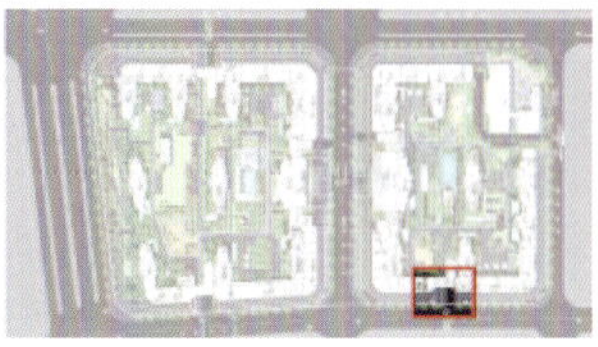

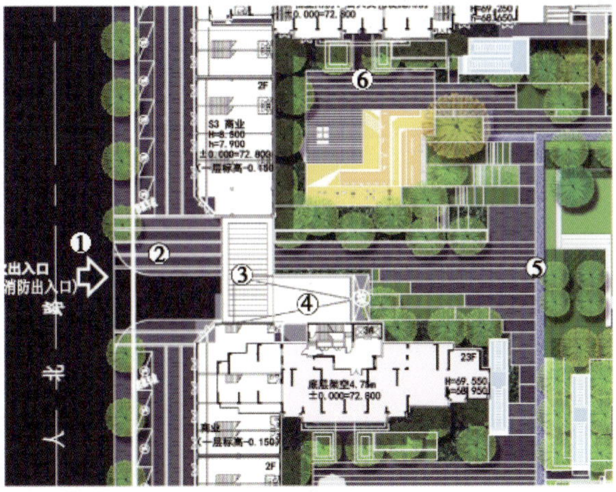


图例 ①车行路　　④地库出入口
②次入口广场　⑤健康跑道
③迎宾门楼　　⑥入户平台

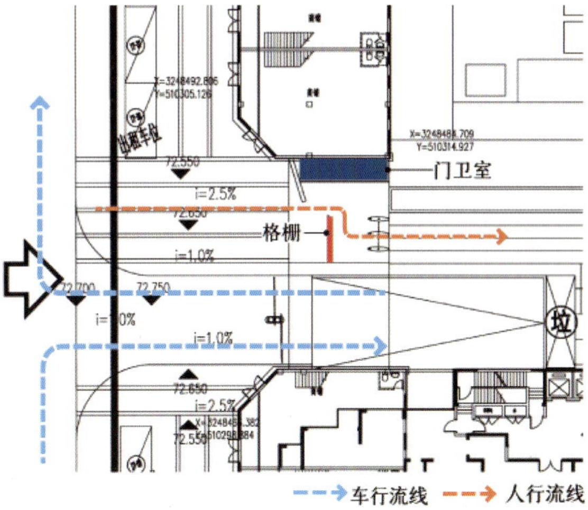

## 次入口 - 北区（近稠州北路）详图

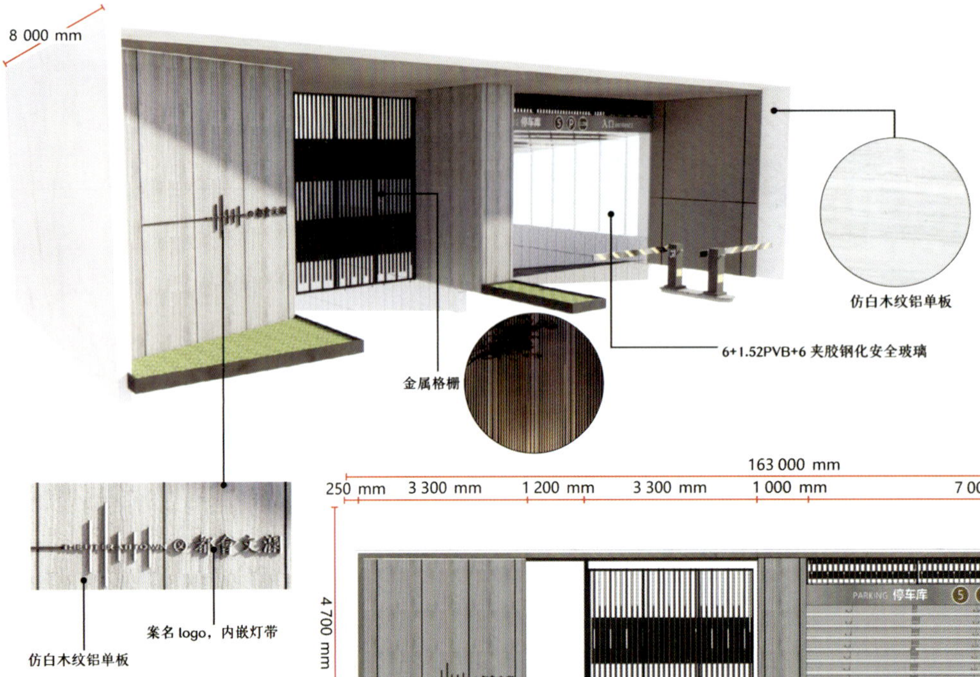


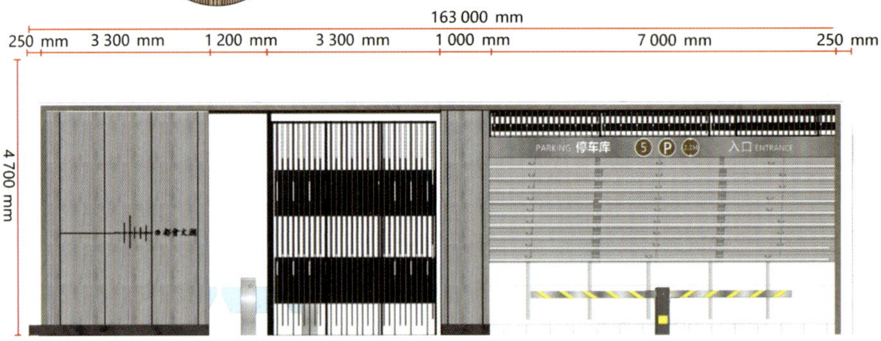

## 北区放大平面

图例

① 对景水景
② 热身加油区
③ 户外泳池
④ 景观休憩亭
⑤ 景观水景
⑥ 休闲平台
⑦ 次入口
⑧ 地库入口
⑨ 休闲木平台
⑩ 中心景观亭
⑪ 健康跑道
⑫ 儿童活动空间
⑬ 绿岛花园
⑭ 阳光草坪
⑮ 长者花园
⑯ 林荫漫步道
⑰ 下沉花园
⑱ 宠物乐园

## 户外泳池 - 北区

图例

① 成人泳池
② 儿童嬉戏池
③ 对景水景
④ 特色点景树
⑤ 景观休憩亭
⑥ 主园路
⑦ 架空层入口
⑧ 林荫小道
⑨ 健康跑道
⑩ 休闲木平台

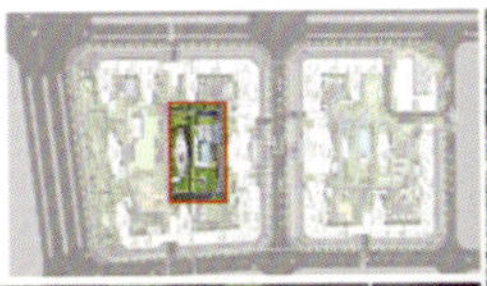

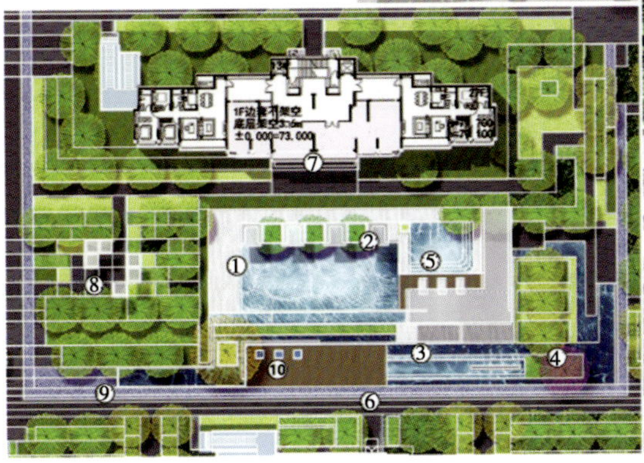

入口对景 - 北区

户外泳池 - 北区

户外泳池结构分析 - 北区

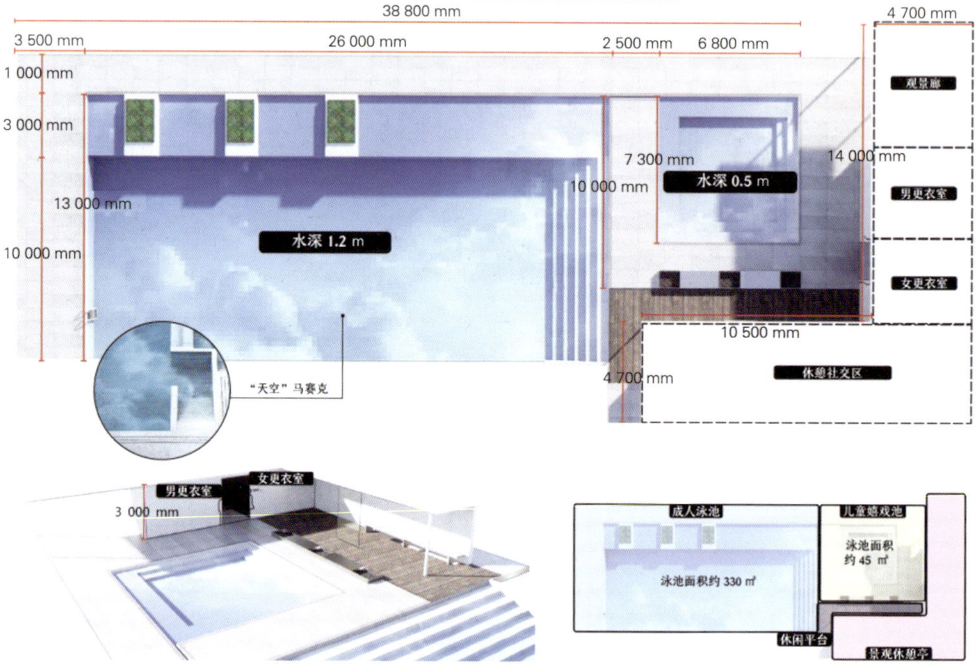
38 800 mm
4 700 mm
3 500 mm
26 000 mm
2 500 mm
6 800 mm
1 000 mm
3 000 mm
观景廊
7 300 mm
14 000 mm
10 000 mm
水深 0.5 m
男更衣室
13 000 mm
10 000 mm
水深 1.2 m
女更衣室
10 500 mm
4 700 mm
休憩社交区
"天空" 马赛克
男更衣室
女更衣室
3 000 mm
成人泳池
儿童嬉戏池
泳池面积约 330 m²
泳池面积
约 45 m²
休闲平台
景观休憩亭

户外泳池 - 北区

户外泳池 - 北区

CENTRAL GARDEN
中心景观花园

丛林体验之感
多层次植物搭配水景营造丰富多变空间

欢聚 | 参与 | 休憩

## 中心景观亭 - 北区

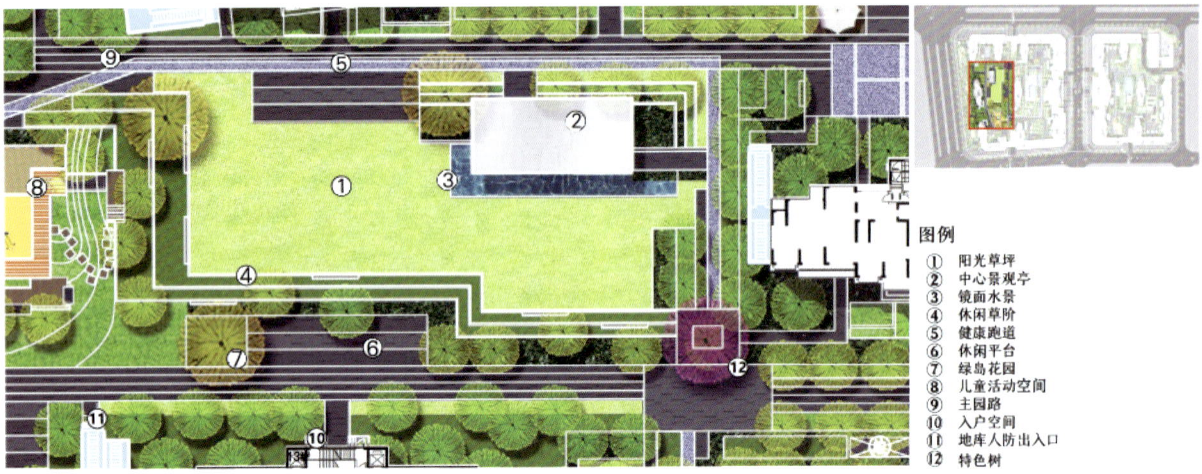

①
②
③
④
⑤
⑥
⑦
⑧
⑨
⑩
⑪
⑫
图例
① 阳光草坪
② 中心景观亭
③ 镜面水景
④ 休闲草阶
⑤ 健康跑道
⑥ 休闲平台
⑦ 绿岛花园
⑧ 儿童活动空间
⑨ 主园路
⑩ 入户空间
⑪ 地库人防出入口
⑫ 特色树

中心景观亭 - 北区

中心景观亭 - 北区

## 景观会客厅详图 - 北区

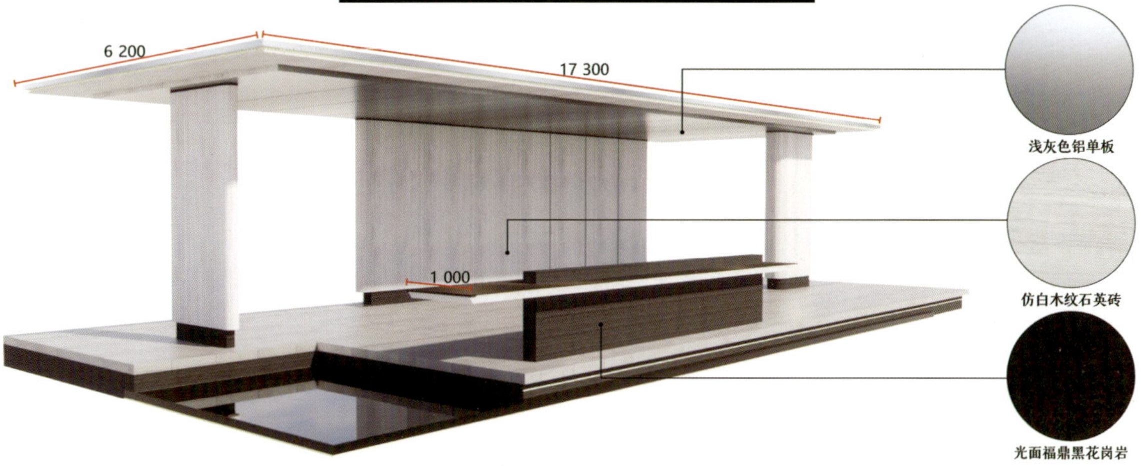


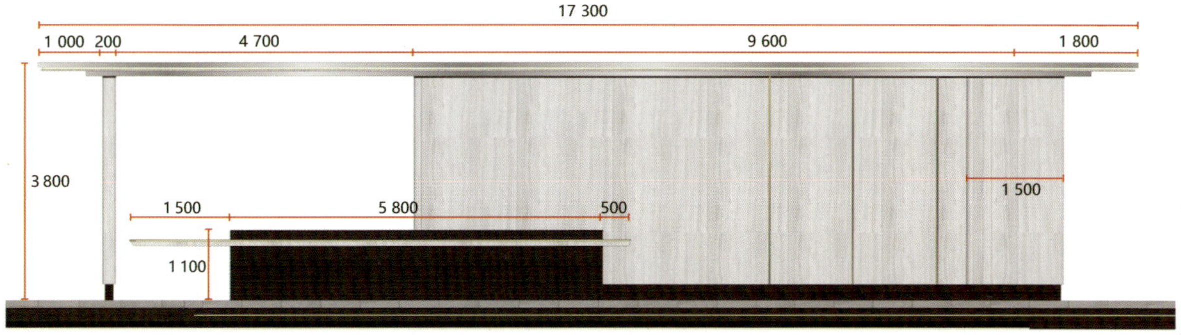


（单位：mm）

**CHILDREN GARDEN**

**儿童活动空间**

各龄儿童的娱乐休憩设施

专属家长看护空间

童趣 | 陪伴 | 益智

## 儿童活动空间 - 北区

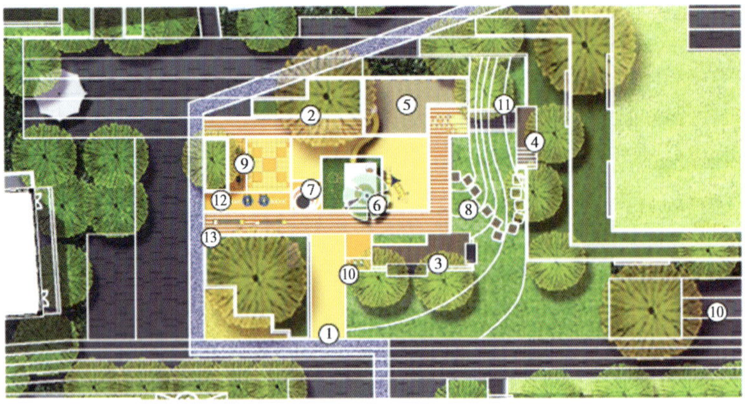

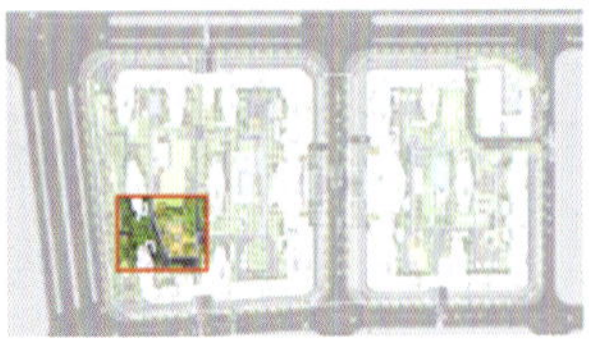

**图例**

① 场地入口
② 涂鸦互动景墙
③ 家长看护区
④ 小小观望台
⑤ 游戏沙坑
⑥ 童趣树屋
⑦ 迷你蹦床
⑧ 草坡小径
⑨ 鸟窝秋千
⑩ 童车停放点
⑪ 攀爬网
⑫ 摇摇马
⑬ 跷跷板

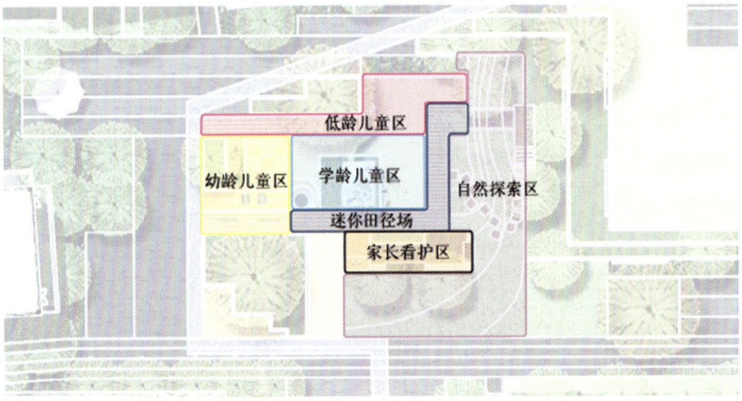


空间意向（功能空间氛围）

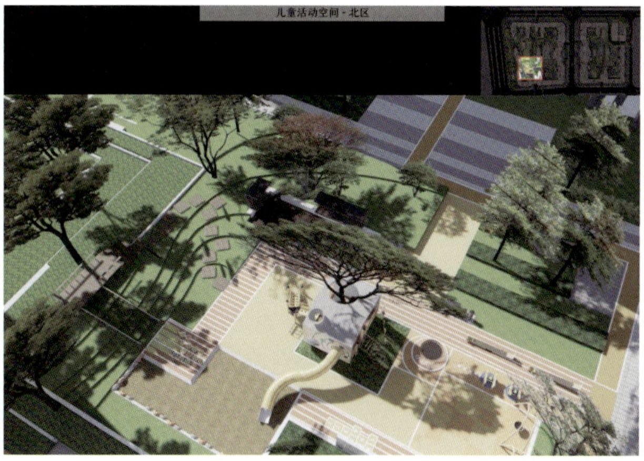

PET PARK
宠物乐园

萌宠专属的欢乐天地
更好地亲近动物和自然

交流 | 休憩 | 舒适

SILENT GARDEN
宅园休憩花园

邻里之间的交流平台
结合休闲健康的设施

交流 | 休憩 | 舒适

ENTRANCE
入户空间

归家的路
总是与花木相邻，灯火可亲

温馨 | 静谧 | 舒适

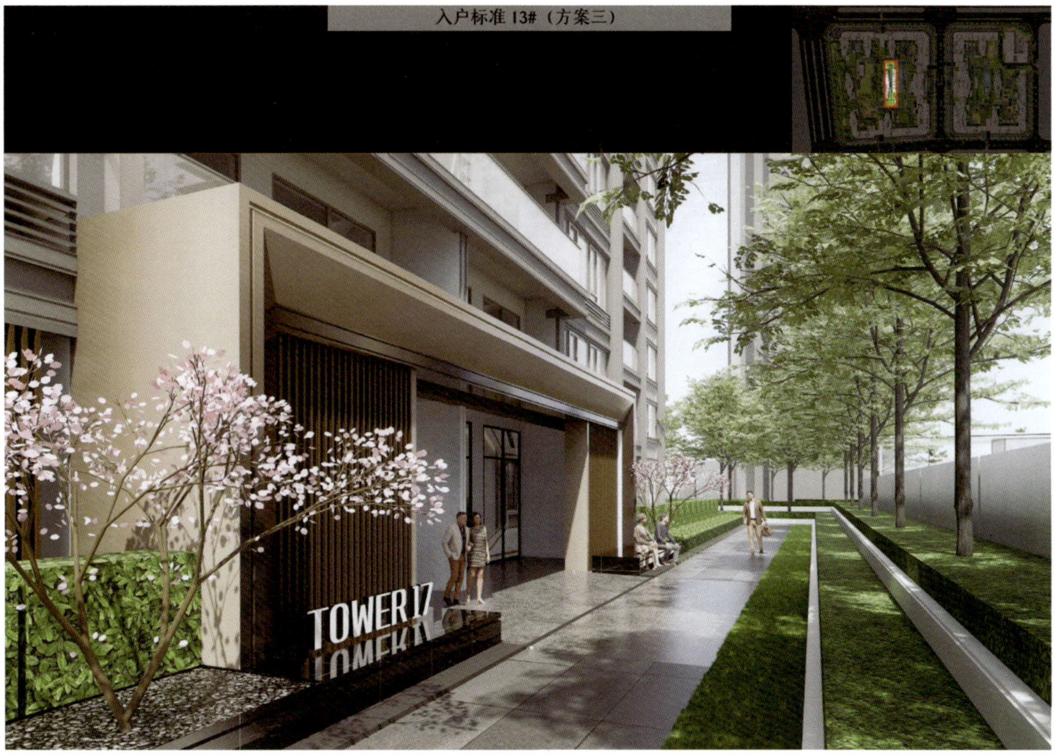


南区放大平面

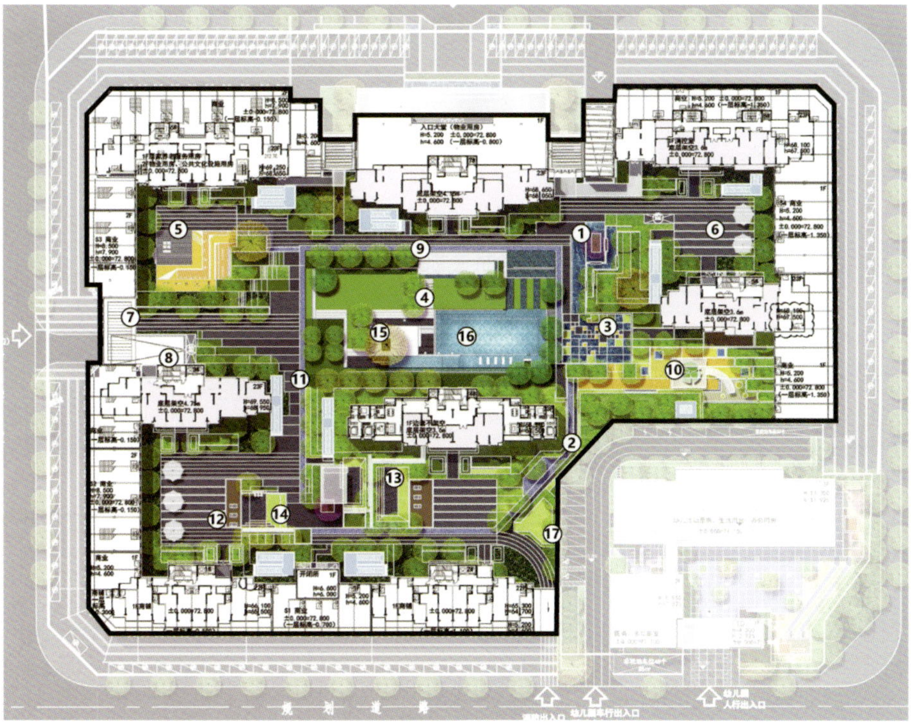

**图例**

① 对景水景
② 热身加油区
③ 户外泳池
④ 景观休憩亭
⑤ 长者花园
⑥ 休闲平台
⑦ 次入口
⑧ 地库入口
⑨ 休闲木平台
⑩ 儿童嬉戏池
⑪ 健康跑道
⑫ 儿童活动空间
⑬ 绿岛花园
⑭ 浅滩花园
⑮ 点景水景
⑯ 阳光草坪
⑰ 宠物乐园

## SWIMMING POOL
## 无边界泳池

被绿植包围的安心休憩
坐在遮阴的浅水区与朋友交谈
在景观亭与亲朋好友观赏水系美景

度假 | 参与 | 惬意

户外泳池 - 南区

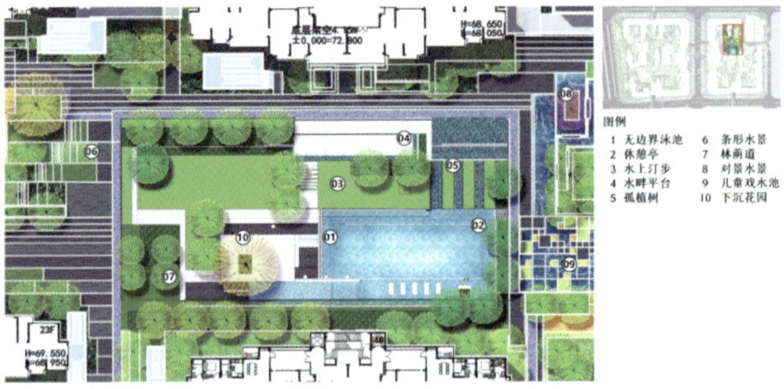

入口对景庭院 - 南区

儿童嬉戏池 - 南区

无边界泳池 - 南区
方案二

无边界泳池 - 南区
方案二 - 浅水

无边界泳池 - 南区
方案二 - 满水

无边界泳池 - 南区
方案二 - 满水

## 户外泳池 - 南区

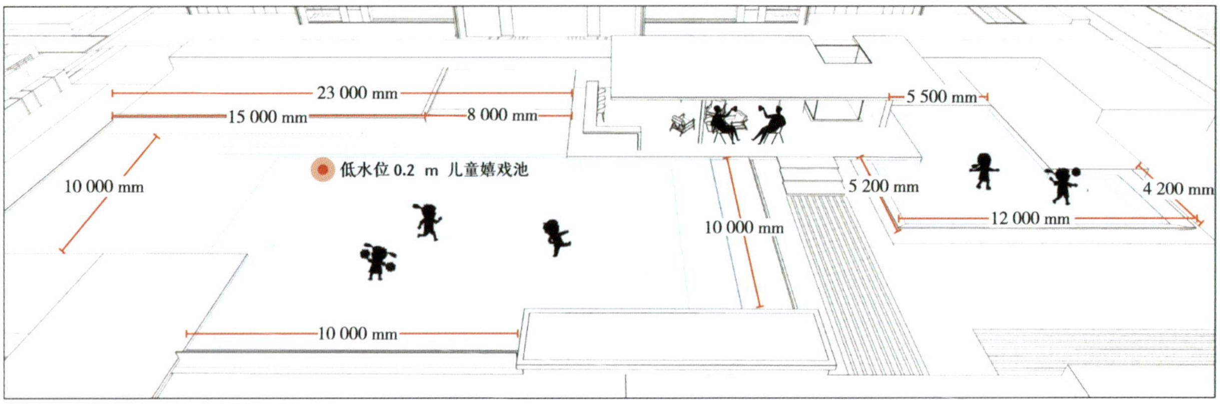


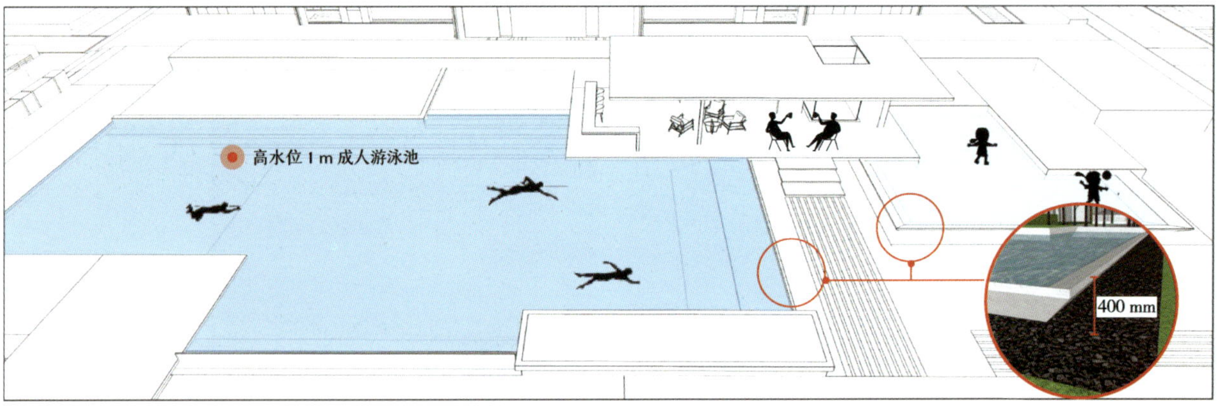




## 宅间休憩花园 - 南区

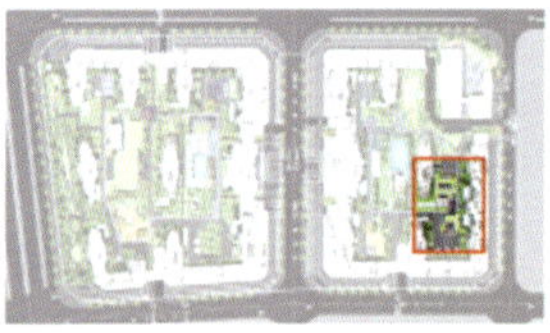

图例

①休憩亭　⑥ 宠物乐园
②休闲木平台　⑦ 地库人防出入口
③林下游径　⑧ 阳光草坪
④入户平台
⑤健康跑道

宅间花园（4# 南侧）

宅间花园（4# 南侧）

宅间花园（4# 南侧）

儿童活动区（南区）

儿童活动区（南区）

长者健身花园（南区）

KIDS GARDEN
幼儿园

满足业主对生活场景的诉求
户外空间与室内空间的穿插渗透
社区的生活情境发生器

趣味 | 启迪 | 陪伴

幼儿园使用人群分析

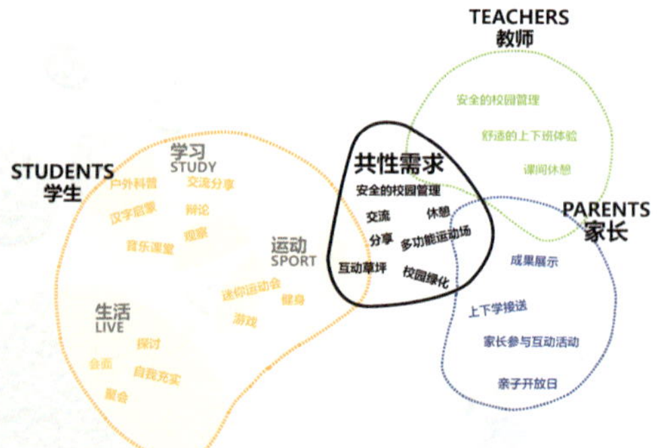


幼儿园平面图

图例
① 家长等候区
② 入口大门
③ 分班活动场地
④ 迷你田径
⑤ 游戏沙坑
⑥ 组合游戏设施
⑦ 童趣花园
⑧ 户外课堂
⑨ 车行出入口
⑩ 机动车停车位
⑪ 非机动车停车位
⑫ 后勤出入口
⑬ 公告宣传牌

景观规划设计

幼儿园流线及功能分析图

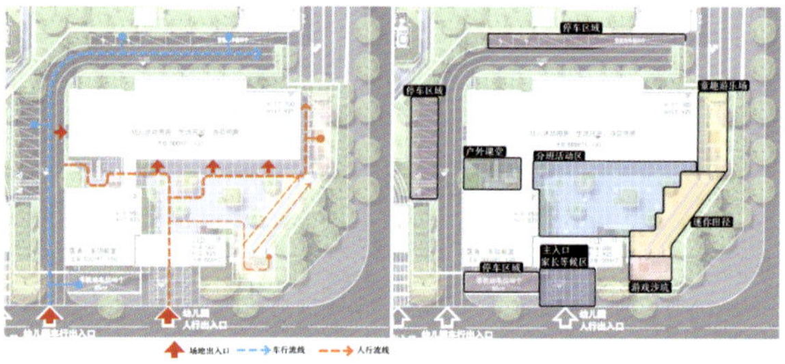

幼儿园意向图

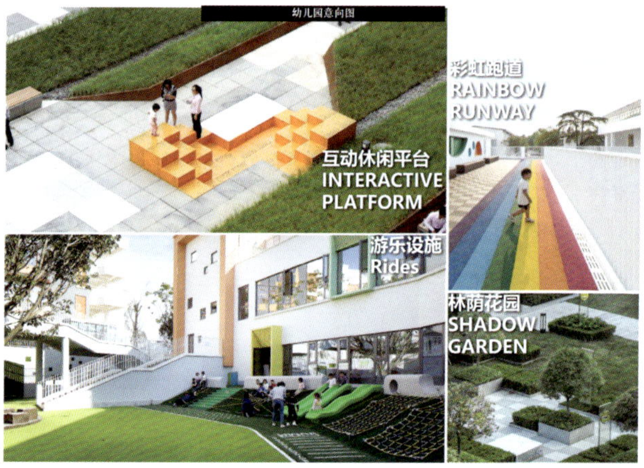

# 5

## 架空层专题研究

Partition Design

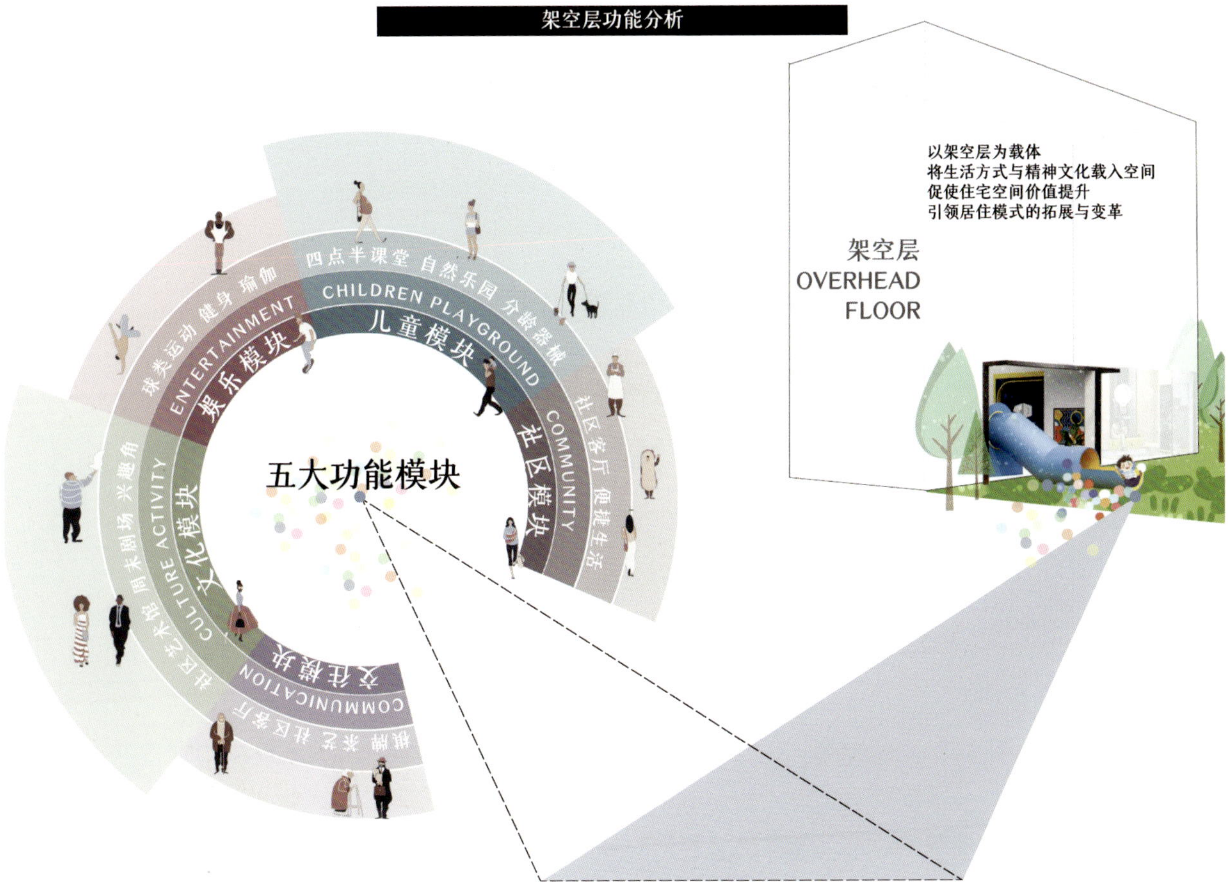

## 架空层主题规划

### 架空层总面积：3 633 ㎡

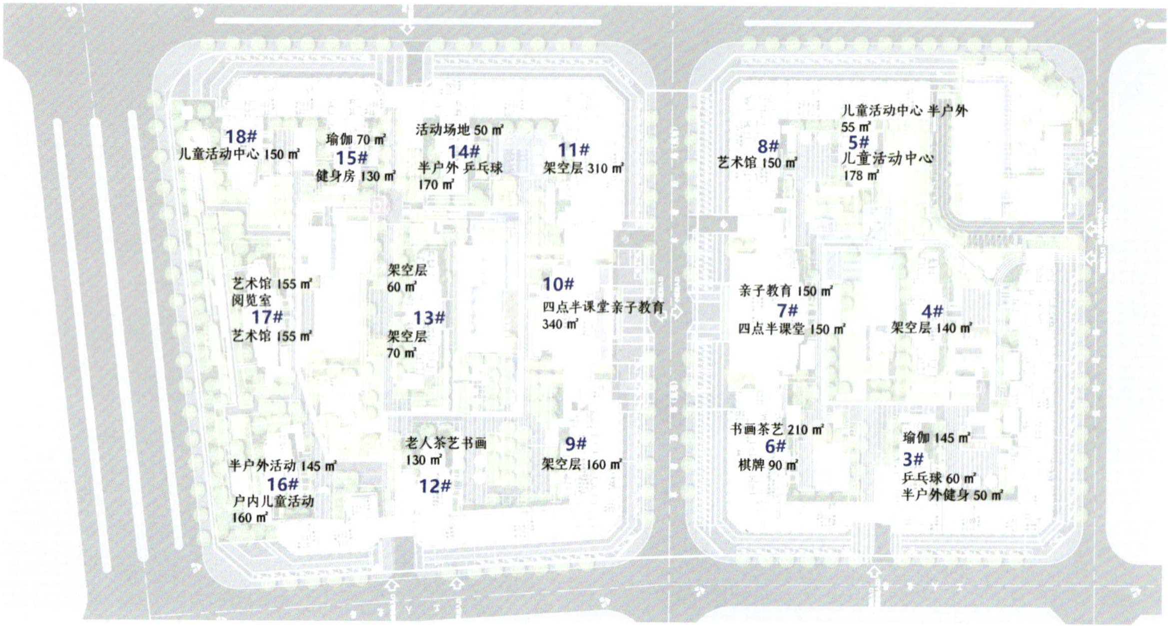


景观规划设计

## 架空层与景观的联系

**室内外功能聚合强化**

如室内的瑜伽、健身房与室外羽毛球场结合，强化运动属性

**考虑交通对布点的影响**

如四点半课堂的布点，临近主入口，方便每一位业主

**架空层与周边景观氛围的一致性**

如艺术馆周边，设计水景、阳光草坪、休憩花园等

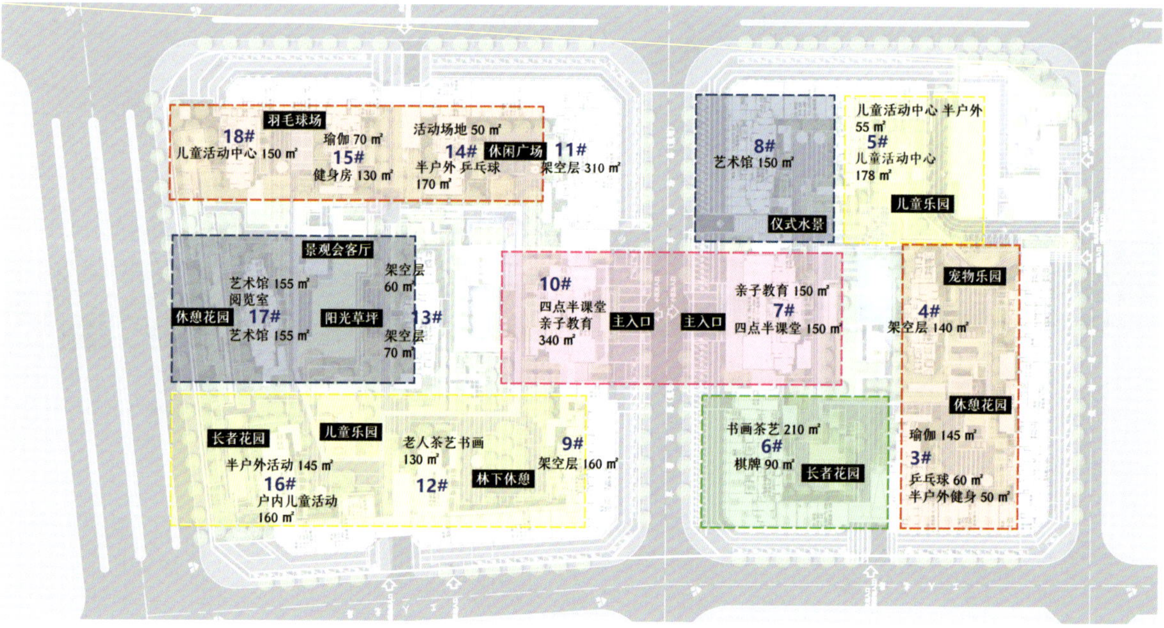

架空层活动分析
社区客厅
活力模块 活力模块
文化模块 儿童模块
服务模块
卫生间
便捷超市
快递寄存
迎宾大堂

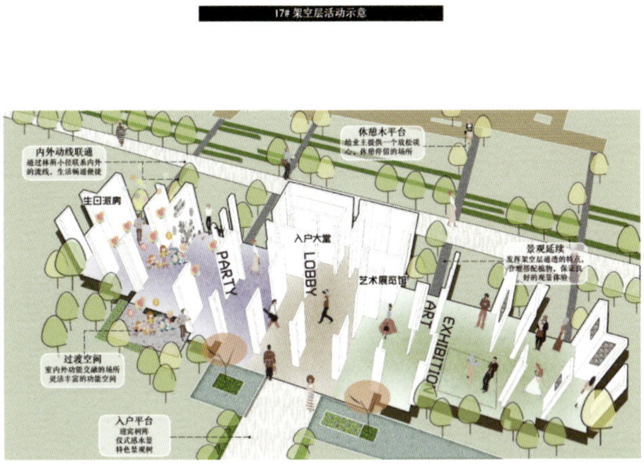
17# 架空层活动示意
休憩木平台
内外动线联通
通过林荫小径联系内外的流线，生活畅通便捷
生日派房
PARTY
入户大堂
LOBBY
艺术展览馆
ART
EXHIBITION
景观延续
发挥架空层通透的特点，合理搭配植物，保证良好的观景体验
过渡空间
室内外功能交融的场所
灵活丰富的功能空间
入户平台
迎宾树阵
仪式感水景
特色景观树

架空层风格建议：艺术馆 - 后现代风格

架空层风格建议：瑜伽馆 - 后现代风格

架空层风格建议：阅览室 - 景观融入

架空层风格建议：儿童半户外活动 - 现代简约

# 5

## 工程设计专题

## Special Design

### 人防出入口专项

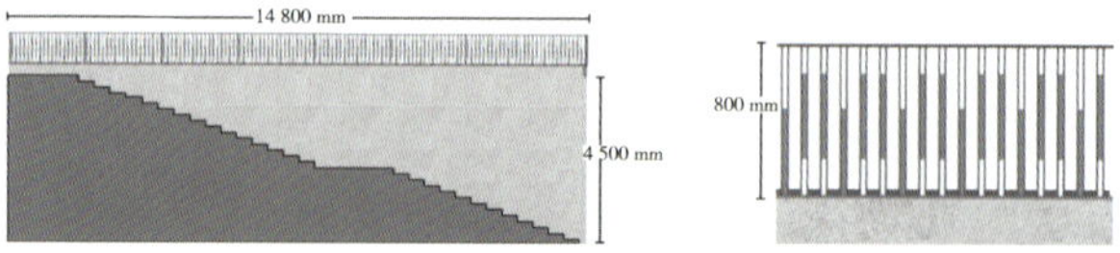

### 围墙专项

立面图

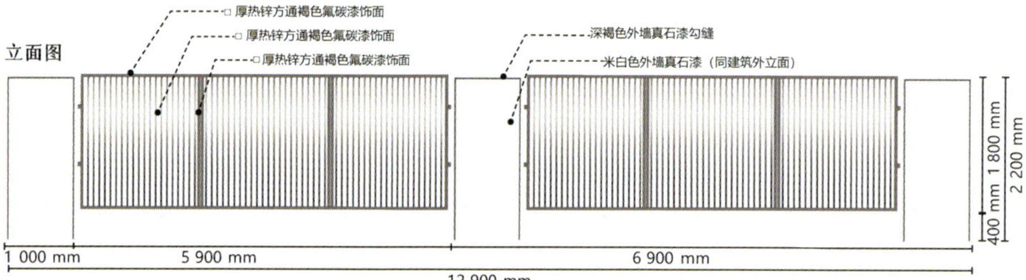


左视图

平面图

剖面图

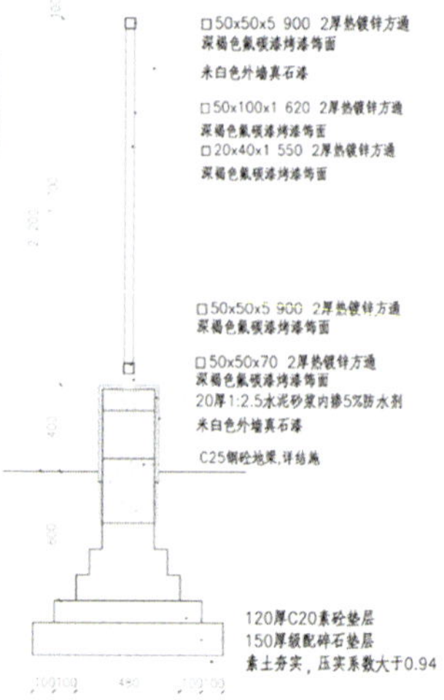


（单位：mm）

效果图

## 南区消防门（近消防）专项

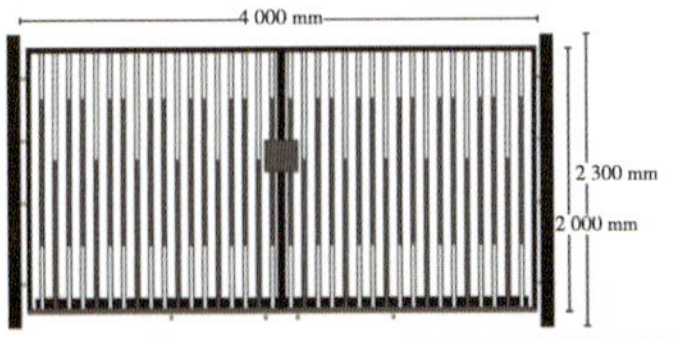

## 地库出入口专项

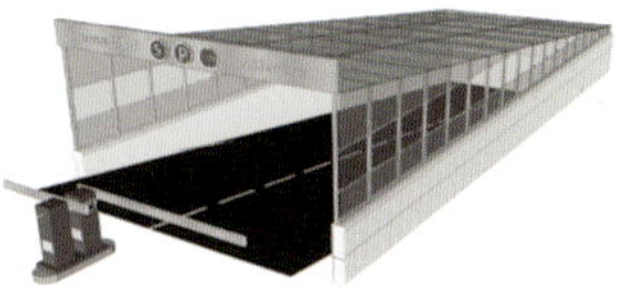

透视图

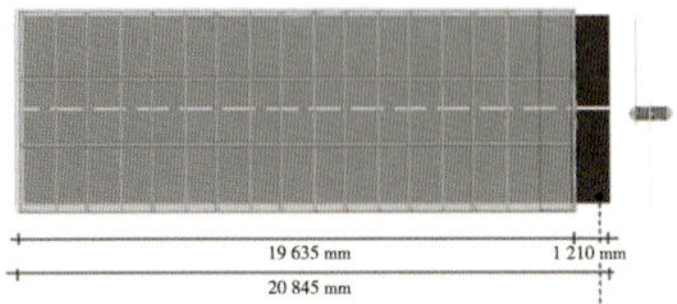


平面图　混凝土密封固化剂

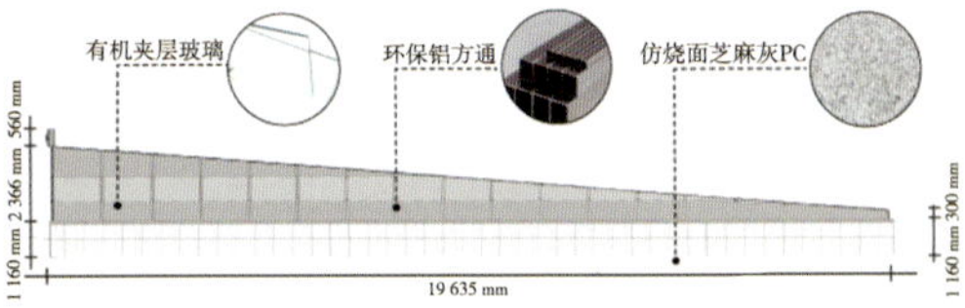


侧立面图

灰色拉丝面不锈钢

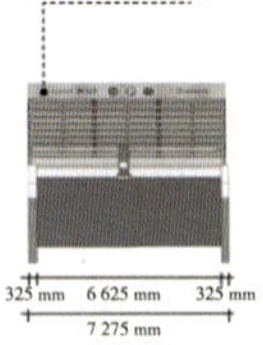


正立面图

## 植物设计策略

### 种植设计原则

**1. 植物风格化**

强调植物与景观风格、建筑风格的融合，运用植物搭配隔离空间，营造现代简约气息。以**本土树种**为绿化骨架和主题树种，适当运用**体型优美、体量大**的乔木作为**点景植物**，体现其区域亮点。

**2. 美学与生态学兼顾**

考虑美学原则的同时强调植物的生态效益，植物材料的选用体现生态的多样性，充分考虑植物的生态习性，利用植物的本身形态、色彩和质感以及特质群落的美感，有效地组合搭配，形成丰富的植物空间，体现植物的**季相变化和生态性**。

**3. 成本合理化**

远期与近期植物景观效果结合的原则，主要区域使用即时效果好、规格较大、价格较高的**全冠苗木**；次要区域体现植物的远期效果，使用**性价比高**的乔木，从而体现**植物配置的经济性与合理性**。

## 植物设计策略

### 北区植物设计

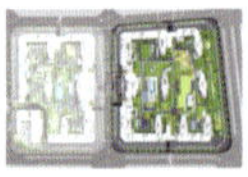

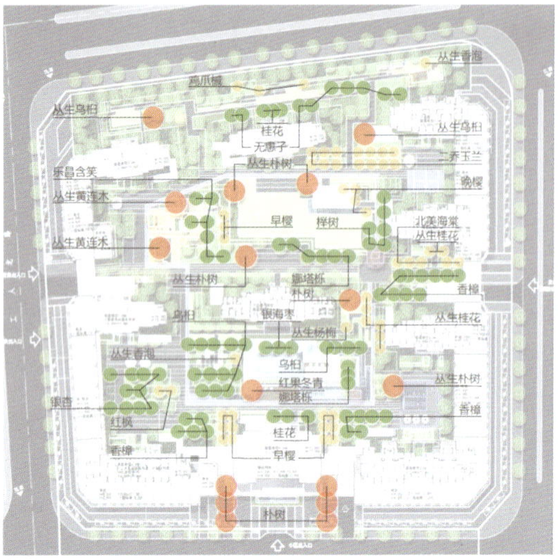


设计风格 线性序列、简约明快

种植形式：
规则式种植 ——乔木 + 地被

主景树
中层乔木
特色树

#### 植物品种选择

主景树——丛生黄连木、朴树、丛生朴树、丛生乌桕、红果冬青
中层乔木——香樟、银杏、乌桕、银海枣、娜塔栎、乐昌含笑
特色树——二乔玉兰、丛生桂花、早樱、晚樱、鸡爪槭、红枫

香樟 Cinnamomum camphora (L.) Presl
娜塔栎 Quercus nuttallii
银海枣 Phoenix sylvestris Roxb
乐昌含笑 Michelia chapensis Dandy

银杏 Ginkgo biloba L
鸡爪槭 Acer palmatum Thunb
晚樱 Cerasus serrulata (Lindl.)G.Don
二乔玉兰 Magnolia × soulangeana Soul.-Bod

## 植物设计策略

### 南区植物设计

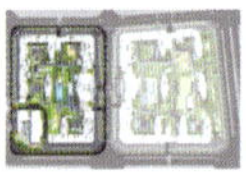

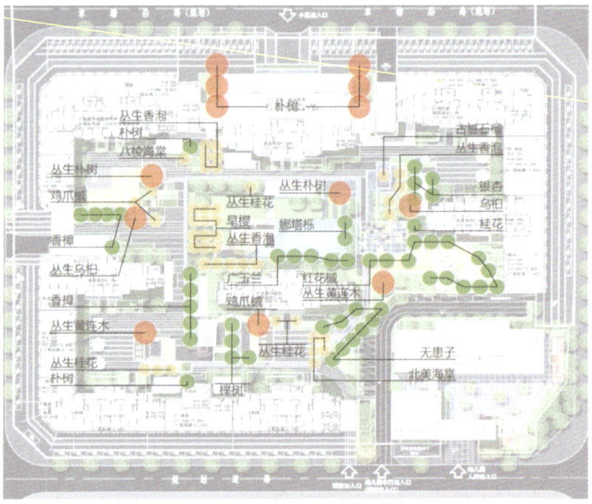


设计风格 仪式感、导向性、通透干净

种植形式：
规则式种植 ——乔木 + 地被

主景树
中层乔木
特色树

#### 植物品种选择

主景树——朴树、丛生朴树、乌桕、丛生乌桕、丛生黄连木
中层乔木——香樟、榉树、无患子、红花槭、广玉兰
特色树——丛生香泡、八棱海棠、丛生桂花、古桩石榴、早樱

朴树 Celtis sinensis Pers
乌桕 Sapium sebiferum(L.)
榉树 Zelkova serrate
无患子 Sapindus

广玉兰 Magnolia Grandiflora Linn
丛生香泡 Citrus medica L
八棱海棠 malus robusta Rehd
早樱 Cerasus subhirtella (Miq.) Sok

## 植物设计策略

球类灌木品种选择

观叶地被品种选择

观花地被品种选择

宿根地被品种选择

## 铺装材料专项

（单位：mm）

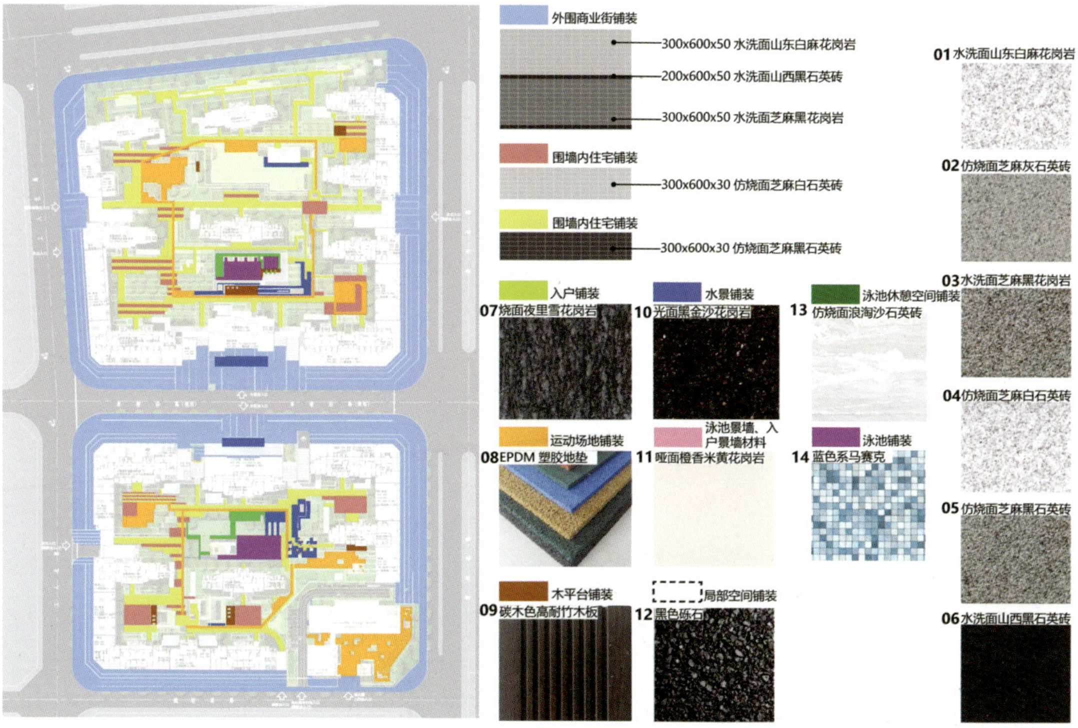

## 灯具专项

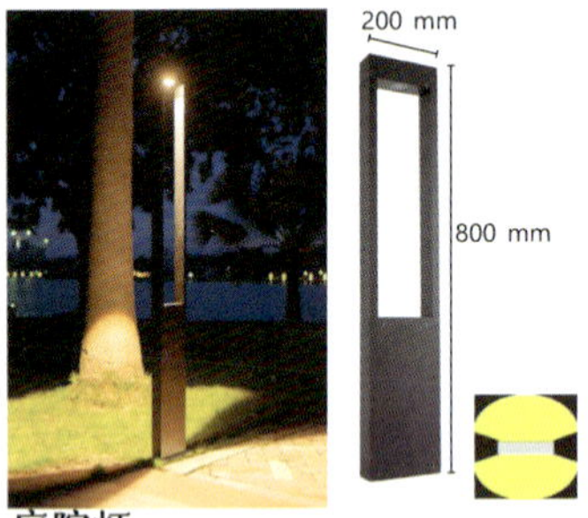

庭院灯

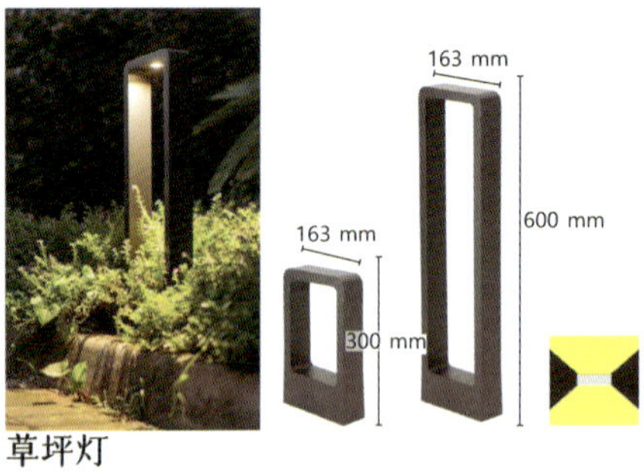

草坪灯

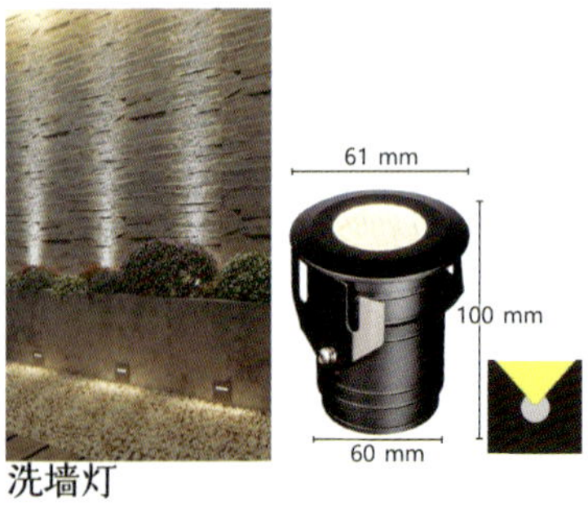

洗墙灯

射树灯

水底灯

材料供应商名称：

## 灯具布点

## 户外家具选型

## 造价估算

### 投资估算表

**项目名称：** **北区**

| 序号 | 分部分项工程名称 | 单位 | 数量 | 单价/元 | 合价/元 |
|---|---|---|---|---|---|
| 一 | 道路及铺装工程 | | | | |
| 1 | pc铺装面 | $m^2$ | 13 274 | 450 | 5 973 300 |
| 2 | 健康跑道 | $m^2$ | 566 | 500 | 282 750 |
| 3 | 木质平台 | $m^2$ | 199 | 550 | 109 450 |
| 4 | 泳池 | $m^2$ | 367 | 5 000 | 1 835 000 |
| 5 | 塑胶场地 | $m^2$ | 494 | 600 | 296 400 |
| 6 | 景观水景 | $m^2$ | 565 | 2 000 | 1 130 000 |
| | 小计 | | | | 9 626 900 |
| 二 | 景观小品工程 | | | | |
| 1 | 主入口门厅 | 项 | 1 | 600 000 | 600 000 |
| 2 | 次入口门厅 | 项 | 2 | 300 000 | 600 000 |
| 3 | 围墙 | m | 239 | 2 000 | 478 000 |
| 4 | 泳池功能亭 | 项 | 1 | 400 000 | 400 000 |
| 5 | 车库入口 | 项 | 3 | 200 000 | 600 000 |
| 6 | 儿童娱乐器械 | 项 | 1 | 300 000 | 300 000 |
| 7 | 中心景观客厅 | 项 | 1 | 400 000 | 400 000 |
| 8 | 休憩亭 | 项 | 4 | 100 000 | 400 000 |
| 9 | 雕塑 | 项 | 2 | 200 000 | 400 000 |
| 10 | 其他零星工程预留 | 项 | 1 | 800 000 | 800 000 |
| | 小计 | | | | 4 178 000 |
| 三 | 植栽工程 | | | | |
| 1 | 绿化面积 | $m^2$ | 8 034 | 600 | 4 820 400 |
| | 小计 | | | | 4 820 400 |
| 四 | 室外整体电气工程 | $m^2$ | 21 308 | 30 | 639 240 |
| | 小计 | | | | 639 240 |
| 五 | 室外整理给排水工程 | $m^2$ | 21 308 | 25 | 532 700 |
| | 小计 | | | | 532 700 |
| 六 | 总造小计 | 元 | 19 797 240 | | |
| | 措施费规费等 | 元 | 395 945 | | |
| | 税金 | 元 | 1 817 387 | | |
| | **总造价** | 元 | **22 010 571** | | |
| 七 | 景观面积 | $m^2$ | 24 636 | | |
| 八 | **平方造价** | 元/$m^2$ | **893** | | |

### 投资估算表

**项目名称：** **南区**

| 序号 | 分部分项工程名称 | 单位 | 数量 | 单价/元 | 合价/元 |
|---|---|---|---|---|---|
| 一 | 道路及铺装工程 | | | | |
| 1 | pc铺装面 | $m^2$ | 10 389 | 450 | 4 675 050 |
| 2 | 健康跑道 | $m^2$ | 372 | 500 | 186 000 |
| 3 | 塑胶场地 | $m^2$ | 263 | 600 | 157 800 |
| 4 | 木质平台 | $m^2$ | 270 | 550 | 148 500 |
| 5 | 泳池水景 | $m^2$ | 402 | 5 000 | 2 010 000 |
| 6 | 景观水景 | $m^2$ | 524 | 2 000 | 1 048 000 |
| | 小计 | | | | 6 215 350 |
| 二 | 景观小品工程 | | | | |
| 1 | 主入口门厅 | 项 | 1 | 600 000 | 600 000 |
| 2 | 次入口门厅 | 项 | 1 | 300 000 | 300 000 |
| 3 | 车库入口 | 项 | 2 | 200 000 | 400 000 |
| 4 | 泳池休憩亭 | 项 | 1 | 300 000 | 300 000 |
| 5 | 景观亭 | 项 | 1 | 20 000 | 20 000 |
| 6 | 儿童娱乐设施 | 项 | 1 | 300 000 | 300 000 |
| 7 | 雕塑 | 项 | 2 | 200 000 | 400 000 |
| 8 | 围墙 | $m^2$ | 256 | 2 000 | 512 000 |
| 9 | 其他零星工程预留 | 项 | 1 | 600 000 | 600 000 |
| | 小计 | | | | 2 220 000 |
| 三 | 植栽工程 | | | | |
| 1 | 绿化面积 | $m^2$ | 2 399 | 600 | 1 439 400 |
| | 小计 | | | | 1 439 400 |
| 四 | 室外整体电气工程 | $m^2$ | 12 788 | 30 | 383 640 |
| | 小计 | | | | 383 640 |
| 五 | 室外整理给排水工程 | $m^2$ | 12 788 | 25 | 319 700 |
| | 小计 | | | | 319 700 |
| 六 | 总造小计 | 元 | 10 578 090 | | |
| 1 | 措施费规费等 | 元 | 211 562 | | |
| 2 | 税金 | 元 | 971 069 | | |
| | **总造价** | 元 | **11 760 720** | | |
| 七 | 景观面积 | $m^2$ | 12 788 | | |
| 八 | **平方造价** | 元/$m^2$ | **920** | | |

## 第三节 ◉

## 义乌市稠州北路 17#、18#地块（展示区）景观工程设计施工图

本节通过对实际建成项目的施工图图纸进行重点展示，培养学生从方案设计到落地实施的系统性设计思维和技能技法，即掌握景观设计的标准制图规范（如平面图、剖面图、节点大样图），提升 CAD 等专业软件的操作技能，确保设计成果符合施工图精度要求。同时，着重培养学生通过技术语言（如材料标注、工艺说明）准确传达设计意图的能力，建立设计与施工环节的有效衔接等，形成可实施的施工设计方案，从而构建从概念到实施的全链条逻辑体系，缩短课堂学习与行业实践的差距。通过本节的学习，学生能认识到技术规范与协作能力也是保障设计落地的核心支撑。

另外，本节中每幅图纸印刷因版式大小的限制，显示清晰度不足以精读和细读图纸细节，但是为了课堂教学的实际需要和图纸呈现的体系化，将其印刷出来。因此，此节图纸亦可算作“索引图”，以二维码的形式作为在线数字教学资源呈现出来。学生可以将纸质印刷的图纸与数字在线资源中的图纸进行一一比照，在线图纸可放大或缩小图面进行查看，学生能够感知施工图绘制的具体精度和细部绘制要求，增强学习的自主性、交互性和实用性。

**1. 绿化**



# 义乌市稠州北路17#、18#地块

## (展示区)景观工程设计施工图图纸

SED新西林

风景园林工程设计专项甲级

2020年10月（1.0版）

绿施

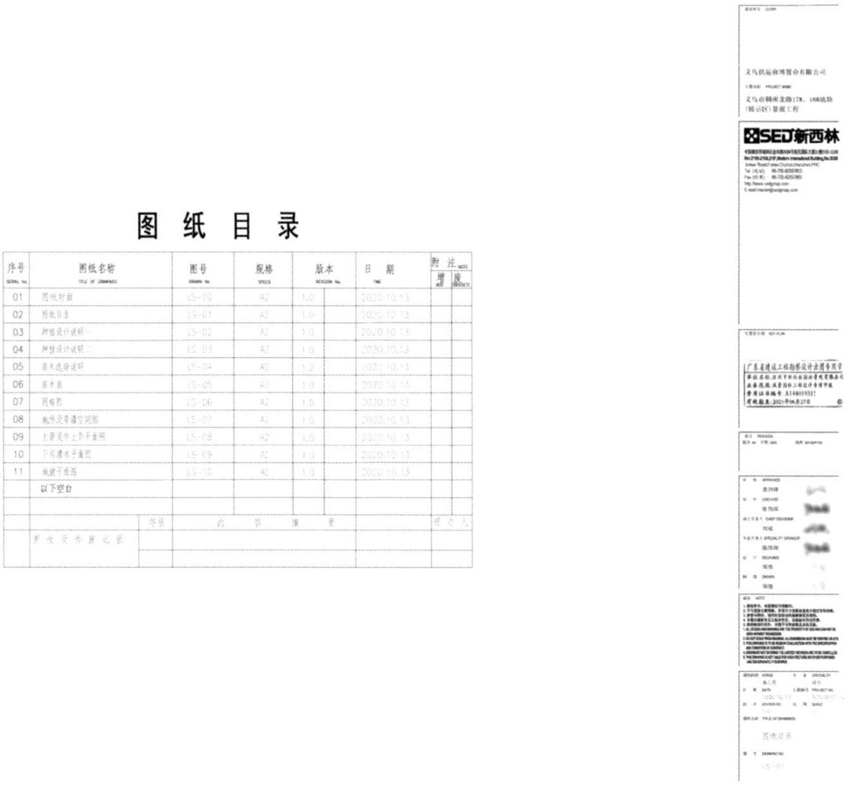

# 图 纸 目 录

| 序号 SERIAL No. | 图纸名称 TITLE OF DRAWINGS | 图号 DRAWN No. | 规格 SPECS | 版本 REVISION No. | 日期 TIME | 附注 NOTE 增 ADD | 附注 NOTE 废 OBSOLETE |
|---|---|---|---|---|---|---|---|
| 01 | 图纸封面 | LS-00 | A2 | 1.0 | 2020.10.13 | | |
| 02 | 图纸目录 | LS-01 | A2 | 1.0 | 2020.10.13 | | |
| 03 | 种植设计说明一 | LS-02 | A2 | 1.0 | 2020.10.13 | | |
| 04 | 种植设计说明二 | LS-03 | A2 | 1.0 | 2020.10.13 | | |
| 05 | 苗木选择说明 | LS-04 | A2 | 1.0 | 2020.10.13 | | |
| 06 | 苗木表 | LS-05 | A2 | 1.0 | 2020.10.13 | | |
| 07 | 网格图 | LS-06 | A2 | 1.0 | 2020.10.13 | | |
| 08 | 地形及草坪空间图 | LS-07 | A2 | 1.0 | 2020.10.13 | | |
| 09 | 主景乔中上木平面图 | LS-08 | A2 | 1.0 | 2020.10.13 | | |
| 10 | 下层灌木平面图 | LS-09 | A2 | 1.0 | 2020.10.13 | | |
| 11 | 地被平面图 | LS-10 | A2 | 1.0 | 2020.10.13 | | |
| | 以下空白 | | | | | | |
| | 更改及作废记录 | 序号 | 内容摘要 | | | 经办人 | |

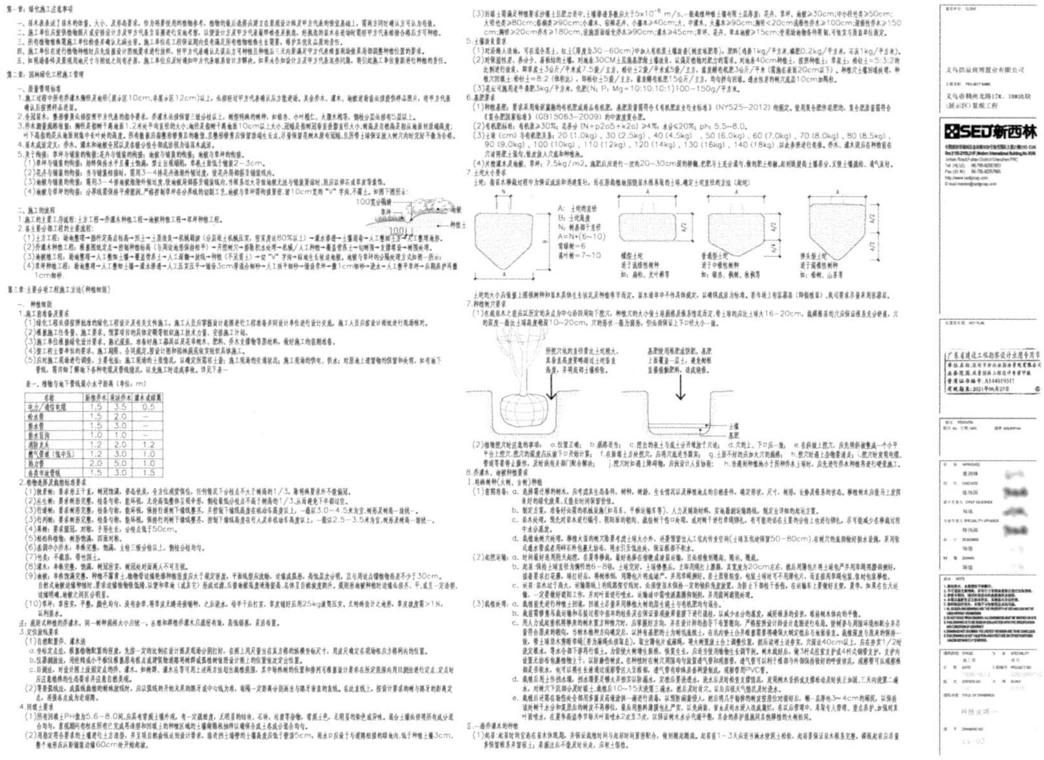

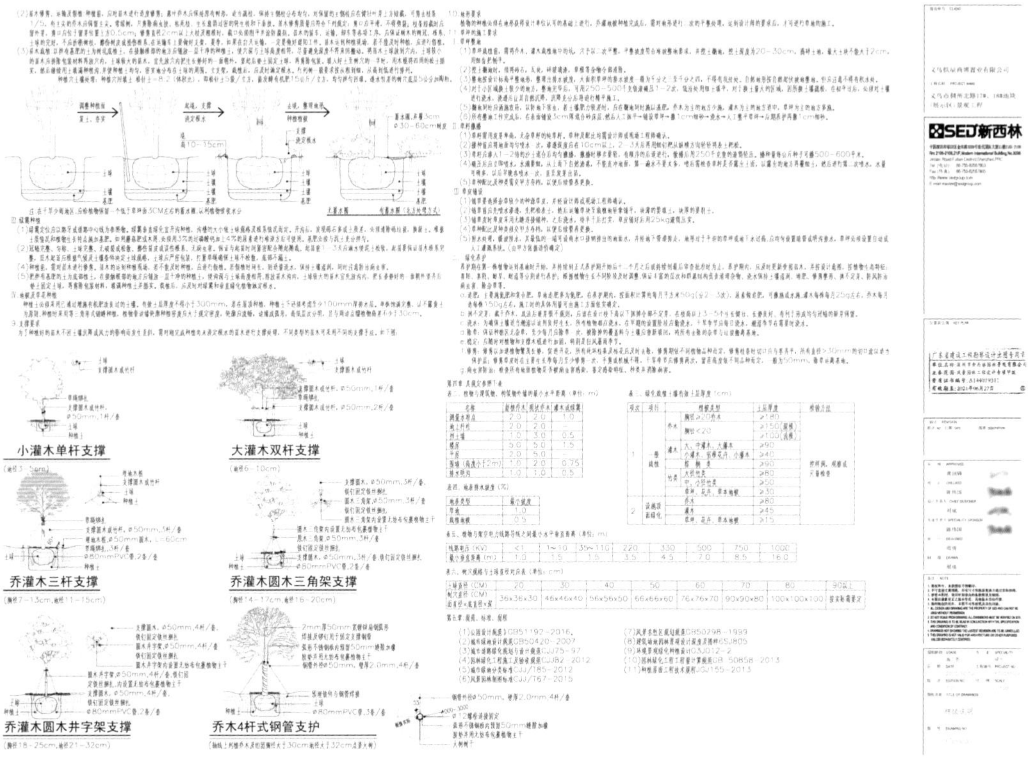
小灌木单杆支撑
大灌木双杆支撑
乔灌木三杆支撑
乔灌木圆木三角架支撑
乔灌木圆木井字架支撑
乔木4杆式钢管支护
SED新西林

特景树——冠幅、树高、树形
可接受
不可接受
棕榈——叶片数、裸杆粗细、自然高
可接受
不可接受
乔灌木——冠幅、树高
可接受
地被——冠幅、苗高
可接受
不可接受
不可接受
土球——土质、土球包扎、土球大小
可接受
不可接受
SED新西林

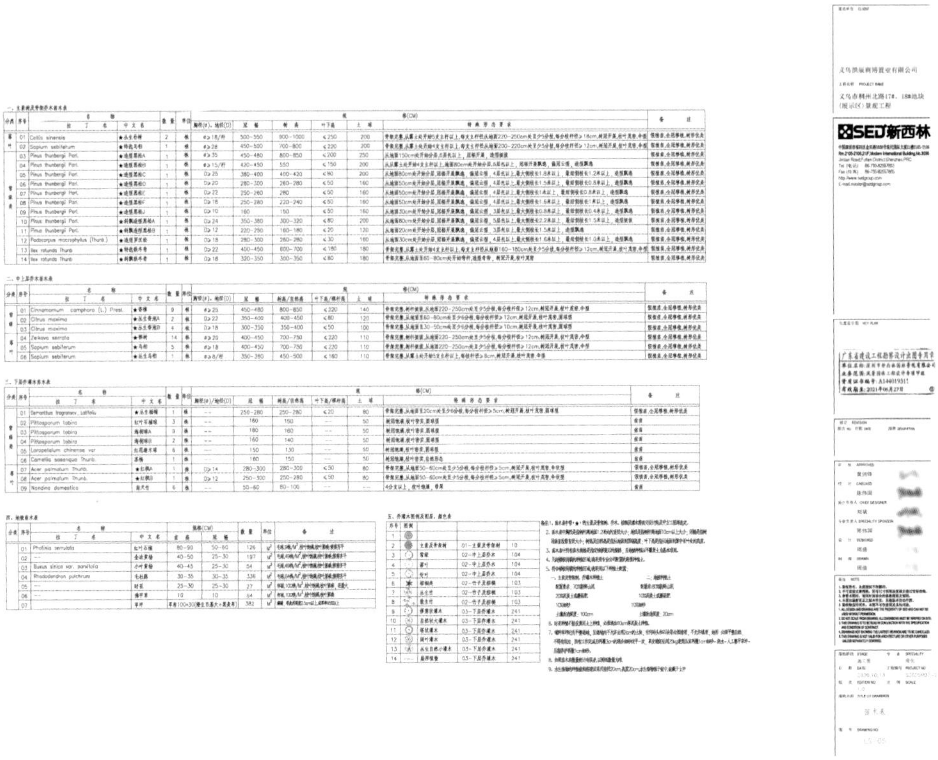

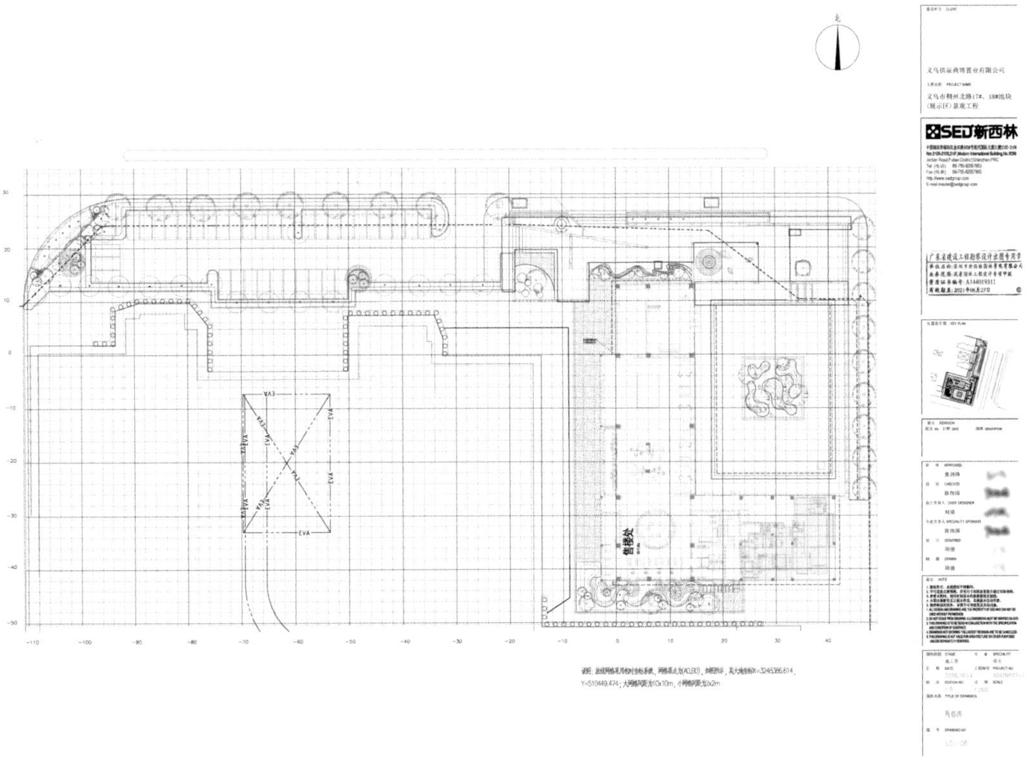

文乌供温商博置业有限公司
SED新西林

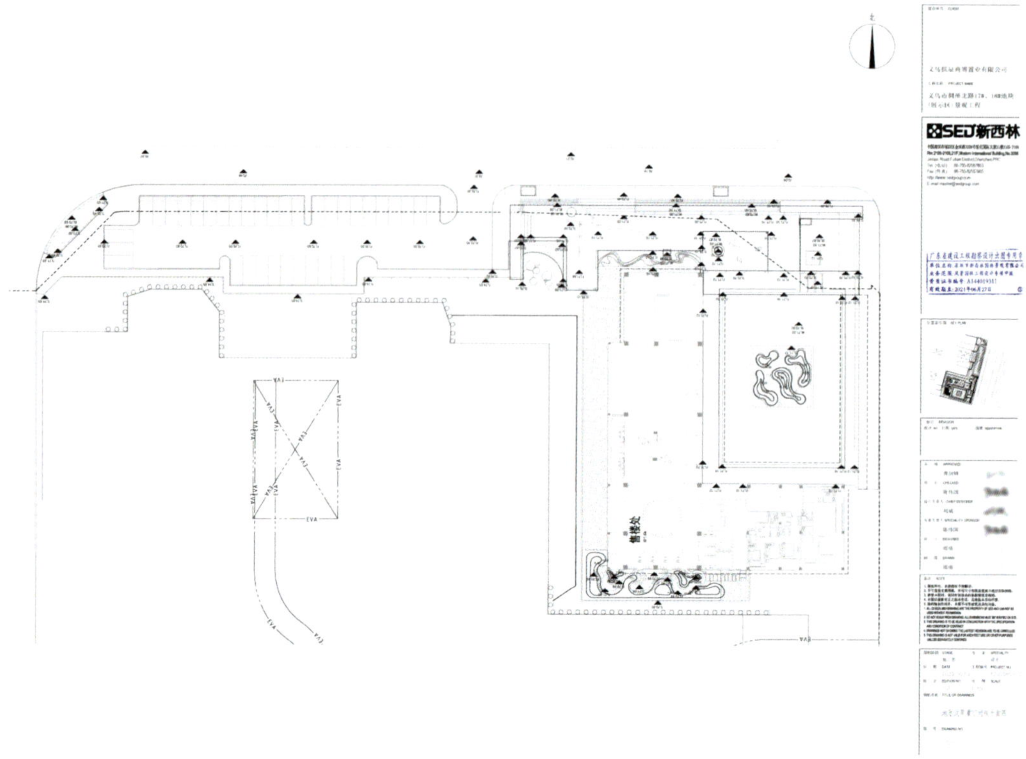

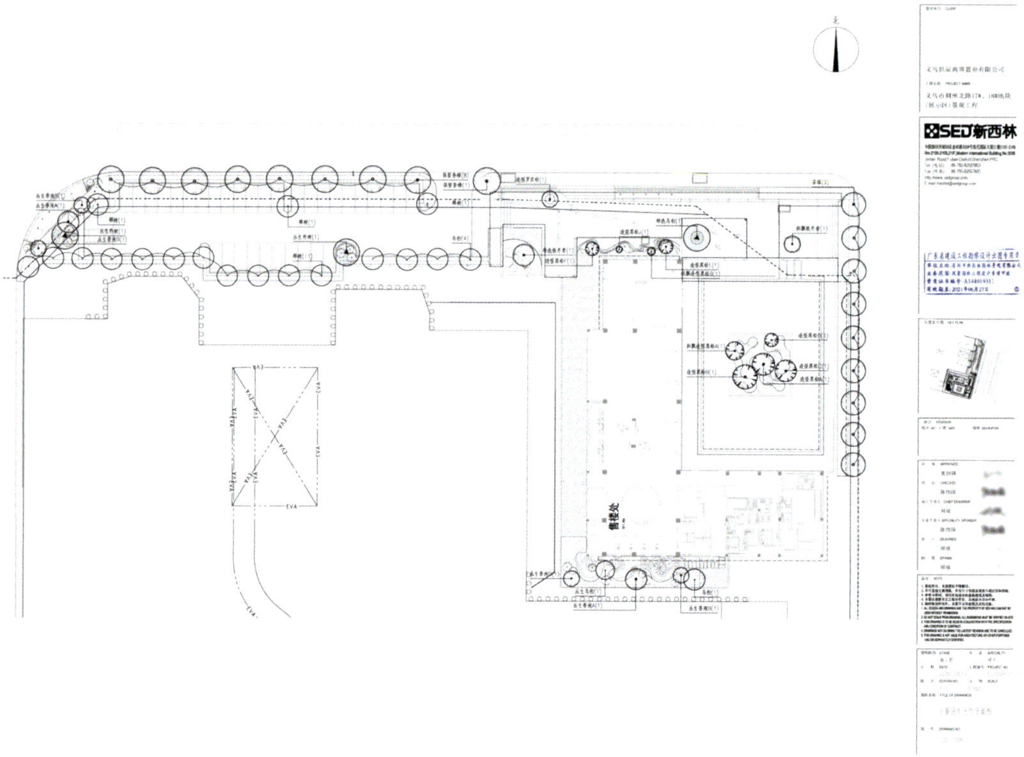

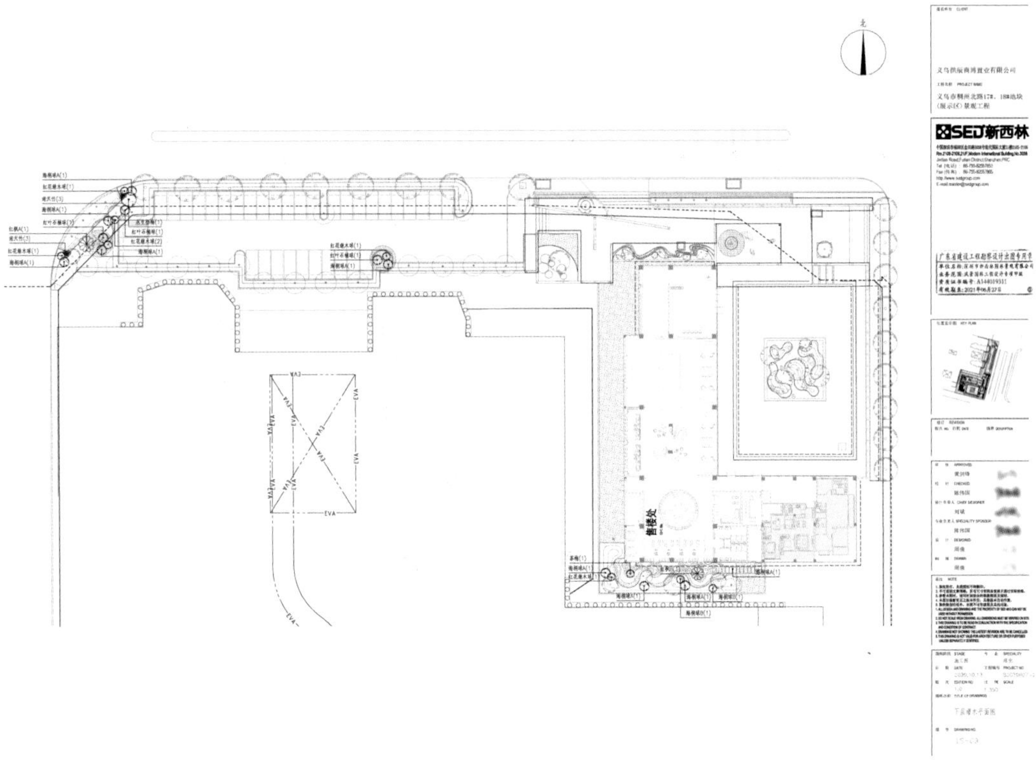

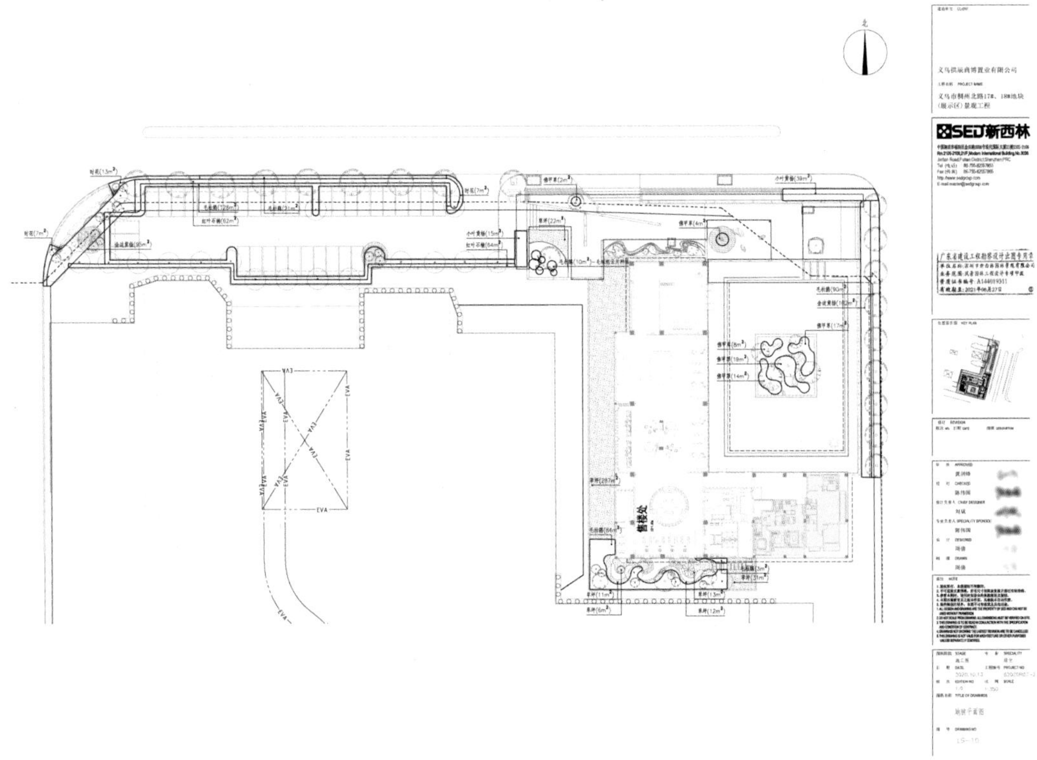

**2.** 园建

# 义乌市稠州北路17#、18#地块

## (展示区)景观工程设计施工图图纸

SED新西林

风景园林工程设计专项甲级

2020年10月(1.0版)

园施



### 图 纸 目 录

| 序号 SERIAL No. | 图纸名称 TITLE OF DRAWINGS | 图号 DRAWN No. | 规格 SPECS | 版本 REVISION No. | 日期 TIME | 附注 NOTE 增 ADD | 附注 NOTE 废 OBSOLETE |
|---|---|---|---|---|---|---|---|
| 01 | 封面 | YS-00 | A2 | 1.0 | 2020.10.14 | | |
| 02 | 图纸目录一 | LT-00 | A2 | 1.0 | 2020.10.14 | | |
| 03 | 图纸目录二 | LT-01 | A2 | 1.0 | 2020.10.14 | | |
| 04 | 园建设计说明(一) | LT-02 | A2 | 1.0 | 2020.10.14 | | |
| 05 | 园建设计说明(二) | LT-03 | A2 | 1.0 | 2020.10.14 | | |
| 06 | 园建设计说明(三) | LT-04 | A2 | 1.0 | 2020.10.14 | | |
| 07 | 园建标准图一 | LT-05 | A2 | 1.0 | 2020.10.14 | | |
| 08 | 园建标准图二 | LT-06 | A2 | 1.0 | 2020.10.14 | | |
| 09 | 物料表 | LT-07 | A2 | 1.0 | 2020.10.14 | | |
| 10 | 标准雨水口详图 | LT-08 | A2 | 1.0 | 2020.10.14 | | |
| 11 | 装饰井盖详图 | LT-09 | A2 | 1.0 | 2020.10.14 | | |
| 12 | 停车位详图 | LT-10 | A2 | 1.0 | 2020.10.14 | | |
| 13 | 线性截水沟详图 | LT-11 | A2 | 1.0 | 2020.10.14 | | |
| 14 | 围墙标准段详图一 | LT-12 | A2 | 1.0 | 2020.10.14 | | |
| 15 | 围墙标准段详图二 | LT-13 | A2 | 1.0 | 2020.10.14 | | |
| 16 | 景墙标准段龙骨布置图 | LT-14 | A2 | 1.0 | 2020.10.14 | | |
| 17 | 总平面图 | LP-0.01 | A1 | 1.0 | 2020.10.14 | | |
| 18 | 总平面铺装索引平面图 | LP-0.02 | A1 | 1.0 | 2020.10.14 | | |
| 19 | 总平面竖向平面图 | LP-0.03 | A1 | 1.0 | 2020.10.14 | | |
| 20 | 总平面尺寸定位图 | LP-0.04 | A1 | 1.0 | 2020.10.14 | | |
| 21 | 总平面坐标定位图 | LP-0.05 | A1 | 1.0 | 2020.10.14 | | |
| 22 | 总平面网格定位图 | LP-0.06 | A1 | 1.0 | 2020.10.14 | | |
| 23 | 入口门楼水景平面图一 | LD-A101 | A2+0.5 | 1.0 | 2020.10.14 | | |
| 24 | 入口门楼水景平面图二 | LD-A102 | A2+0.5 | 1.0 | 2020.10.14 | | |
| 25 | 入口门楼水景平面图三 | LD-A103 | A2+0.5 | 1.0 | 2020.10.14 | | |
| 26 | 入口门楼水景平面图四 | LD-A104 | A2+0.5 | 1.0 | 2020.10.14 | | |
| 27 | 入口门楼水景平面图五 | LD-A105 | A2+0.5 | 1.0 | 2020.10.14 | | |
| 28 | 入口门楼水景详图一 | LD-A106 | A2+0.5 | 1.0 | 2020.10.14 | | |
| 29 | 入口门楼水景详图二 | LD-A107 | A2 | 1.0 | 2020.10.14 | | |
| 30 | 入口门楼水景详图三 | LD-A108 | A2 | 1.0 | 2020.10.14 | | |
| 31 | 入口门楼水景详图四 | LD-A109 | A2 | 1.0 | 2020.10.14 | | |
| 32 | 入口门楼水景详图五 | LD-A110 | A2 | 1.0 | 2020.10.14 | | |
| 33 | 入口门楼水景详图六 | LD-A111 | A2 | 1.0 | 2020.10.14 | | |
| 34 | 入口门楼水景详图七 | LD-A112 | A2 | 1.0 | 2020.10.14 | | |
| 35 | 入口门楼水景详图八 | LD-A113 | A2 | 1.0 | 2020.10.14 | | |
| 36 | 入口门楼水景详图九 | LD-A114 | A2 | 1.0 | 2020.10.14 | | |
| 37 | 入口门楼水景详图十 | LD-A115 | A2 | 1.0 | 2020.10.14 | | |
| 38 | 入口门楼水景详图十一 | LD-A116 | A2 | 1.0 | 2020.10.14 | | |
| 39 | 叠水水景平面图一 | LD-A201 | A2 | 1.0 | 2020.10.14 | | |
| 40 | 叠水水景详图一 | LD-A202 | A2 | 1.0 | 2020.10.14 | | |
| 41 | 叠水水景详图二 | LD-A203 | A2 | 1.0 | 2020.10.14 | | |
| 42 | 叠水水景详图三 | LD-A204 | A2 | 1.0 | 2020.10.14 | | |
| 43 | 下沉庭院平面图 | LD-A301 | A2 | 1.0 | 2020.10.14 | | |
| 44 | 下沉庭院详图 | LD-A302 | A2 | 1.0 | 2020.10.14 | | |
| 45 | 宁静池详平面图 | LD-A401 | A2 | 1.0 | 2020.10.14 | | |
| 46 | 宁静池详图一 | LD-A402 | A2 | 1.0 | 2020.10.14 | | |
| 47 | 宁静池详图二 | LD-A403 | A2 | 1.0 | 2020.10.14 | | |
| 48 | 特色水景平面图 | LD-A501 | A2 | 1.0 | 2020.10.14 | | |
| 49 | 特色水景2.0米处横截面图 | LD-A502 | A2 | 1.0 | 2020.10.14 | | |
| 50 | 特色水景详图一 | LD-A503 | A2 | 1.0 | 2020.10.14 | | |
| 51 | 特色水景详图二 | LD-A504 | A2 | 1.0 | 2020.10.14 | | |
| 52 | 特色水景详图三 | LD-A505 | A2 | 1.0 | 2020.10.14 | | |
| 53 | 特色水景详图四 | LD-A506 | A2 | 1.0 | 2020.10.14 | | |
| 54 | 特色水景详图五 | LD-A507 | A2 | 1.0 | 2020.10.14 | | |
| 55 | 回廊水景平面图 | LD-A601 | A2 | 1.0 | 2020.10.14 | | |
| 56 | 回廊水景详图一 | LD-A602 | A2 | 1.0 | 2020.10.14 | | |
| 57 | 回廊水景详图二 | LD-A603 | A2 | 1.0 | 2020.10.14 | | |
| 58 | 景观回廊平面图一 | LD-A701 | A2 | 1.0 | 2020.10.14 | | |
| 59 | 景观回廊平面图二 | LD-A702 | A2 | 1.0 | 2020.10.14 | | |
| 60 | 景观回廊详图一 | LD-A703 | A2 | 1.0 | 2020.10.14 | | |
| 61 | 景观回廊详图二 | LD-A704 | A2 | 1.0 | 2020.10.14 | | |
| 62 | 景观回廊详图三 | LD-A705 | A2 | 1.0 | 2020.10.14 | | |
| 63 | 景观回廊详图四 | LD-A706 | A2 | 1.0 | 2020.10.14 | | |
| 64 | 水景景墙平面图 | LD-A801 | A2 | 1.0 | 2020.10.14 | | |
| 65 | 水景景墙详图一 | LD-A802 | A2 | 1.0 | 2020.10.14 | | |
| 66 | 水景景墙详图二 | LD-A803 | A2 | 1.0 | 2020.10.14 | | |

| 更改及作废记录 | 序号 | 内容摘要 | 经办人 |
|---|---|---|---|
| | | | |
| | | | |

SED新西林

图纸目录一

LT-01

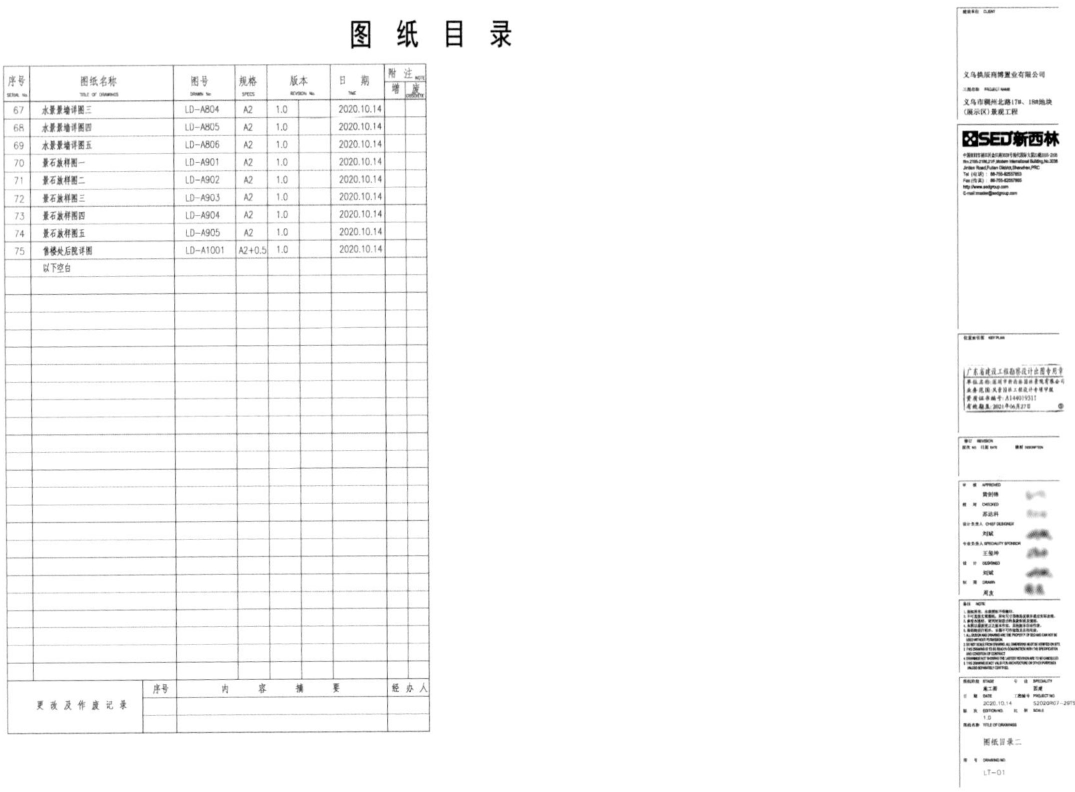

# 图 纸 目 录

| 序号 SERIAL No. | 图纸名称 TITLE OF DRAWINGS | 图号 DRAWING No. | 规格 SPECS | 版本 REVISION No. | 日期 DATE | 附注 NOTE 增 | 废 |
|---|---|---|---|---|---|---|---|
| 67 | 水景景墙详图三 | LD-A804 | A2 | 1.0 | 2020.10.14 | | |
| 68 | 水景景墙详图四 | LD-A805 | A2 | 1.0 | 2020.10.14 | | |
| 69 | 水景景墙详图五 | LD-A806 | A2 | 1.0 | 2020.10.14 | | |
| 70 | 景石放样图一 | LD-A901 | A2 | 1.0 | 2020.10.14 | | |
| 71 | 景石放样图二 | LD-A902 | A2 | 1.0 | 2020.10.14 | | |
| 72 | 景石放样图三 | LD-A903 | A2 | 1.0 | 2020.10.14 | | |
| 73 | 景石放样图四 | LD-A904 | A2 | 1.0 | 2020.10.14 | | |
| 74 | 景石放样图五 | LD-A905 | A2 | 1.0 | 2020.10.14 | | |
| 75 | 售楼处后院详图 | LD-A1001 | A2+0.5 | 1.0 | 2020.10.14 | | |
| | 以下空白 | | | | | | |

| 更改及作废记录 | 序号 | 内容摘要 | 经办人 |
|---|---|---|---|



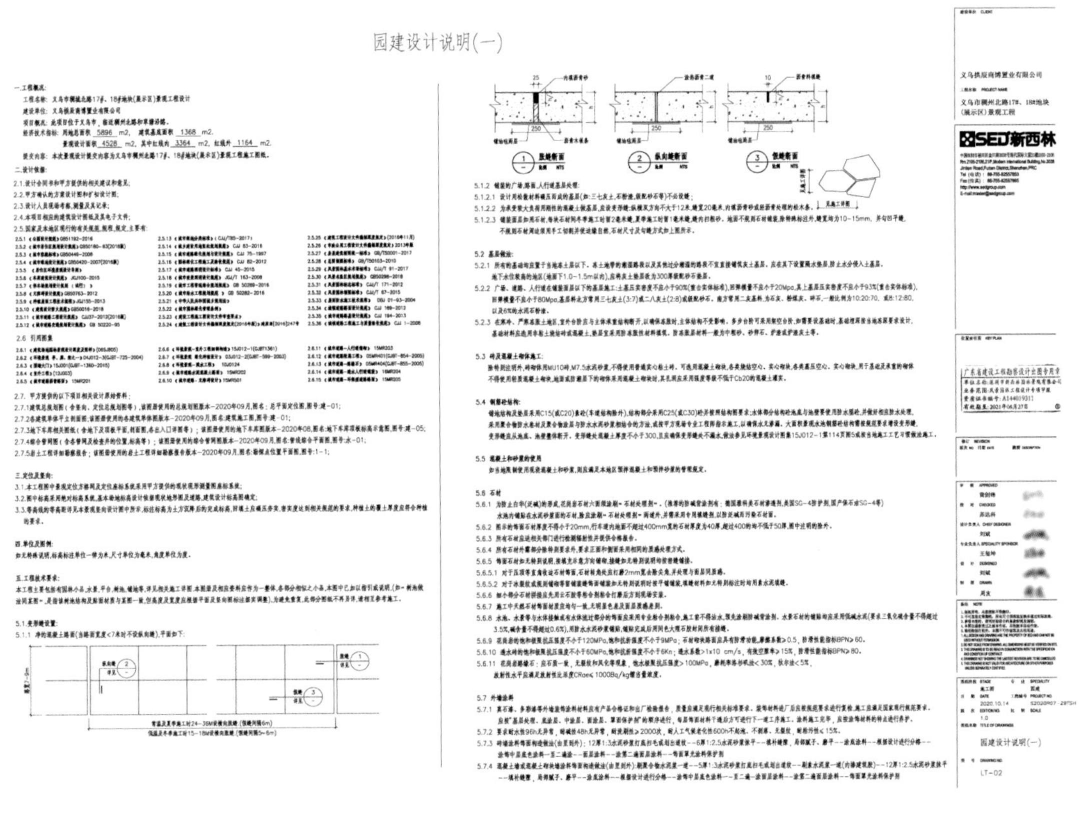

园建设计说明(一)



第六章 从方案设计到施工图设计

# 园建设计说明(二)

5.8 木材:

所有木构件建议用进口优质菠叶松,最好用进口成品防腐木材。木材含水率不大于15%.

5.8.1 木材构件须做好烘干、防潮、防腐、防虫等处理,并提交相关检测合格书。提供的样本规格为150x200,必须根据设计要求着色及油漆,提交设计师审定后采用.

5.8.2 木平台木板固定所用螺丝应为不锈钢螺丝。为防止地面铺成后木板热胀冷缩变形,木板透缝设定为5mm.

5.8.3 木平台下应设置排水设施。地板的基础底层应做一定坡度坡向排水设施,防止雨水滞留.

5.8.4 木柱等与水体接触或埋与地坪下的木构件部分,应做碳化等防腐处理.

5.8.5 原色木构件须涂抗紫外线、渗透性透明保护漆二道,凡属上人平台的户外木结构面涂抗紫外线、耐磨性透明保护漆二道.

5.9 金属:

5.9.1 材料:除图中特别注明外,圆钢、方钢、钢管、型钢、钢板采用Q235B钢,钢筋采用HPB300级(HRB400级)钢,不锈钢采用304号不锈钢,应符合国家有关标准,钢和不锈钢之间的焊接采用不锈钢焊条.

5.9.2 焊接及焊接材料应符合《钢结构焊接规范》GB50661-2011的有关技术规定。电焊条选用E43的手工电弧条型号。焊缝应满焊并保持焊缝均匀,不得有裂缝、过烧现象,外露处应挫平、磨光。焊缝的高度8mm,焊缝长度见各大样。安装后不应有倾斜、扭曲、变形等缺陷.

5.9.3 各金属构件表面应光滑、平直,无毛刺,无锈蚀,无油污及附着在构件表面的杂物.

5.9.4 钢板制作的装饰件应保持边角整齐,切割部位须挫平磨光,不得留有切割痕迹和毛刺.

5.9.5 各种机加工件,要求尺寸精确表面光洁.

5.9.6 各种钢构件包括预埋件在油漆前应进行彻底的防锈处理,外露钢材宜采用热镀锌处理.

5.10 油漆:

对室外各构件的油漆做法,除图纸中另有注明之外,均按地上建筑做法说明中的做法.

5.10.1 钢构件表面油漆及防锈要求:酸洗除锈、除油;表面热镀锌处理,厚度均匀,≥60um;刷涂环氧锌基底漆一层(干漆膜厚度≥20um);喷涂环氧中间漆一层(干漆膜厚度≥80um);喷涂聚氨酯哑光面漆二层(干漆膜厚度≥70um);完成后干漆膜总厚度保≥170um.

5.10.2 木材:采用具有抗紫外线功能、专用户外木材着色油漆进行着色,显现木材天然木纹.

5.11 安全措施:

5.11.1 防滑:凡是光滑的地面材料(如:玻璃、抛石镜面)坡度必须小于0.5%。多雪严寒地区人行道坡度必须小于4%,车行道小于5%.

5.11.2 人流密集的场所台阶高度超过0.70m并侧面临空时,应有防护设施,护栏的结实,牢固,防护护栏扶手上的活荷载取值应符合以下规定:

(1)竖向荷载按1.2KN/m计算,水平向外荷载按1.0KN/m计算,其中竖向荷载和水平荷载不同时计算;(2)作用在栏杆立柱柱顶的水平推力应为1.0KN/m.

5.11.3 桥面、栈道边缘是悬空的部位,为防止物品滚入和拐杖滑入,边缘应有高起至少100mm的挡边.

5.11.4 亭、廊、花架、敞厅等供游人坐憩之处,不采用粗糙饰面材料,也不采用易刮伤皮肤和衣物的构造.

5.11.5 任何有人活动的场所,在高度2米以下范围不得有尖锐的构筑物、石材、金属饰品等。应做成钝角或圆角,以防伤人.

5.11.6 凡有儿童出入场所的栏杆必须采用防止儿童攀登的构造,竖向杆件净距不宜大于0.11m,横向杆件顶部扶手应向内突出使攀爬儿童重心不易翻出外挡.

5.11.7 硬地人工水体的近岸(如:水池、湖岸、溪流等)如未设置栏杆,附近2m范围内水深不大于0.7m,园桥、汀步附近2m范围内水深不大于0.5m,图上未表示的,施工时必须以砂石填高至到此规定值为止.

5.12 防潮、防水、排水

5.12.1 凡用砖砌体砌筑的地面构筑物,墙体应设防潮层。防潮层做法20厚1:2.5水泥砂浆内掺水泥重量5%的防水剂,或者5厚聚合物水泥砂浆。墙身防潮层设置位置:水平方向设于地面60mm处,垂直方向 为有高差土层或土层一侧的墙面.

5.12.2 所有的防水材料以迎水面作为第一道防水层设置,其底面做好水泥砂浆找平层,其顶面做好水泥砂浆保护层。防水材料必须经国家省、部委有关机构认证,应有明确标志、说明书、合格证,经检测机构复检合格后方可使用,质检部门才可验收。严禁在工程中使用不合格材料,多种不同类型的防水材料在复合使用,配合使用时应注意相容性,不得相互腐蚀,相互破坏,起不良物理作用和化学作用.

5.12.3 地下室顶板,建筑屋面等已做防水层的顶板上严禁再打膨胀螺栓,导致破坏防水层.

5.12.4 为了防积水,室外所有的广场、道路、构筑物顶面、座椅面、围墙顶、饰物品等应有斜面以便排水,排水路径越长,坡度值越小,反之坡度越大。在其排水下口做有组织的排水或无组织的散水排放。一般无组织排水量小的,可以直接排入种植大地,量大的应设计雨水口,管道排出。有绿化的地下室顶板,屋顶花园等,板顶最终保护层必须有1~3%的排水坡,坡向排水口或地下室外侧大地.

5.12.5 广场排水坡度0.3%~0.5%,道路排水6米以上宽度为双面排水,6米以下为单面排水,2.5米以下可直接排入绿地。图中如无特殊标明,场地均按下列坡度找坡:

a.庭院:坡向排水方向,坡度0.5%; b.道路横坡:坡向路沿,坡度1.5%; c.台阶及坡道的休息平台:坡向排水方向,坡度1.0%;

d.种植区:坡向排水方向,坡度2.0%; e.排水明沟:坡向集水口,坡度1.0%; f.水池:坡向集水口,坡度1.0%.

5.13 铺装设计范围内的管井在做铺装井盖时,(有车行的井盖应特别加强)井盖中面层石材拼缝应在现场切割,与周边铺装接缝对齐.

5.14 围墙(或其他构筑物)长度超过50米时应设变形缝:设双柱,缝宽30,内填沥青木丝板,两端沥青胶泥封堵.

5.15 粘贴水洗石地面做法中需强调的是待结合层水泥砂浆凝固到一定程度(24小时后),用刷子将表面刷光,再用水冲刷,直至露石均匀露明,而水泥砂浆不外露.

5.16 人工湖、驳岸、池塘、溪流、跌水等水景做法:视当地水文资料设计防渗或不防渗池底,但无论哪一种做法都必须十分坚固的驳岸,驳岸要有防渗漏设施。一般驳岸侧面缓于45度的可视为比较安全,仅设一般防渗层即可,驳岸陡于45度的应做混凝土或钢筋混凝土护岸并设防水层.

六 重要备注

6.1 本说明中未述及的内容如有疑问,应及时与设计方联系,共同协商解决.

6.2 本套图纸中图纸以说明为准,景观小品图以大样图为准,大样图以详图为准.

6.3 各种施工安装必须严格遵守国家、部委颁布的现行有关标准及各项施工验收规范的规定,并与结构、水电、绿化等专业施工图纸密切地配合.

6.4 以上所述之施工工艺中的结构、标准部分,若有与施工图中具体大样有冲突之处,按施工图大样执行.

6.5 园建施工前应仔细阅读绿化配植设计图,如发现绿化图中乔木土球直径大于树池或树穴宽度时应采取先种树后做树池硬景的原则.

6.6 铁花、锻件:铁花的承造必须根据设计图放1:1大样,超过三个相同大样,须做一个样板经设计师审批(如:安全栏杆),并经设计师审定同意后方可正式施工。所有铁花的焊口必须打磨平整,曲线应流畅,并做好防锈处理.

6.7 地下管线应在绿化施工前铺设,高功率灯具应距离植物≥1.0m.

6.8 防水材料、油漆、防碱背涂剂、塑料排蓄水板等材料进场前需提供国家检测机构颁发的产品安全及性能合格证书.

6.9 特殊工艺如雕塑、喷泉、艺术假山、钢及膜结构等等,其详细施工图纸与施工安装应由专业队伍负责,但须同时向设计单位提供相关的施工图纸,以便设计效果的确认,并由专业队伍派人员处现场施工或配合土建施工.

6.10 成品休闲椅、垃圾箱及儿童游乐设施等室外设施的选型,应根据园林景观设计师的设计意向,结合整个景观区域的风格,须由专业供货商提交资料,由建设单位和园林景观设计师共同选定,现场安装调试由施工单位组织进行.

6.11 所有地面工程、墙体工程及综合工程中的驳岸与景石布景工程,应在主体工程、地下管线完工后,方可进行施工.

6.12 建于地下室顶板(或楼板)上的建(构)筑物,覆土深度以及消防通道应由建筑主体结构设计单位确认后方可施工.

七、常见园建工程施工工艺:(下述工艺仅供参考,不作施工依据,施工应同时满足施工图详图、上述工程技术要求、并达到国家和地区验收规范的要求。)

7.1 石材铺装

7.1.1 先将石板块背面刷干净,铺贴时保持湿润.

7.1.2 铺贴前应先将基层浇水湿润,再刷素水泥浆(水、灰比为1:2左右),水泥浆应随刷随铺砂浆,并不得有风干现象.

7.1.3 铺干硬性水泥砂浆(按水泥:砂子=1:5~1:6配制干硬性水泥砂浆,加水量以砂浆手握成团、落地开花为宜),用灰匙拍实抹平,然后进行石块板预铺,并对准纵横缝,用木锤着力敲板中部,震实砂浆至铺设高度后,将石板揭起,检查砂浆表面与石板底相吻合后(如有空虚处,应用砂浆填补),在砂浆表面先用喷壶适量洒水,再均匀撒一层水泥粉,把石板块对准铺贴,铺贴时四角要同时着落,再用木锤着力敲击至平整.

7.1.4 铺贴顺序应从里向外逐行挂线铺贴,缝隙宽度如无设计要求时,对于花岗岩、大理石不应大于1mm.

7.1.5 铺贴完成24小时后,经检查石板块表面无裂缝、空鼓后,用稀水泥(颜色与石板块调和)刷缝填饱满,并随即用干布擦净至无残灰、污迹为止,铺好后石板块两天内禁止行人和堆放物品.

7.1.6 面层和基层的结合必须牢固,无空鼓,(单块板料边角有局部空鼓,且每间不超过抽查总数的5%者,可不计),检查方法用小锤轻击和观察检查.

7.2 砖铺装

7.2.1 基础混凝土制作完成後,在其上铺设3cm厚的比例为1:3的干水泥砂浆,用灰匙整平,砖铺筑时应先铺边缘和导向材料。铺装后轻轻敲平,用橡皮锤敲打稳定,不得损伤砖的边角。如发现结合层不平时,应取出砖重新用砂浆找平,严禁向砖底填塞砂浆或支垫碎砖块等.

7.2.2 为使砖前列整齐,每块的间距一致,要利用平准线,并铺设地点四角插好木桩,用绳拉张,作为铺砖的平准线。除了纵横间隔笔直整齐外,另还需一条高度准线,以控制砖面高度齐一。砖在收边需要切割时,一定要仔细、认真,使收边的缝隙均匀一致,整齐划一.

7.2.3 铺好砖後应沿线检查平整度,发现砖有移动的现象,应立即修整,最後用干砂掺入1:10的水泥,拌合均匀将砖缝灌注饱满,并在表面洒水,使灰砂 混合料下沉填实.

7.3 汀步铺装

7.3.1 汀步的材质大致分为自然石、加工石及人工石、木质等。自然石的选择,以呈平圆形或角形的花岗岩最为普遍。加工石依加工程度的不同,有保留自然外观而略做整形的石块,有经机械切片而成的石板等,外形相差很大。人工石是指水泥砖、混凝土制平板或砖块等,通常形状工整一致。木质的则如粗树杆横切成有轮纹的木墩、竹杆或枕木类的平摆法等。无论何种质材,基本的汀步条件是:面要平坦、不滑,不易磨损或断裂,一组汀步的每块石板在形色上要类似而调和,不可差距 太大.

7.3.2 汀步铺设时,先从确定行径开始,在预定铺设的地点来回走几趟,留下足迹,并把足迹重叠成最密集的点圈画起来,石板就安放在该位置上。一般成人的脚步间隔平均是45~55cm,石块与石块间的间距则保持在10cm左右,汀步露出地面高度通常是3~6cm.

7.3.3 施工的步骤则先行挖土、安置石块,再调整高度及石块间距。确定位置後,就可以填土,将石块固定,使踩在上面不摇晃.

八、钢结构说明

8.1 钢构件表面处理:热浸锌处理,未尽事宜详GB50017-2017 钢结构设计规范;

8.2 金属配件可根据分喷漆颜色同钢构件;

8.3 对接焊缝及坡口焊缝为二级焊缝,其余为三级焊缝;

8.4 图中未注明焊缝长度均为满焊,未注明角焊缝焊脚尺寸:焊件厚度t≤6mm,hf=t; t>6mm,hf=t-(1~2)mm;

8.5 钢结构加工制作详图中所有尺寸必须经过现场复核,按现场尺寸加工.

8.6 方通/扁通外露部分均灰色漆饰面

8.7 钢结构须由专业公司复核后方可施工

义乌枫琼商贸置业有限公司

义乌市稠州北路17#、18#地块(展示区)景观工程

园建设计说明(二)

LT-03

# 园建设计说明(三)

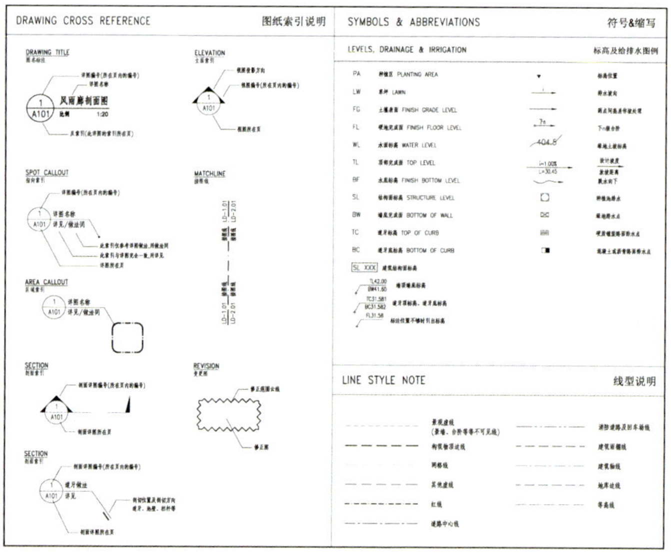


义乌枫琼商贸置业有限公司

义乌市稠州北路17#、18#地块(展示区)景观工程

园建设计说明(三)

LT-04

景观规划设计

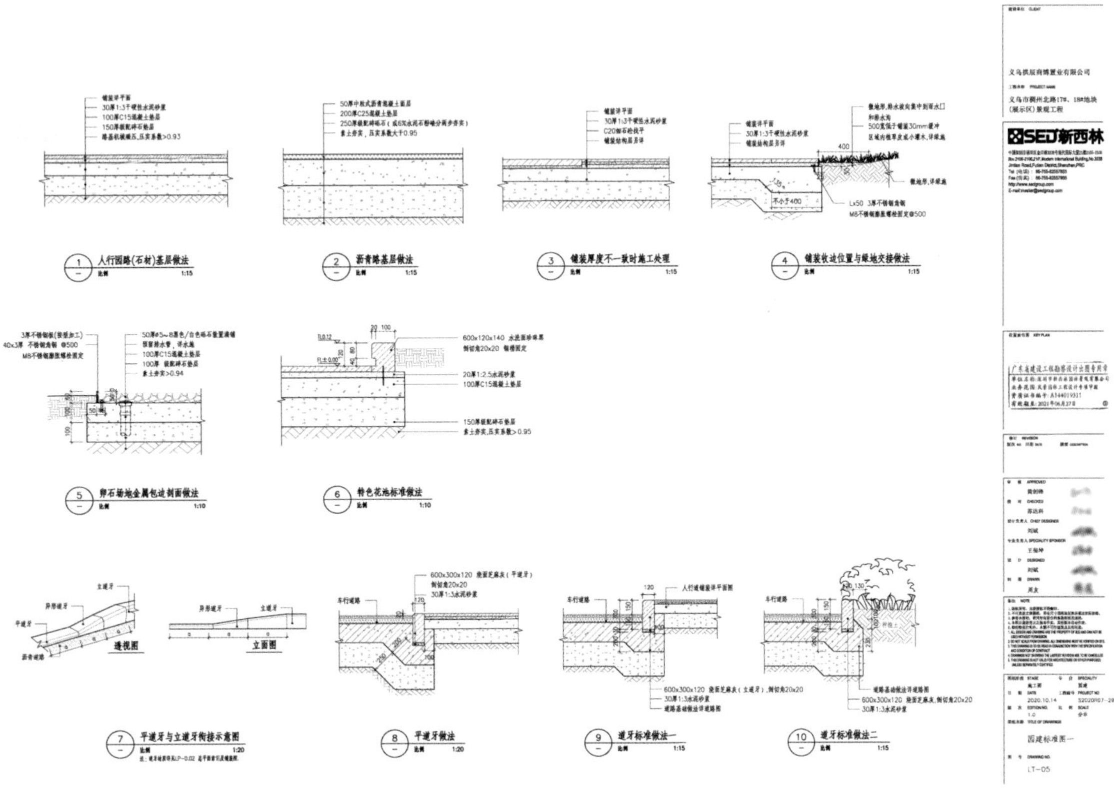
人行园路(石材)基层做法
沥青路基层做法
铺装厚度不一致时施工处理
铺装收边位置与绿地交接做法
卵石铺地金属包边剖面做法
特色花池标准做法
透视图
立面图
平道牙与立道牙衔接示意图
平道牙做法
道牙标准做法一
道牙标准做法二
义乌拱辰商博置业有限公司
园建标准图一
LT-05

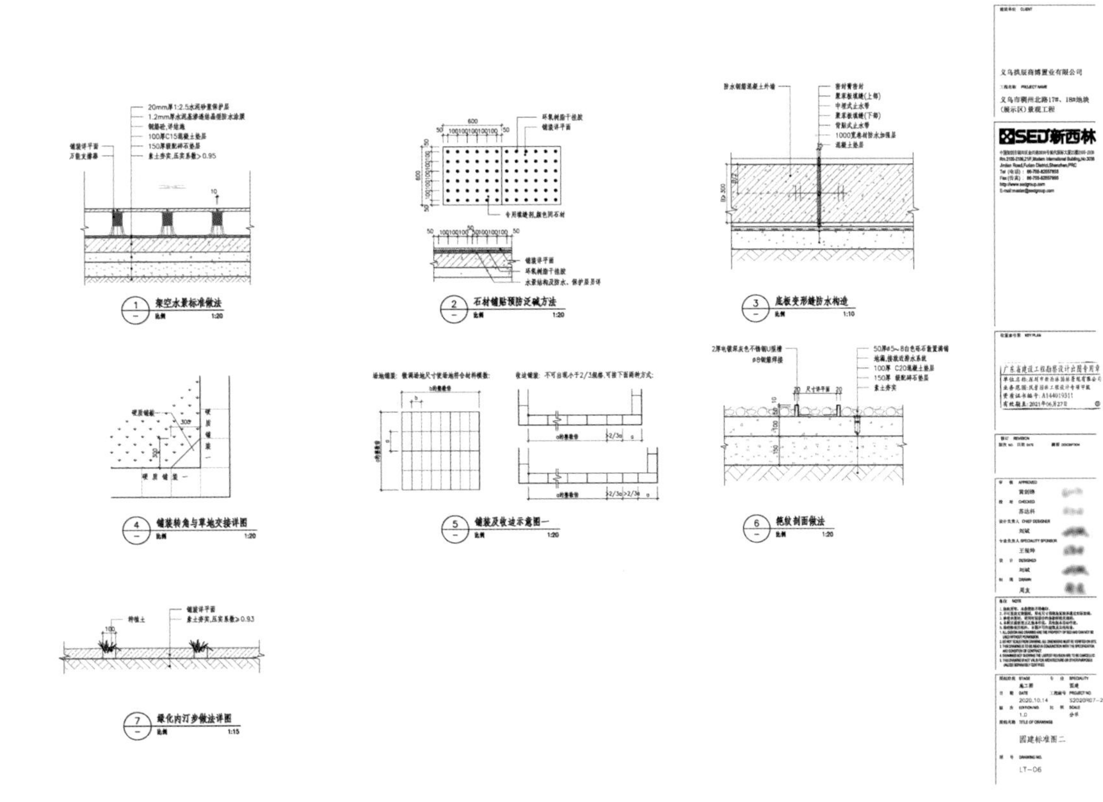
架空水景标准做法
石材铺贴预防泛碱方法
底板变形缝防水构造
铺装转角与草地交接详图
铺装及收边示意图一
线坎剖面做法
绿化内汀步做法详图
义乌拱辰商博置业有限公司
园建标准图二
LT-06

# 物 料 表

| 序号 | 材料名称 | 颜色 | 装饰 | 规格尺寸 | 位置 |
|---|---|---|---|---|---|
| 01 | 皇家深蓝(大理石) | 灰色 | 光面 | 1200x2110x35 | 门楼 |
| 02 | 爵士白(大理石) | 白色 | 光面 | 500x600x100，局部按型加工 | 回廊水景 |
| 03 | 星河灰(石英砖) | 深灰色 | 亚光面 | 600x1200x20 | 门楼入口 |
| 04 | 珍珠黑(石英砖) | 黑色 | 水洗面 | 600x1200x18、600x600x18 | 铺装 |
| 05 | 爱马仕灰(石英砖) | 灰色 | 亚光面 | 600x1000x20、400x1000x20 | 景墙 |
| 06 | 珍珠黑(花岗岩) | 黑色 | 光面/水洗面 | 600x600x30、600x1200x50 | 水景,台阶踏步,汀步 |
| 07 | 芝麻灰(花岗岩) | 灰色 | 烧面 | 600x300x120 | 立道牙 |
| 08 | 青石片岩 | 青色 | 微自然面 | 10-25厚，长短边150--350mm之间 | 水景池底 |
| 09 | 砾石 | 黑色/白色 | 光面 | ø5-8 | 铺装 |
| 10 | 沥青 | 黑色 | | 面层细粒小于等于ø8 | 停车场 |
| 11 | 钢板/不锈钢 | 深咖色/深灰色 | 电镀/氟碳漆/拉丝面 | 见各详图、不锈钢为国产304型号 | 水景、花池、收边、装饰 |
| 12 | 铝板 | 深灰色 | 氟碳漆/亚光面 | | 吊顶面材 |
| 13 | 中国黑(花岗岩) | 黑色 | 光面 | 见详图 | 宁静池景石、叠水水景 |
| 14 | 泰山石 | 深色白纹 | | 见详图 | 回廊水景、下沉庭院、售楼处后院 |

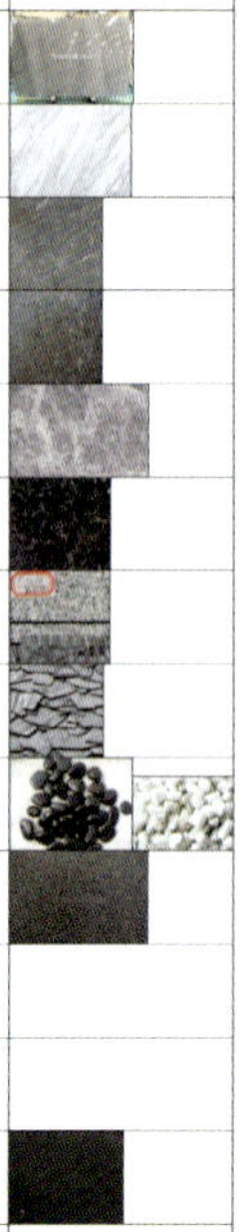

注:以上仅列出主要材料，其余材料见施工详图。

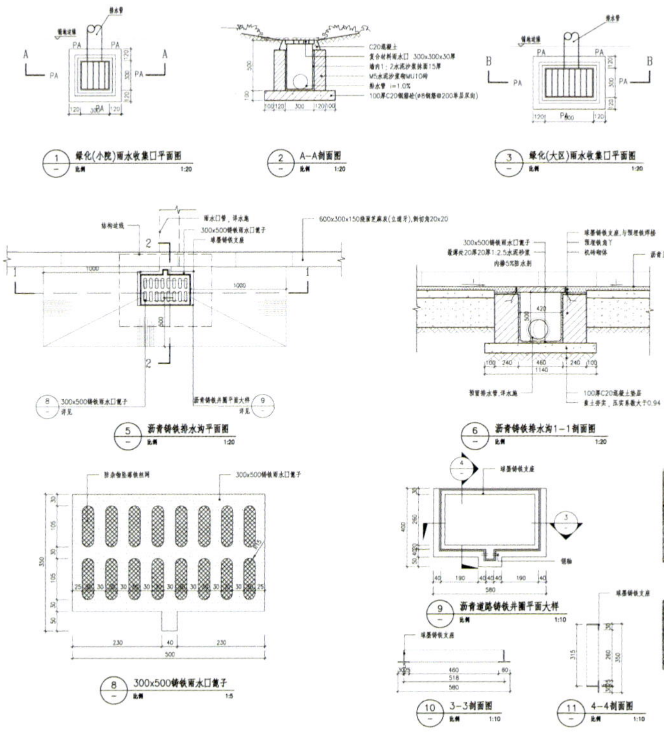

12 铸铁雨水口意向图

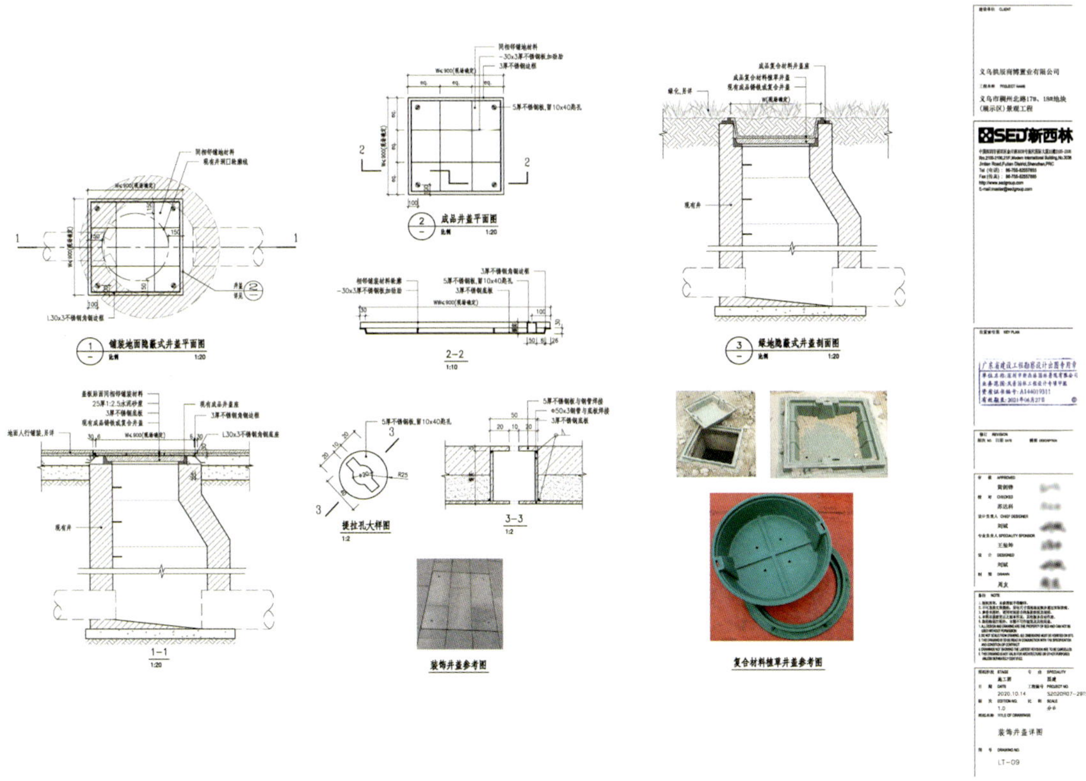

镶装地面隐蔽式井盖平面图
成品井盖平面图
绿地隐蔽式井盖剖面图
2-2
1-1
3-3
接拉孔大样图
装饰井盖参考图
复合材料植草井盖参考图
义乌枫辰商博置业有限公司
装饰井盖详图
LT-09


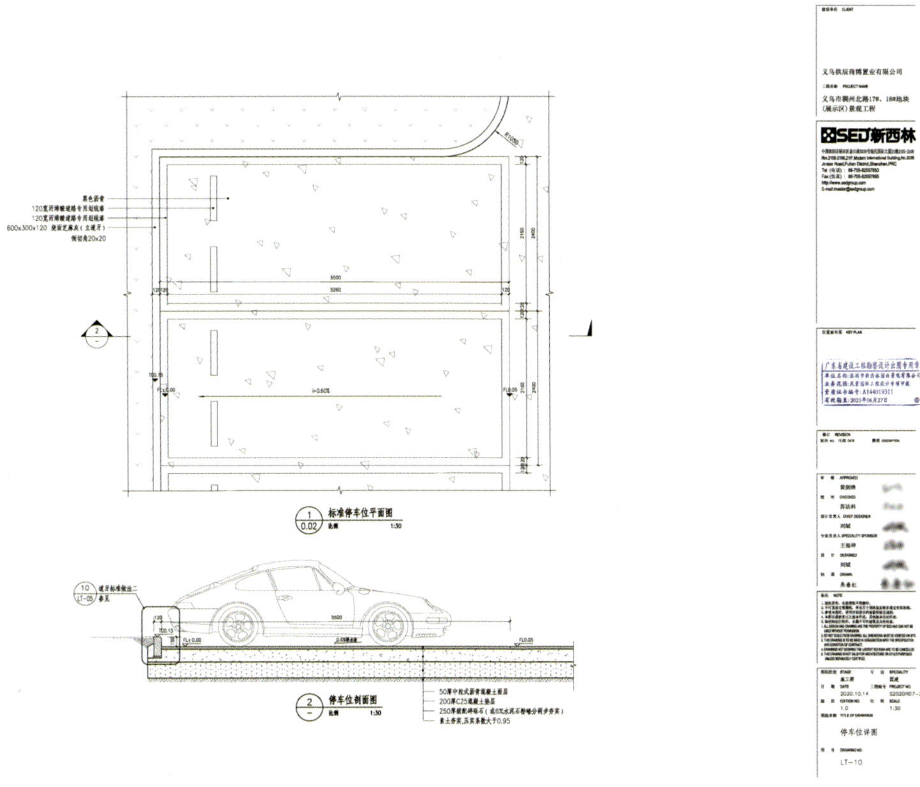

标准停车位平面图
停车位剖面图
50厚中粒式沥青混凝土面层
200厚C25混凝土垫层
义乌枫辰商博置业有限公司
停车位详图
LT-10

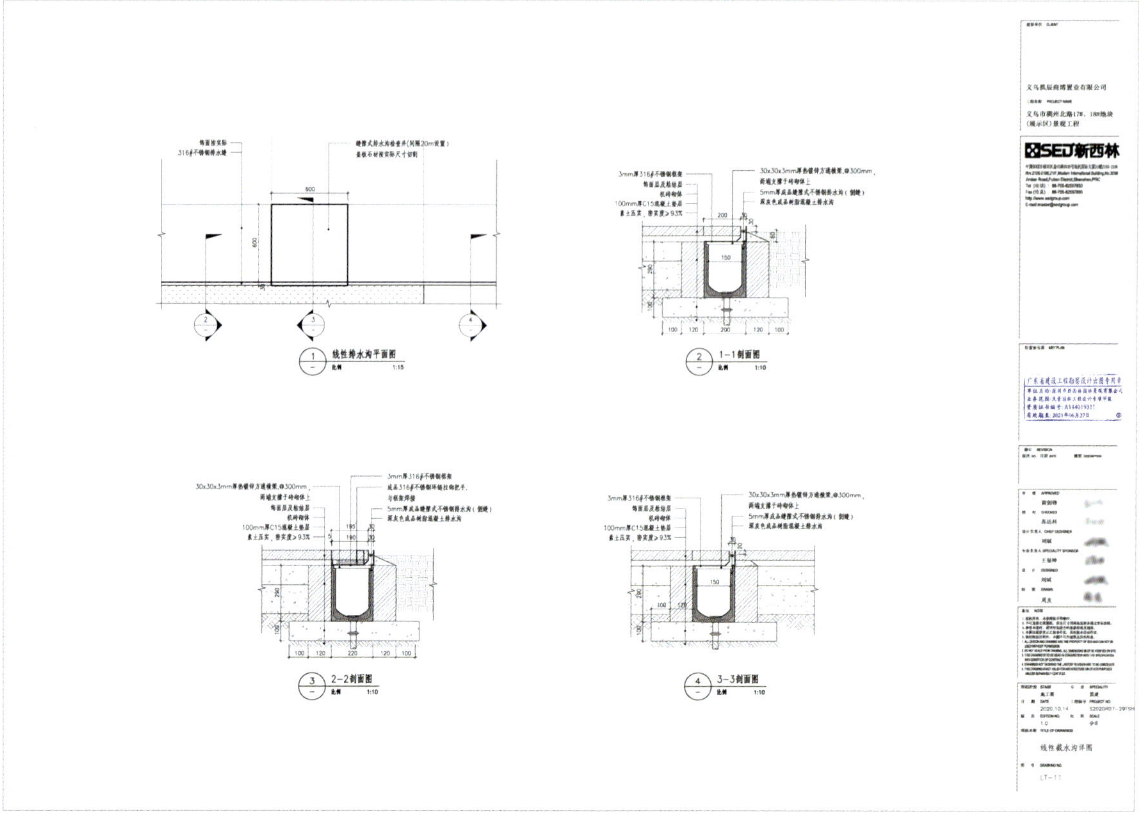
线性排水沟平面图
1-1剖面图
2-2剖面图
3-3剖面图
义乌拱辰商博置业有限公司
义乌市稠州北路17#、18#地块（展示区）景观工程
SED新西林
线性截水沟详图
LT-11

景
观
规
划
设
计

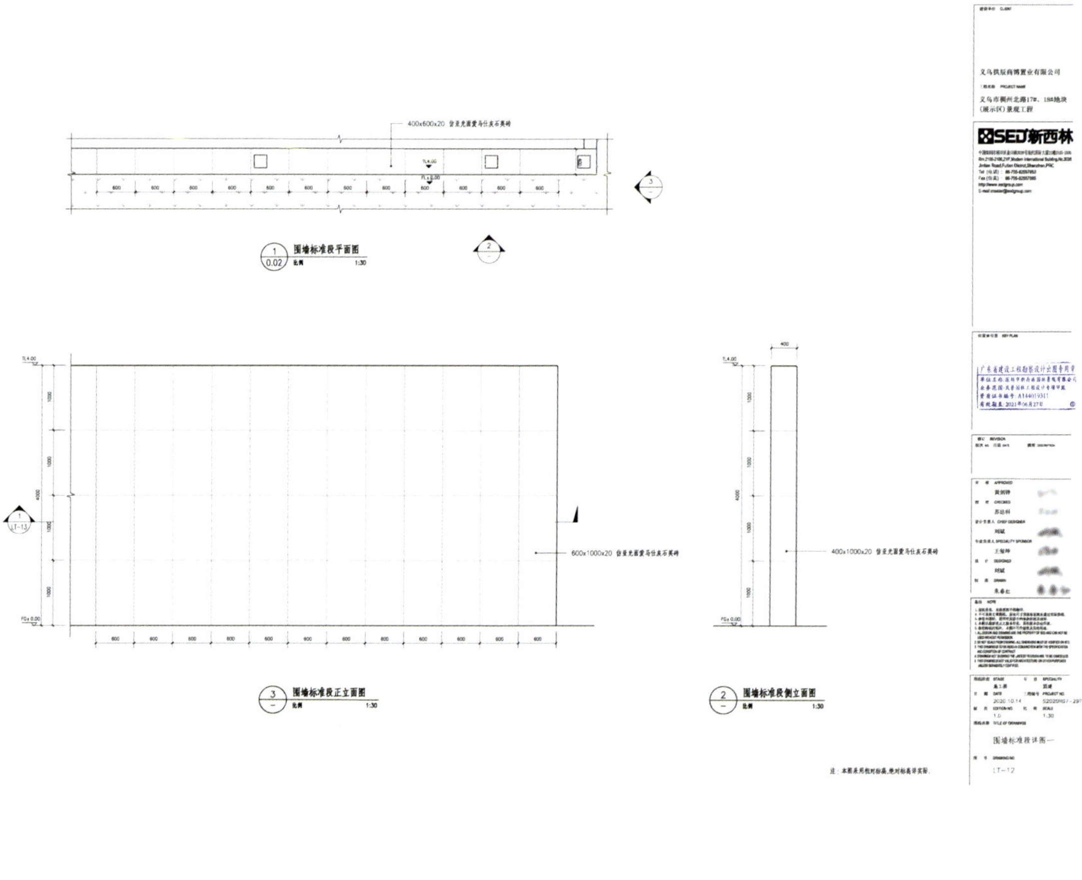
围墙标准段平面图
围墙标准段正立面图
围墙标准段侧立面图
义乌拱辰商博置业有限公司
义乌市稠州北路17#、18#地块（展示区）景观工程
SED新西林
围墙标准段详图一
LT-12
注：本图采用相对标高,绝对标高详实际。

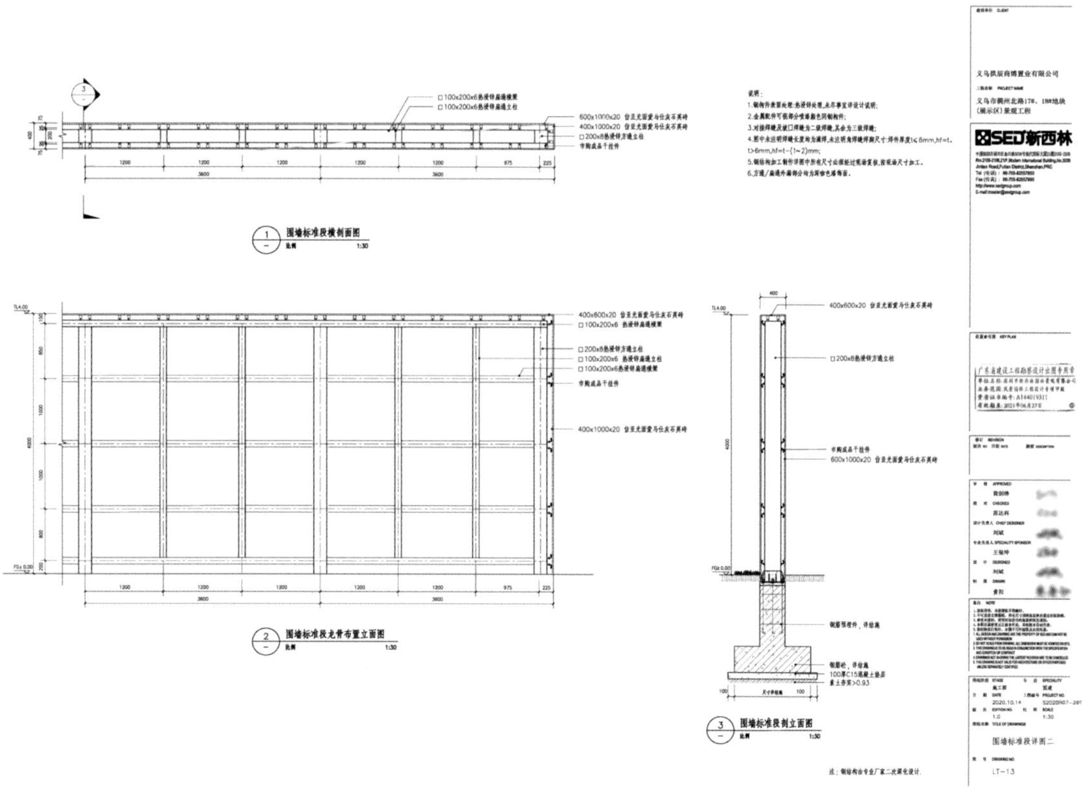
围墙标准段横剖面图
围墙标准段龙骨布置立面图
围墙标准段侧立面图
注：钢结构由专业厂家二次深化设计。
义乌凯旋商博置业有限公司
义乌市稠州北路17#、18#地块(展示区)景观工程
围墙标准段详图二
LT-13

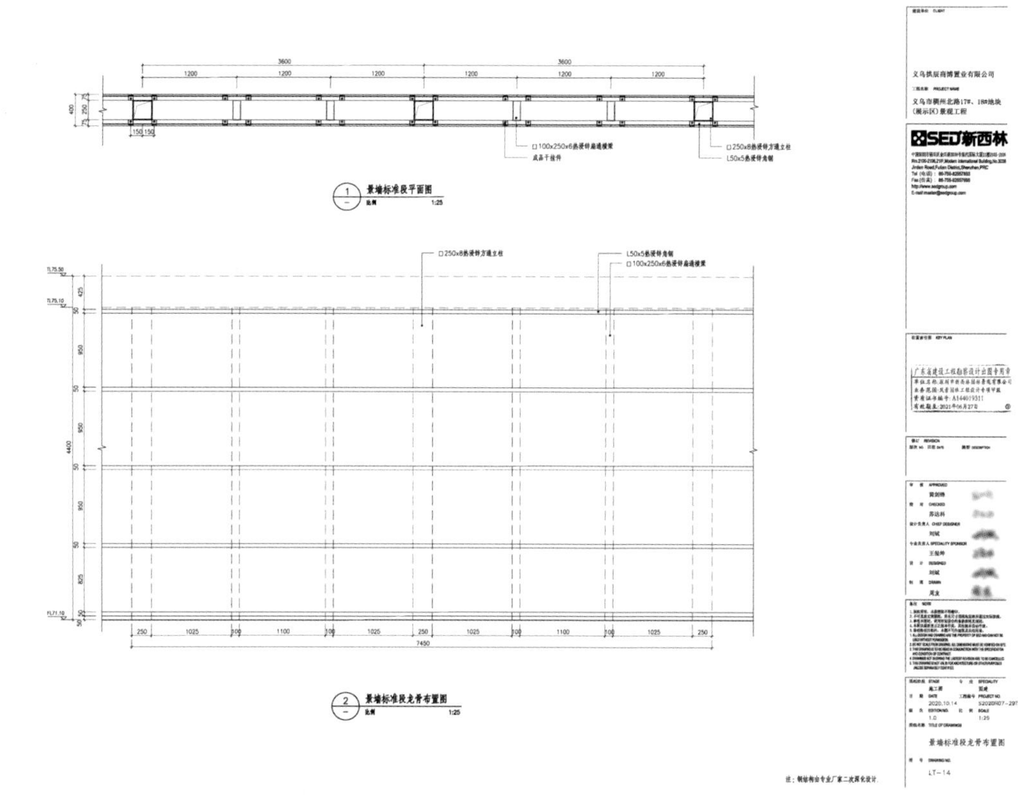
景墙标准段平面图
景墙标准段龙骨布置图
注：钢结构由专业厂家二次深化设计
义乌凯旋商博置业有限公司
义乌市稠州北路17#、18#地块(展示区)景观工程
景墙标准段龙骨布置图
LT-14

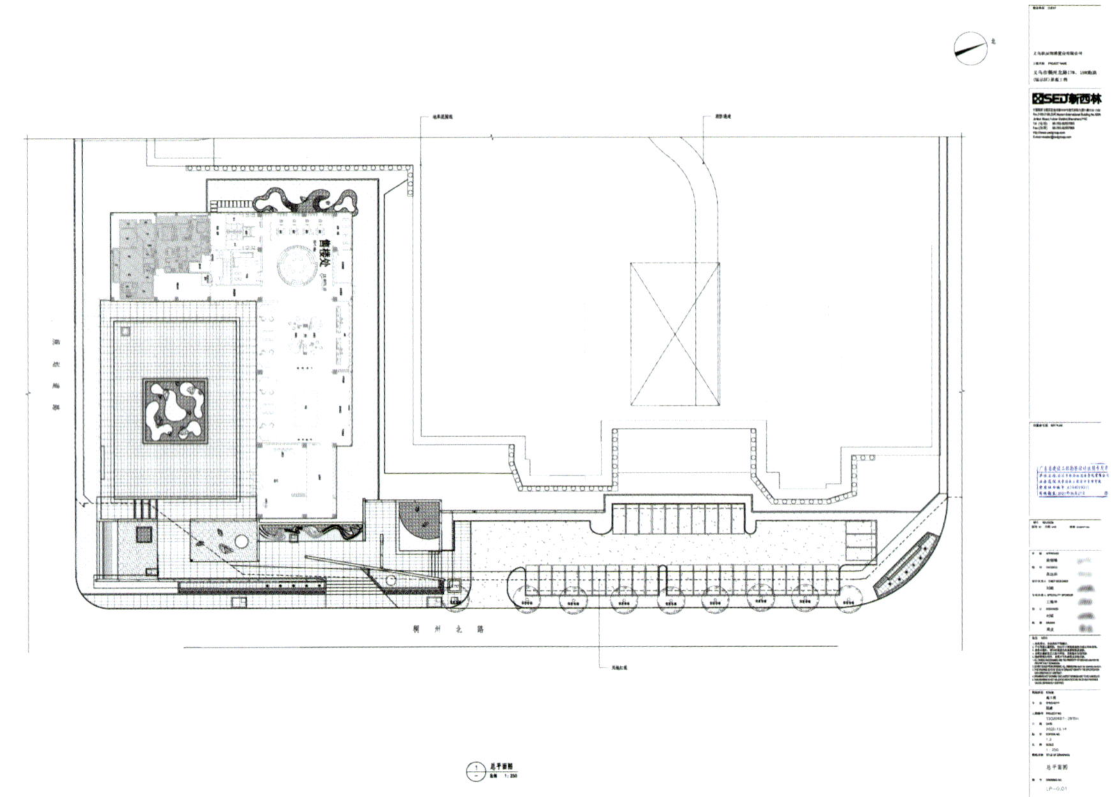

总平面图

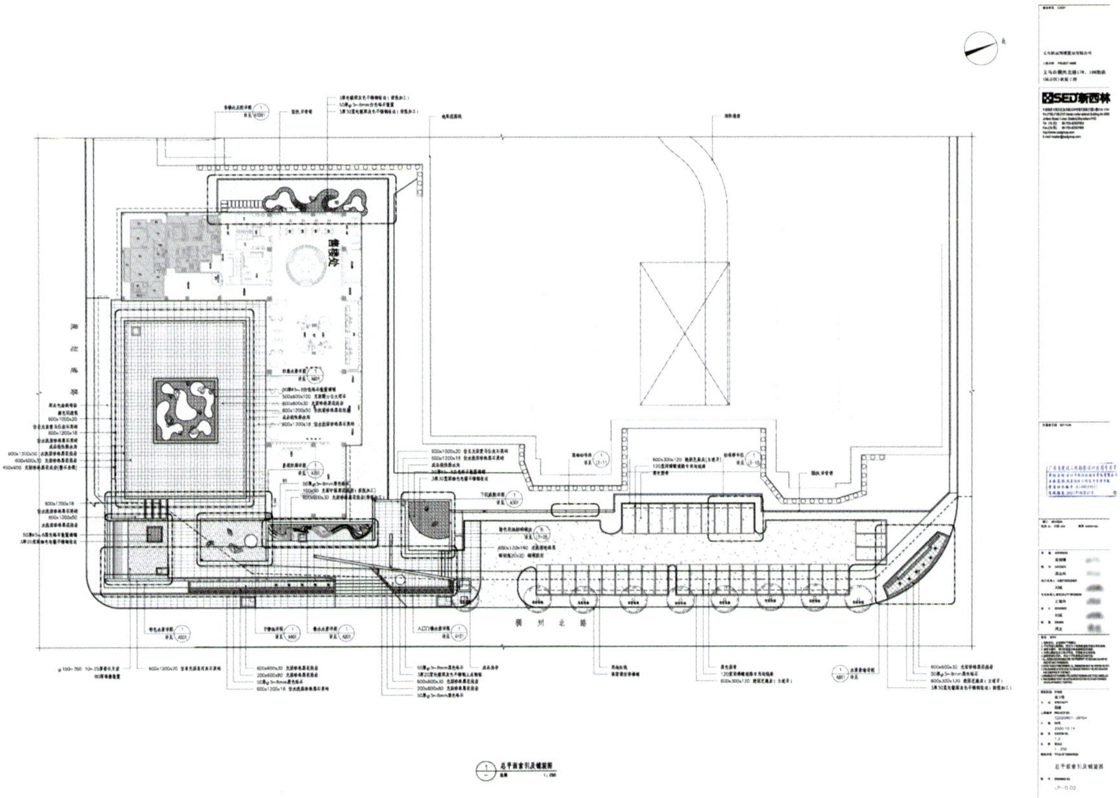

总平面索引及铺装图

景观规划设计

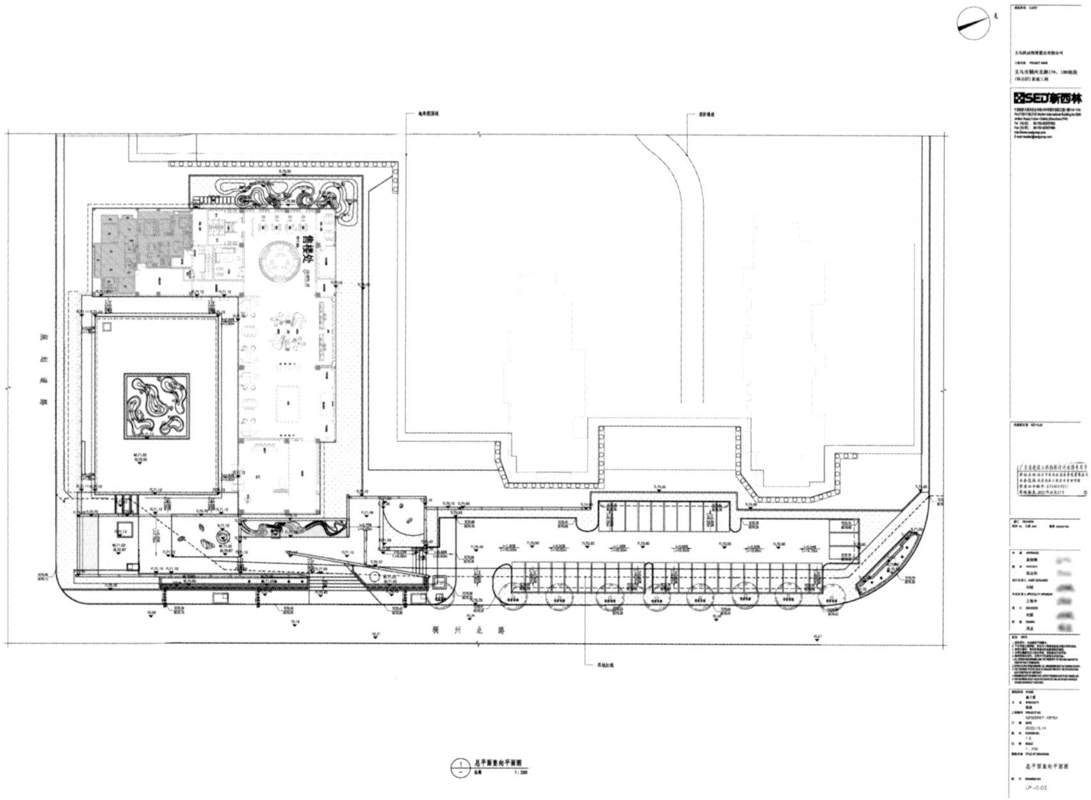


1 总平面竖向平面图 1:200

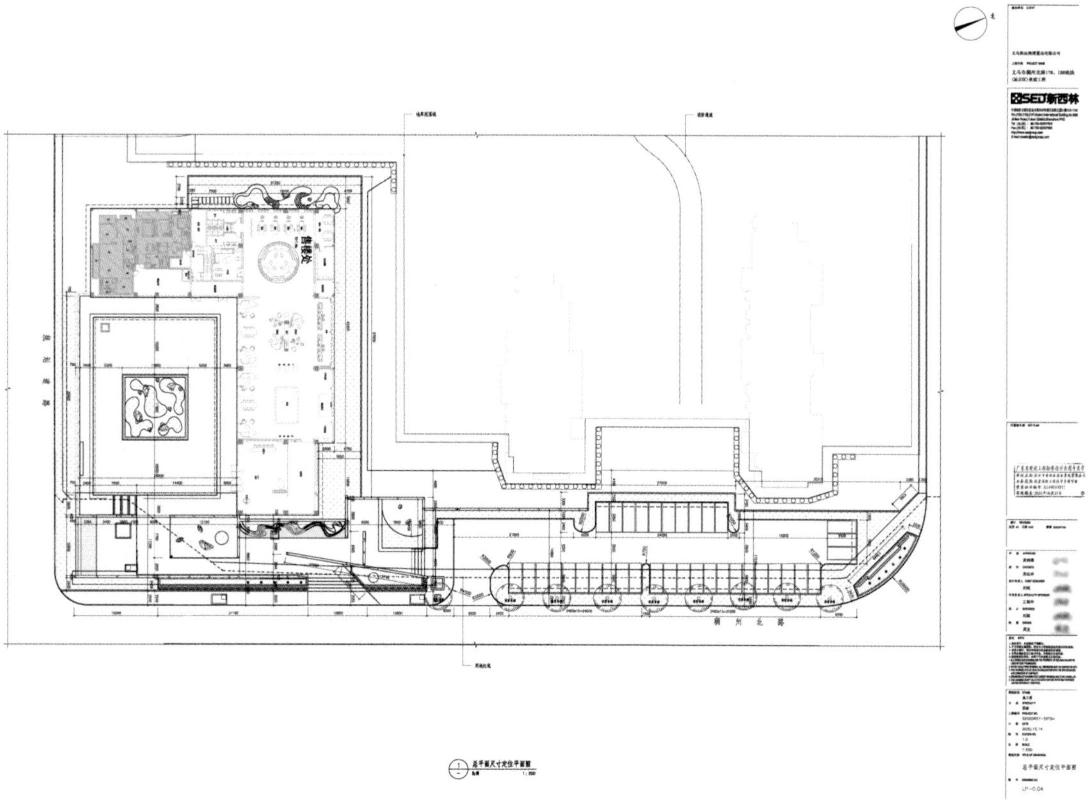


1 总平面尺寸定位平面图 1:200

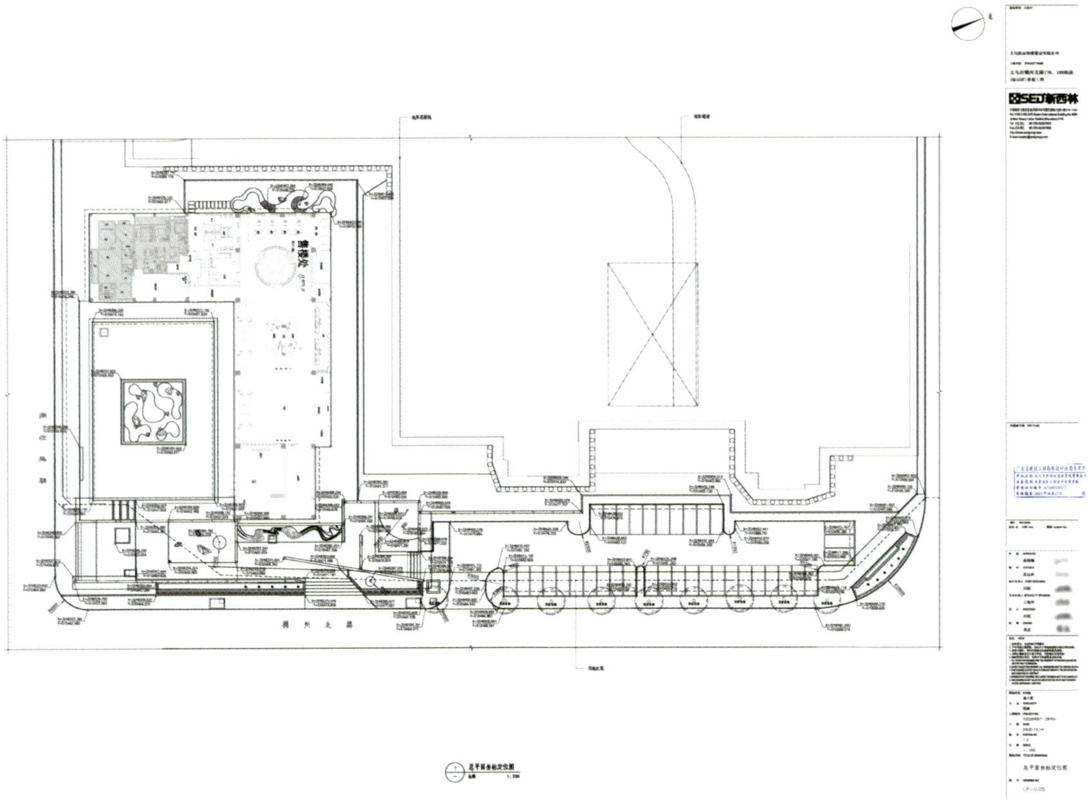

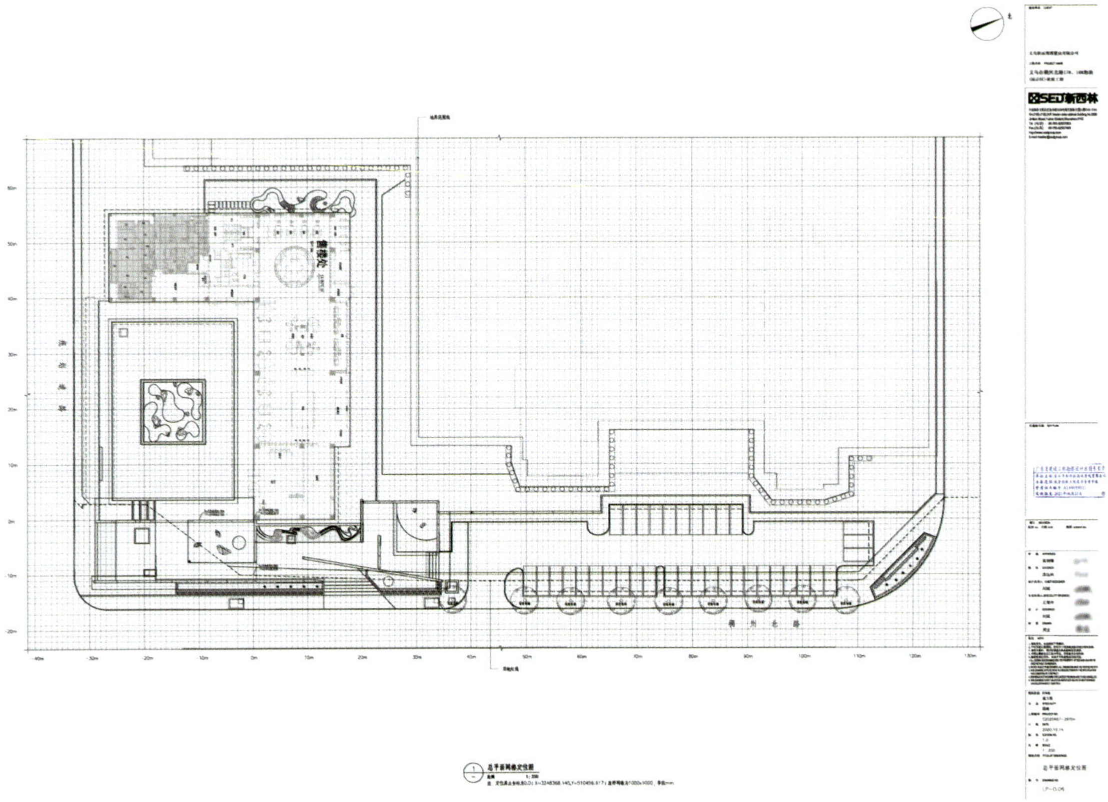

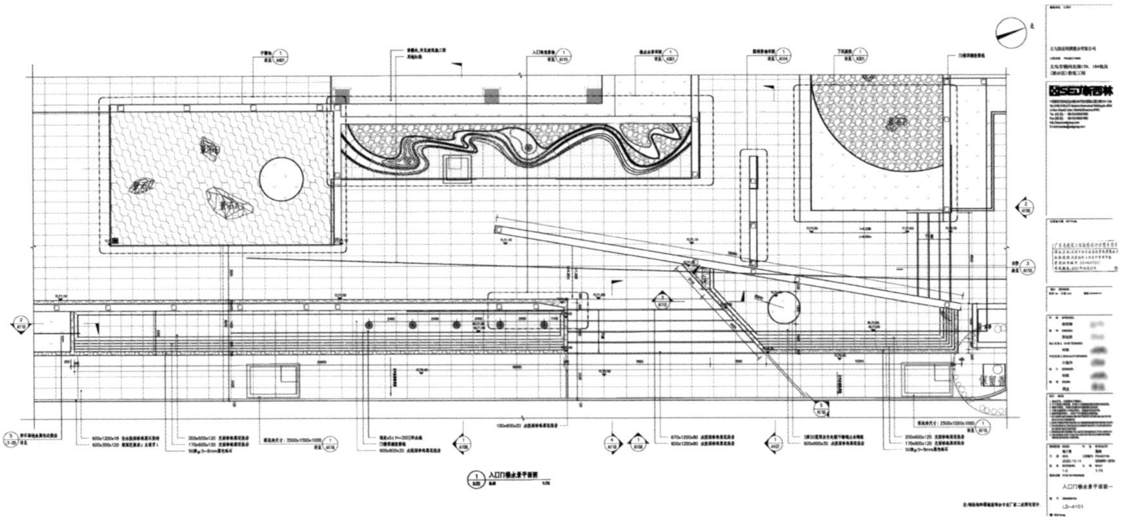

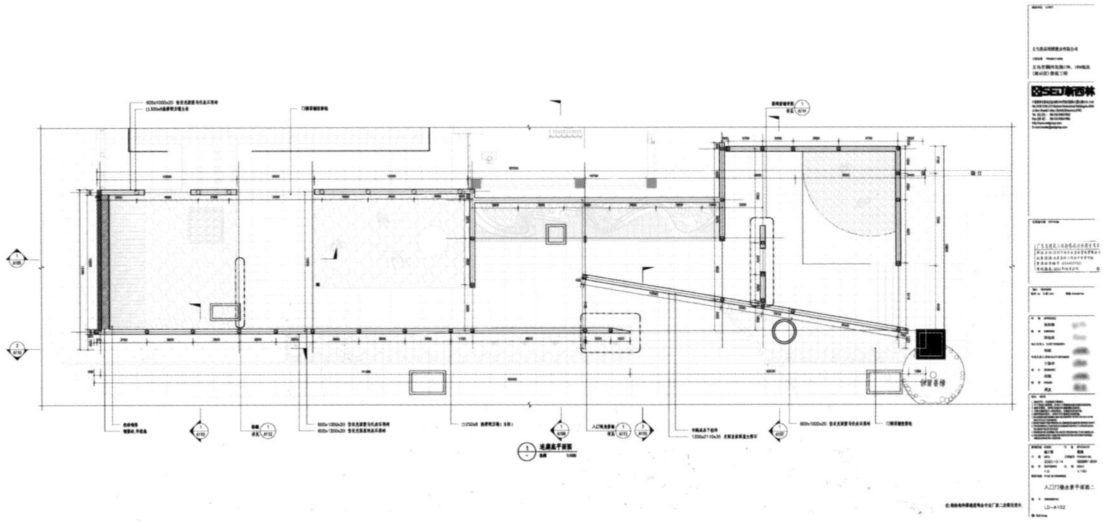

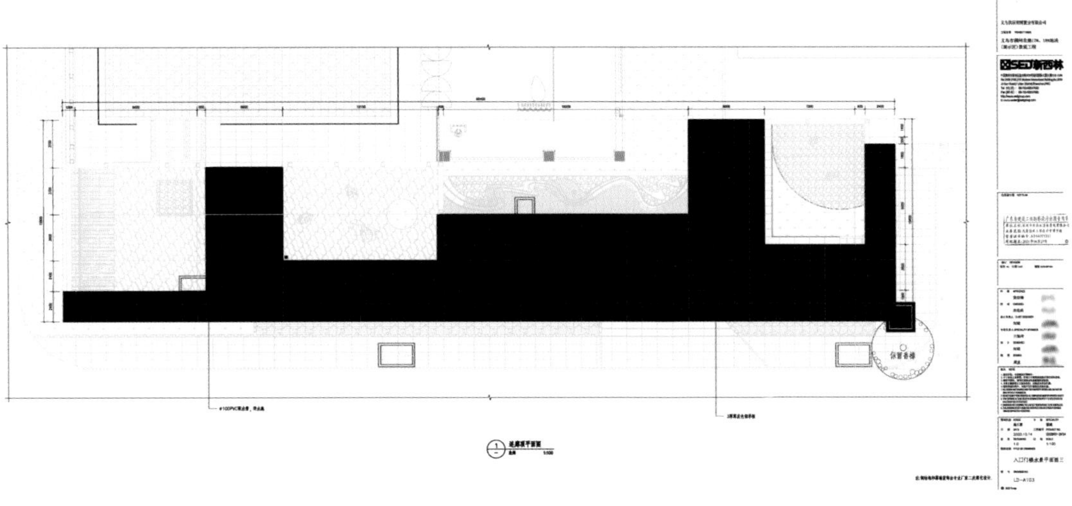

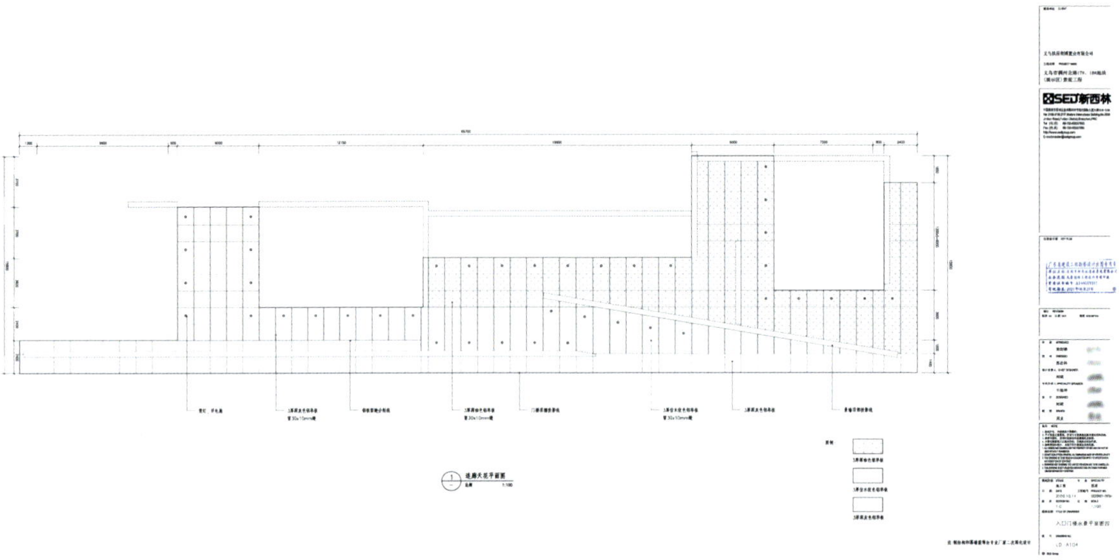

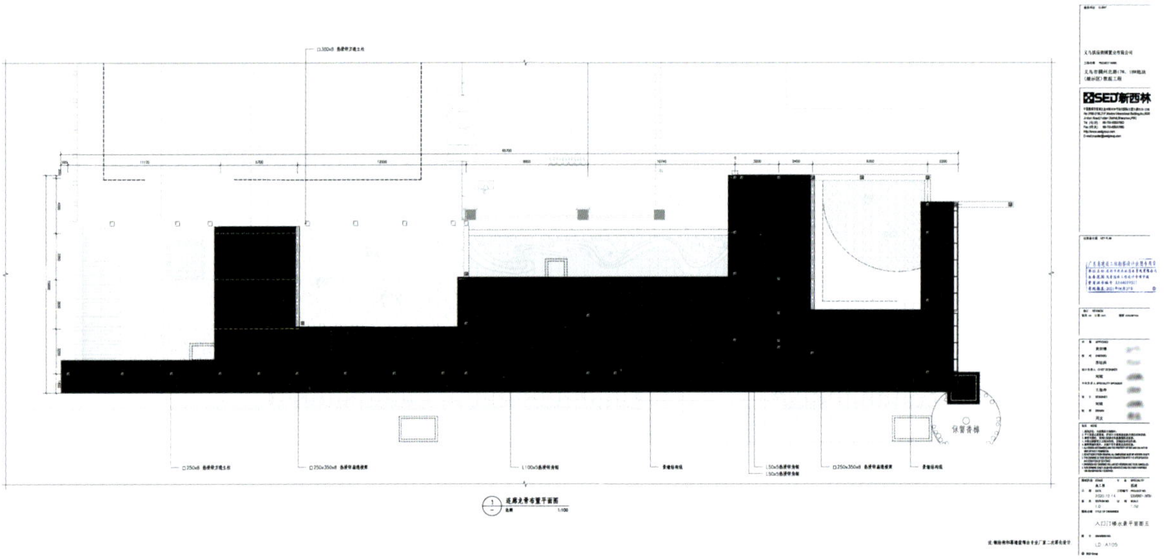

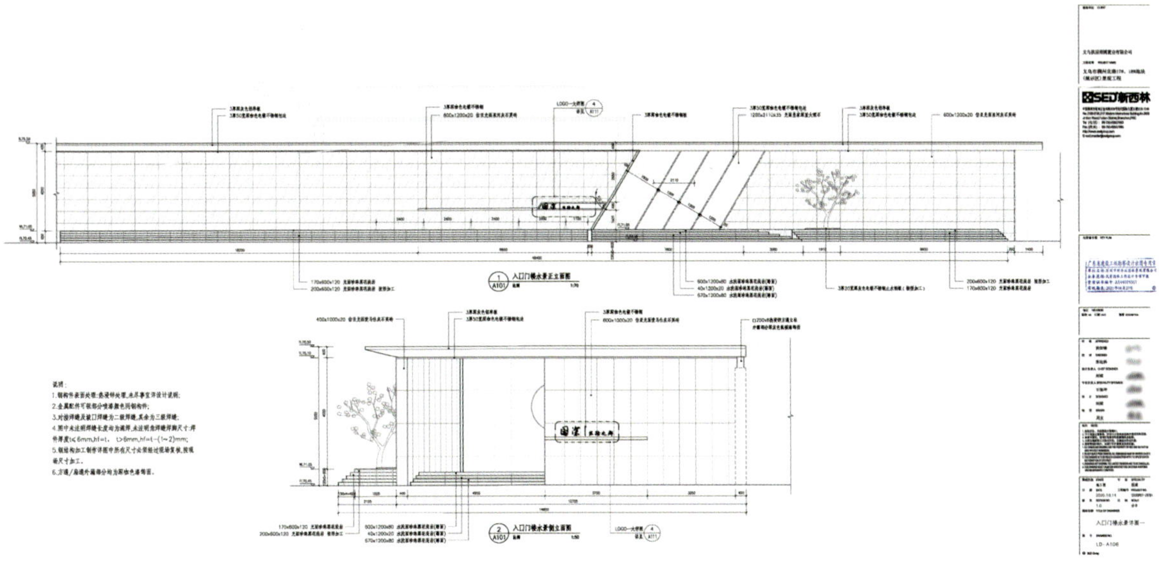

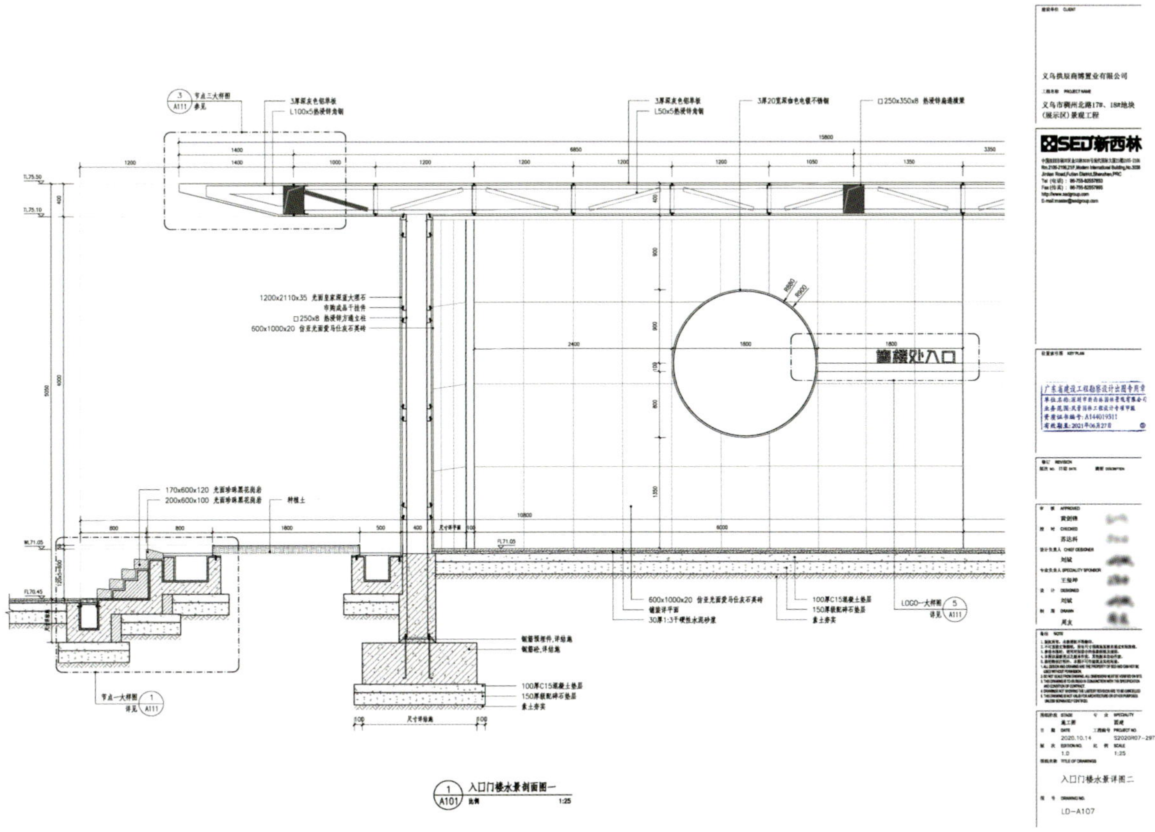

义乌市骥州北路17#、18#地块（展示区）景观工程
入口门楼水景剖面图一
入口门楼水景详图二
LD-A107

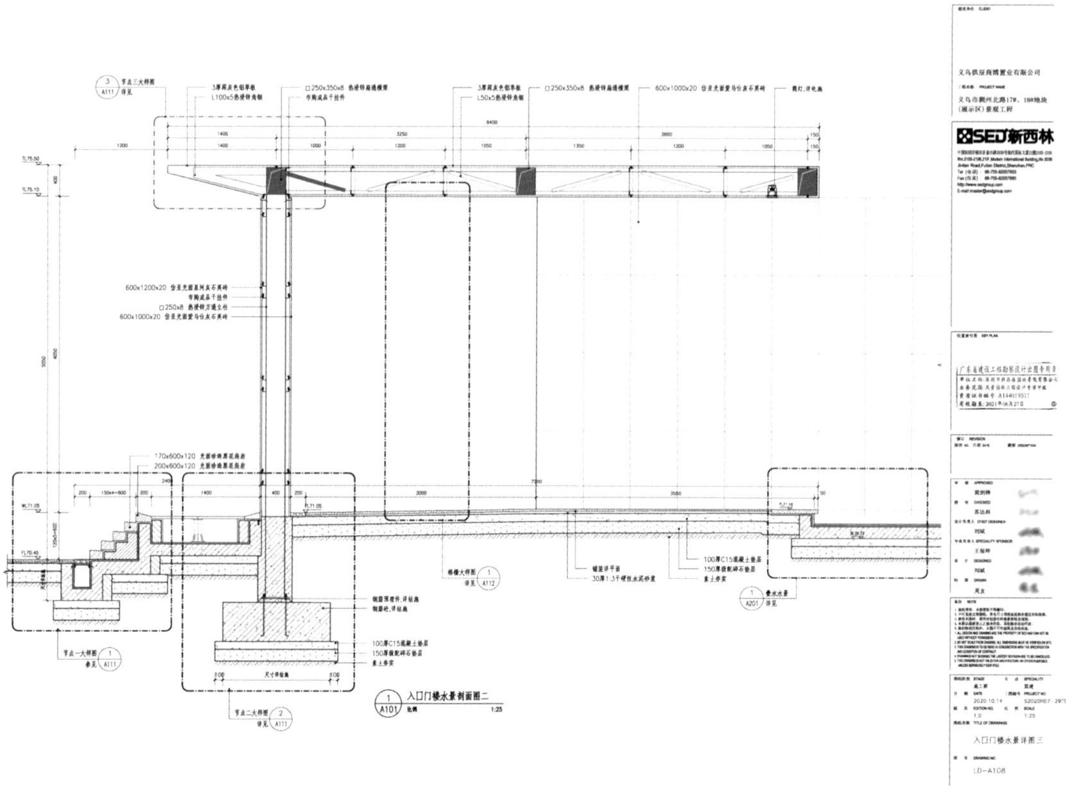
入口门楼水景剖面图二
1:25
义乌拱辰尚博置业有限公司
义乌市稠州北路17#、18#地块（展示区）景观工程
SED新西林
入口门楼水景详图三
LD-A108

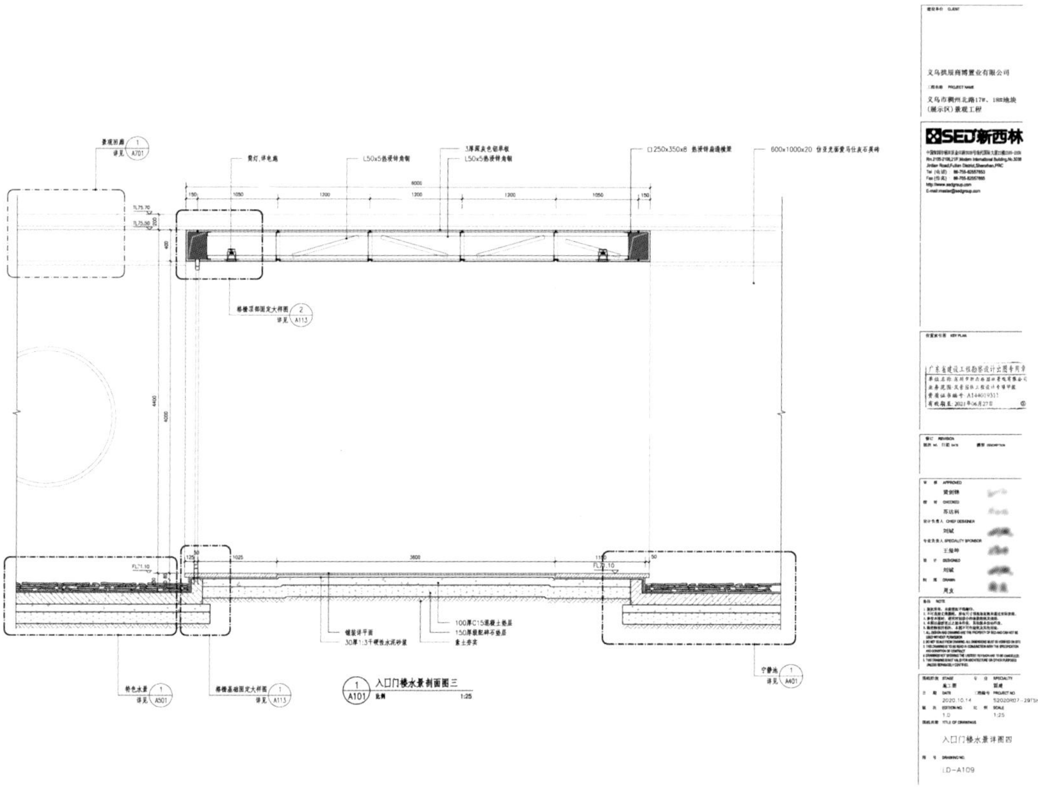
入口门楼水景剖面图三
1:25
义乌拱辰尚博置业有限公司
义乌市稠州北路17#、18#地块（展示区）景观工程
SED新西林
入口门楼水景详图四
LD-A109

景观规划设计

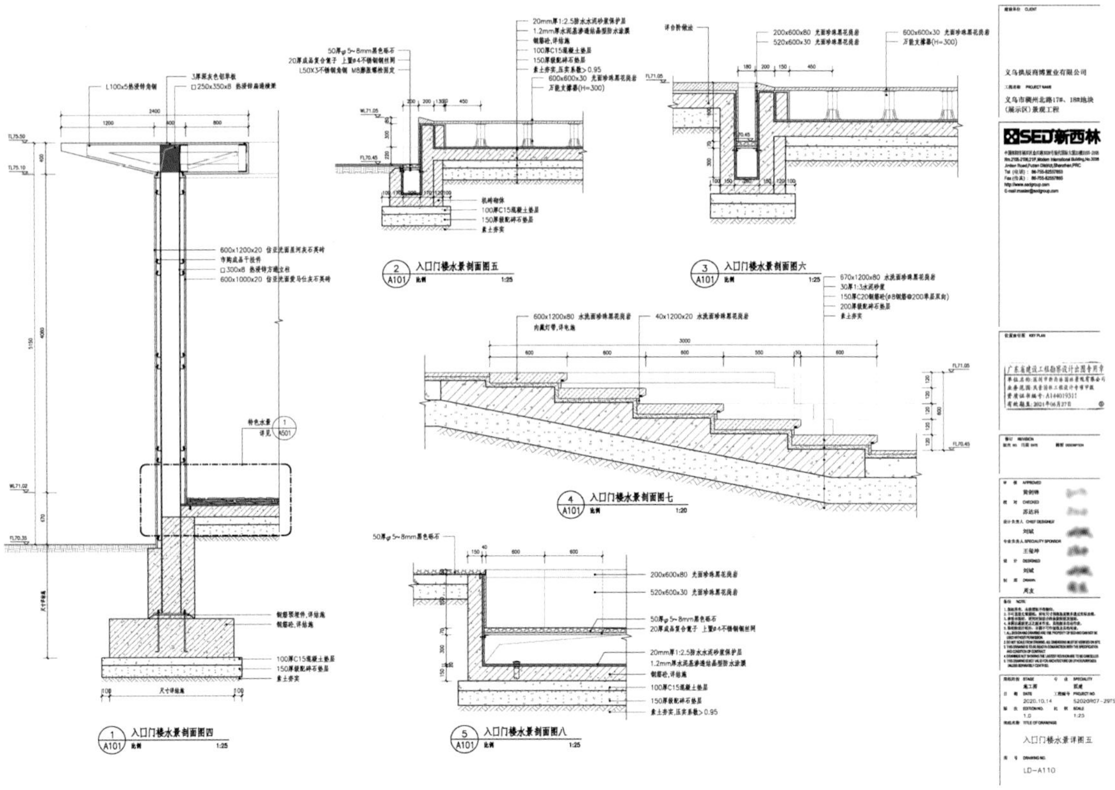
入口门楼水景剖面图四
入口门楼水景剖面图五
入口门楼水景剖面图六
入口门楼水景剖面图七
入口门楼水景剖面图八
义乌供辰商博置业有限公司
SED新西林
入口门楼水景详图五
LD-A110

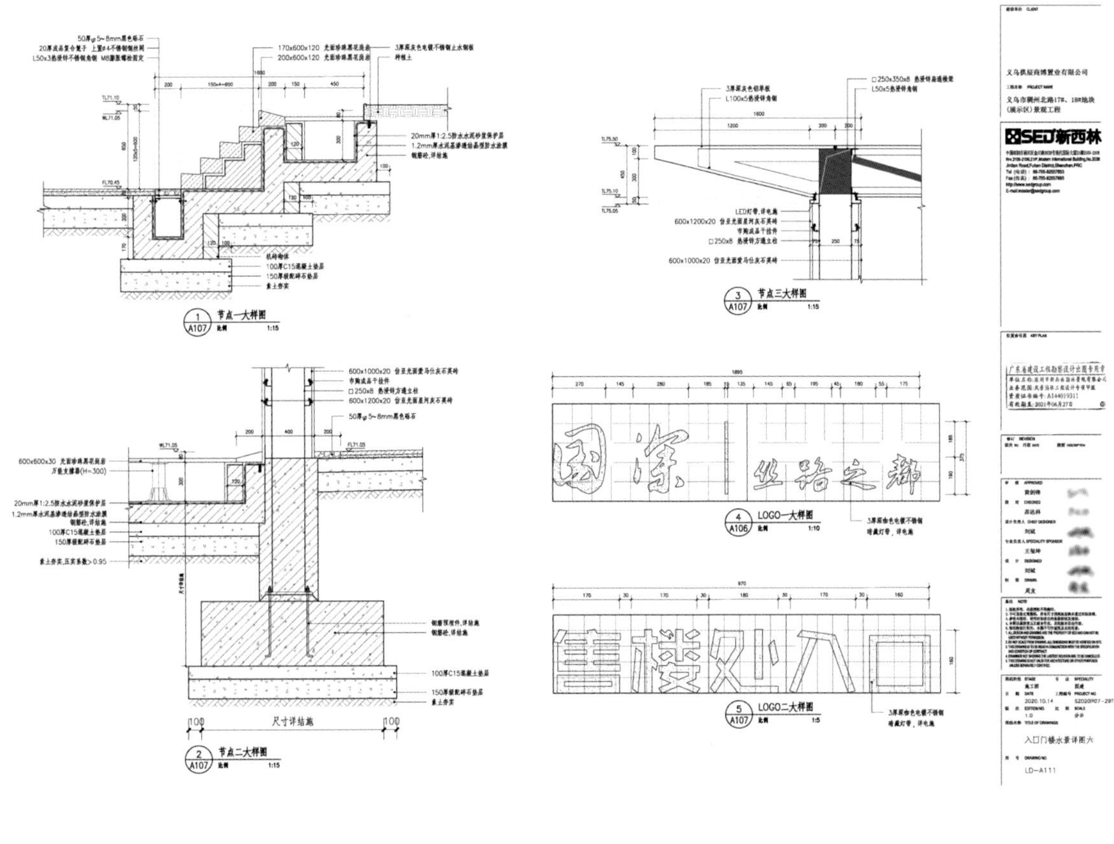
节点一大样图
节点二大样图
节点三大样图
LOGO一大样图
LOGO二大样图
义乌供辰商博置业有限公司
SED新西林
入口门楼水景详图六
LD-A111

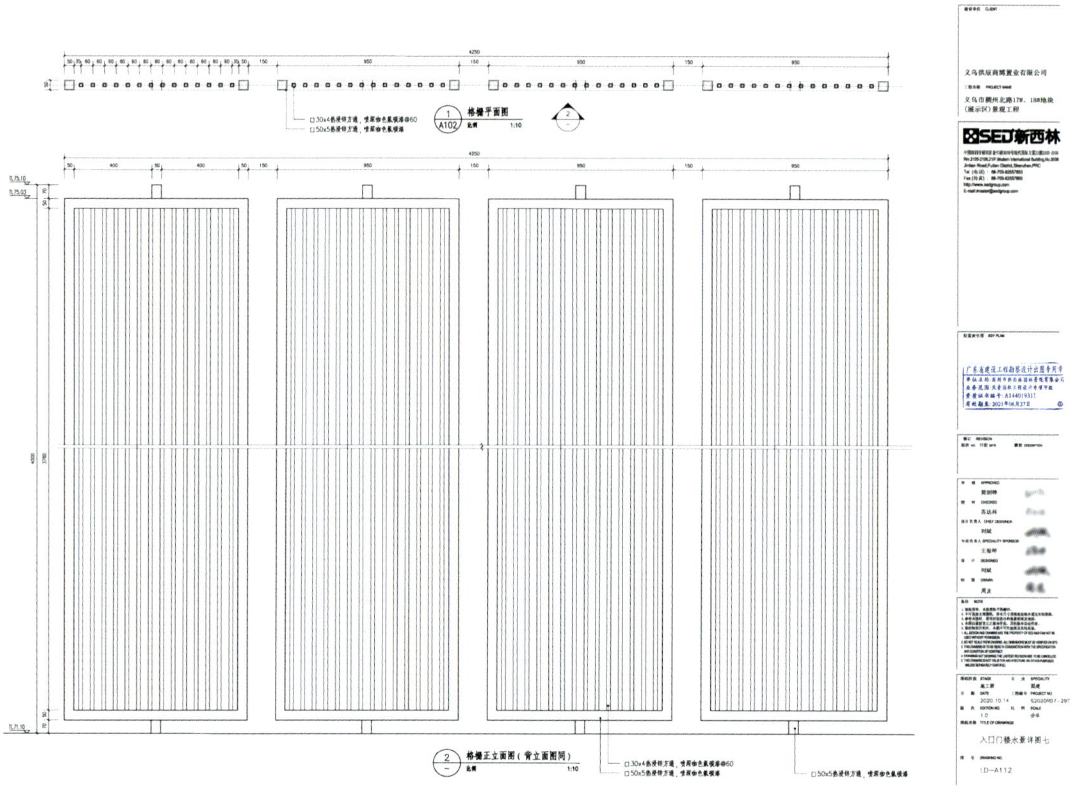
格栅平面图
格栅正立面图（背立面图同）
义乌供应商贸置业有限公司
入口门楼水景详图七
LD-A112

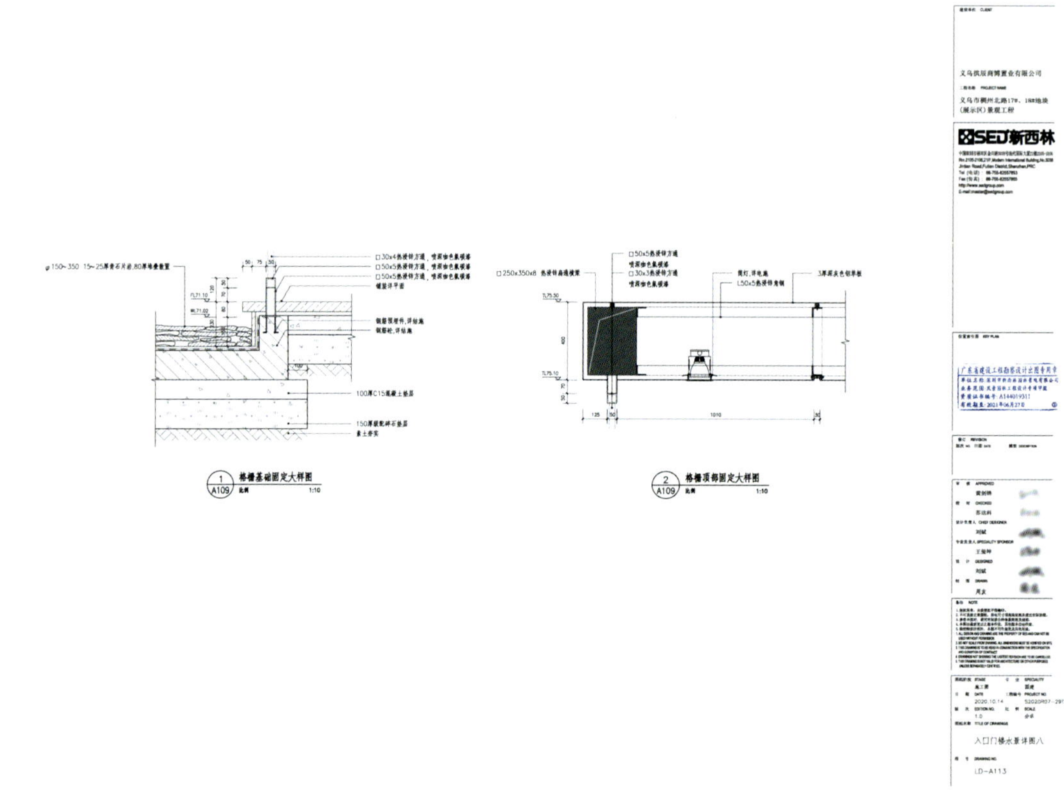
格栅基础固定大样图
格栅顶部固定大样图
义乌供应商贸置业有限公司
入口门楼水景详图八
LD-A113

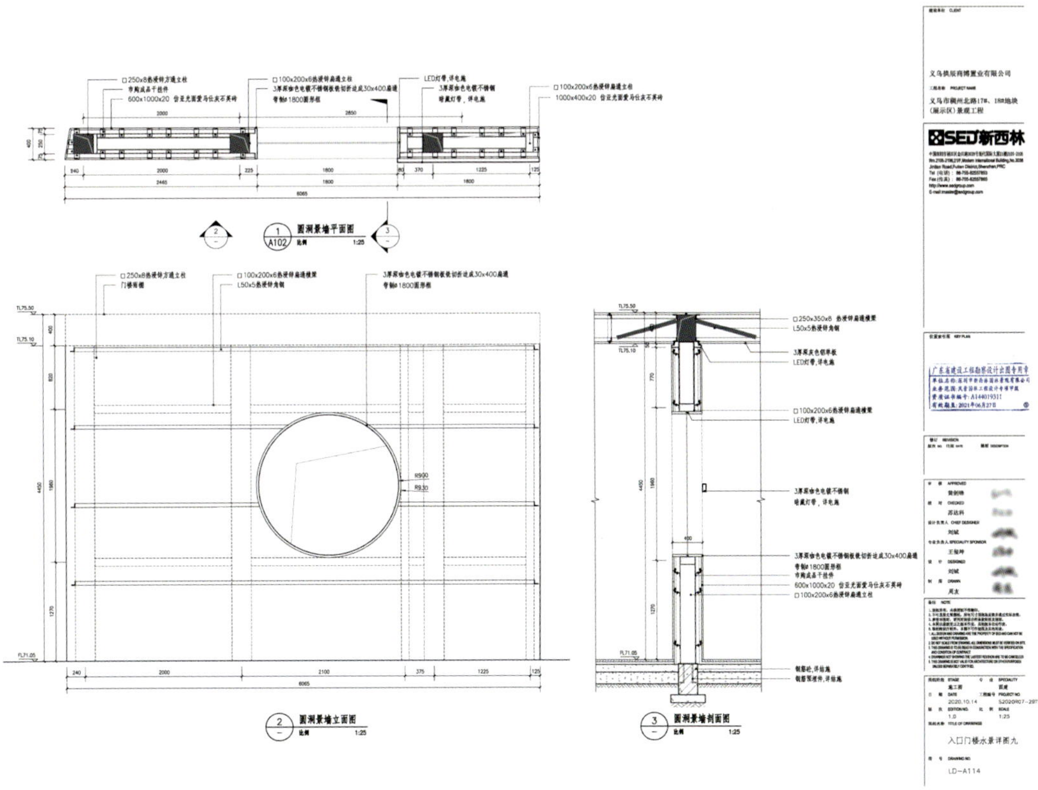

□250x8热浸锌方通立柱
□100x200x6热浸锌扁通立柱
LED灯带，详电施
□100x200x6热浸锌扁通立柱
1000x400x20 皆亚光面黄冈仿皮石英砖
圆洞景墙平面图
比例 1:25
□250x8热浸锌方通立柱
□100x200x6热浸锌扁通横梁
L50x5热浸锌角钢
圆洞景墙立面图
比例 1:25
□250x350x8 热浸锌扁通横梁
L50x5热浸锌角钢
LED灯带，详电施
□100x200x6热浸锌扁通横梁
LED灯带，详电施
圆洞景墙剖面图
比例 1:25
义乌拱辰商博置业有限公司
义乌市稠州北路17#、18#地块（展示区）景观工程
SED新西林
广东省建设工程勘察设计出图专用章
2020.10.14
S2020907-29TSH
1.0
1:25
入口门楼水景详图九
LD-A114

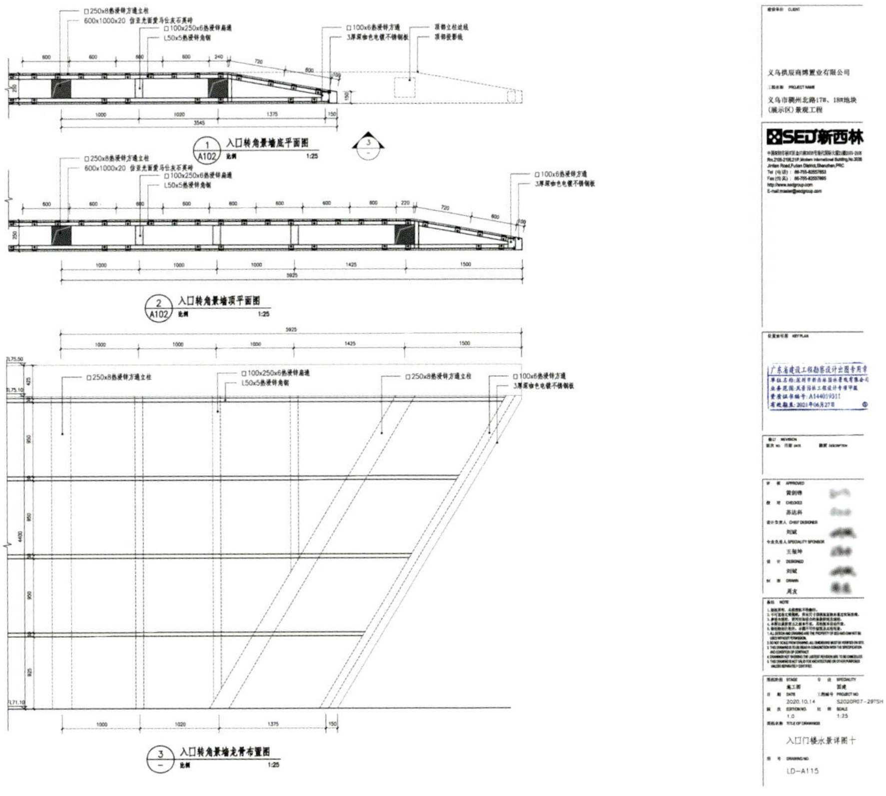

□250x8热浸锌方通立柱
600x1000x20 皆亚光面黄冈仿皮石英砖
□100x250x6热浸锌扁通
L50x5热浸锌角钢
□100x6热浸锌方通
3厚深咖色电镀不锈钢板
入口转角景墙底平面图
比例 1:25
入口转角景墙顶平面图
比例 1:25
□250x8热浸锌方通立柱
□100x250x6热浸锌扁通
L50x5热浸锌角钢
□250x8热浸锌方通立柱
□100x6热浸锌方通
3厚深咖色电镀不锈钢板
入口转角景墙龙骨布置图
比例 1:25
义乌拱辰商博置业有限公司
义乌市稠州北路17#、18#地块（展示区）景观工程
SED新西林
广东省建设工程勘察设计出图专用章
2020.10.14
S2020907-29TSH
1.0
1:25
入口门楼水景详图十
LD-A115

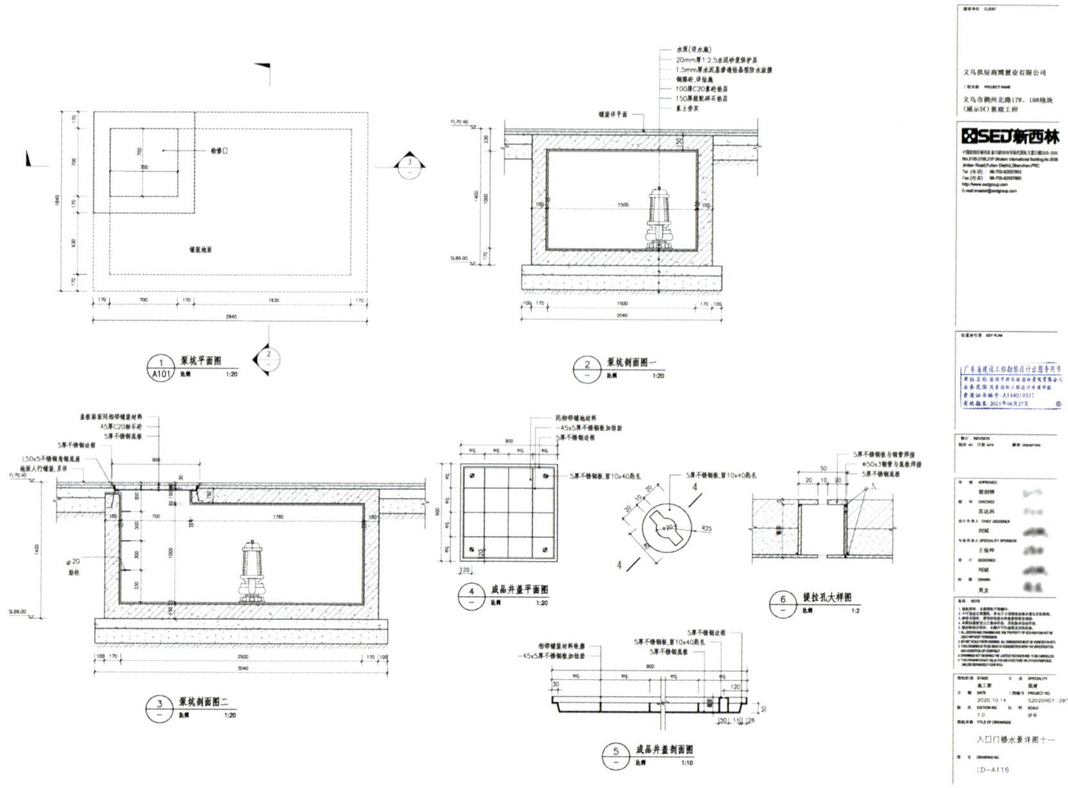
泵坑平面图
泵坑剖面图一
泵坑剖面图二
成品井盖平面图
提拉孔大样图
成品井盖剖面图
义乌洪琛商博置业有限公司
入口门楼水景详图十一
LD-A116

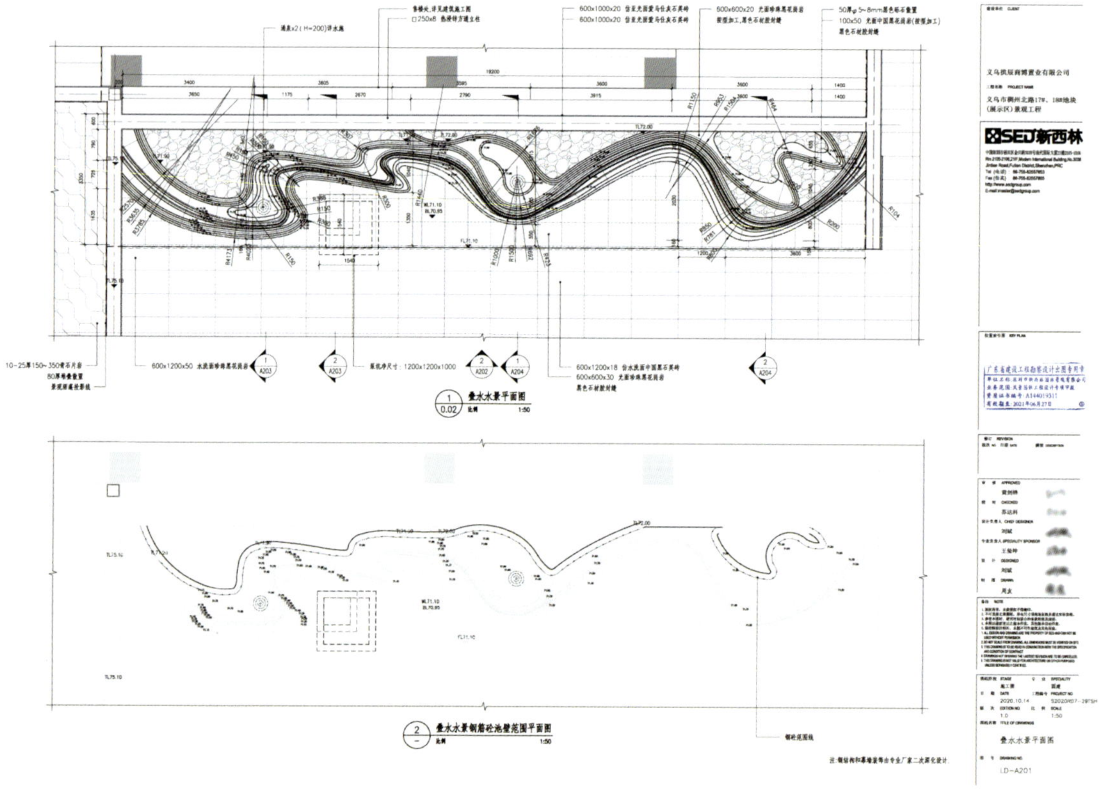
叠水水景平面图
叠水水景钢筋砼池壁范围平面图
注:钢结构和幕墙造型由专业厂家二次深化设计
义乌洪琛商博置业有限公司
叠水水景平面图
LD-A201

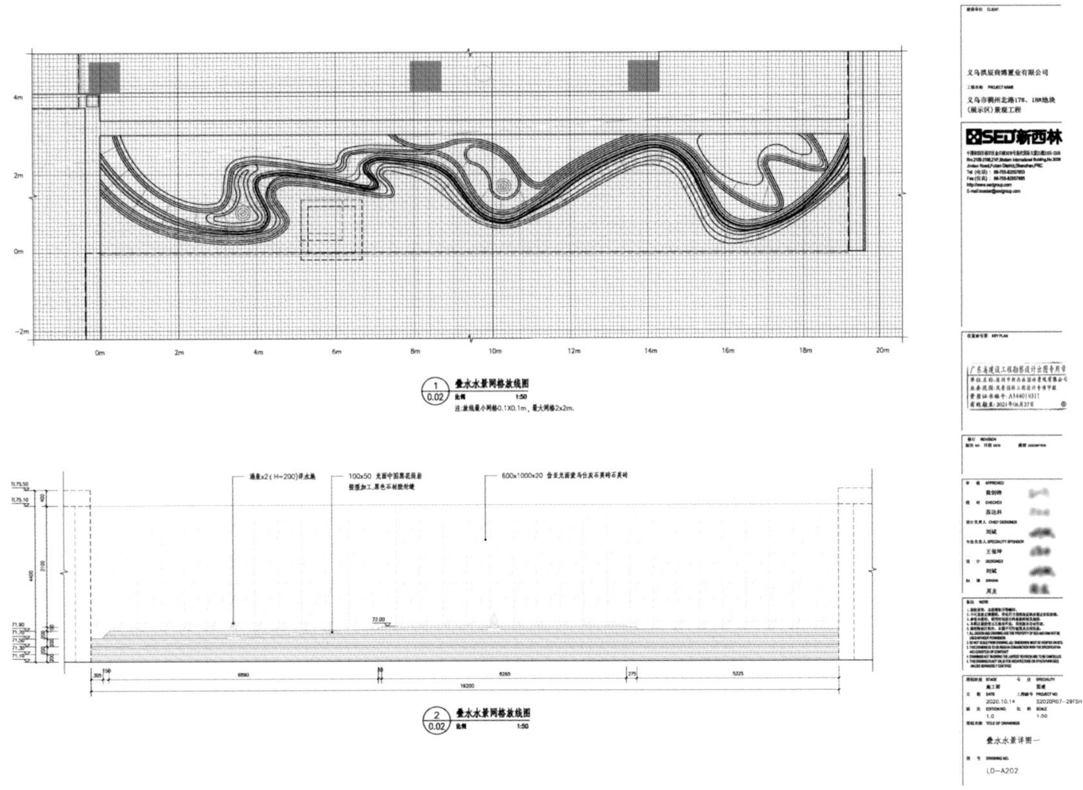
叠水水景网格放线图
1:50
叠水水景网格放线图
1:50
叠水水景详图一
LD-A202

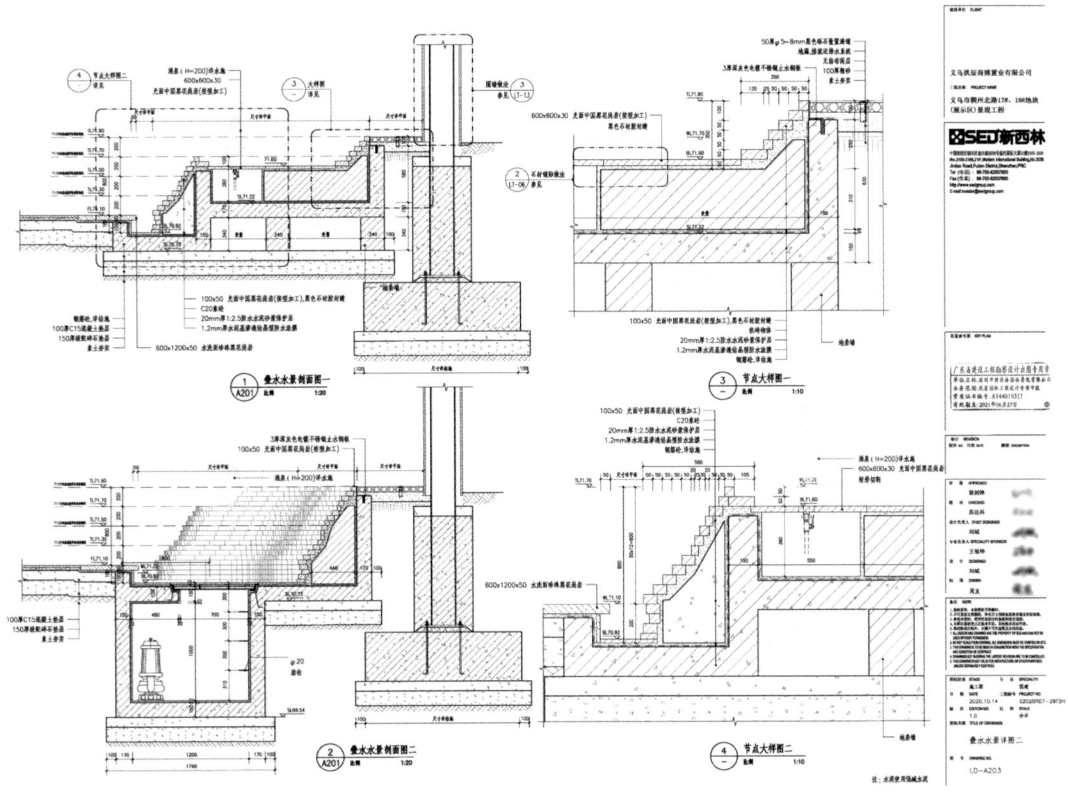
叠水水景剖面图一
1:20
节点大样图一
1:10
叠水水景剖面图二
1:20
节点大样图二
1:10
叠水水景详图二
LD-A203

景观规划设计

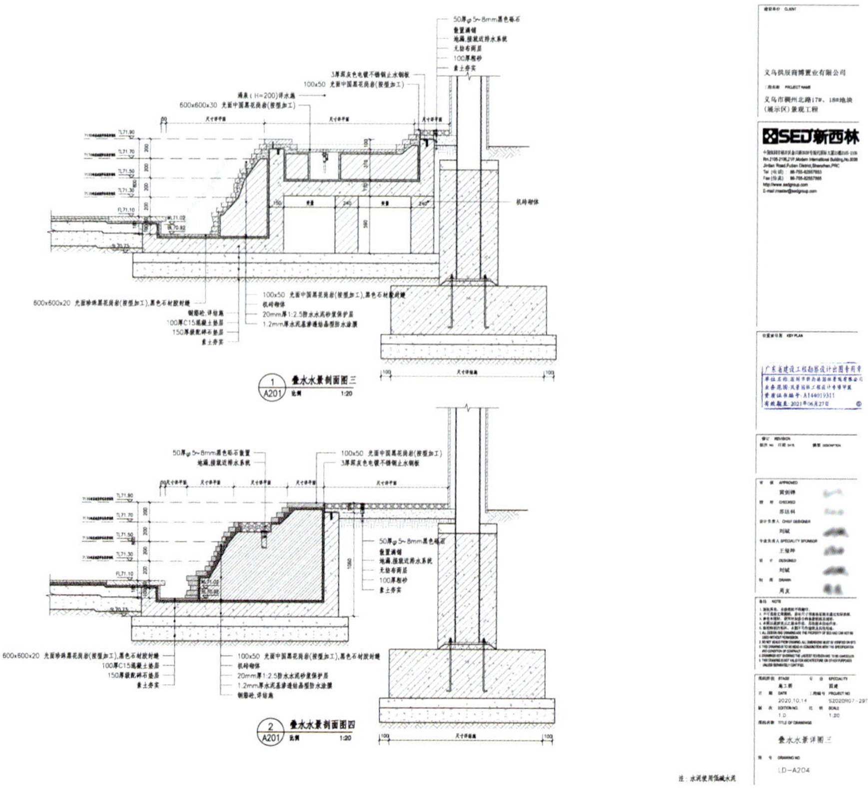

叠水水景剖面图三
叠水水景剖面图四
义乌供应商博置业有限公司
叠水水景详图三
LD-A204


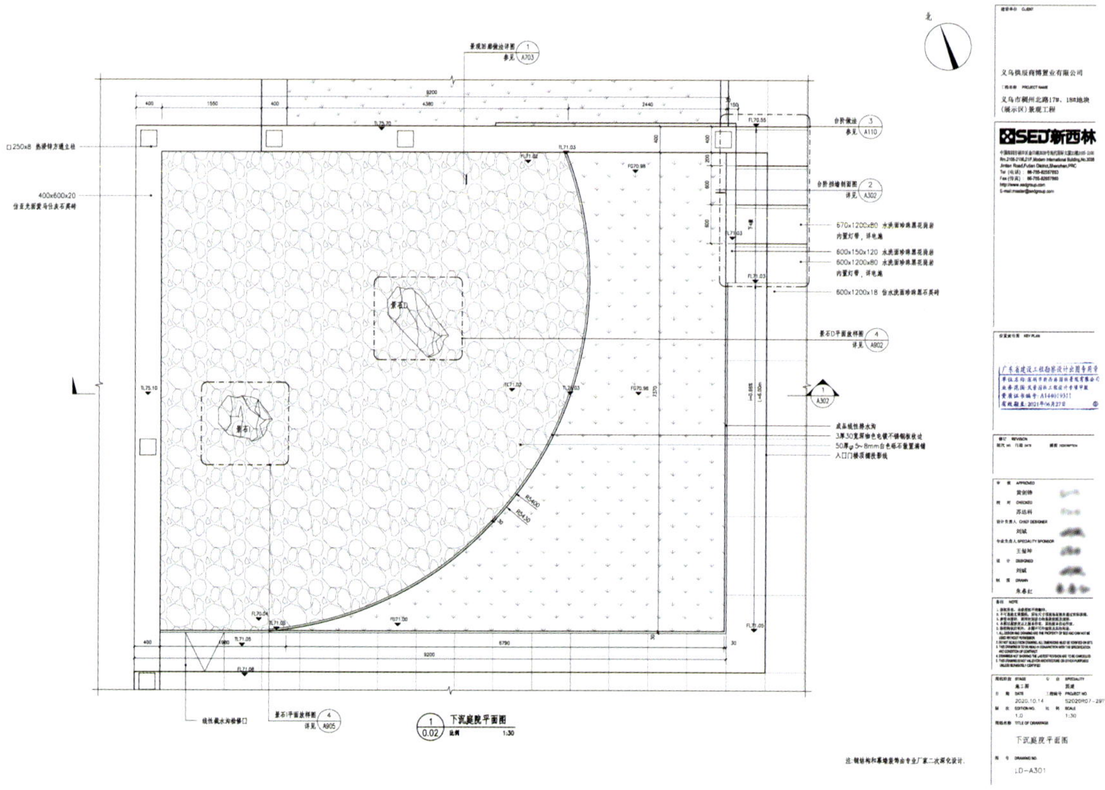

下沉庭院平面图
义乌供应商博置业有限公司
LD-A301

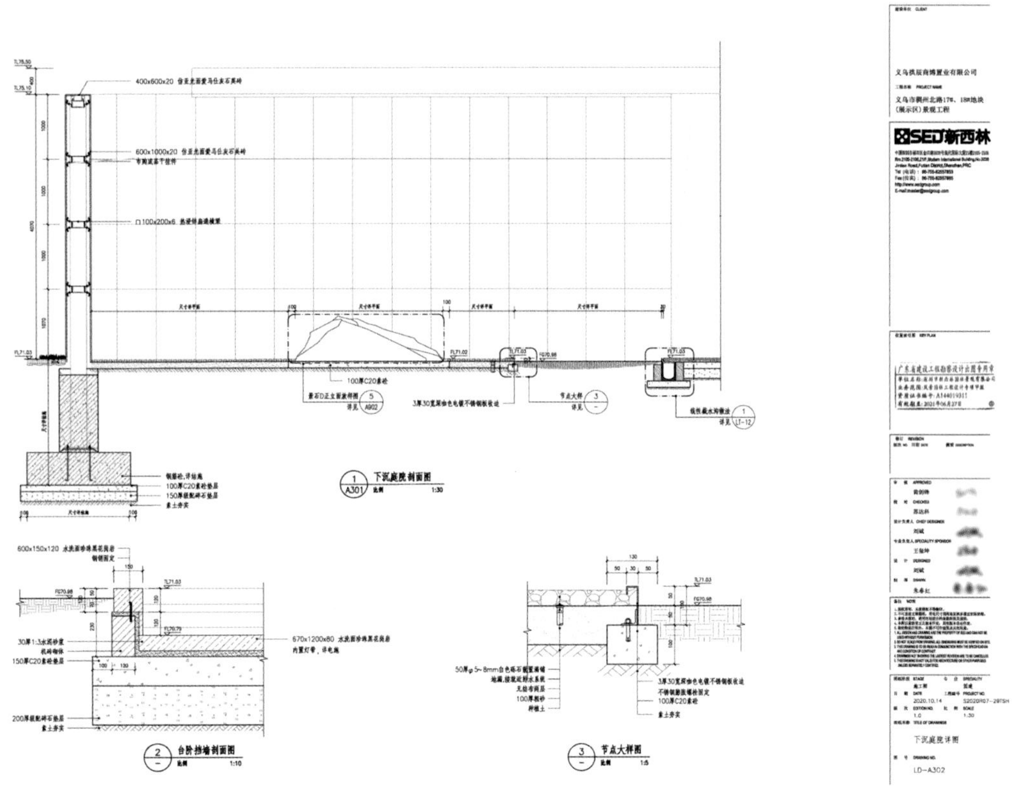

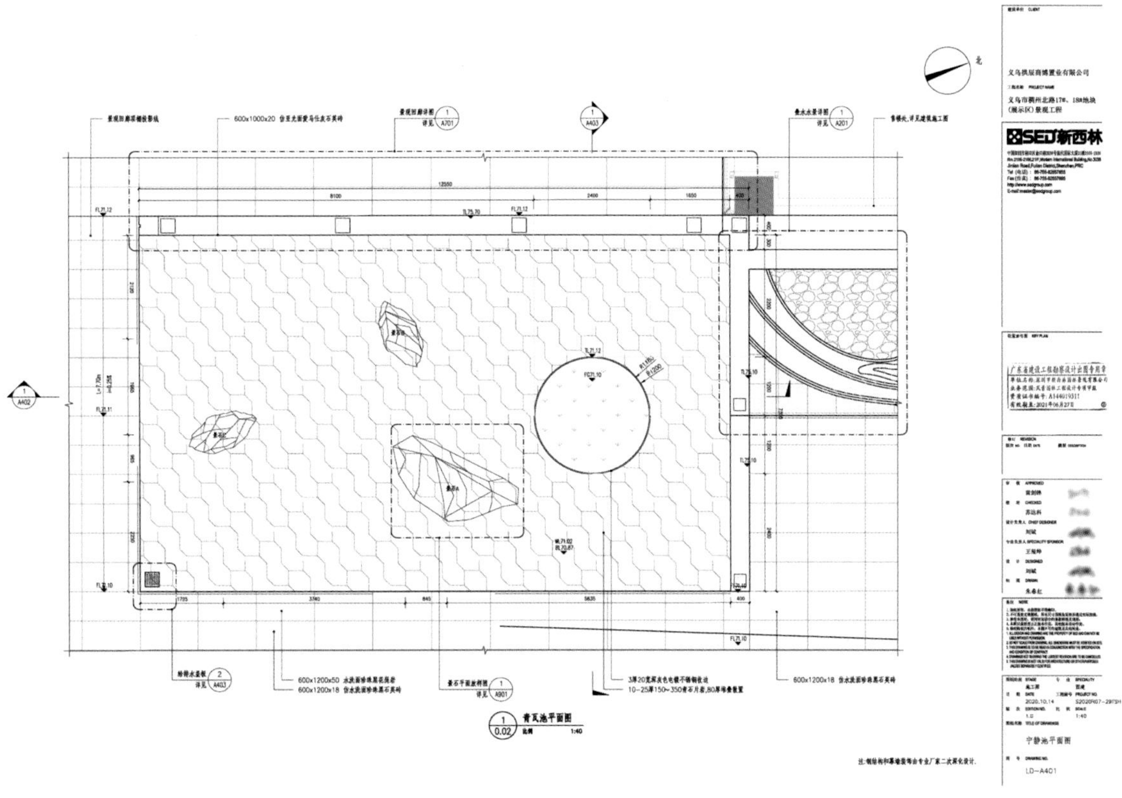

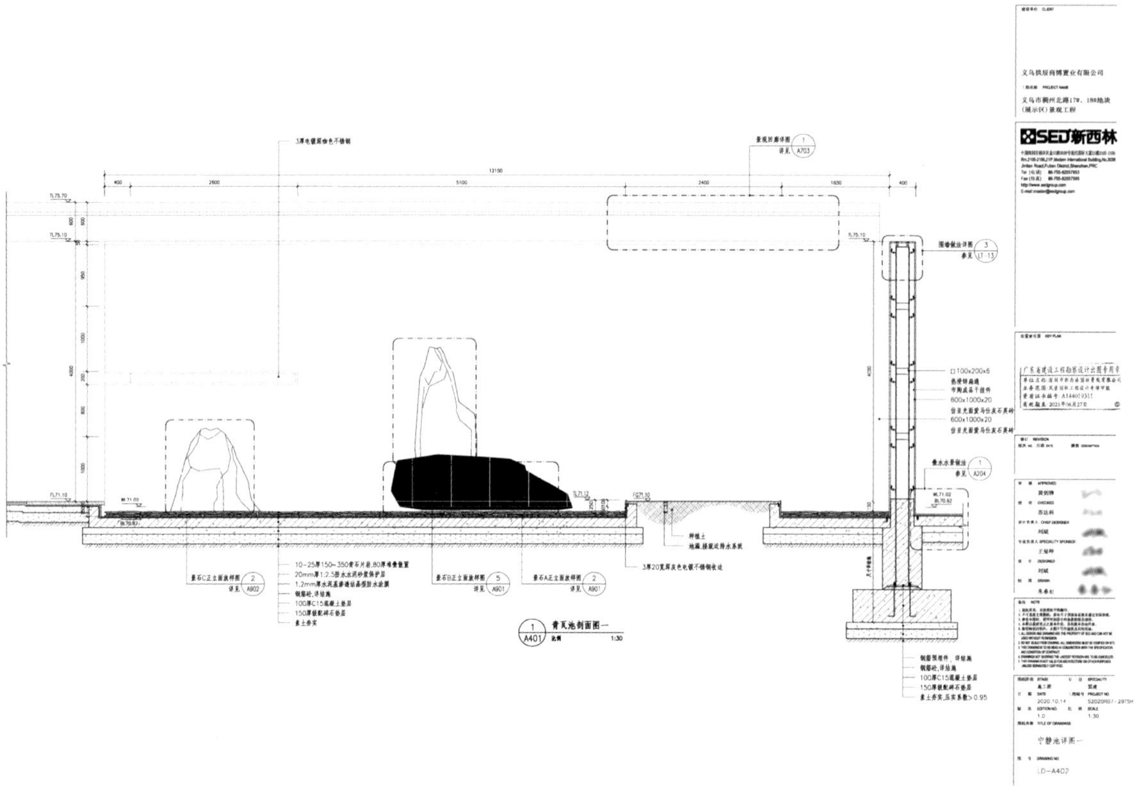
义乌拱辰商博置业有限公司
义乌市稠州北路17#、188地块（展示区）景观工程
SED新西林
青瓦池剖面图一
1:30
宁静池详图一
LD-A402

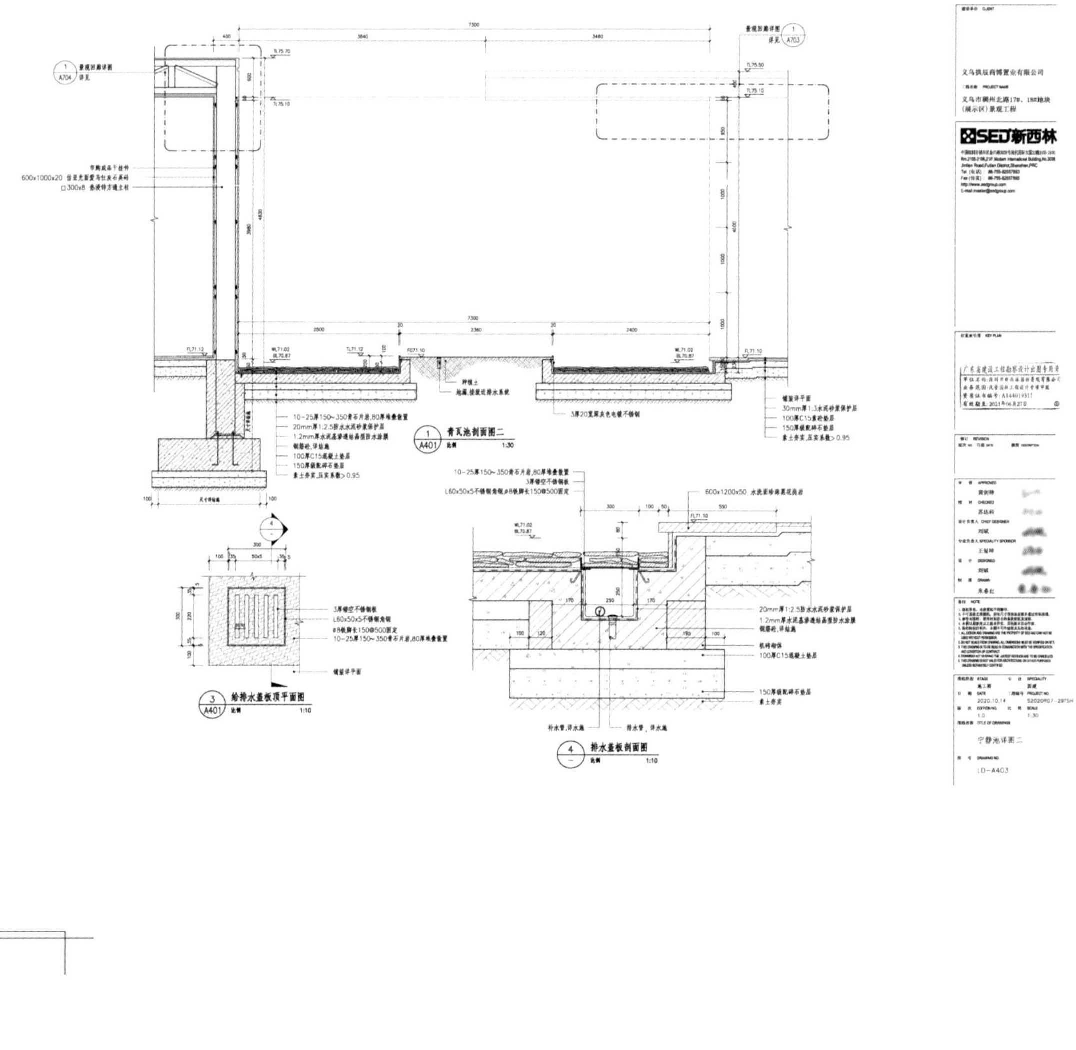
义乌拱辰商博置业有限公司
义乌市稠州北路17#、188地块（展示区）景观工程
SED新西林
青瓦池剖面图二
1:30
给排水盖板顶平面图
1:10
排水盖板剖面图
1:10
宁静池详图二
LD-A403

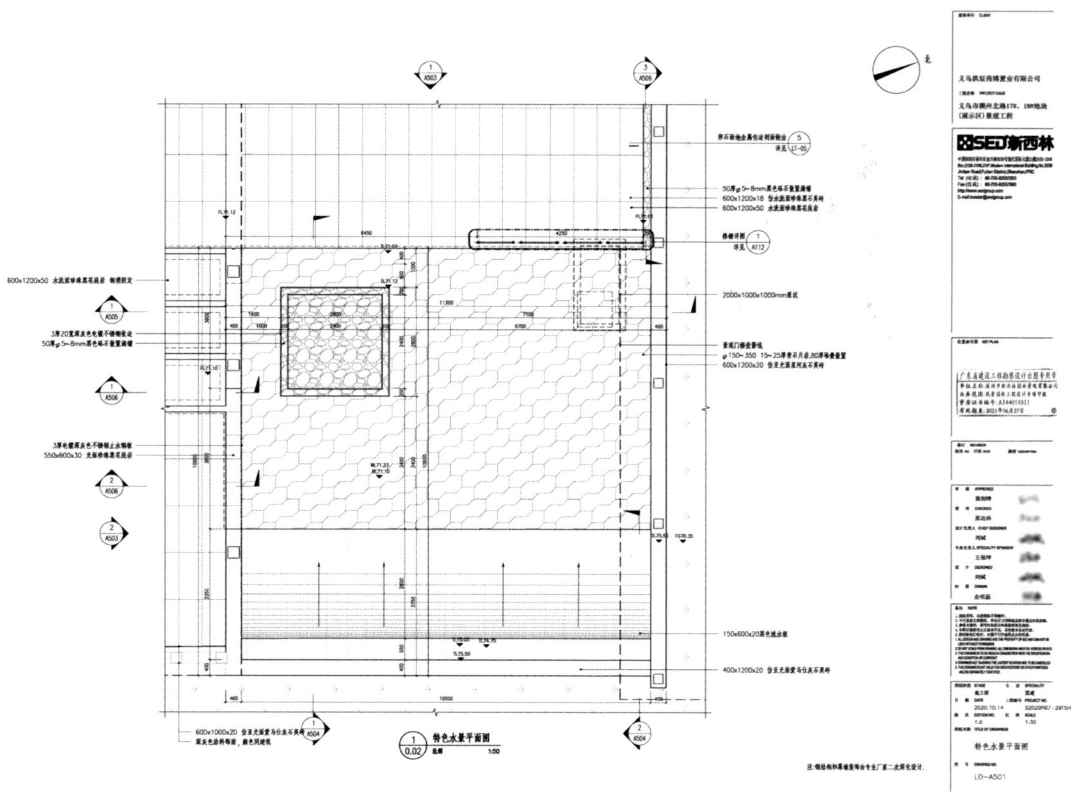
特色水景平面图
1:50
义乌拱辰尚博置业有限公司
LD-A501

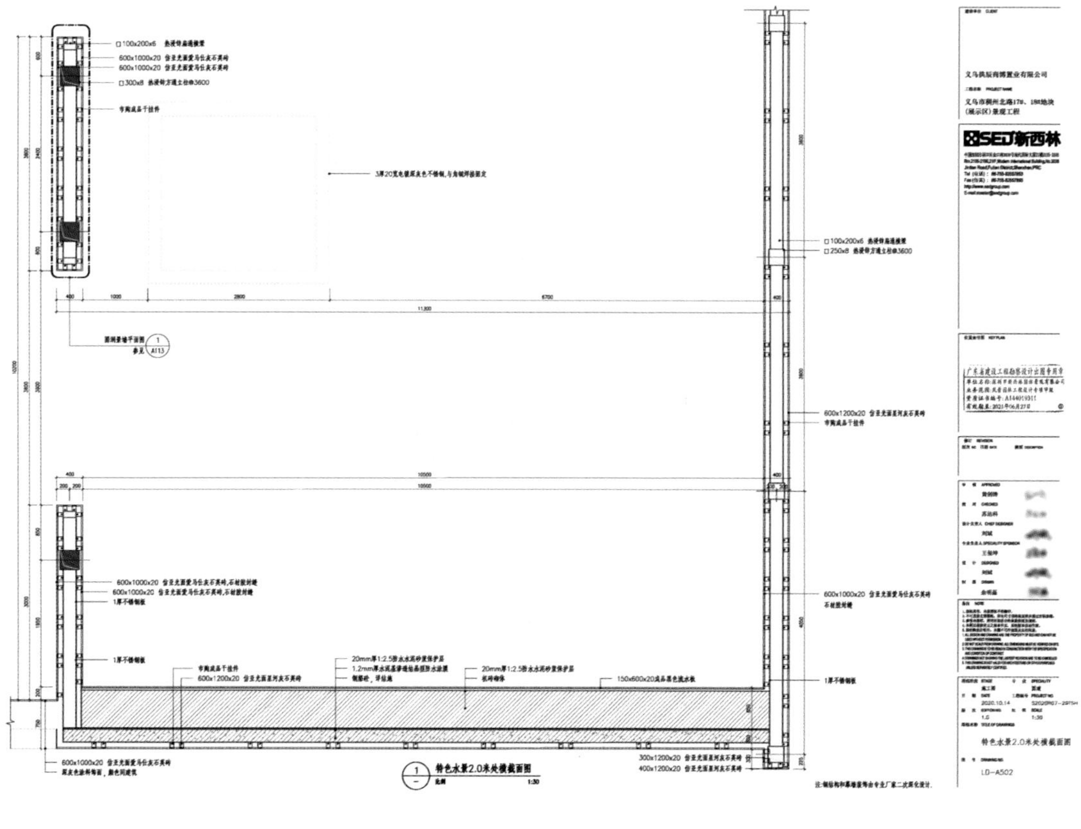
特色水景2.0米处横截面图
1:30
义乌拱辰尚博置业有限公司
LD-A502

景
观
规
划
设
计

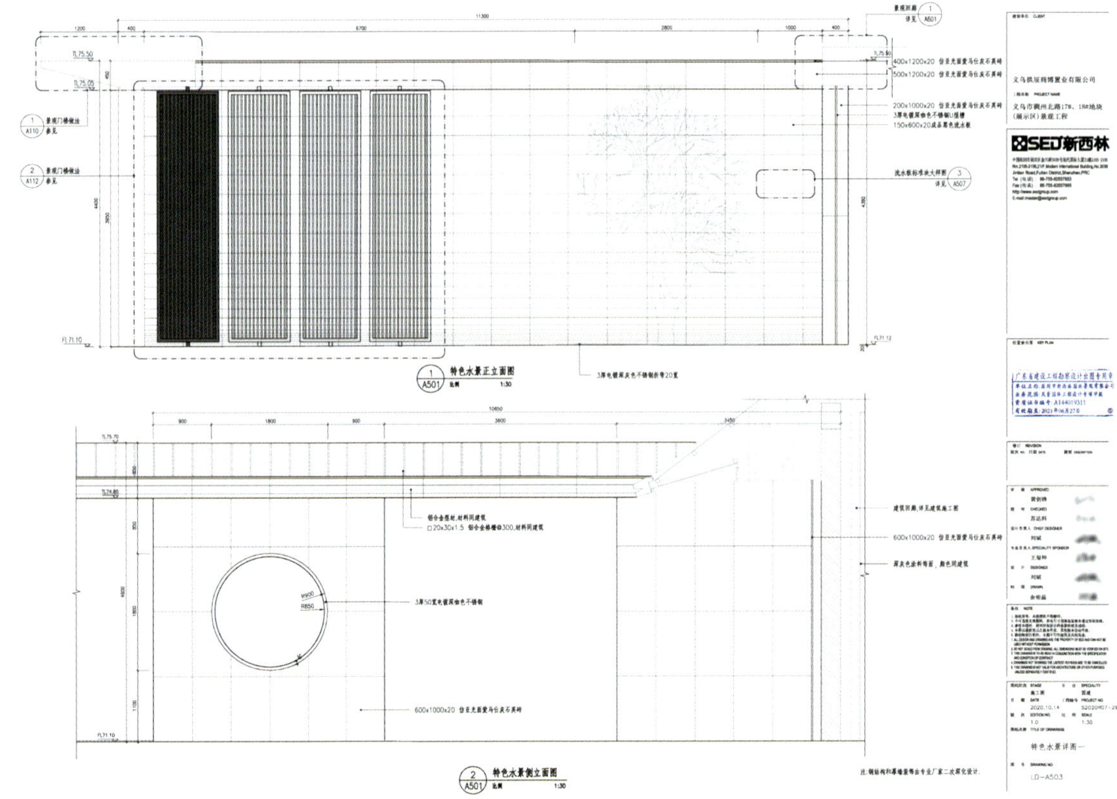


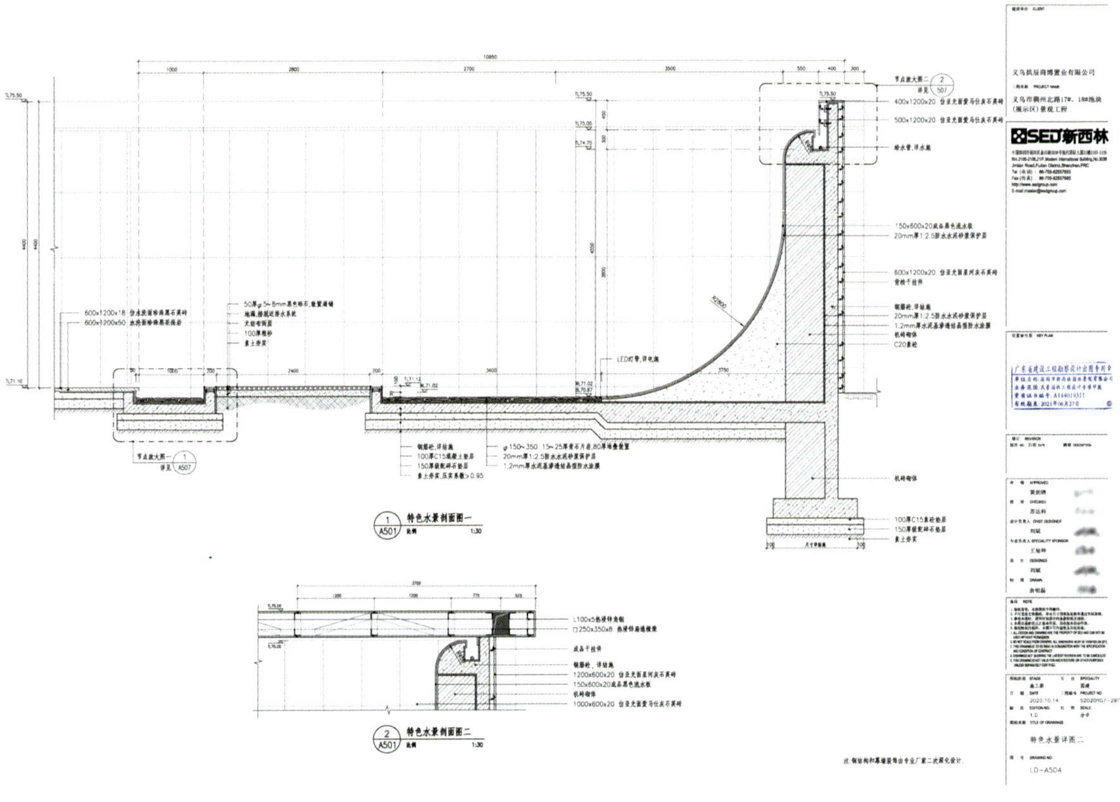

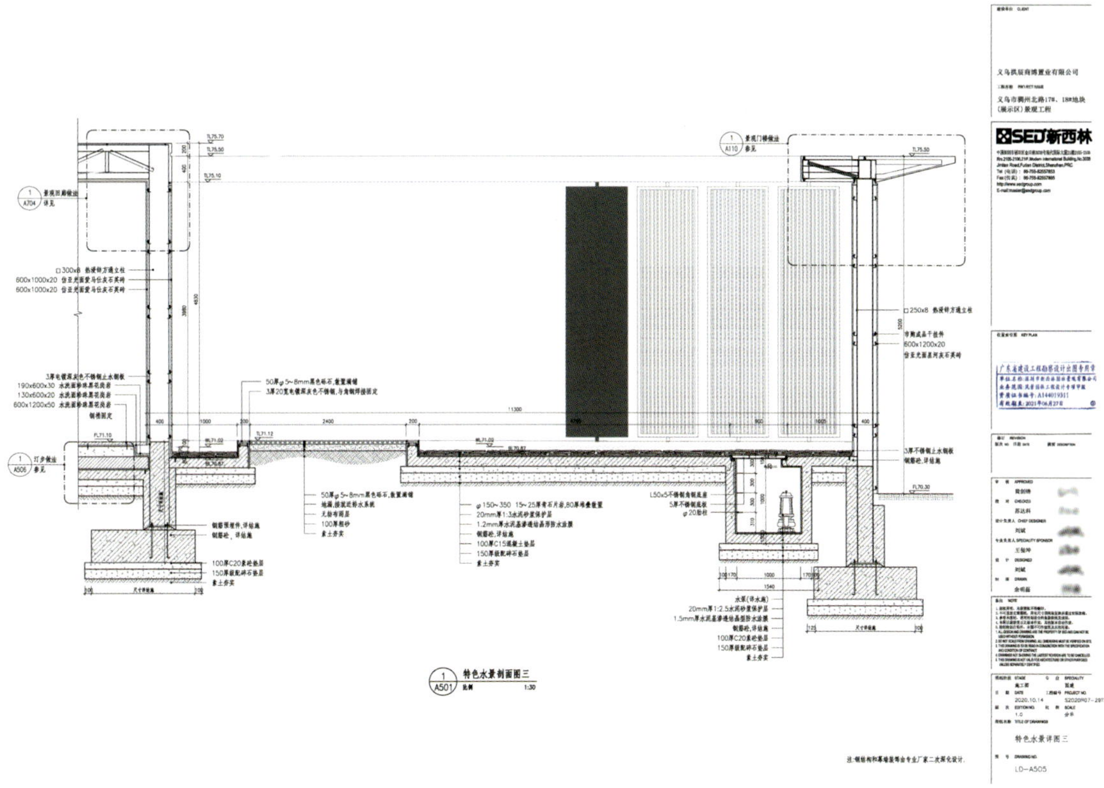
义乌抚辰商博置业有限公司
特色水景剖面图三
1:30
特色水景详图三
LD-A505

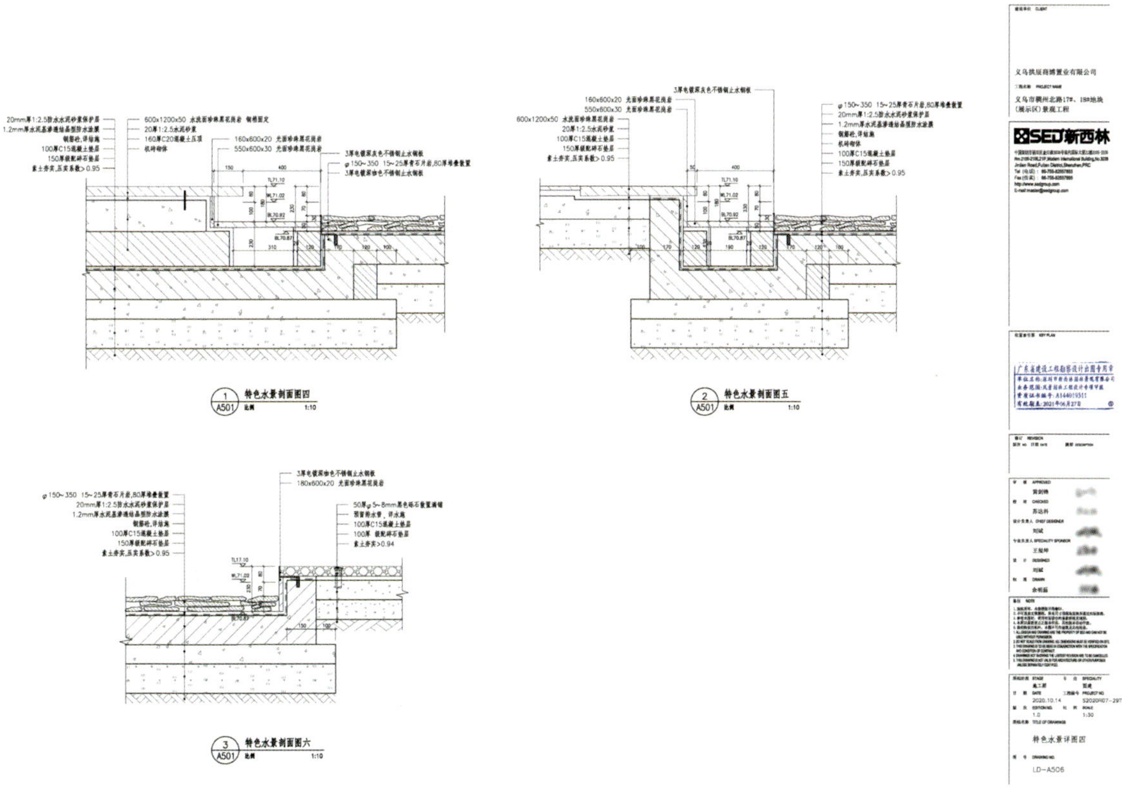
义乌抚辰商博置业有限公司
特色水景剖面图四
1:10
特色水景剖面图五
1:10
特色水景剖面图六
1:10
特色水景详图四
LD-A506

景
观
规
划
设
计

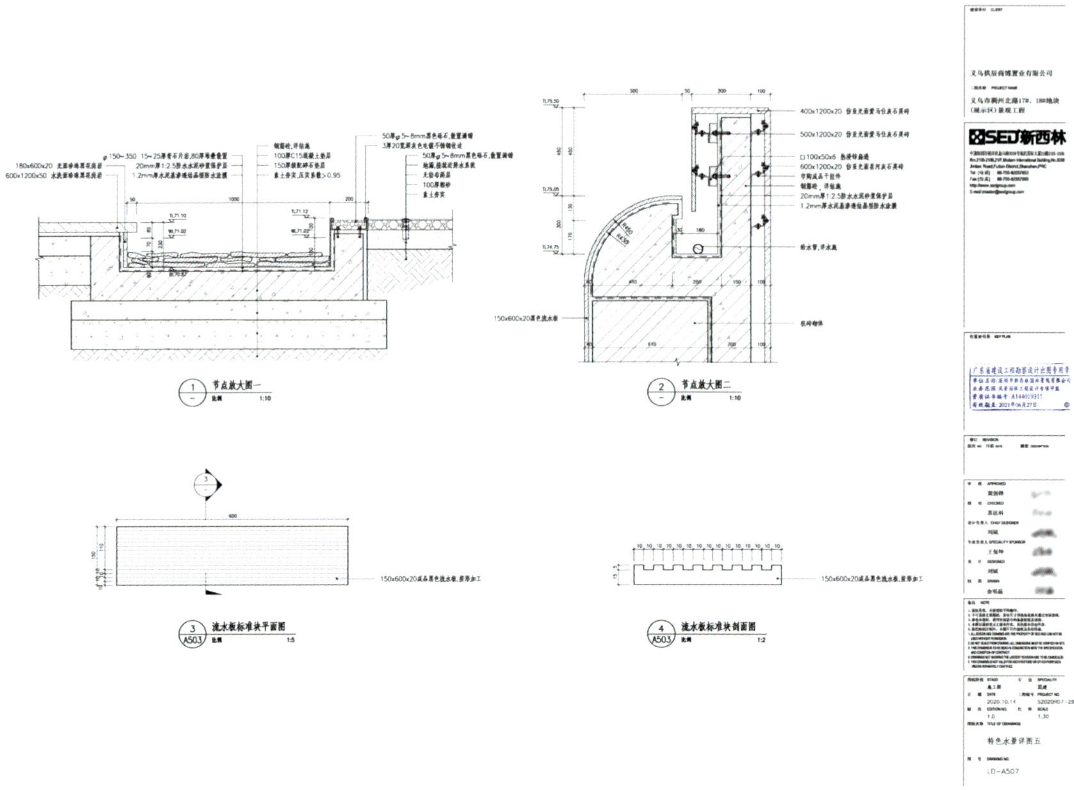

节点放大图一
节点放大图二
流水板标准块平面图
流水板标准块侧面图
义乌铁辰商博置业有限公司
新西林
特色水景详图五
LD-A507


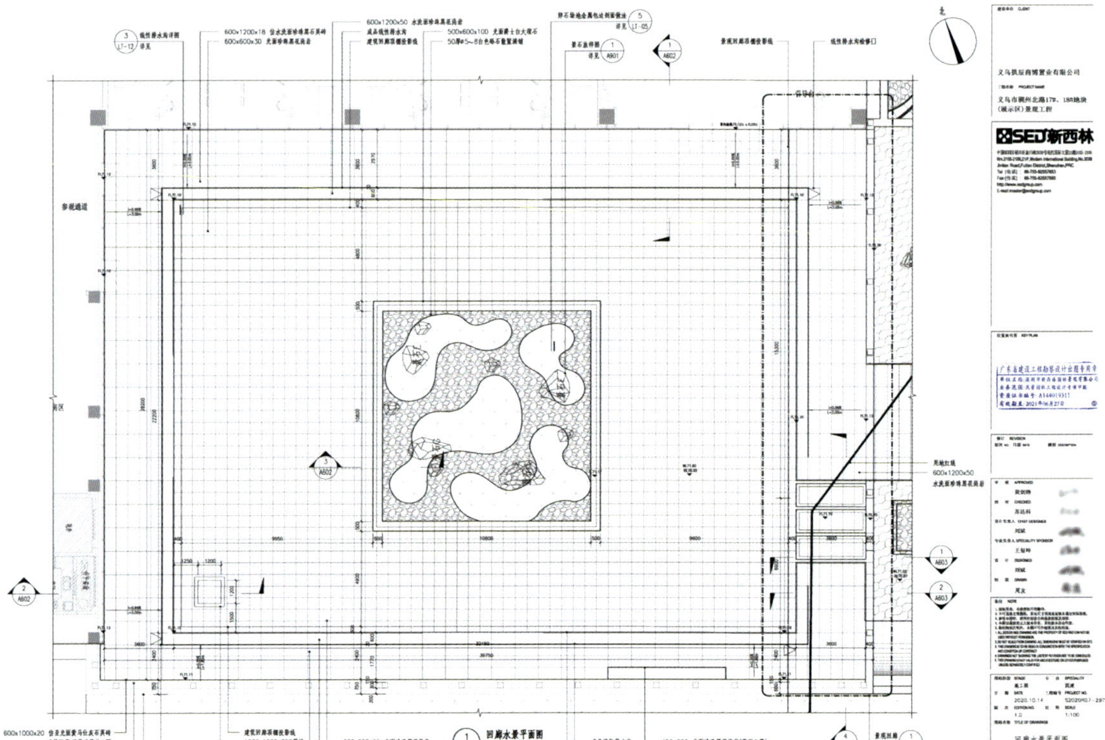

回廊水景平面图
义乌铁辰商博置业有限公司
新西林
回廊水景平面图
LD-A801

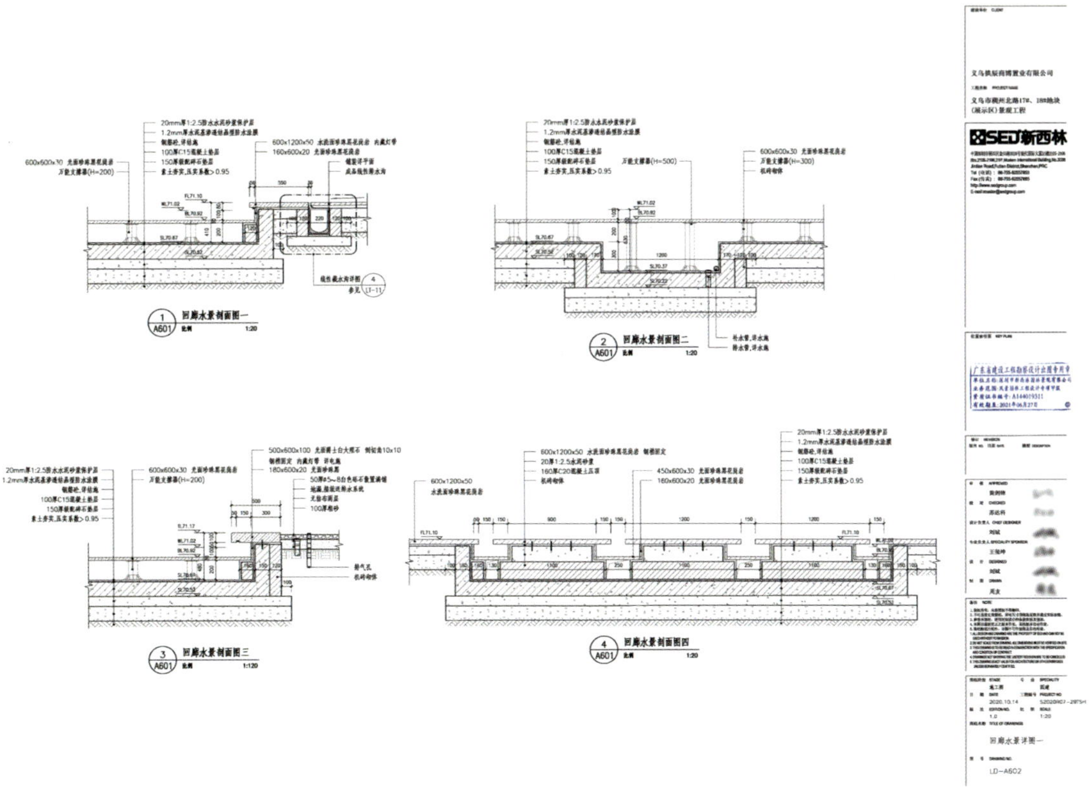
回廊水景剖面图一
回廊水景剖面图二
回廊水景剖面图三
回廊水景剖面图四
回廊水景详图一
LD-A602

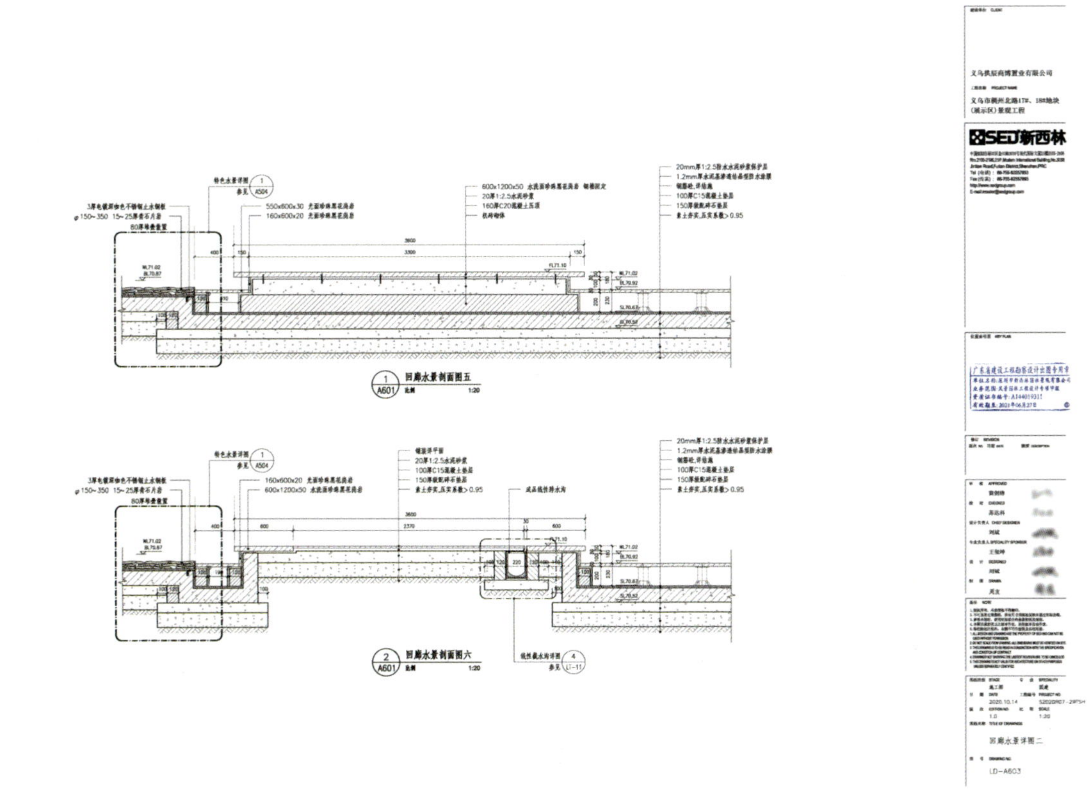
回廊水景剖面图五
回廊水景剖面图六
回廊水景详图二
LD-A603

景观规划设计

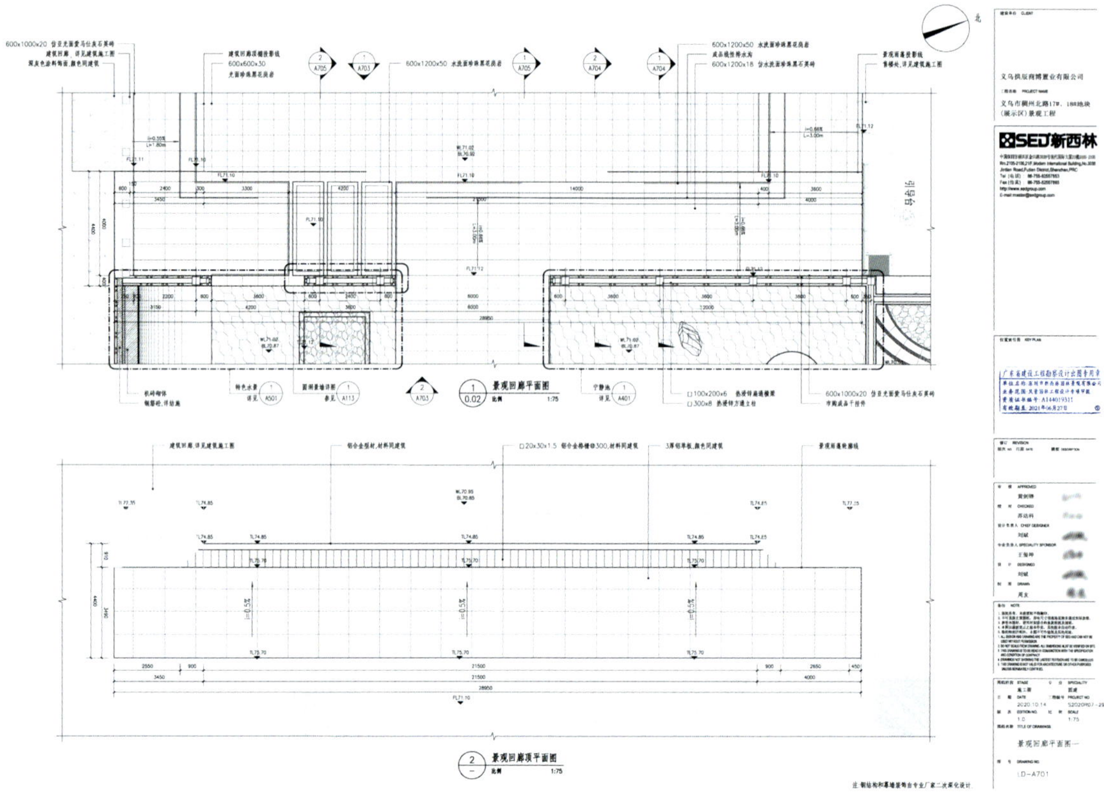

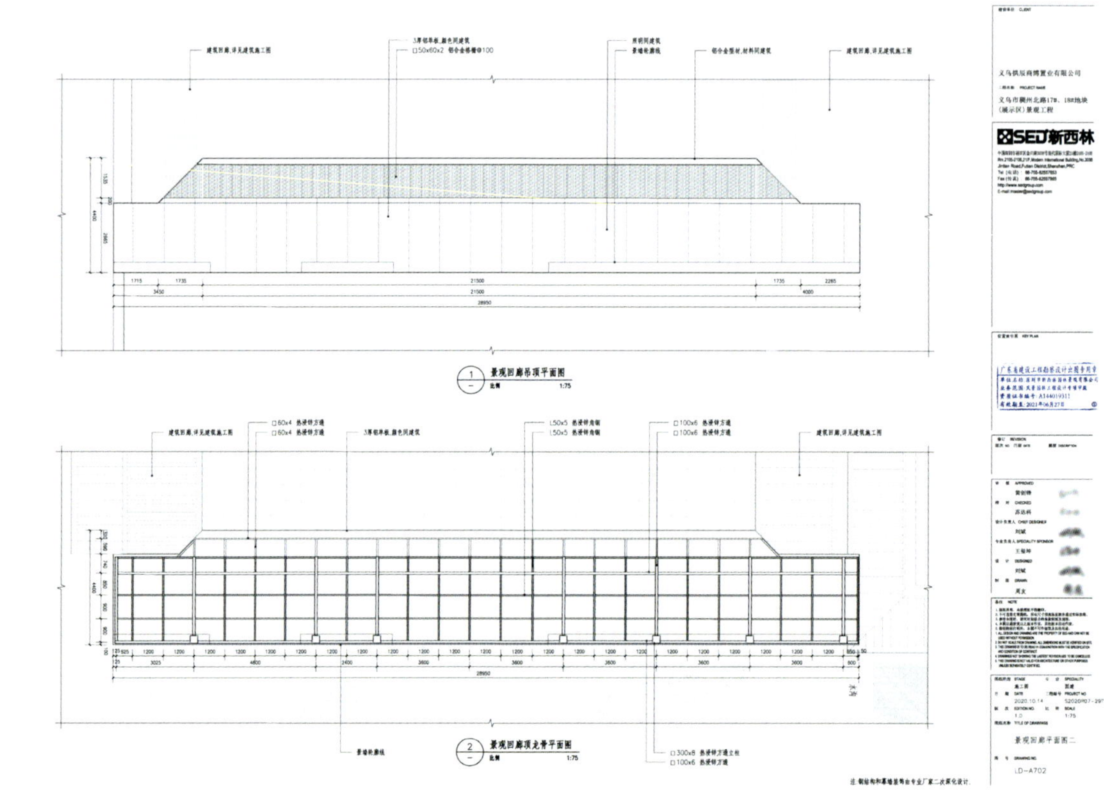

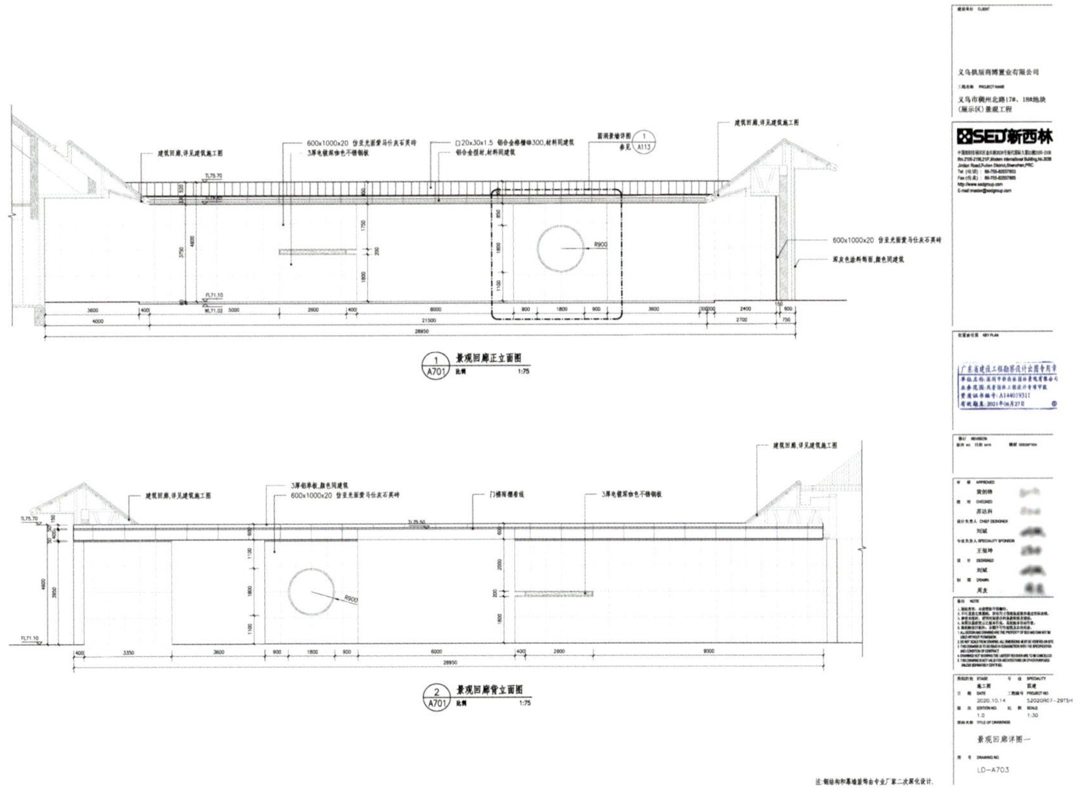
义乌枫辰商博置业有限公司
SED新西林
景观回廊正立面图
1:75
景观回廊背立面图
1:75
景观回廊详图一
LD-A703

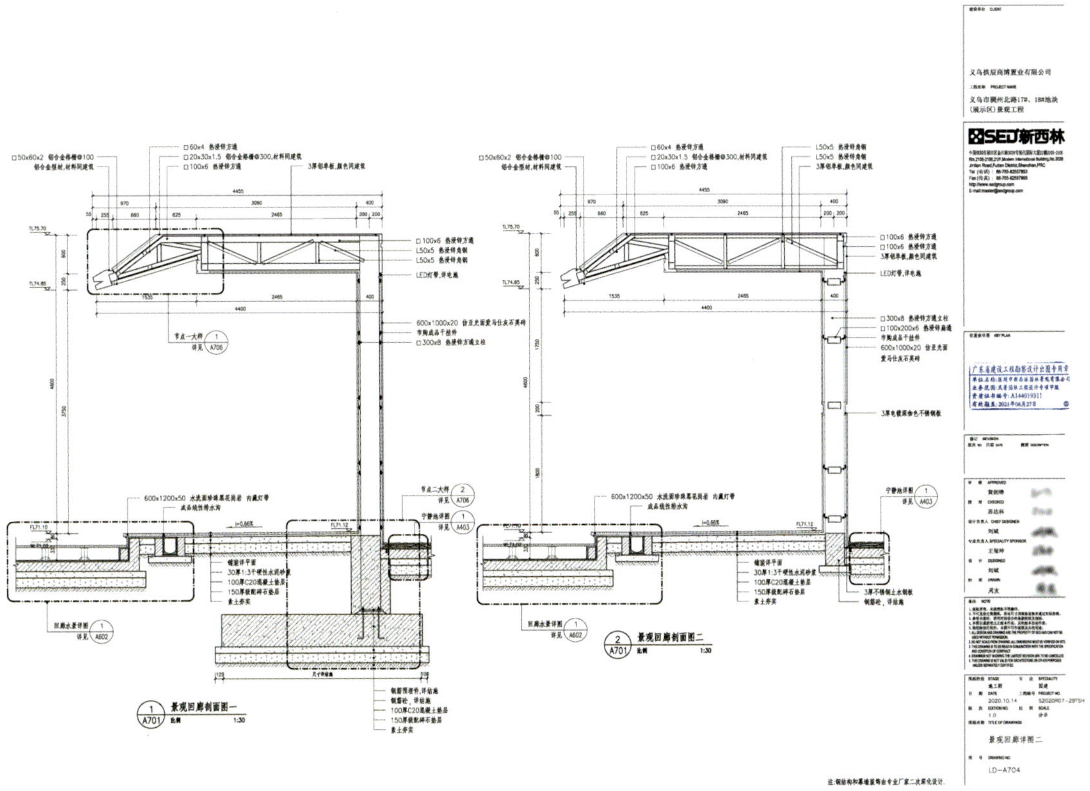
义乌枫辰商博置业有限公司
SED新西林
景观回廊剖面图一
1:30
景观回廊剖面图二
1:30
景观回廊详图二
LD-A704

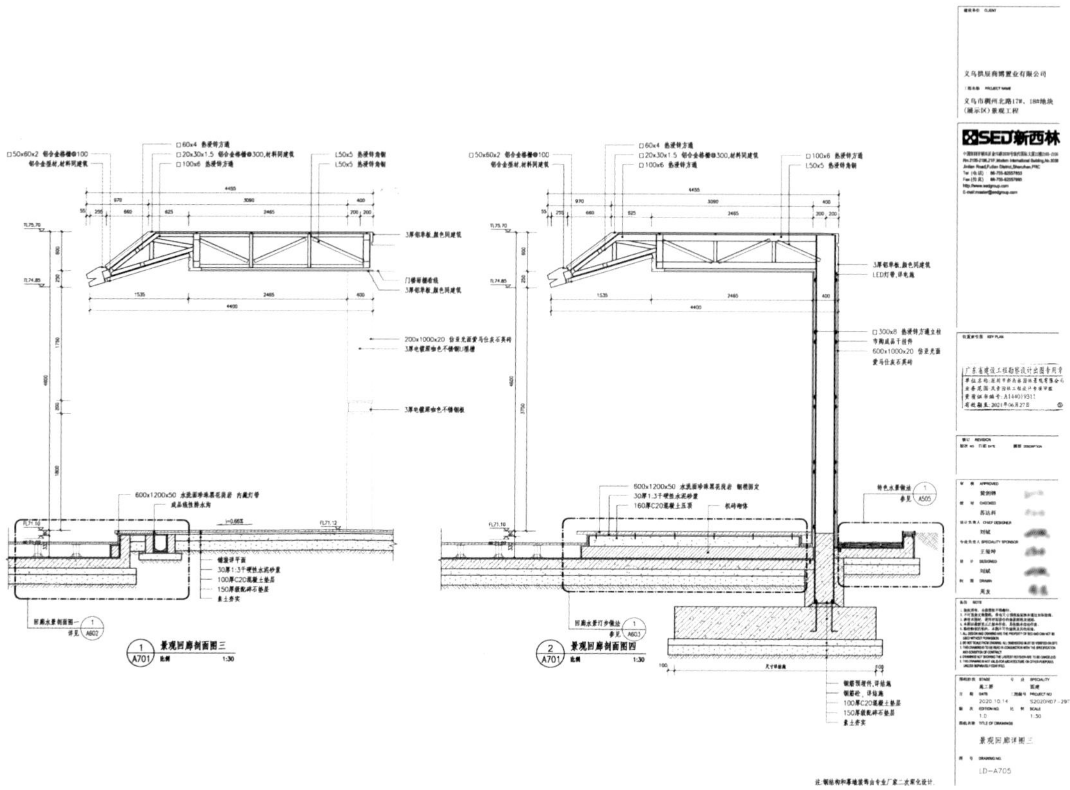

义乌拱辰商博置业有限公司
SED新西林
景观回廊侧面图三
景观回廊侧面图四
景观回廊详图三
LD-A705


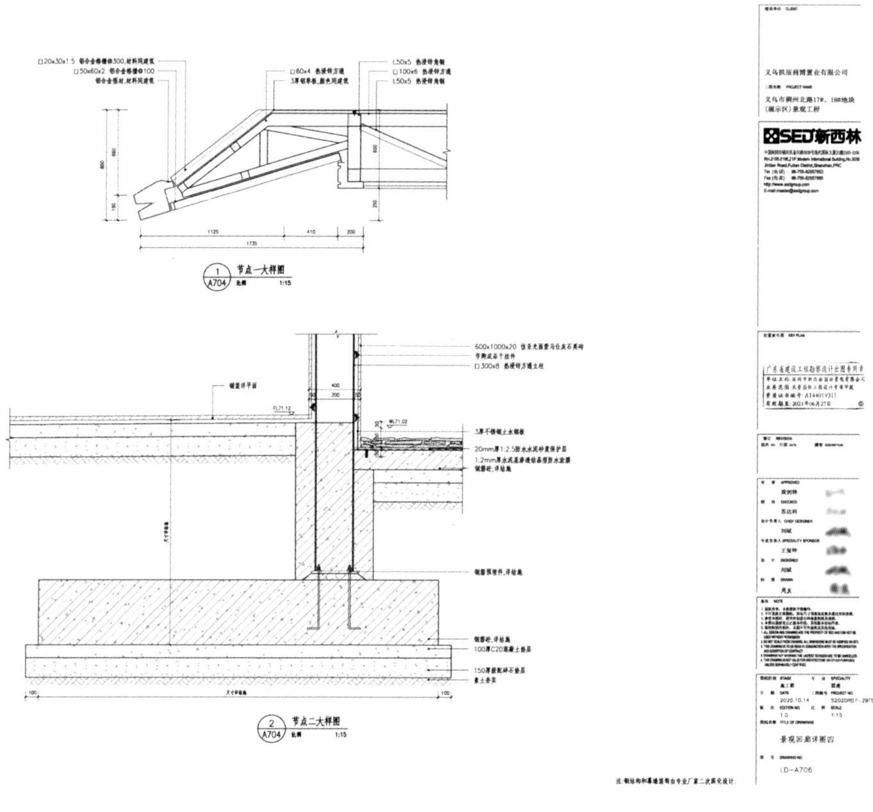

义乌拱辰商博置业有限公司
SED新西林
节点一大样图
节点二大样图
景观回廊详图四
LD-A706


景观规划设计

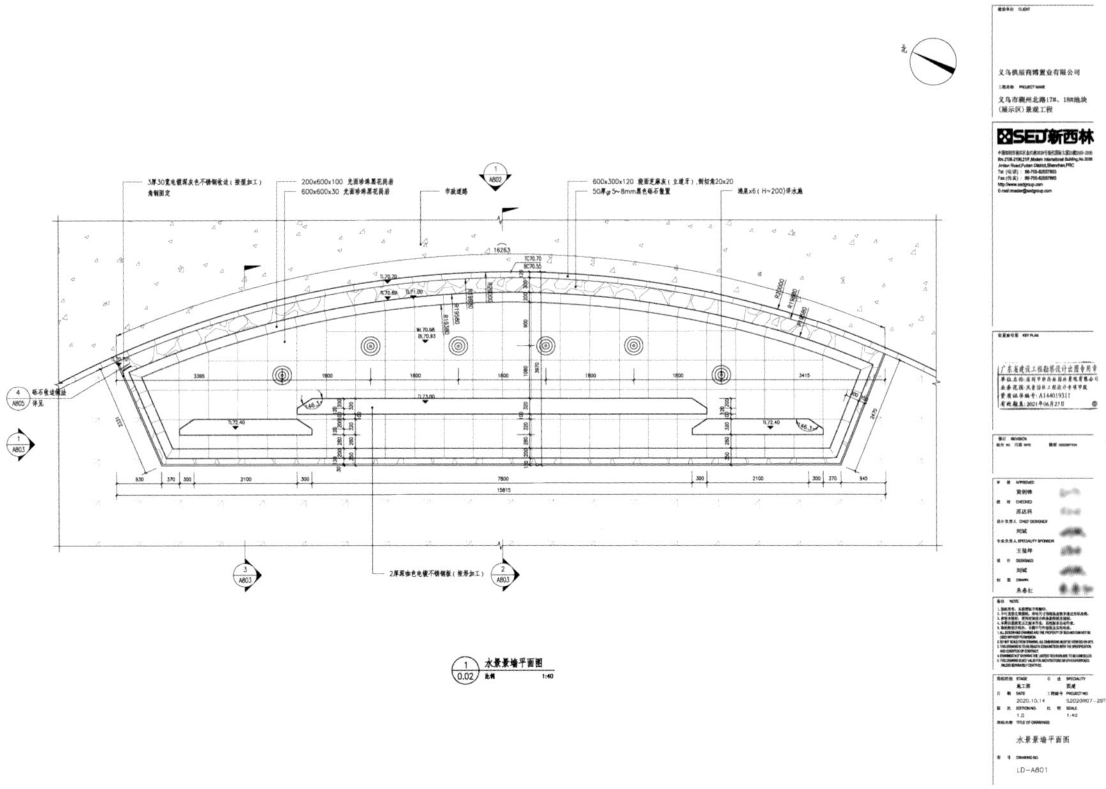

水景景墙平面图
LD-A801


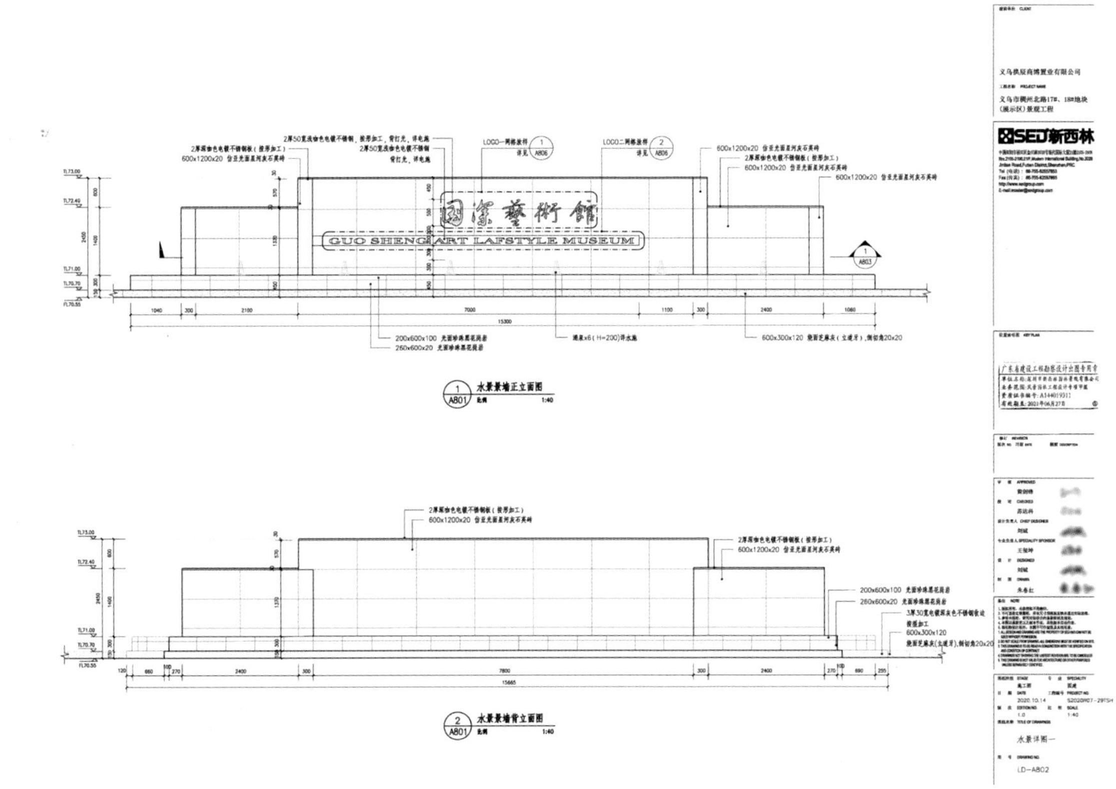

GUO SHENG ART LAFSTYLE MUSEUM
水景景墙正立面图
水景景墙背立面图
LD-A802

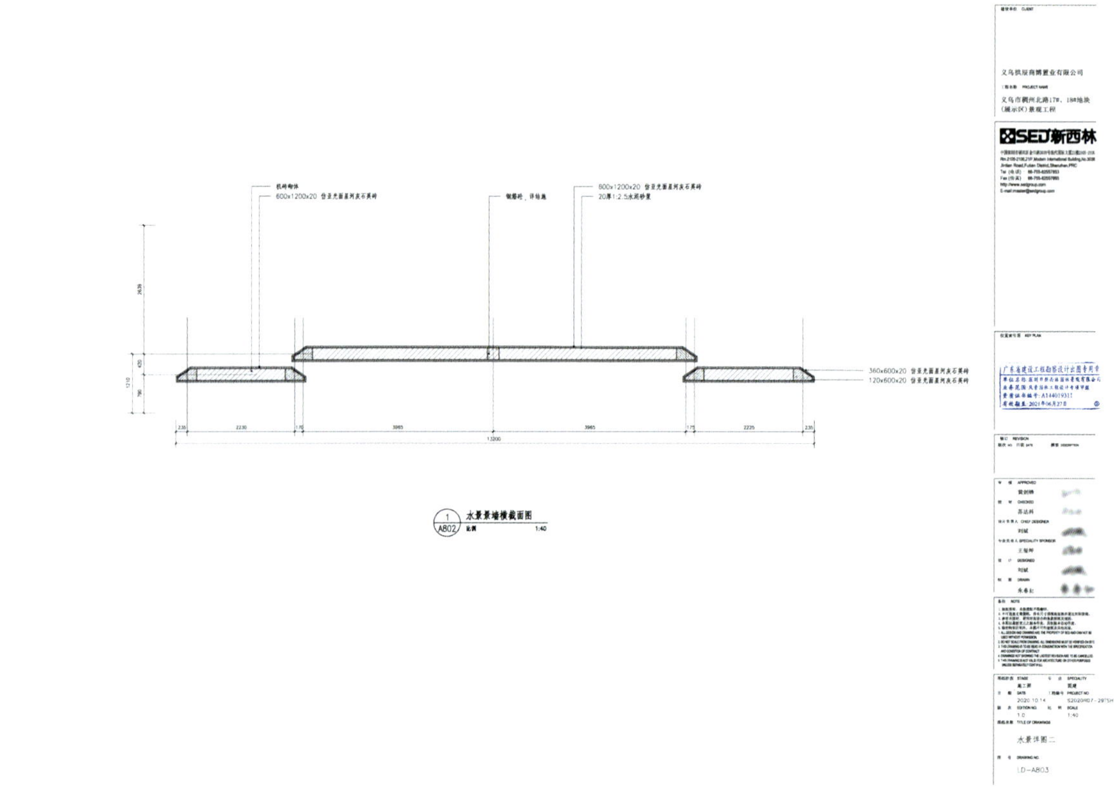
义乌凯琛商博置业有限公司
义乌市稠州北路17#、18#地块（展示区）景观工程
SED新西林
水景景墙横截面图
水景详图二
LD-A803

景观规划设计

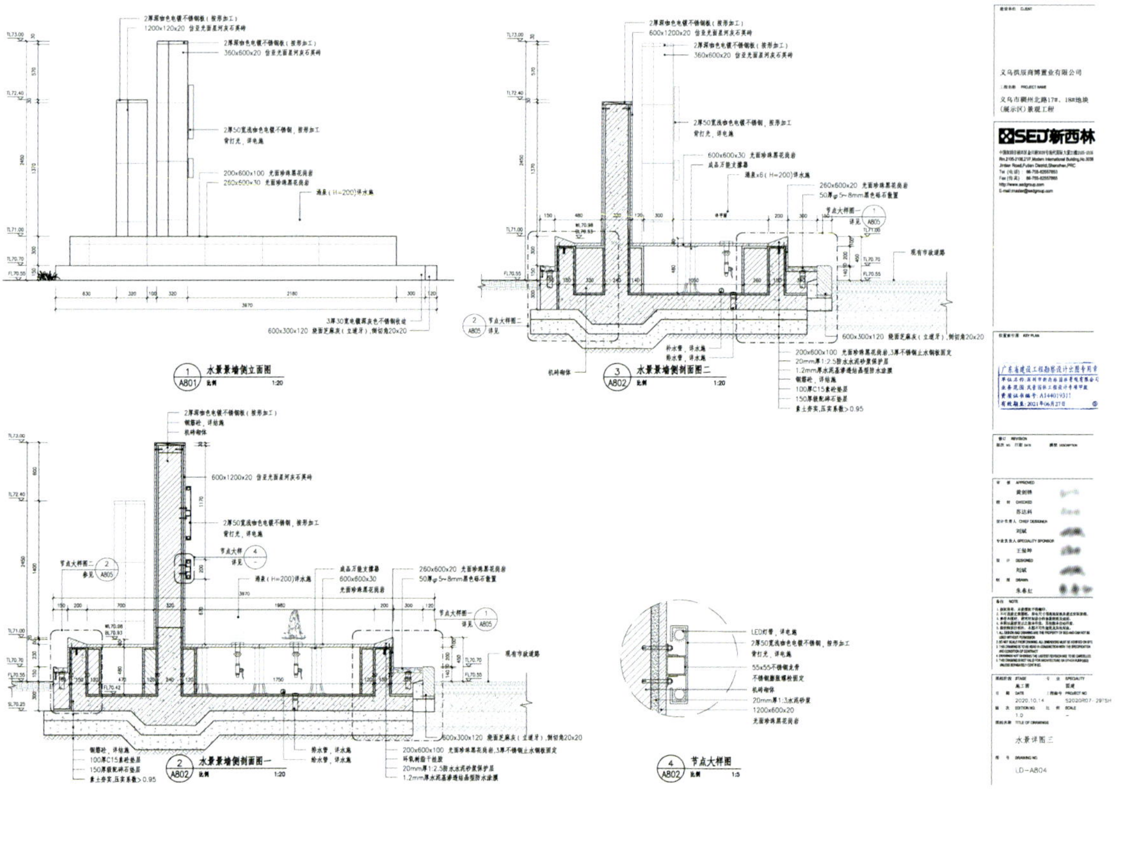
义乌凯琛商博置业有限公司
义乌市稠州北路17#、18#地块（展示区）景观工程
SED新西林
水景景墙侧立面图
水景景墙侧剖面图二
水景景墙侧剖面图一
节点大样图
水景详图三
LD-A804

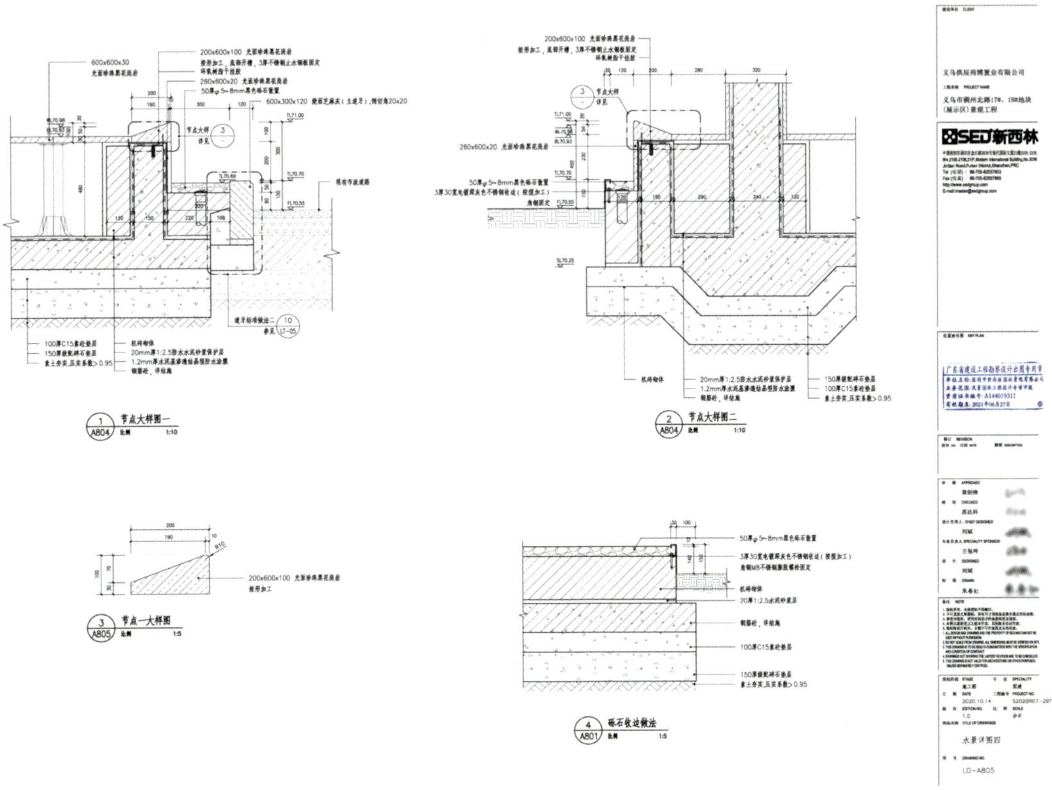

节点大样图一
节点大样图二
节点一大样图
砾石收边做法
水景详图四
LD-A805


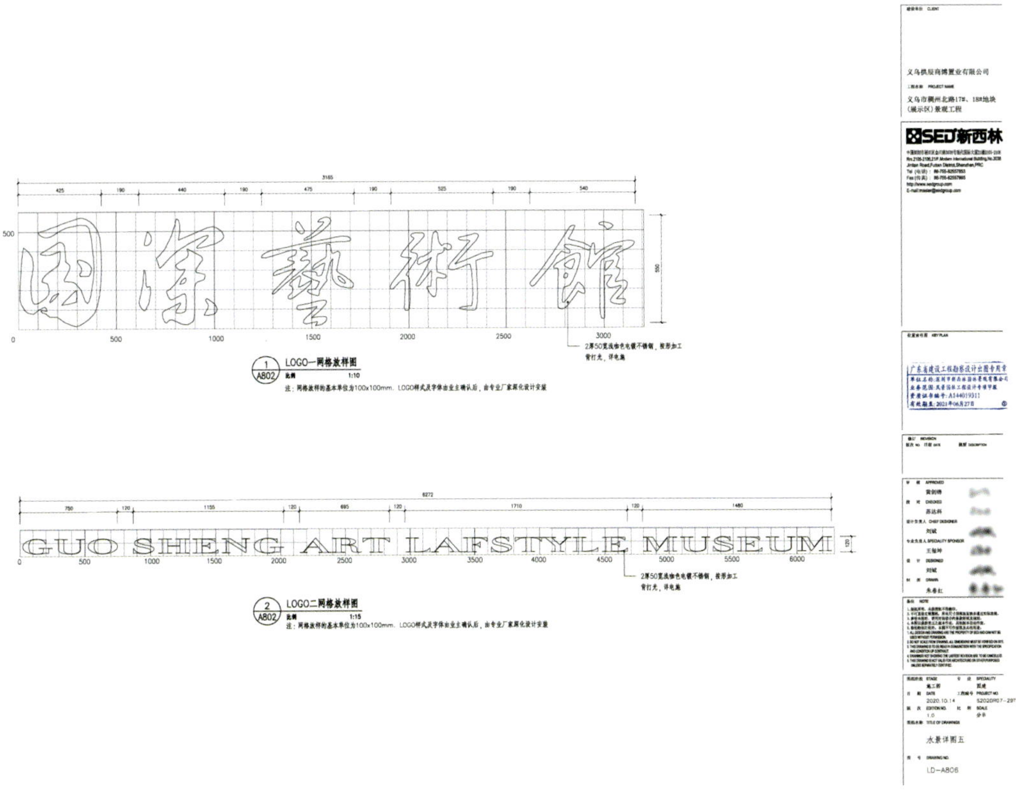

LOGO一网格放样图
LOGO二网格放样图
GUO SHENG ART LAFSTYLE MUSEUM
水景详图五
LD-A806

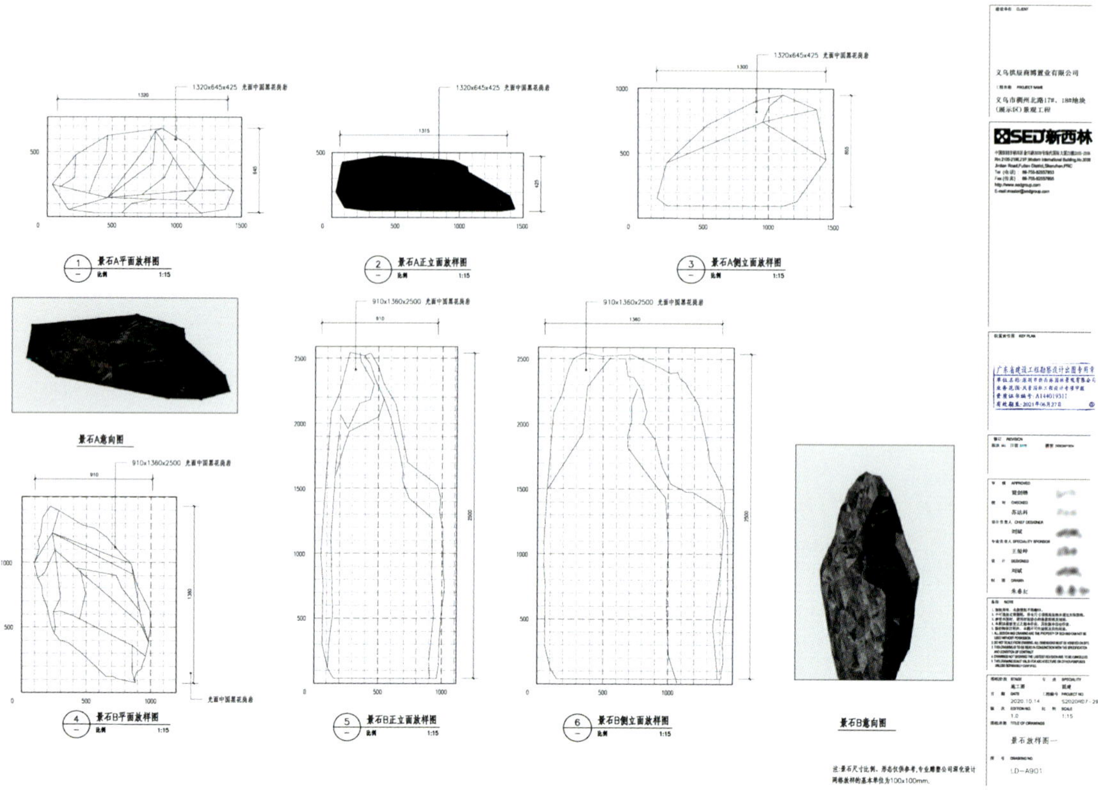
1320x645x425 光面中国黑花岗岩
景石A平面放样图
比例 1:15
景石A正立面放样图
比例 1:15
景石A侧立面放样图
比例 1:15
景石A意向图
910x1360x2500 光面中国黑花岗岩
景石B平面放样图
比例 1:15
景石B正立面放样图
比例 1:15
景石B侧立面放样图
比例 1:15
景石B意向图
注:景石尺寸比例、形态仅供参考,专业雕塑公司深化设计
网格放样的基本单位为100x100mm.
义乌抓岩商博置业有限公司
义乌市稠州北路17#、18#地块
(展示区)景观工程
SED新西林
施工图
园建
2020.10.14
S2020RD7-291SH
1.0
1:15
景石放样图一
LD-A901

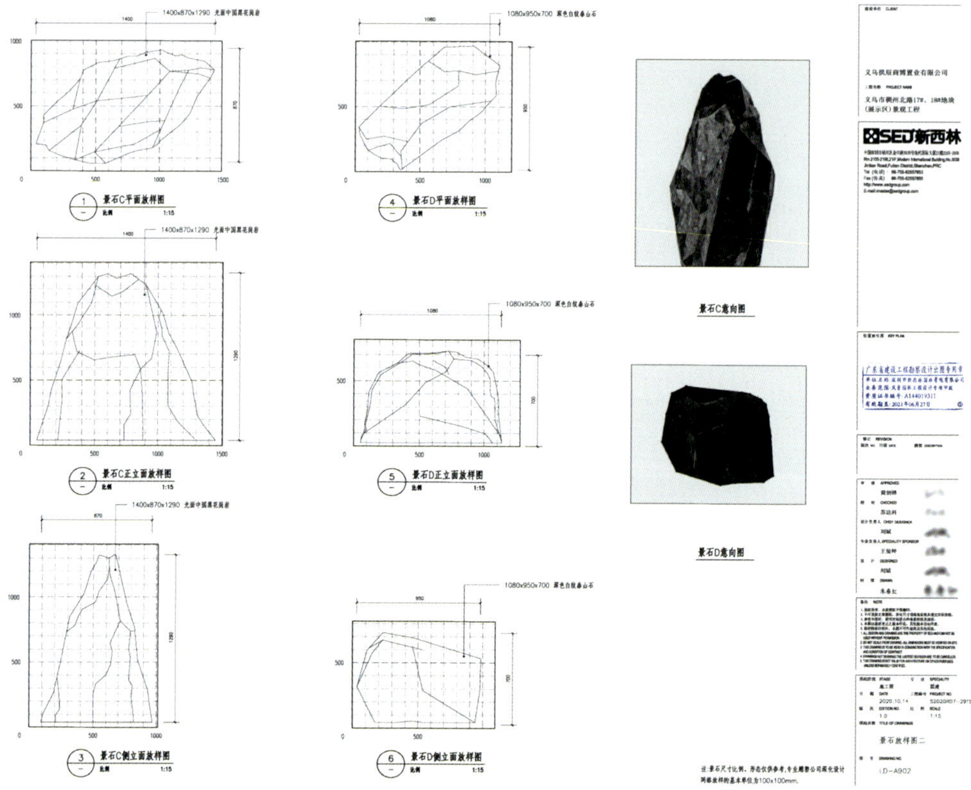
1400x870x1290 光面中国黑花岗岩
景石C平面放样图
比例 1:15
景石C正立面放样图
比例 1:15
景石C侧立面放样图
比例 1:15
景石C意向图
1080x950x700 黑色自然泰山石
景石D平面放样图
比例 1:15
景石D正立面放样图
比例 1:15
景石D侧立面放样图
比例 1:15
景石D意向图
注:景石尺寸比例、形态仅供参考,专业雕塑公司深化设计
网格放样的基本单位为100x100mm.
义乌抓岩商博置业有限公司
义乌市稠州北路17#、18#地块
(展示区)景观工程
SED新西林
施工图
园建
2020.10.14
S2020RD7-291SH
1.0
1:15
景石放样图二
LD-A902

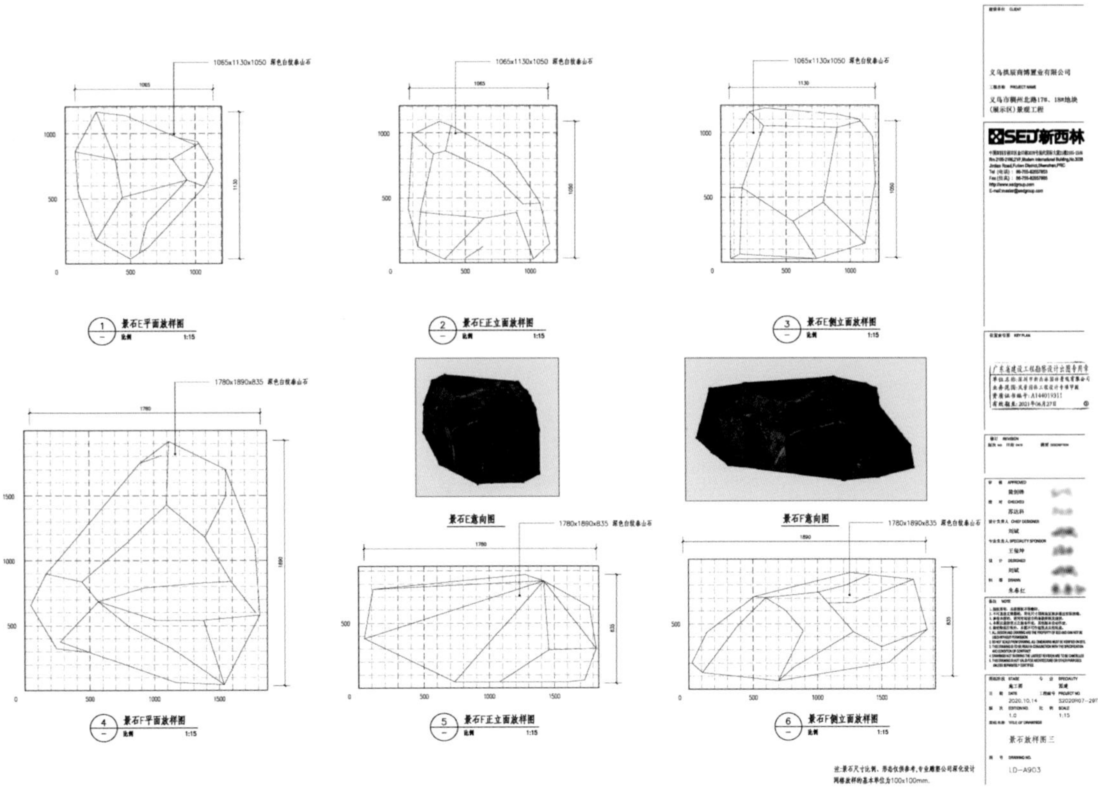
1065x1130x1050 原色白纹泰山石
景石E平面放样图
比例 1:15
景石E正立面放样图
比例 1:15
景石E侧立面放样图
比例 1:15
1780x1890x835 原色白纹泰山石
景石F平面放样图
比例 1:15
景石E意向图
景石F意向图
景石F正立面放样图
比例 1:15
景石F侧立面放样图
比例 1:15
注:景石尺寸比例、形态仅供参考,专业雕塑公司深化设计
网格放样的基本单位为100x100mm。
义乌抚辰商博置业有限公司
义乌市稠州北路17#、18#地块(展示区)景观工程
SED新西林
2020.10.14
景石放样图三
LD-A903

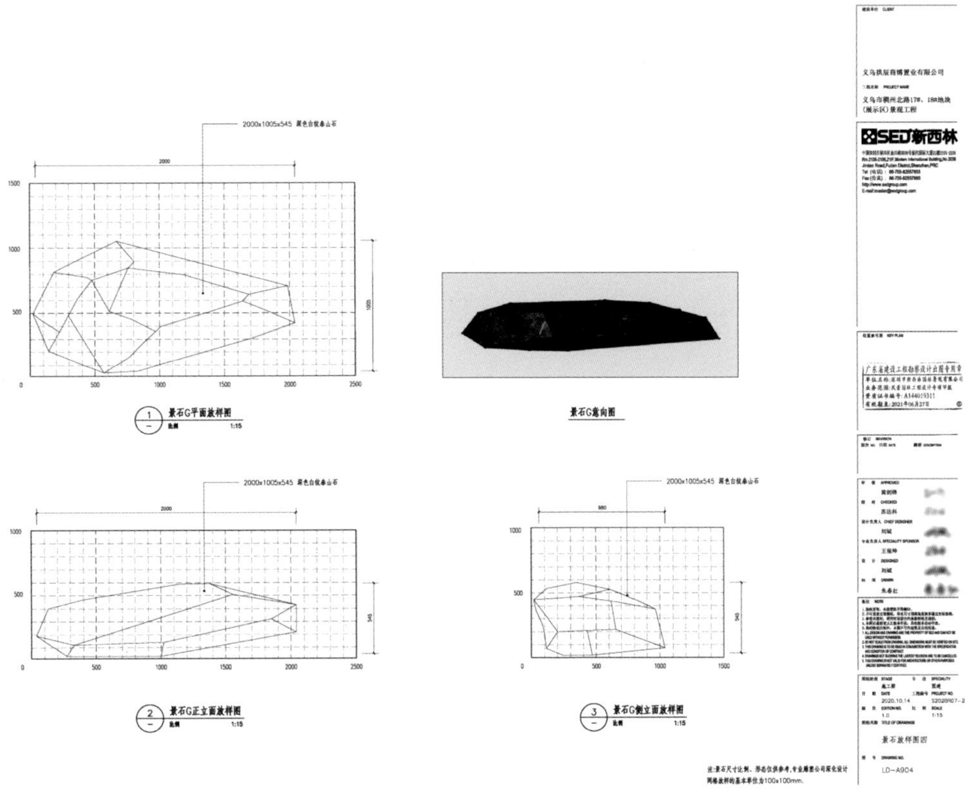
2000x1005x545 原色白纹泰山石
景石G平面放样图
比例 1:15
景石G意向图
景石G正立面放样图
比例 1:15
景石G侧立面放样图
比例 1:15
注:景石尺寸比例、形态仅供参考,专业雕塑公司深化设计
网格放样的基本单位为100x100mm。
义乌抚辰商博置业有限公司
义乌市稠州北路17#、18#地块(展示区)景观工程
SED新西林
2020.10.14
景石放样图四
LD-A904

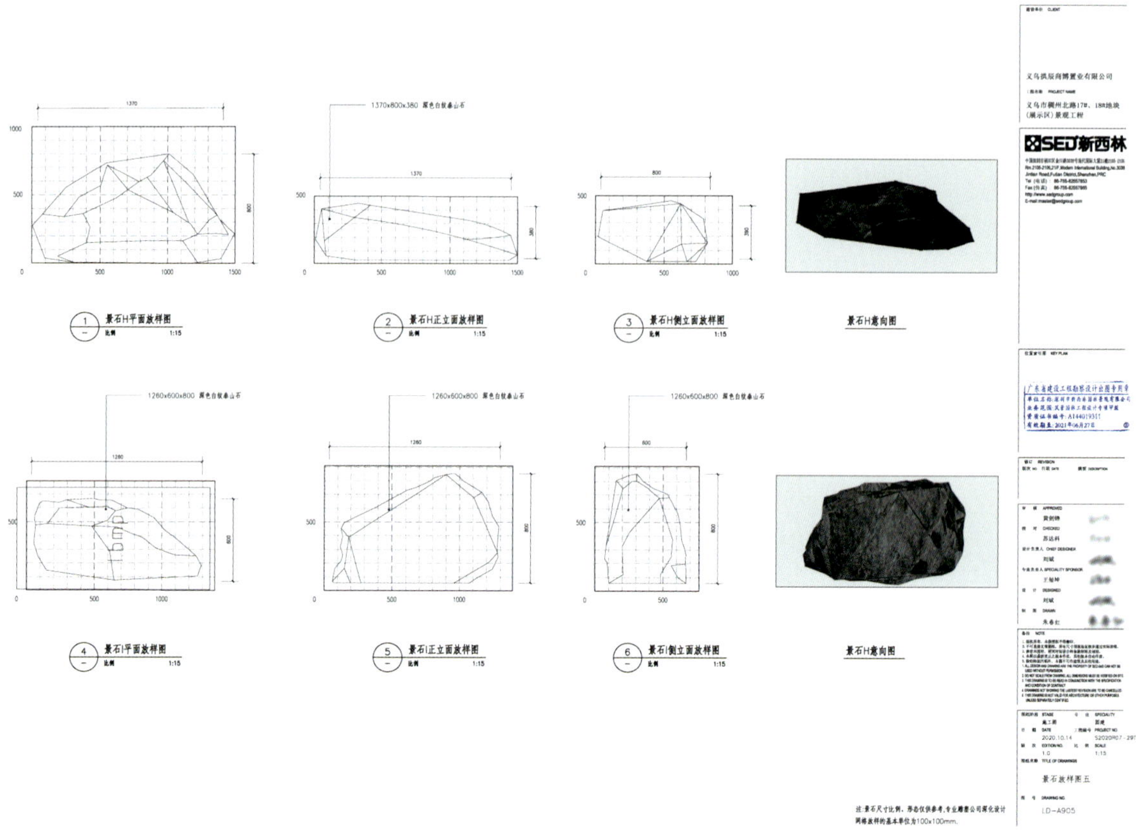

1370x800x380 深色白纹泰山石
1260x600x800 深色白纹泰山石
1 景石H平面放样图 比例 1:15
2 景石H正立面放样图 比例 1:15
3 景石H侧立面放样图 比例 1:15
景石H意向图
4 景石I平面放样图 比例 1:15
5 景石I正立面放样图 比例 1:15
6 景石I侧立面放样图 比例 1:15
景石H意向图
注:景石尺寸比例、形态仅供参考,专业雕塑公司深化设计
网格放样的基本单位为100x100mm。
义乌抓辰向博置业有限公司
义乌市稠州北路17#、18#地块(展示区)景观工程
SEJ新西林
2020.10.14
景石放样图五
LD-A905


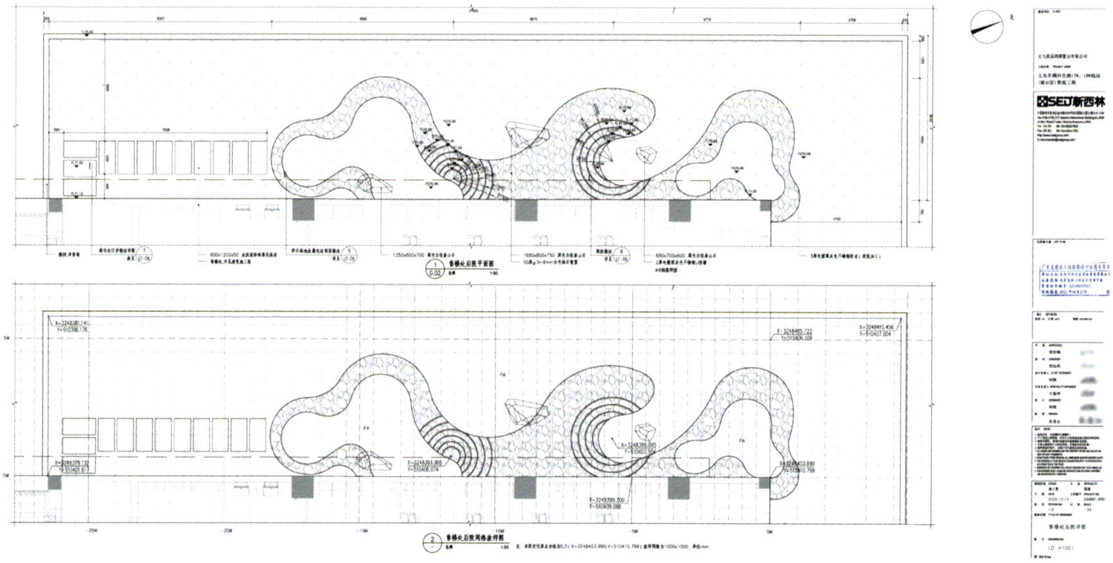

1 售楼处后院平面图
2 售楼处后院网格放样图
LD-A1001

**3. 水电**

# 义乌市稠州北路17#、18#地块

## (展示区)景观工程设计施工图图纸

SED®新西林

风景园林工程设计专项甲级　证书编号：

微信公众号

2020年10月（1.0版）

水电



图纸目录

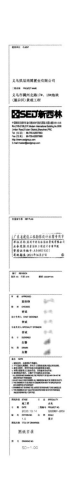

| 序号 | 图号 | 图纸名称 | 图幅 | 备注 |
|---|---|---|---|---|
| 01 | SD-1.00 | 目录 | A2 | |
| 给排水部分 | | | | |
| 02 | SS-1.01 | 景观给排水设计说明 | A2 | |
| 03 | SS-1.02 | 景观给排水材料设备大样图 | A2 | |
| 04 | SS-2.01 | 园林给水平面图 | A1 | |
| 05 | SS-3.01 | 园林排水平面图 | A1 | |
| 06 | SS-4.01 | 水景一 | A2 | |
| 07 | SS-4.02 | 水景二 | A2 | |
| 08 | SS-4.03 | 水景三 | A2 | |
| 09 | SS-4.04 | 水景四 | A2 | |
| 10 | SS-4.05 | 水景五 | A2 | |
| 11 | SS-4.06 | 水景六 | A2 | |
| 12 | SS-5.01 | 雾效布置平面图 | A1 | |
| 13 | SS-5.02 | 雾效安装大样图 | A1 | |
| | | | | |
| 电气部分 | | | | |
| 01 | DS-1.01 | 园林照明电气设计说明 | A2 | |
| 02 | DS-1.02 | 园林灯具选型参考图 | A2 | |
| 03 | DS-1.03 | 园林灯具安装示意图 | A2 | |
| 04 | DS-1.04 | 园林照明、水泵控制原理图 | A2 | |
| 05 | DS-1.05 | 园林照明配电箱AL1系统图 | A1 | |
| 06 | DS-2.01 | 园林照明线路平面图 | A1 | |
| | | | | |
| | | | | |
| | | | | |
| | | | | |

建设单位 CLIENT

义乌拱辰商博置业有限公司

工程名称 PROJECT NAME

义乌市稠州北路17#、18#地块(展示区)景观工程

SED新西林

Tel　86-755-82657853

Fax　86-755-82657865

http://www.sedgroup.com

E-mail:master@sedgroup.com

位置索引图 KEY PLAN

广东省建设工程勘察设计出图专用章

单位名称：深圳市新西林园林景观有限公司

业务范围：风景园林工程设计专项甲级

资质证书编号：A144019311

有效期至：2021年06月27日

修订 REVISION

审核 APPROVED

校对 CHECKED

设计负责人 CHIEF DESIGNER

专业负责人 SPECIALITY SPONSOR

设计 DESIGNED

制图 DRAWN

备注 NOTE

图纸阶段 STAGE　施工图　专业 SPECIALITY　水电

日期 DATE　2020.10.14　工程编号 PROJECT NO.

版次 EDITION NO.　1.0　比例 SCALE　图示

图纸名称 TITLE OF DRAWINGS

图纸目录

图号 DRAWING NO.

SD-1.00

# 景观给排水设计说明

一、设计概况

本工程位于 义乌市

二、设计依据

| | |
|---|---|
| 《建筑给水排水设计规范》 | GB50015-2003(2009年版) |
| 《室外给水设计规范》 | GB50013-2006 |
| 《室外排水设计规范》 | GB50014-2006(2016年版) |
| 《建筑给水塑料管道工程技术规程》 | CJJ/T 29-2010 |
| 《建筑排水塑料管道工程技术规程》 | CJJ/T 98-2014 |

全国民用建筑工程设计技术措施（给排水）2009版相关专业提供的图纸文件

三、设计范围

3.1. 本设计范围包括红线以内景观的给水排水等管道系统。

3.2. 工程总水表井给水预留点后的景观给水和景观排水为本次设计。

四、管道系统

4.1. 景观给水系统：景观给水管网供水的最小压力为0.25MPa，由园区景观供水干管引来，接驳点由甲方自定。景观日用水量按 2L/m² 收计。

4.2. 景观排水系统：园区草地的排水采用1%地面放坡方式排入雨水口（雨水沟），园路及园区广场设雨水口收集雨水，排入园区雨水管道。

五、一般设计施工说明

5.1. 图中所注尺寸除管长、距离、标高以米（m）计外，其余以毫米（mm）计。

5.2. 本图所注管道标高：给水、压力排水管等压力管指管中心，雨水、污水、泄水管等重力流管道指管内底。

5.3. 给水管道：

（1）设水表井一座，水表井水表后安装倒流防止器。

（2）景观给水管采用PPR给水管，管道公称压力为1.0MPa。

（3）绿化取水器采用人工快速取水器DN20，间距为30~40米，或如图所示，管径如图所示，立管管径为DN20。

（4）水池补水由景观给水管提供。

5.4. 排水管道：雨水口（雨水沟）与雨水井连接管为DN200坡度1%，或如图所示。

景观排水雨水排水管为UPVC双壁波纹管，承插连接，双壁波纹管为环刚度8KN/m² 就近连接于园区雨水管道。

5.5. 阀门及附件

（1）景观给水管上采用PPR或铜心铁壳阀门，工作压力为1.0MPa。

5.6. 管道敷设

5.6.1. 各种管道在施工前，应对施工点进行标高实测复测，如与施工图标高不一致，应通知设计方进行调整后，方可施工。管道穿钢筋混凝土墙，应根据图中管道位置配合土建工种预留孔洞或预埋套管，管道穿水池壁时，应预埋防水套管。

5.6.2. 给水管

（1）给水管转弯处利用组合弯头，当弯管等管件不能完成弯转角度要求时，可在直线管段利用管道承插口偏转进行调整，但承插口的最大偏转角不得大于1°，以保证接口的严密性。

（2）当给水管敷设在污水管的下面时，应采用钢管或钢套管，套管伸出交叉管的长度每边不得小于3.0m，套管两端应采用防水材料封闭。

（3）当给水管敷设穿过车行道时，应采用钢管或大二级的钢保护套管。

5.6.3. 排水管

（1）排水管道的铺设不得出现无坡、倒坡现象。

（2）两检查井之间的管段的坡度应一致，如有困难时，后段坡度不应小于前段管道坡度。

（3）排水管道转弯和交汇处，应保证水流转角等于和大于90°，但当管径小于300mm，且跌水高度大于0.30m时，可不受此限制。

5.6.4. 管道坡度

（1）排水管道除图中注明外，均按下列坡度安装：

| 管径 mm | DN50 | DN75 | DN100 | DN150 | DN200 |
|---|---|---|---|---|---|
| 雨水管标准坡度 | — | — | 0.02 | 0.01 | 0.008 |

5.6.5. 管道连接

（1）阀门安装时应将手柄留在易于操作处。

（2）水泵、设备等基础螺栓孔位置，以到货的实际尺寸和设备说明为准。

5.6.6. 管道基础

（1）如为未经扰动的原状土层，则天然地基进行夯实达到95%。

（2）如为回填土应分层夯实达到95%后再垫砂，砂层厚度为300mm。

（3）如为岩石或多石层，则在岩石或多石地铺设150mm厚砂石垫层。

（4）如为软弱土则应更换土壤或铺2.5~3.0m钢混凝土枕基。

（5）砂石基础的夯实系数按国标04S516要求施工，回填土密实度按《给水排水管道工程施工及验收规范》GB50268-2008规定施工。

（6）室外给水排水管道埋深车行道下不低于0.70米，其他不低于0.50米，否则，应采取保护措施。

（7）雨水口覆一般为0.90m，绿地下不小于0.70m。

5.6.7. 阀门井和检查井

（1）排水管管径≤300mm时，采用Φ700mm砖砌直筒型检查井。

（2）单侧或双侧有接入管，管径≤400mm时，采用Φ1000mm砖砌检查井。

（3）跌水井采用竖管式砖砌铰口式跌水井。

（4）给水、排水阀门井采用砖砌式铰口式阀门井。

5.6.8. 管槽回填土

（1）管顶上部500mm以内，不得回填块石、碎石砖、冻土块，500mm以上不得集中回填块石、碎砖、冻土块。

（2）沟槽内的回填土应分层夯实，机械夯实不大于300mm，人工夯实时，不大于200mm。

（3）管道接口处的回填土应仔细夯实，不得扰动管道的接口。

5.6.9. 给排水构筑物

（1）景观水表井按国标05S502《室外水表井及安装图（无旁通管有止回阀）》进行。

（2）雨水口设于有道牙的路面时采用边沟式雨水口，而设于无道牙的路面时采用平箅式雨水口。

（3）在车行道上的所有检查井、阀门井井盖、井座均采用重型球墨铸铁单层井盖和井座，人行道下和绿化带的井盖、井座采用轻型球墨铸铁单层井盖井座、井座。

（4）在路面上的井盖，上表面应同路面相平，无路面井盖应高出室外设计标高50mm，并应在井口周围以0.02的坡度向外做护坡。

5.6.10. 管道防腐：热镀锌钢管、焊接钢管埋地敷设时，管外壁刷冷底子油一道，石油沥青二道，当埋于腐蚀性土壤或焦渣层内时，应做加强防腐：在管外壁刷冷底子油一道，石油沥青一道，玻璃布一层，冷底子油一道，石油沥青一道，总厚度不大于6mm。

5.6.11. 管道试压

（1）景观水泵出水管试验压力为1.3MPa，其余给水管试验压力为0.9MPa，试压方法应按《给水排水管道工程施工及验收规范》GB50268-2008第10.2.10条及第10.2.13条之规定执行。

（2）室外排水管的试验，应按《给水排水管道工程施工及验收规范》GB50268-2008第10.3.1条及第10.3.6条之规定执行。

（3）污水及雨水的立管、横干管，还应按《建筑给水排水及采暖工程施工质量验收规范》GB50242-2002的要求做通球试验。

（4）水压试验的试验压力表应位于系统或试验部分的最低部位。

5.6.12. 其它

（1）本工程的给水排水全部管材及其附件必须是国家合格的产品。

（2）施工中应与土建公司和其它专业公司密切合作，及时预留孔洞及预埋套管，以防碰撞和返工。

（3）本设计施工说明与图纸具有同等效力，二者有矛盾时，业主及施工单位应及时提出，并以设计单位解释或图纸变更为准。

（4）除以上说明外，还应遵照《建筑给水排水及采暖工程施工质量验收规范》GB50242-2002及《给水排水管道工程施工及验收规范》GB50268-2008的要求进行施工，《给水排水构筑物施工及验收规范》GB50141-2002施工。

（5）水景系统须做等电位接地处理（含给排水系统），做法国家图集02D501-2《等电位联结安装》。

（6）本设计施工说明是一个一般性的景观给排水设计施工说明，有些条款内容对于本工程为多出条款，本工程施工可不与考虑。若本工程中有超出本说明条款，会在平面图中补充说明。

附：

给水管公称直径DN与外径de(Φ) 换算表

单位：mm

| 公称直径 | DN | 10 | 15 | 20 | 25 | 32 | 40 | 50 | 65 | 80 | 100 | 125 | 150 |
|---|---|---|---|---|---|---|---|---|---|---|---|---|---|
| 塑料给水管外径 | de | | 20 | 25 | 32 | 40 | 50 | 63 | 75 | 90 | 110 | | 160 |
| 不锈钢给水管外径 | Φ | 12 | 15.9 | 20 | 25.4 | 31.8 | 38.1 | 50.8 | 63.5 | 76.2 | 101.6 | 133 | 159 |

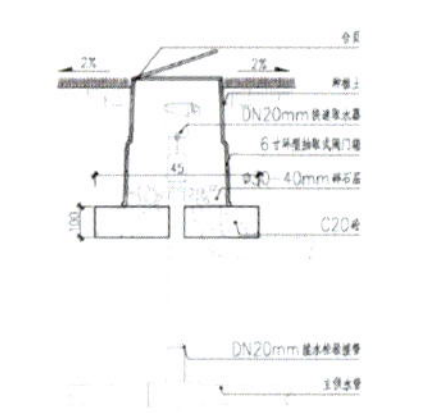


1 绿化灌溉管道节点大样图

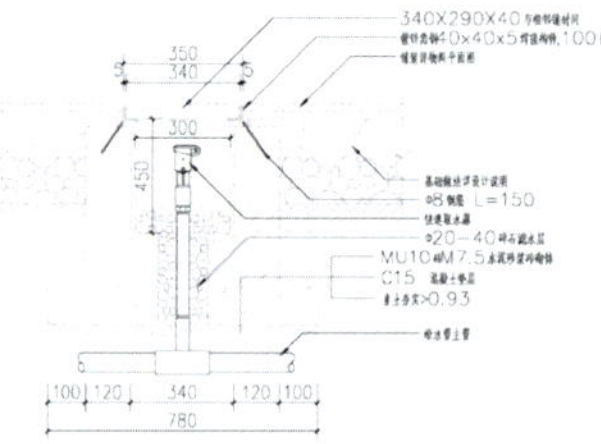


2 硬质灌溉管道节点大样图

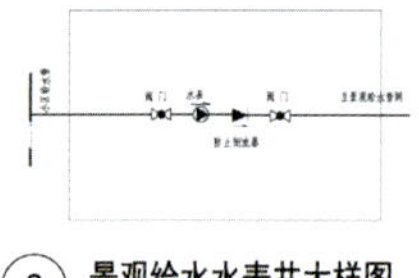

3 景观给水水表井大样图

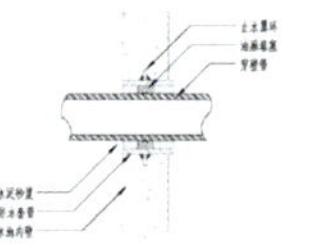

4 水池穿壁管安装大样图

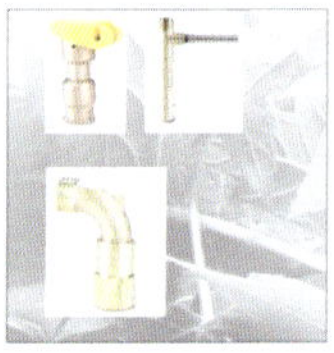

5 给水快速取水器示意图

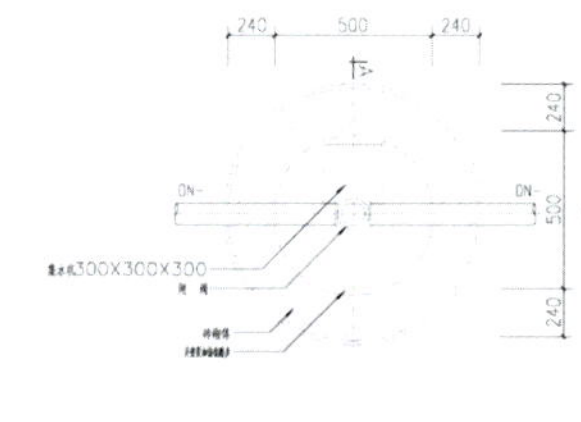


6 水景给水阀门井平面图

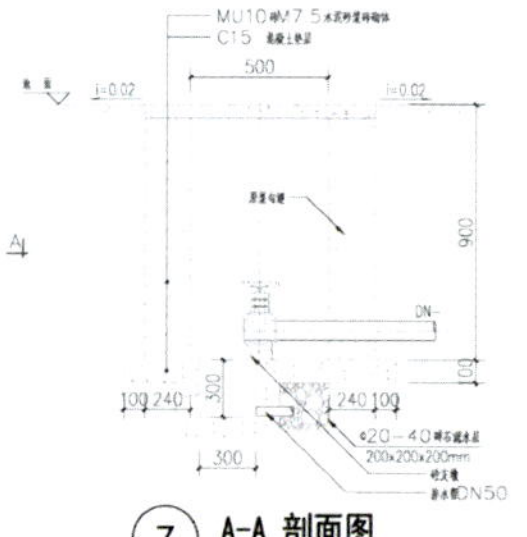


7 A-A 剖面图

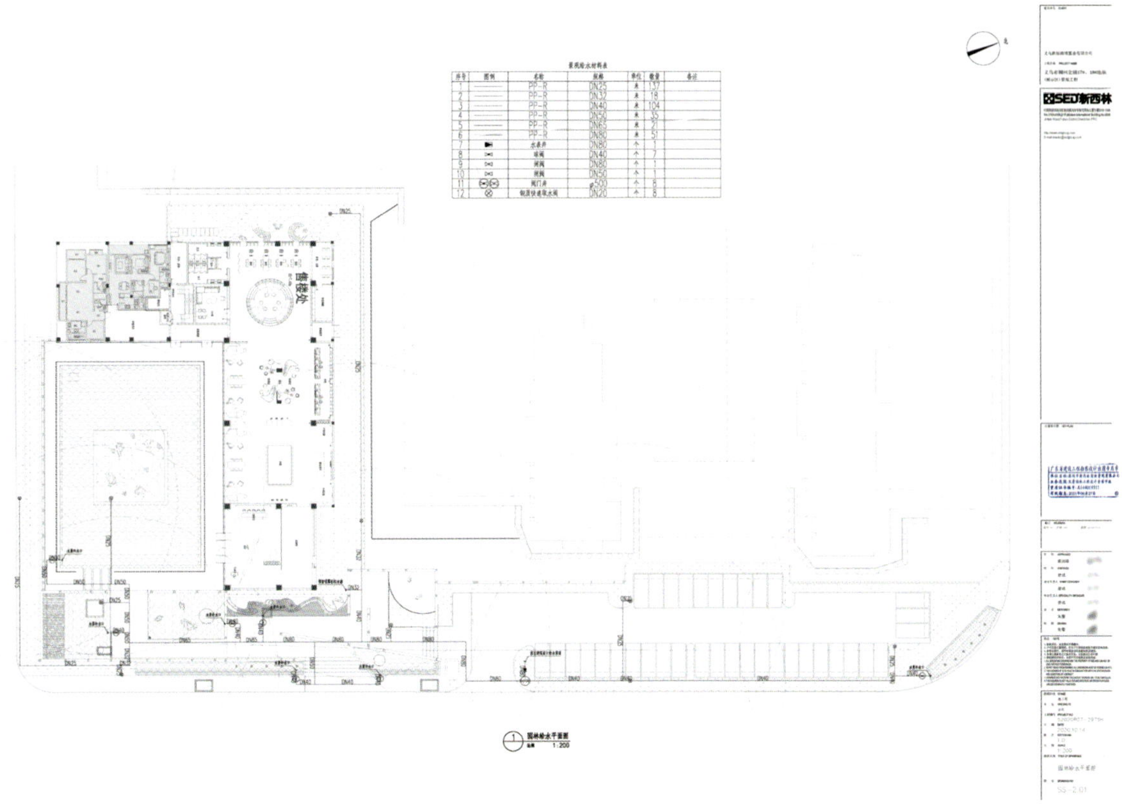

景观给水材料表

| 序号 | 图例 | 名称 | 规格 | 单位 | 数量 | 备注 |
|---|---|---|---|---|---|---|
| 1 | | PP-R | DN25 | 米 | 137 | |
| 2 | | PP-R | DN32 | 米 | 18 | |
| 3 | | PP-R | DN40 | 米 | 104 | |
| 4 | | PP-R | DN50 | 米 | 35 | |
| 5 | | PP-R | DN65 | 米 | 21 | |
| 6 | | PP-R | DN80 | 米 | 51 | |
| 7 | | 水表井 | DN80 | 个 | 1 | |
| 8 | | 球阀 | DN40 | 个 | 7 | |
| 9 | | 闸阀 | DN80 | 个 | 1 | |
| 10 | | 闸阀 | DN50 | 个 | 1 | |
| 11 | | 阀门井 | φ500 | 个 | 8 | |
| 12 | | 铜质快速取水阀 | DN20 | 个 | 8 | |

园林给水平面图 1:200

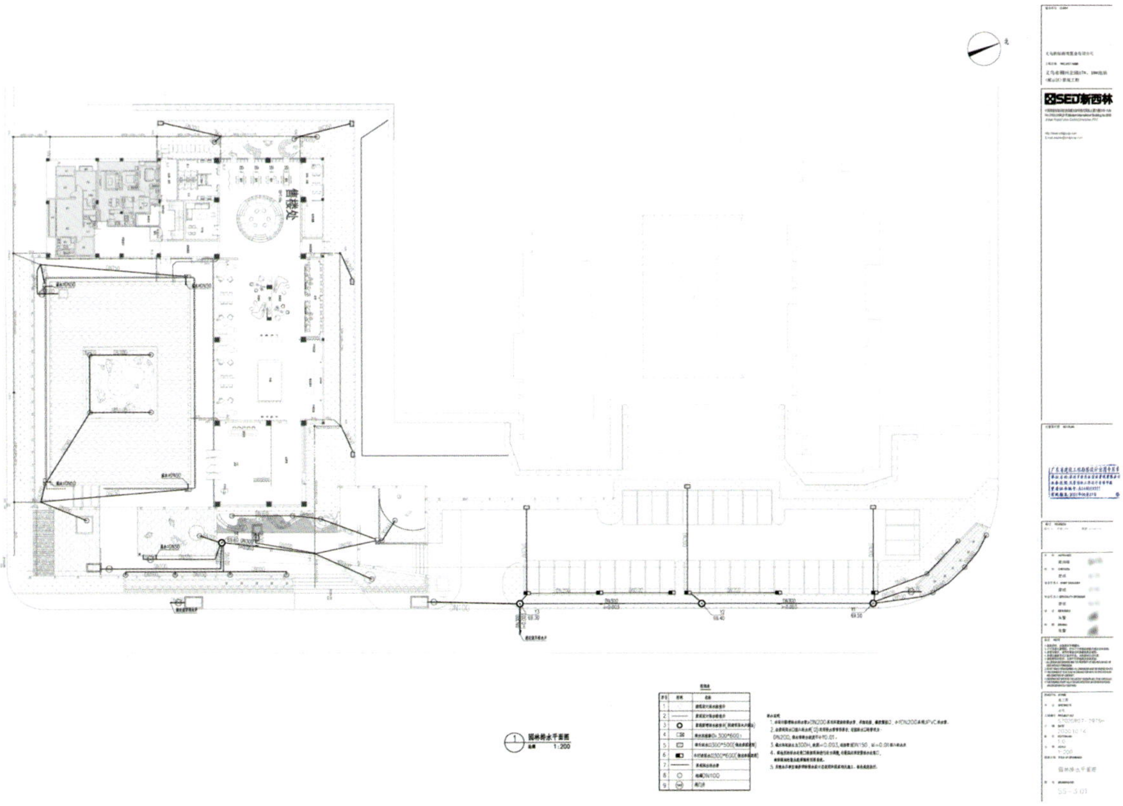

园林排水平面图 1:200

第六章 从方案设计到施工图设计

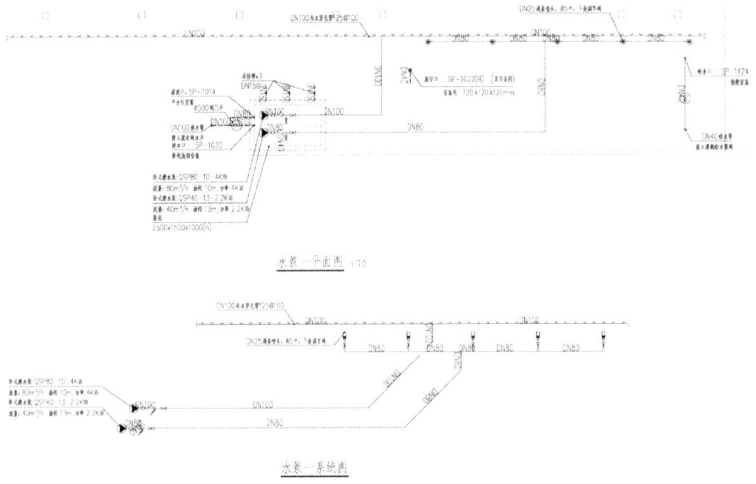

水景一平面图 1:70

水景一系统图

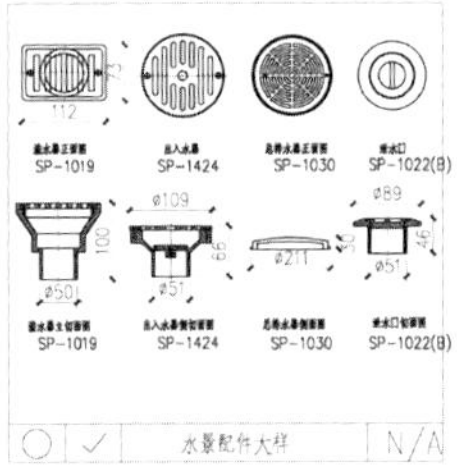


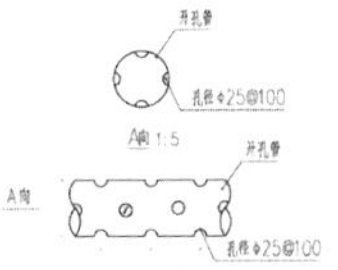

开孔管开孔示意图 1:5

材料表

| 序号 | 图例 | 名称 | 规格 | 单位 | 数量 | 备注 |
|---|---|---|---|---|---|---|
| 1 | —— | UPVC给水管 | | 米 | 据实 | |
| 2 | ------- | 排水PVC-U | | 米 | 据实 | |
| 3 | | 可曲挠橡胶接头单球 | DN100 | 个 | 1 | |
| 4 | | 可曲挠橡胶接头单球 | DN80 | 个 | 1 | |
| 5 | | 止回阀 | DN100 | 个 | 1 | |
| 6 | | 止回阀 | DN80 | 个 | 1 | |
| 7 | | 球阀 | DN40 | 个 | 3 | |
| 8 | | 球阀 | DN25 | 个 | 5 | |
| 9 | | 管堵 | DN100 | 个 | 1 | |
| 10 | | 管堵 | DN40 | 个 | 1 | |
| 11 | | 闸阀 | DN100 | 个 | 2 | |
| 12 | | 闸阀 | DN80 | 个 | 1 | |
| 13 | | 鼓泡(涌泉)喷头 | DN25 | 个 | 5 | |
| 14 | | 水泵 | 详见图纸 | 个 | 2 | |
| 15 | | 清扫口 | DN40 | 个 | 1 | |

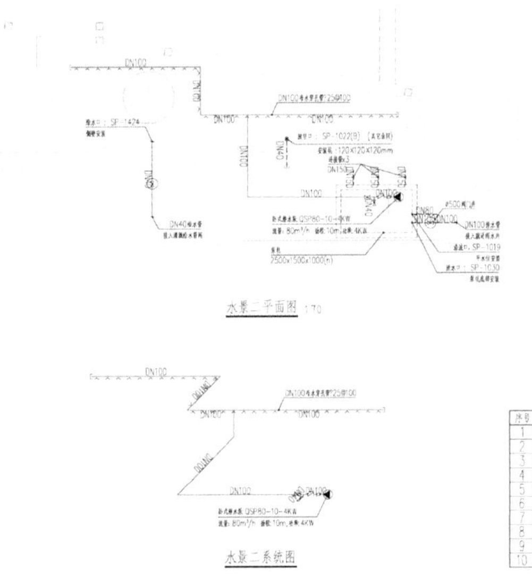

水景二平面图 1:70

水景二系统图

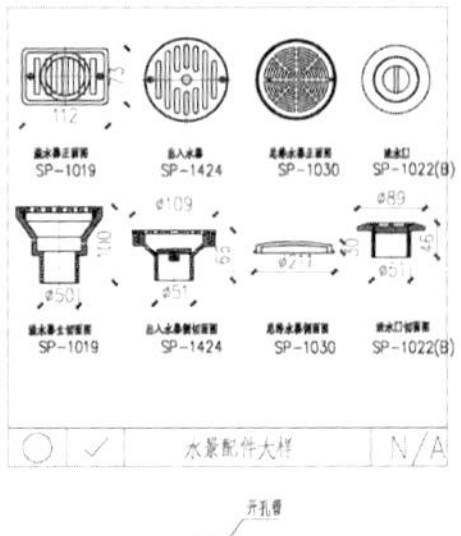


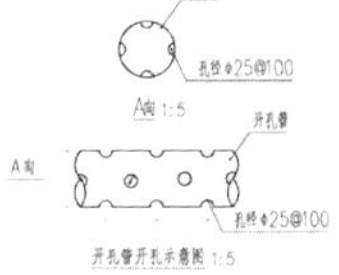

开孔管开孔示意图 1:5

材料表

| 序号 | 图例 | 名称 | 规格 | 单位 | 数量 | 备注 |
|---|---|---|---|---|---|---|
| 1 | ------- | UPVC给水管 | | 米 | 据实 | |
| 2 | ------- | 排水PVC-U | | 米 | 据实 | |
| 3 | | 可曲挠橡胶接头单球 | DN100 | 个 | 1 | |
| 4 | | 止回阀 | DN100 | 个 | 1 | |
| 5 | | 球阀 | DN40 | 个 | 2 | |
| 6 | | 管堵 | DN100 | 个 | 2 | |
| 7 | | 管堵 | DN40 | 个 | 1 | |
| 8 | | 闸阀 | DN100 | 个 | 2 | |
| 9 | | 水泵 | 详见图纸 | 个 | 1 | |
| 10 | | 清扫口 | DN40 | 个 | 1 | |

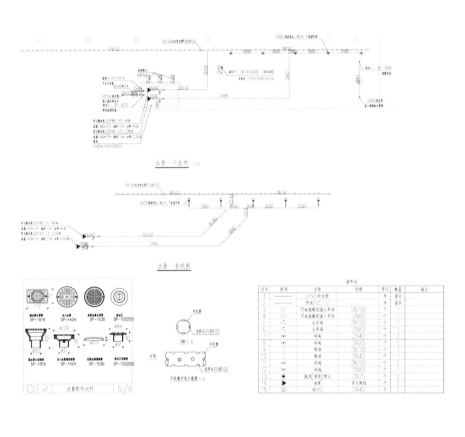

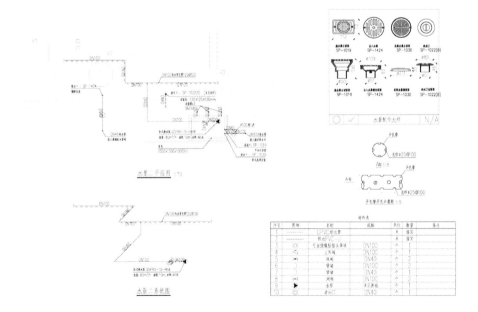

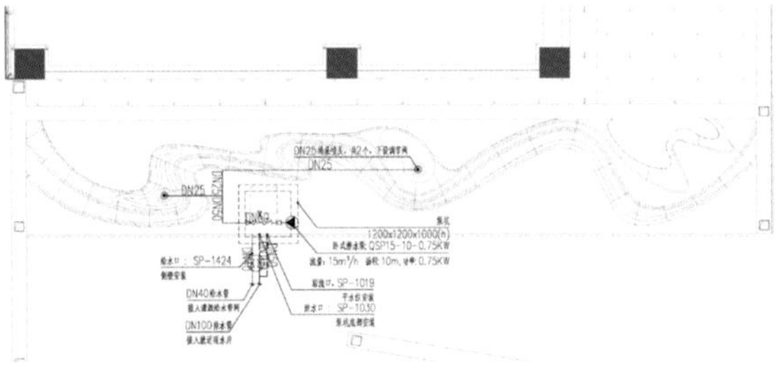


水景三平面图 1:70

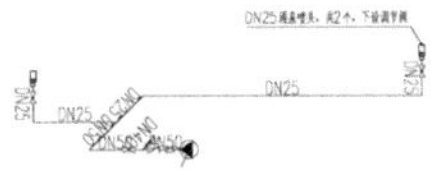


水景三系统图

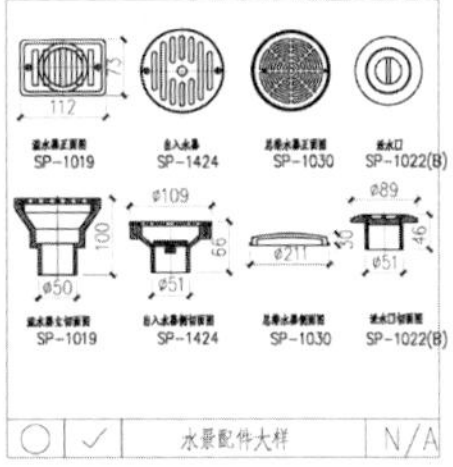


材料表

| 序号 | 图例 | 名称 | 规格 | 单位 | 数量 | 备注 |
|---|---|---|---|---|---|---|
| 1 | —— | UPVC给水管 | | 米 | 据实 | |
| 2 | ------ | 排水PVC-U | | 米 | 据实 | |
| 3 | | 可曲挠橡胶接头单球 | DN50 | 个 | 1 | |
| 4 | | 止回阀 | DN50 | 个 | 1 | |
| 5 | | 球阀 | DN40 | 个 | 2 | |
| 6 | | 球阀 | DN25 | 个 | 2 | |
| 7 | | 闸阀 | DN100 | 个 | 1 | |
| 8 | | 闸阀 | DN50 | 个 | 1 | |
| 9 | | 鼓泡(涌泉)喷头 | DN25 | 个 | 2 | |
| 10 | | 水泵 | 详见图纸 | 个 | 1 | |

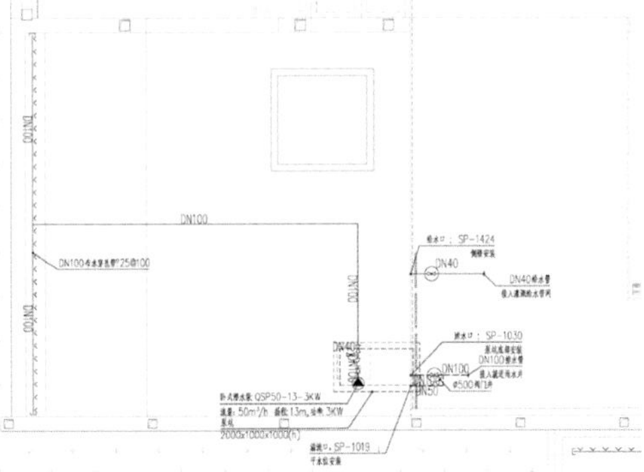


水景四平面图 1:70

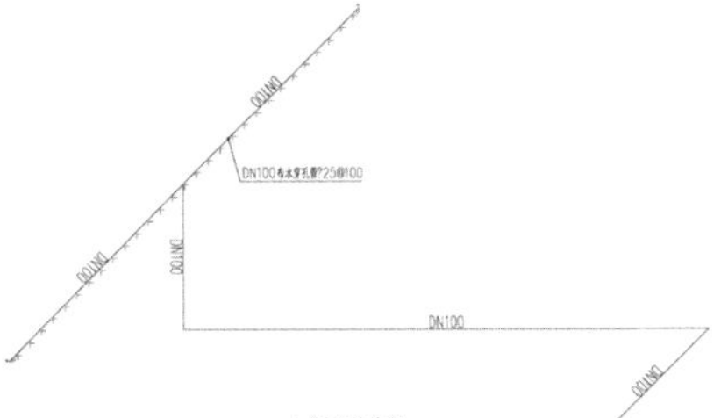


水景四系统图

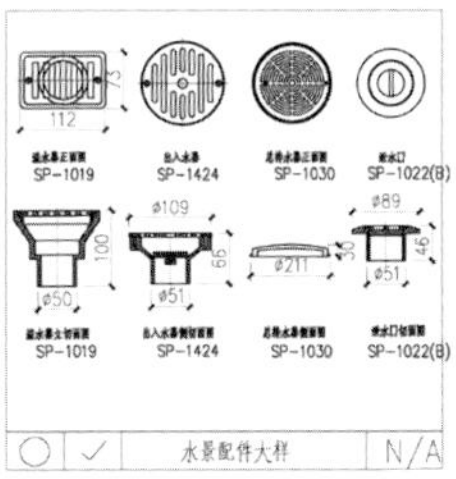


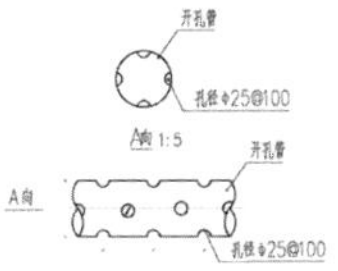


开孔管开孔示意图 1:5

材料表

| 序号 | 图例 | 名称 | 规格 | 单位 | 数量 | 备注 |
|---|---|---|---|---|---|---|
| 1 | —— | UPVC给水管 | | 米 | 据实 | |
| 2 | ------ | 排水PVC-U | | 米 | 据实 | |
| 3 | | 可曲挠橡胶接头单球 | DN100 | 个 | 1 | |
| 4 | | 止回阀 | DN100 | 个 | 1 | |
| 5 | | 球阀 | DN40 | 个 | 2 | |
| 6 | | 管堵 | DN100 | 个 | 2 | |
| 7 | | 管堵 | DN40 | 个 | 1 | |
| 8 | | 闸阀 | DN100 | 个 | 2 | |
| 9 | | 水泵 | 详见图纸 | 个 | 1 | |
| 10 | | 清扫口 | DN40 | 个 | 1 | |

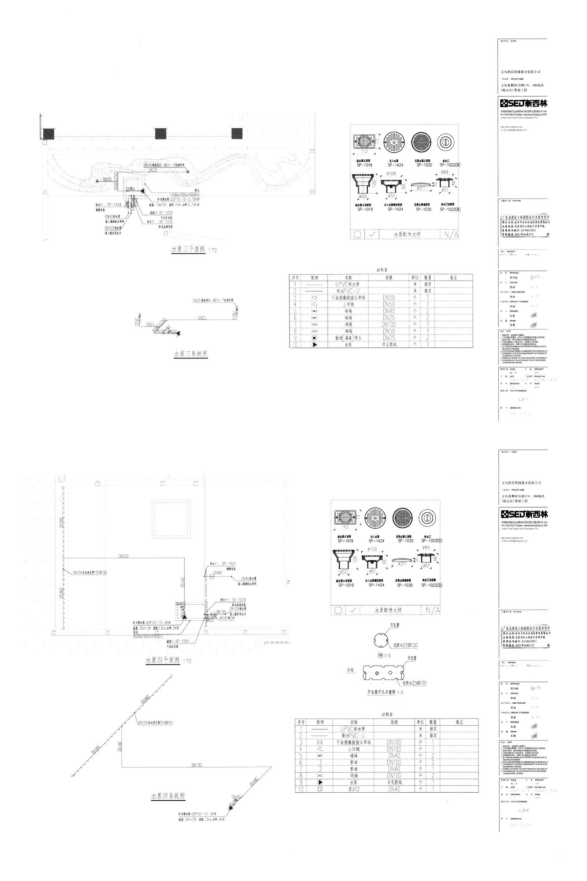

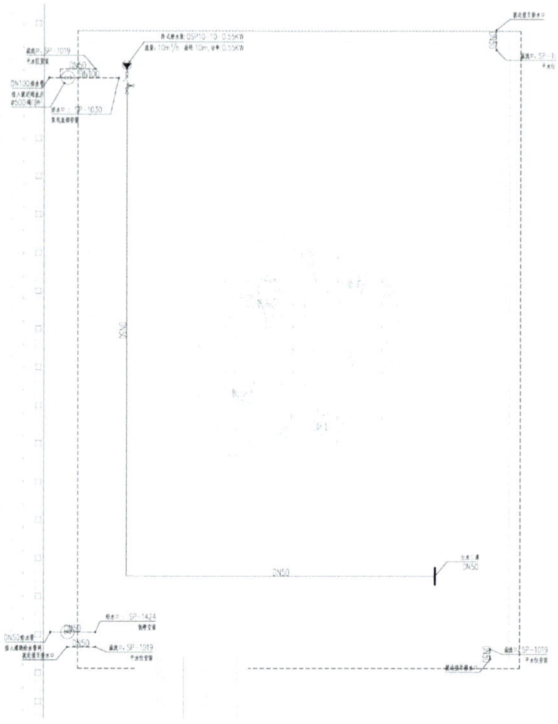

水景五平面图 1:100

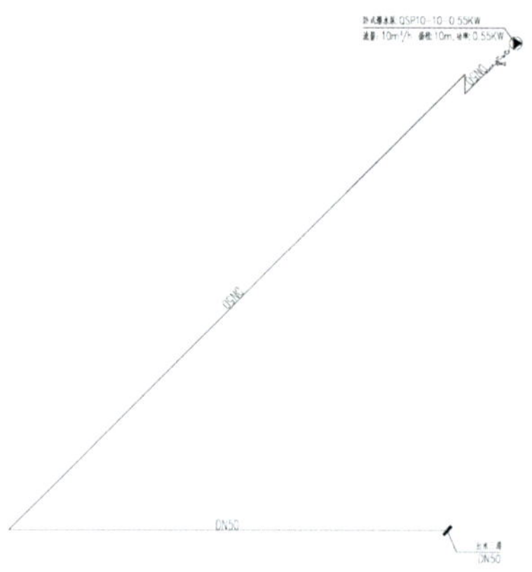

水景五系统图

材料表

| 序号 | 图例 | 名称 | 规格 | 单位 | 数量 | 备注 |
| --- | --- | --- | --- | --- | --- | --- |
| 1 | ———— | UPVC给水管 | | 米 | 据实 | |
| 2 | -------- | 排水PVC-U | | 米 | 据实 | |
| 3 | | 可曲挠橡胶接头单球 | dn80 | 个 | 1 | |
| 4 | | 止回阀 | dn80 | 个 | 1 | |
| 5 | | 球阀 | dn80 | 个 | 1 | |
| 6 | | 闸阀 | DN100 | 个 | 1 | |
| 7 | | 闸阀 | DN50 | 个 | 2 | |
| 8 | | 水泵 | 详见图纸 | 个 | 1 | |

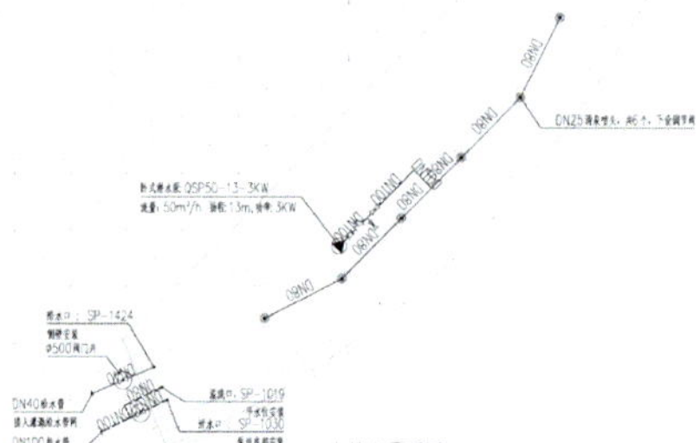

水景六平面图 1:70

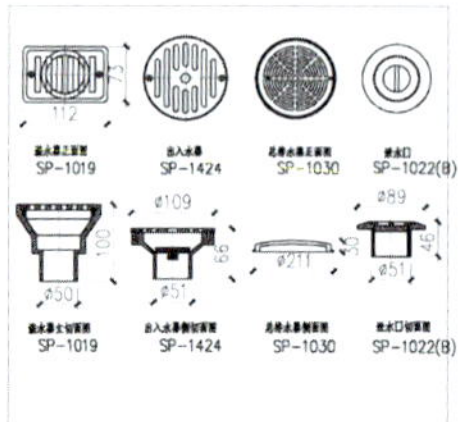

水景配件大样

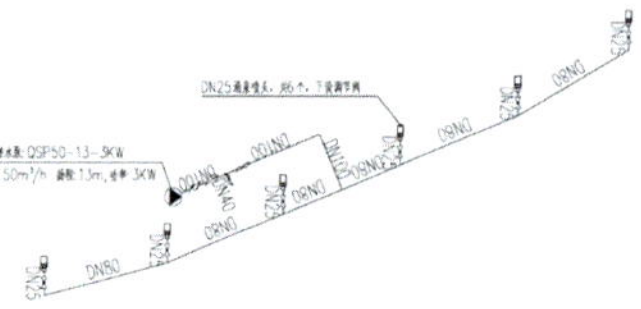

水景六系统图

材料表

| 序号 | 图例 | 名称 | 规格 | 单位 | 数量 | 备注 |
| --- | --- | --- | --- | --- | --- | --- |
| 1 | ———— | UPVC给水管 | | 米 | 据实 | |
| 2 | -------- | 排水PVC-U | | 米 | 据实 | |
| 3 | | 可曲挠橡胶接头单球 | DN100 | 个 | 1 | |
| 4 | | 止回阀 | DN100 | 个 | 1 | |
| 5 | | 球阀 | DN40 | 个 | 2 | |
| 6 | | 闸阀 | DN100 | 个 | 2 | |
| 7 | | 球阀 | DN25 | 个 | 6 | |
| 8 | | 鼓泡（涌泉）喷头 | DN25 | 个 | 6 | |
| 9 | | 水泵 | 详见图纸 | 个 | 1 | |

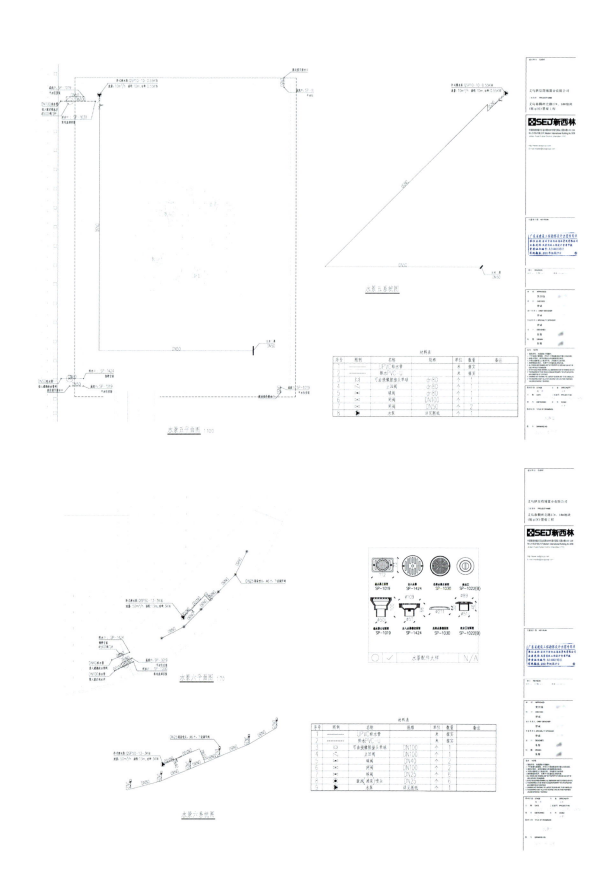

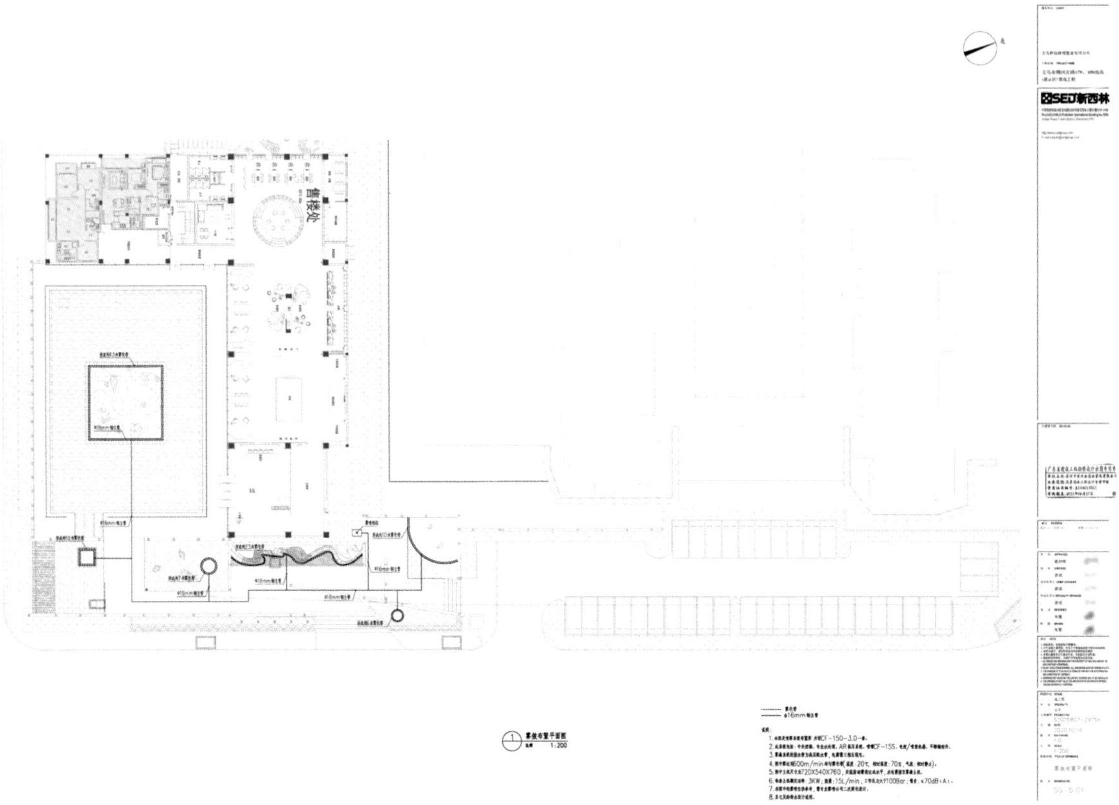

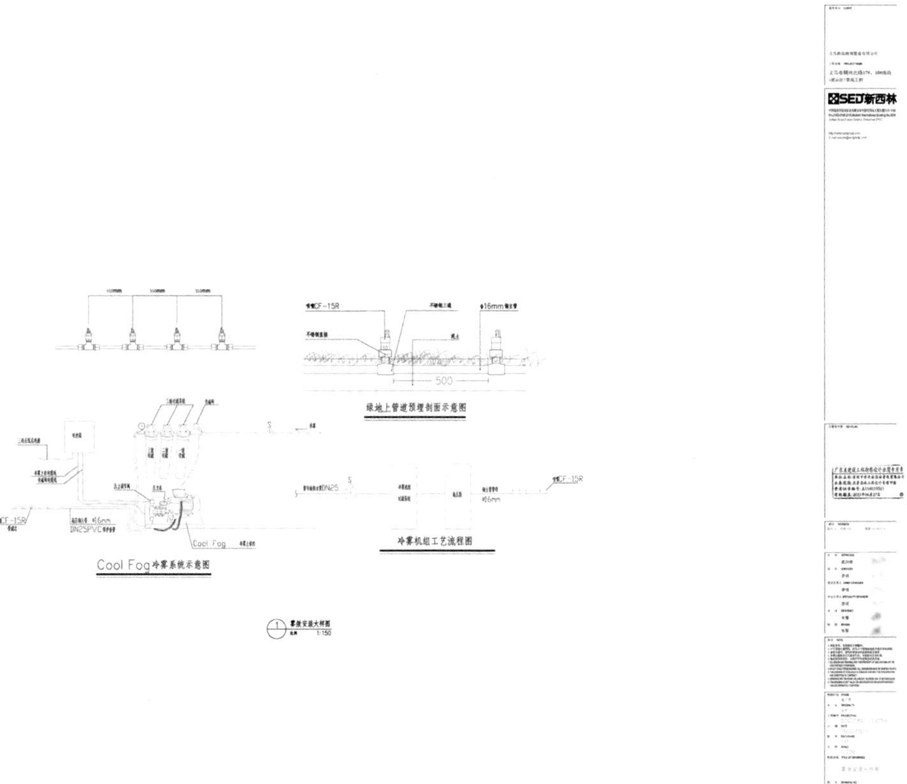
绿地上管道预埋剖面示意图
500
冷雾机组工艺流程图
Cool Fog冷雾系统示意图
Cool Fog
DN25PVC

# 电气设计说明

一、工程概况

1、工程名称：义乌市稠州北路17#、18#地块(展示区)景观工程

2、本工程按使用功能划分为1个供电分区，设置1个配电箱AL1；AL1配电箱设计负荷约为30.0kW，电源由室内配电主箱引来。

二、设计依据

1.《民用建筑电气设计规范》 (JGJ16-2008)

2.《供配电系统设计规范》 (GB50052-2009)

3.《低压配电设计规范》 (GB50054-2011)

4.《通用用电设备配电设计规范》 (GB50055-2011)

5.《电力工程电缆设计规范》 (GB50217-2007)

6.《建筑物防雷设计规范》 (GB50057-2010)

7.《建筑照明设计标准》 (GB50034-2013)

8.相关专业提供本专业的工程设计资料：园林专业提供的有关图纸及技术条件；给排水专业提供的用电负荷及技术条件。

三、设计范围：

景观照明及配电设计、水泵配电设计及控制等

四、电源及线路敷设：

1.电源由建筑室内配电房引~380V/220V到照明配电箱，配电系统采用TN-S制，放射式配电方式，电源线均用铜芯电缆，用电负荷为三级。

2.室外照明采用YJV-0.6/1.0kV聚氯乙烯绝缘电力电缆敷设，穿PVC管埋地敷设，穿越道路和广场处加穿钢管保护，钢管管径比过路管管径大两级，埋深不小于1m；绿化地带埋深不小于0.7m，控制电缆在绿化地带埋深可为0.5m，详细按照国标图集12D101-5"110KV及以下电缆敷设规范"办理。

3.在室外电缆敷设的线路上，直线段每隔30~50米处，应设置手孔井：0.6m(L)x0.6m(W)x0.8m(H)，且手孔井的位置不宜设置在车行道及建筑物的主出入口等处。

4.电缆的弯曲半径应不小于其外径的15倍；电缆穿管的管径应不小于电缆外径的1.5倍。

5.连接设备或灯具的电缆，应预留适当长度(1.5米)作为检修和调试设备或灯具用。

6.工程接地保护线16mm²以下导线其PE线截面相线相同，小于等于35mm²大于16mm²的导线，PE线为16mm²，大于35mm²的导线PE线为相线截面的1/2。末端支路导线截面不应小于铜芯2.5mm²。

7.所有电缆接头均需在防水接线盒内进行，防水接线盒需隐蔽安装。

五、电器安装：

1.配电箱采用室外防雨落地式安装配电箱，防护等级：IP55。

2.配电开关的安装：剩余电流动作保护器后的N线不准重复接地，不同支路不准共用(否则误动作)，不准作保护线用(否则拒动)，应另敷保护线(PE)或用漏电开关前的合用线(PEN)。

3.本设计照明灯具均采用交流220V电源电压，本设计所选灯型仅供参考，在同等功率下，可选用其它样式灯型，具体选用由建设方确定。

4.庭园灯安装距路边约0.8米，草坪灯安装距路边约0.5~0.8米；注意射灯与大树位置的调节，水底灯与跌水水景等的配合。

5.所有气体放电灯具，在出厂前应装配提高功率因素的电解电容器，以保证气体放电灯具的功率因素COSΦ大于0.90。户外灯不低于IP54级，埋地灯不低于IP67级，水下灯不低于IP68级，安装在水下的灯具应采用安全特低电压供电，交流电压值不应大于12V，直流供电不应大于30V。

6.各类电气手孔井、电缆接头、非安全电压灯具距水池及人工湖边缘应不小于2m，距泳池、戏水池应不小于3.5m。

六、防雷接地：

1.本工程采用TN-S系统接地，防雷接地的接地电阻应不大于4欧姆。

2.所有设备、灯具的金属外壳及金属构件，应与供电系统的PE保护接地线可靠连接。路杆做人工防雷接地，做法详国标《14D504》、《15D501》。

3.喷水池(水景)、游泳池及戏水池应做局部等电位联结，参见国标图集《15D502》，喷水池(水景)局部等电位联结做法详见第21页，游泳池、戏水池局部等电位联结做法详见第20页。

4.本项目所有喷水池(水景)均按照不允许人员进入设计，必须采取防止人员进入的可靠措施。当喷水池(水景)允许人进入时，其电击防护标准应按照泳池的做法。

5.喷水池(水景)的灯具、电缆等电气设备设计和安装应符合国标图集《16D401-5》要求。配电箱、电缆井及变压器应安装在喷水池2m范围外。允许人进入的喷水池(水景)或泳池，上述设备及设施应安装在喷水池或泳池3.5m范围外。

6.园区内景观亭、廊桥等构筑物必须由建筑电气专业工程设计师深化防雷设计，要求按第三类防雷建筑设防，接地电阻值不应大于30欧姆。

7. 在防雷与接地工程中，所用的各类金属体，搭接处均应电焊，焊缝长度不小于圆钢直径的6倍或扁钢宽度的2倍，搭接处外露在空气中时，焊接后应作防腐处理，接地装置应有测试记录，隐蔽工程应有施工记录，作为工程验收的依据。

七、照明运行控制：采用时钟分时段自动控制灯开和熄，并能手动和自动方式转换。

八、施工验收应遵照：《电气装置安装工程施工及验收规范》进行。

九、总说明和各图纸上有冲突和矛盾之处以各图纸为准。

庭院灯参考图片

规格：150x150x3000mm 材质为Q235优质镀锌钢材，钢化玻璃灯罩，喷优质户外氟碳漆及防紫外线粉末，外壳静电喷涂防腐抗酸碱防护；防护等级：≥IP65

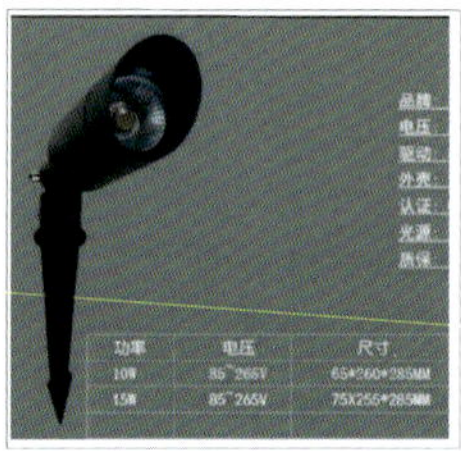


射树灯参考图片

灯体材质：高压铸铝成型外壳，经防腐蚀静电喷涂处理，表面喷户外粉，高强度钢化玻璃罩，高纯度铝阳极氧化反射器，耐高温硅胶密封；防护等级：≥IP67 规格：75x255x285mm

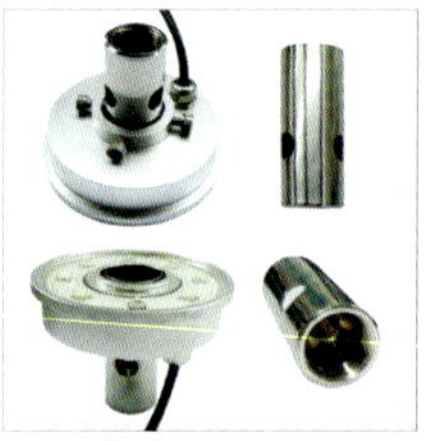

水下中孔灯参考图片

规格：直径120mm 材质：不锈钢或高压压铸铝灯体，灯体表面静电喷涂，不锈钢固定螺丝和防水接头；灯体内用透明树脂灌满密封，再加装密封圈和透光玻璃面盖 电压：AC 24V；防护等级：≥IP68

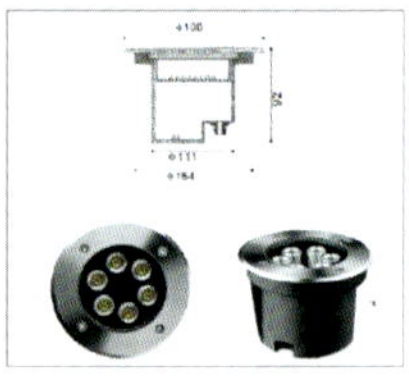

水下灯参考图片

规格：直径110mm 材质：不锈钢灯体，灯体表面静电喷涂，不锈钢固定螺丝和防水接头；灯体内用透明树脂灌满密封，再加装密封圈和透光玻璃面盖 电压：AC 24V；防护等级：≥IP68

筒灯参考图片

规格：直径88mm 材质：高压压铸铝灯体，高强度钢化玻璃罩，不锈钢固定螺丝和防水接头灯体为铸铝，防护等级：≥IP65

单侧地埋灯参考图片

规格：直径55 材质：不锈钢灯体，喷优质户外氟碳漆及防紫外线粉末，透光板磨砂玻璃，外壳静电喷涂防腐抗酸碱防护；显色指数>80；功率因数>0.85 电器防护系数：Class 1级防护

| | | |
|---|---|---|
| 灯头材质：<br>灯杆材质： | 优质铝合金+钢化玻璃 | 无偏离 |
| 法兰材质： | / | |
| 连接方式： | #304不锈钢紧固螺丝 | |
| 灯罩材质： | 钢化玻璃 | |
| 表面颜色： | 采用户外粉体静电喷涂：砂黑色 | |
| 光　源： | 1*18W LED光源 | |
| 色　温： | 3000K | |
| 电　压： | 12V/220V | |
| 防护等级： | IP65 | |
| 规　格： | 1000*36*27mm | |

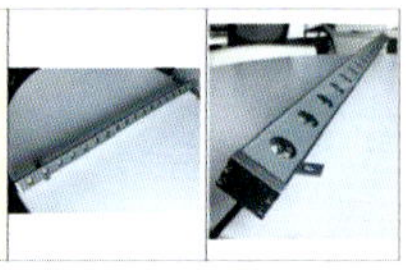

LED投光灯参考图片

规格：1000x36x27mm 材质：优质铝合金+钢化玻璃 灯罩材质为钢化玻璃，防护等级：≥IP68

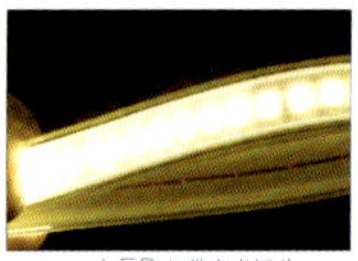

LED灯带参考图片

材质：优质硅胶；电压：220V和24V；色温：RGB；(具体参照左侧色温) 防护等级：≥IP68

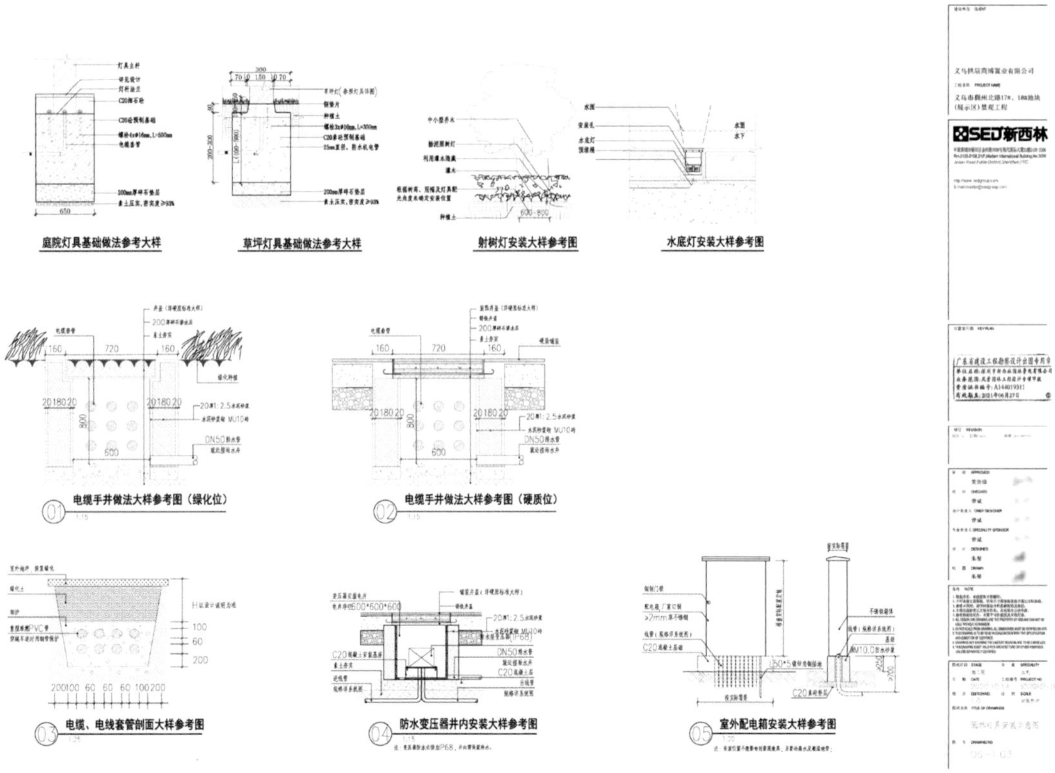
庭院灯具基础做法参考大样
草坪灯具基础做法参考大样
射树灯安装大样参考图
水底灯安装大样参考图
01 电缆手井做法大样参考图（绿化位）
02 电缆手井做法大样参考图（硬质位）
03 电缆、电线套管剖面大样参考图
04 防水变压器井内安装大样参考图
05 室外配电箱安装大样参考图
义乌供应商博览会有限公司
义乌市稠州北路17#、18#地块（展示区）景观工程
SED新西林

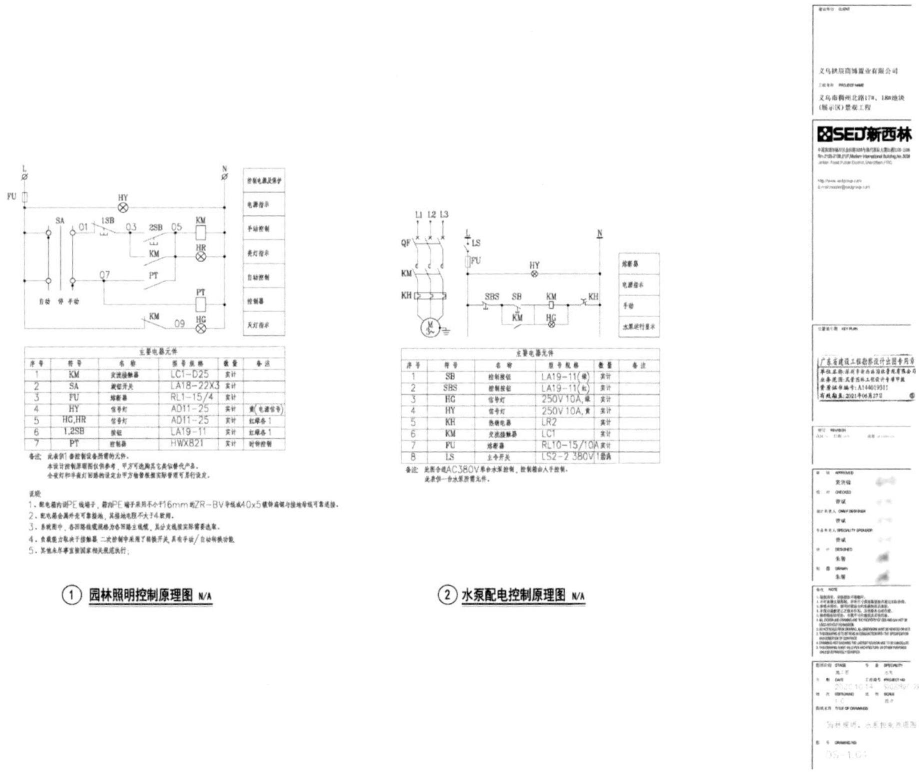
电源指示
手动控制
亮灯指示
自动控制
控制器
灭灯指示
主要电器元件
序号 符号 名称 型号规格 数量 备注
1 KM 交流接触器 LC1-D25 实计
2 SA 旋钮开关 LA18-22X3 实计
3 FU 熔断器 RL1-15/4 实计
4 HY 信号灯 AD11-25 实计 黄(电源信号)
5 HG,HR 信号灯 AD11-25 实计 红绿各1
6 1,2SB 按钮 LA19-11 实计 红绿各1
7 PT 控制器 HWX821 实计 时钟控制
说明：
1、配电箱内设PE线端子，箱内PE端子采用不小于16mm的ZR-BV导线或40x5镀锌扁钢与接地母线可靠连接。
2、配电箱金属外壳可靠接地，其接地电阻不大于4欧姆。
3、系统图中，各回路线缆规格为各回路主线缆，其分支线按实际需要选取。
4、负载能力取决于接触器，二次控制中采用了转换开关，具有手动/自动转换功能。
5、其他未尽事宜按国家相关规范执行。
① 园林照明控制原理图 N/A
熔断器
电源指示
手动
水泵运行显示
主要电器元件
序号 符号 名称 型号规格 数量 备注
1 SB 控制按钮 LA19-11(绿) 实计
2 SBS 控制按钮 LA19-11(红) 实计
3 HG 信号灯 250V 10A,绿 实计
4 HY 信号灯 250V 10A,黄 实计
5 KH 热继电器 LR2 实计
6 KM 交流接触器 LC1 实计
7 FU 熔断器 RL10-15/10A 实计
8 LS 主令开关 LS2-2 380V 1套
备注：此图合适AC380V单台水泵控制，控制器由人手控制。
此表供一台水泵所需元件。
② 水泵配电控制原理图 N/A
义乌供应商博览会有限公司
SED新西林

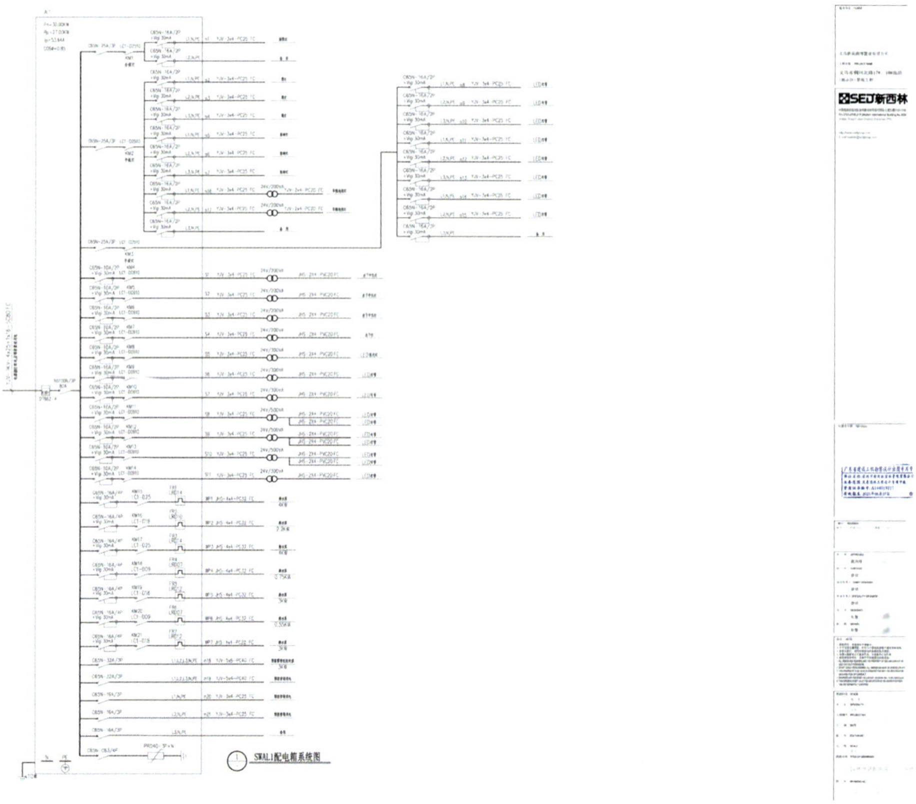
SWAL1配电箱系统图

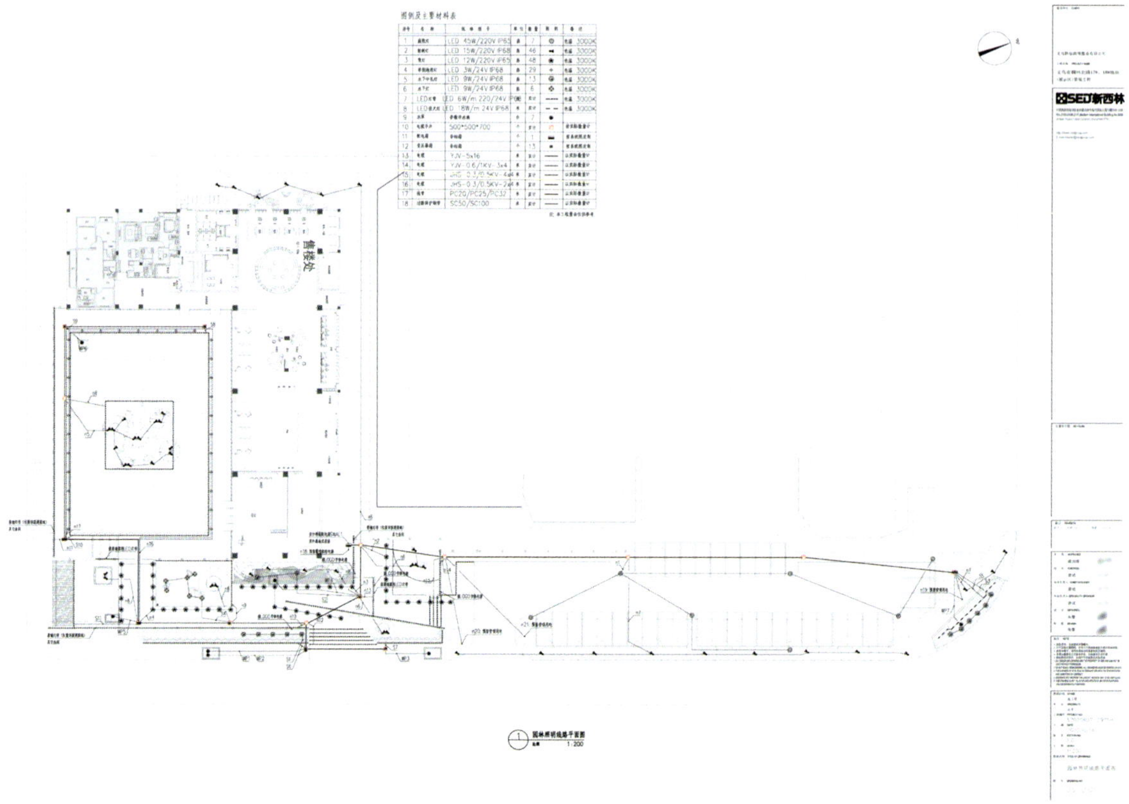
园林照明线路平面图
1:200

## 第四节 ◉
## 义乌市稠州北路17#、18#地块（展示区）景观工程实景照片

本节教学旨在通过将建成实景与方案深化设计、施工图图纸进行系统比对，帮助学生建立景观感知能力与设计逻辑思维的有机联系。通过实景对照，使学生深刻理解图纸中的每个设计元素（点、线、面）都将在场地中实体呈现，从而培养其严谨的设计态度与精准的图纸表达能力。教学重点在于启发学生认识精确制图与跨专业协作的重要性，这是确保设计品质、控制施工误差、优化资源配置的关键所在。

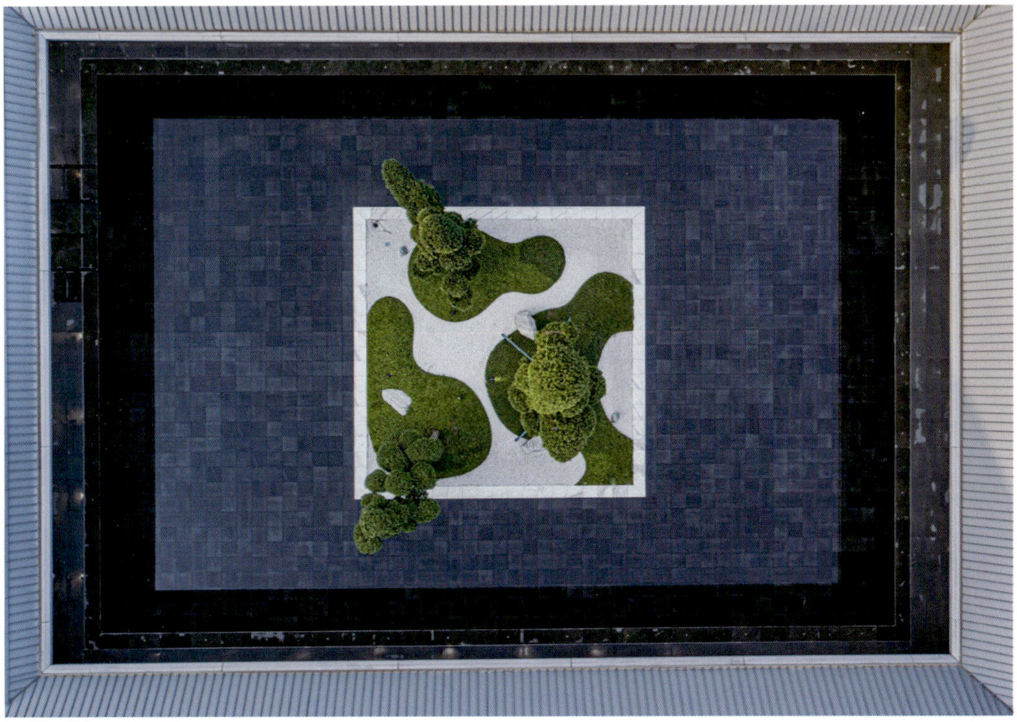

景
观
规
划
设
计

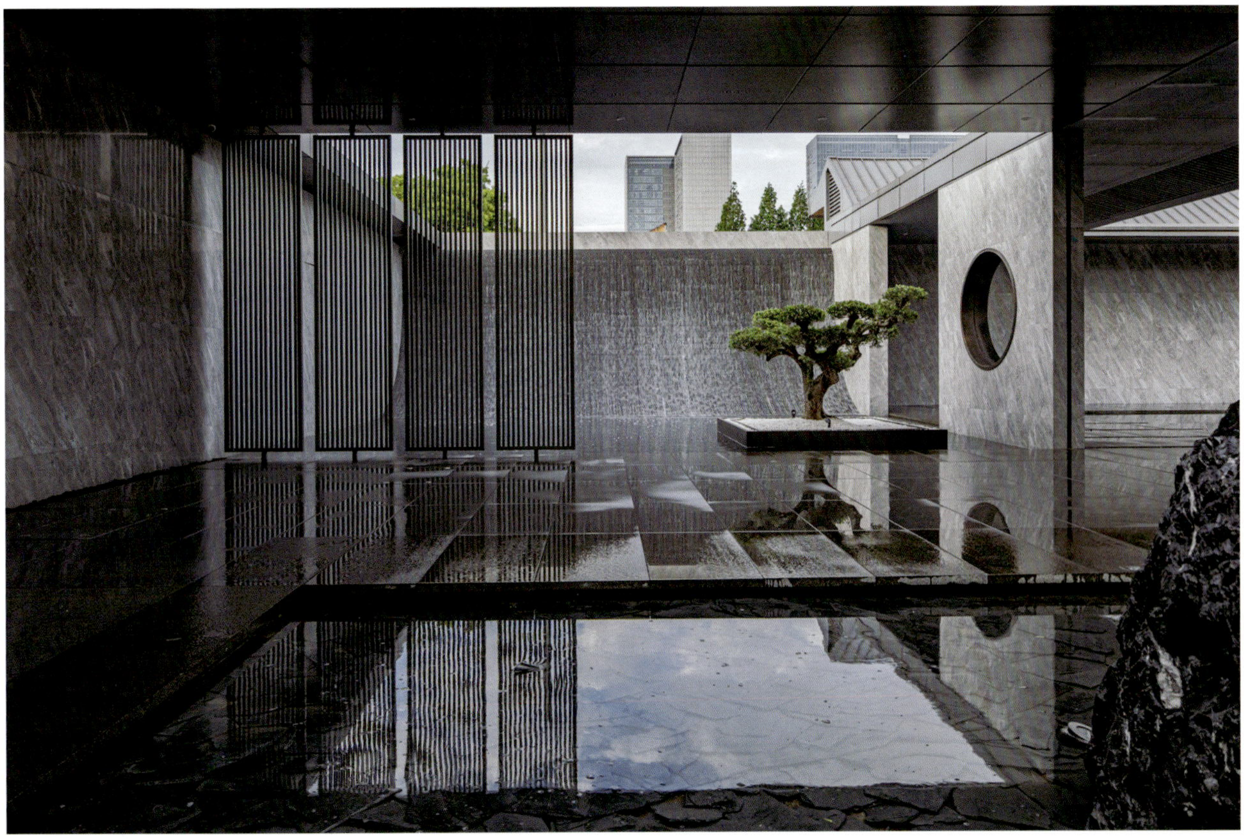

都會文淵

深圳市新西林园林景观
有限公司作品集萃

义乌都会文澜施工图
之 17#地块结构

义乌都会文澜施工图
之 17#地块绿化

义乌都会文澜施工图
之 17#地块水电

义乌都会文澜施工图
之 17#地块园建

义乌都会文澜施工图
之 18#地块结构

义乌都会文澜施工图
之 18#地块绿化

义乌都会文澜施工图
之 18#地块水电

义乌都会文澜施工图
之 18#地块园建